ROBÓTICA EDUCACIONAL

R658	Robótica educacional : experiências inovadoras na educação brasileira / Organizadores, Rodrigo Barbosa e Silva, Paulo Blikstein. – Porto Alegre : Penso, 2020. xxvii, 299 p. ; 25 cm. (Série Tecnologia e inovação na educação brasileira)
	ISBN 978-85-8429-188-5
	1. Robótica. 2. Educação. I. Barbosa e Silva, Rodrigo. II. Blikstein, Paulo.
	CDU 004.896:37

Catalogação na publicação: Karin Lorien Menoncin – CRB 10/2147

ROBÓTICA EDUCACIONAL
experiências inovadoras na educação brasileira

Rodrigo Barbosa e Silva
Paulo Blikstein
Orgs.

Série Tecnologia e inovação
na educação brasileira

Porto Alegre
2020

© Penso Editora Ltda., 2020.

Gerente editorial
Letícia Bispo de Lima

Colaboraram nesta edição

Coordenadora editorial
Cláudia Bittencourt

Editora
Mirian Raquel Fachinetto

Capa
Paola Manica

Preparação de originais
Josiane Santos Tibursky

Leitura final
Maria Lúcia Badejo

Editoração
Kaéle Finalizando Ideias

Reservados todos os direitos de publicação à
PENSO EDITORA LTDA., uma empresa do GRUPO A EDUCAÇÃO S.A.
Av. Jerônimo de Ornelas, 670 – Santana
90040-340 – Porto Alegre – RS
Fone: (51) 3027-7000 – Fax: (51) 3027-7070

SÃO PAULO
Rua Doutor Cesário Mota Jr., 63 – Vila Buarque
01221-020 – São Paulo – SP
Fone: (11) 3221-9033

SAC 0800 703-3444 – www.grupoa.com.br

É proibida a duplicação ou reprodução deste volume, no todo ou em parte, sob quaisquer formas ou por quaisquer meios (eletrônico, mecânico, gravação, fotocópia, distribuição na Web e outros), sem permissão expressa da Editora.

IMPRESSO NO BRASIL
PRINTED IN BRAZIL

AUTORES

Rodrigo Barbosa e Silva (Org.). Pesquisador, cientista da computação, empresário e ativista pela computação como prática da liberdade. É pós-doutorando no Lemann Center, na Universidade de Stanford, onde lidera pesquisas em políticas públicas em ciência e tecnologia para uma sociedade mais democrática e equitativa, bem como ações voltadas à relação entre inovação acadêmica e sociedade. Participa de iniciativas no Brasil e no exterior de tecnologias que aplicam e expandem *software* livre, ensino/aprendizagem, robótica educacional, internet das coisas (*internet of things* – IoT) e dispositivos de *hardware* aberto de baixo custo. Foi pioneiro na criação e implementação de robótica de baixo custo em sistemas públicos de educação no Brasil, e no desenvolvimento de plataformas brasileiras para pagamentos eletrônicos, reconhecimento facial, *big data*, processamento de linguagem natural e aprendizado de máquina. É Ph.D. em Tecnologia e Sociedade pela Universidade Tecnológica Federal do Paraná (UTFPR).

Paulo Blikstein (Org.). Professor associado do Departamento de Matemática, Ciência e Tecnologia do Teachers College, Columbia University, onde dirige o Transformative Learning Technologies Laboratory. Atuou como professor na Stanford University de 2008 a 2018, onde fundou e dirigiu o Lemann Center for Educational Entrepreneurship and Innovation in Brazil, uma iniciativa dedicada à transformação da educação pública brasileira. Criou e dirige o programa FabLearn, primeira iniciativa acadêmica para levar o movimento *maker* e *fab labs* à educação, agora presente em mais de 22 países. É Mestre em Engenharia pela Universidade de São Paulo (USP) e em Media Lab pelo Massachusetts Institute of Technology (MIT), e Doutor em Educação pela Northwestern University, tendo recebido, em 2011, o Early Career Award da Fundação Nacional de Ciências dos Estados Unidos e, em 2016, o Jan Hawkins Award da Associação de Pesquisa Educacional Norte-americana.

Aldo von Wangenheim. Professor universitário. Doutor em Informática pela Universitaet Kaiserslautern (UNI-KL), Alemanha.

Alexandre Brincalepe Campo. Professor de ensino básico, técnico e tecnológico. Mestre em Engenharia de Sistemas pela Escola Politécnica (Poli) da USP. Doutor em Engenharia de Controle e Automação pela Poli/USP.

Alexandre Martinazzo. Engenheiro eletricista. Mestre em Ciências pela Poli/USP. Pesquisador em Tecnologias para Educação do Laboratório de Sistemas Integráveis Tecnológico (LSI-Tec).

Anderson Pires Rocha. Professor dos cursos de Engenharia do Centro Universitário UniMetrocamp/Wyden. Pós-graduado em Tecnologia da Informação pela Universidade Paulista (Unip). Mestre em Engenharia Agrícola: Máquinas Agrícolas/Sistemas Embarcados pela Universidade Estadual de Campinas (Unicamp).

Anderson Szeuczuk. Professor de ensino técnico. Especialista em Novas Tecnologias da Educação pela Faculdade de Administração, Ciências, Educação e Letras (Facel). Mestre em Educação pela Universidade Estadual do Oeste do Paraná (Unioeste).

André Luiz Maciel Santana. Professor e pesquisador da Universidade Anhembi Morumbi. Pesquisador do Centro Interdisciplinar em Tecnologias Interativas da USP (Citi/USP). Especialista em Engenharia de Produção pela Uniasselvi. Mestre em Computação Aplicada pela Univali. Doutorando no Programa de Pós-graduação em Engenharia Elétrica da Poli/USP.

André Raabe. Pesquisador de tecnologia na educação. Coordenador do Mestrado em Computação Aplicada e professor do Programa de Pós-graduação em Educação da Universidade do Vale do Itajaí (Univali). Mestre em Computação pela Pontifícia Universidade Católica do Rio Grande do Sul (PUCRS). Doutor em Informática na Educação pela Universidade Federal do Rio Grande do Sul (UFRGS).

Cassia Fernandez. Física. Coordenadora de projeto e consultora científica do Programa FabLearn. Mestra em Ciências pela USP. Pesquisadora do LSI-Tec e do Citi/USP.

César A. R. Bastos. Professor de Física/Robótica da Fundação de Apoio à Escola Técnica (Faetec). Especialista em Tecnologia Educacional pelo Centro de Ciências do Estado do Rio de Janeiro (Cecierj). Mestre em Informática pela Universidade Federal do Rio de Janeiro (UFRJ).

Christiane Gresse von Wangenheim. Professora. Doctor Rerum Naturalium, Literally "Doctor of the Things of Nature".

Daniel Dezan de Bona. Tecnólogo em Sistemas Eletrônicos. Especialista em Desenvolvimento de Produtos Eletrônicos pelo Instituto Federal de Santa Catarina (IFSC). Mestre em Engenharia Elétrica e de Computadores pelo Instituto Politécnico do Porto (IPP), Portugal.

Daniele da Rocha Schneider. Licenciada em Química. Especialista em Educação Ambiental pela Universidade Federal de Santa Maria (UFSM). Mestra em Educação pela UFSM. Doutora em Informática na Educação pela UFRGS. Pós-doutoranda em Educação na UFSM.

Danielle Schio Rockenbach. Coordenadora da Gerência de Educação do Serviço Social da Indústria do Rio Grande do Sul (Sesi/RS). Especialista em Culturas Juvenis nos Currículos da Educação Básica pela UFRGS. Mestra em Educação pela UFRGS.

Danilo Rodrigues César. Professor de Educação e Tecnologias Contemporâneas. Professor voluntário da Pró-reitoria de Graduação (Prograd) da Universidade Federal de Minas Gerais (UFMG). Especialista em Tecnologias Educacionais pelo Centro Federal de Educação Tecnológica de Minas Gerais (Cefet/MG). Mestre em Educação pela Universidade Federal da Bahia (UFBA). Doutor em Difusão do Conhecimento pela UFBA. Recebeu o Prêmio Telemar de Inclusão Digital pelo projeto Robótica Livre.

Dayane Carvalho Cardoso. Especialista em Ensino de Ciências e Matemática pela Universidade Federal de Uberlândia (UFU). Mestra em Ensino de Ciências e Matemática pela UFU. Doutoranda em Educação na UFU.

Eduardo Kojy Takahashi. Físico. Professor titular da UFU. Mestre em Ciências pela USP. Doutor em Física pela USP. Curador da Coleção Científico-Pedagógica do Museu Diversão com Ciência e Arte.

Eloir José Rockenbach. Empreendedor, instrutor e desenvolvedor de robótica educacional.

Enoque Alves. Professor assistente da Universidade Federal do Oeste do Paraná (Ufopa). Especialista em Informática para Aplicações Empresariais pela Universidade Luterana do Brasil (Ulbra). Mestre em Ciências da Computação pela Universidade Federal de Pernambuco (UFPE).

Fábio Ferrentini Sampaio. Analista de tecnologias da UFRJ. Mestre em Engenharia de Sistemas e Computação pelo Instituto Alberto Luiz Coimbra de Pós-graduação e Pesquisa de Engenharia (Coppe) da UFRJ. Ph.D. em Science and Technology pela University of London, Inglaterra. Pós-doutorado na University of Oxford, Reino Unido.

Felipe Celso Reis Pinheiro. Estudante do quinto ano do Curso de Engenharia Eletrônica do Instituto Tecnológico de Aeronáutica (ITA).

Fernando Santana Pacheco. Professor do ensino técnico e tecnológico do IFSC.

Flavio Rodrigues Campos. Pesquisador. Consultor Pedagógico do Serviço Social do Comércio de São Paulo (Senac/SP). Mestre em Educação, Arte e História da Cultura pela Universidade Presbiteriana Mackenzie (UPM). Doutor em Educação: Currículo pela PUC-SP. Doutor em Letras pela UPM.

Gláucio Carlos Libardoni. Professor de Física do ensino básico, técnico e tecnológico do Instituto Federal Farroupilha. Mestre em Educação em Ciências pela UFSM.

Guilherme Bezzon. Engenheiro mecânico. Professor do Colégio Técnico de Campinas (Cotuca/Unicamp). Mestre e Doutor em Engenharia Mecânica pela Unicamp.

Gustavo Giolo Valentim. Psicólogo. Mestre em Psicologia da Aprendizagem pela USP.

Irene Karaguilla Ficheman. Cientista da Computação e Matemática. Mestra e Doutora em Engenharia Elétrica pela Poli/USP.

Jean Carlo R. Hauck. Professor adjunto de Engenharia de *Software* do Departamento de Informática e Estatística da Universidade Federal de Santa Catarina (UFSC). Especialista em Desenvolvimento de Sistemas *Web* pela Univali. Mestre em Ciência da Computação pela UFSC. Doutor em Engenharia do Conhecimento pela UFSC.

João Vilhete Viegas d'Abreu. Engenheiro e pesquisador. Mestre em Engenharia Elétrica: Eletrônica e Comunicações pela Unicamp. Doutor em Engenharia Mecânica: Mecânica dos Sólidos e Projeto Mecânico pela Unicamp.

Joice Welter Ramos. Assessora de organização de currículos escolares. Analista de Educação da Gerência de Educação do Sesi/RS. Especialista em Educação pela Faculdade de Educação da UFRGS.

José Luis de Souza. Professor de Ciências da Natureza. Doutor em Química Inorgânica: Catálise pela Unicamp.

Josué J. G. Ramos. Engenheiro pesquisador em Robótica. Mestre em Engenharia Elétrica: Robótica pela Unicamp. Doutor em Engenharia Elétrica: Robótica pela UFSC.

Juliano Bittencourt. Cientista da computação. Mestre em Educação pela UFRGS.

Júlio César Ferreira Filho. Mestrando em Matemática Aplicada a Finanças na Ecole Polytechnique, França.

Léa Fagundes. Professora titular aposentada da UFRGS. Mestra em Educação pela UFRGS. Doutora em Psicologia pela USP.

Leander Cordeiro de Oliveira. Mestre em Engenharia de Computação pela Universidade Federal do Rio Grande (FURG). Doutorando em Tecnologia e Sociedade pela UTFPR.

Leandro Coletto Biazon. Engenheiro eletricista.

Leonardo Cunha de Miranda. Professor adjunto do Departamento de Informática e Matemática Aplicada (DIMAp) da Universidade Federal do Rio Grande do Norte (UFRN). Especialista em Educação Tecnológica pelo Centro Federal de Educação Tecnológica Celso Suckow da Fonseca (Cefet/RJ). Mestre em Informática pela UFRJ. Doutor em Ciência da Computação pela Unicamp.

Luckeciano Carvalho Melo. Engenheiro de inteligência artificial. Mestrando em Inteligência Artificial no ITA.

Luiz Ernesto Merkle. Professor associado do Departamento Acadêmico de Informática e do Programa de Pós-graduação em Tecnologia e Sociedade (PGTE) da UTFPR. Mestre em Informática Industrial pelo Cefet/PR. Ph.D. em Ciência da Computação pela Western University, Canadá.

Marcos de Castro Pinto. Professor de Ensino Técnico na área de Eletrônica do Cefet/RJ. Especialista em Tecnologias da Informação Aplicada à Educação pela UFRJ. Mestre em Informática pela UFRJ.

Marcos Elia. Professor e pesquisador em Educação para Ciências. Mestre em Ciências Físicas pelo Centro Brasileiro de Pesquisas Físicas (CBPF). Ph.D. em Science Education pela London University, Inglaterra.

Marcos R. O. A. Maximo. Engenheiro de computação. Professor da Divisão de Ciência da Computação do ITA. Mestre e Doutor em Engenharia Eletrônica e Computação pelo ITA.

Maria Inês Castilho. Professora de Física e Robótica Educacional. Especialista em Informática na Educação pelo Centro Interdisciplinar de Novas Tecnologias na Educação (Cinted) da UFRGS. Mestra em Ensino de Física pelo Instituto de Física da UFRGS. Doutoranda em Informática na Educação no Programa de Pós-graduação em Informática na Educação da UFRGS.

Mariana Pereira da Silva. Pesquisadora. Mestra em Políticas Públicas pela Universidade Federal do ABC (UFABC).

Marília A. Amaral. Professora adjunta da UTFPR. Professora permanente do PPGTE/UTFPR. Mestra em Ciência da Computação pela UFRGS. Doutora em Engenharia e Gestão do Conhecimento pela UFSC.

Maurício Nunes da Costa Bomfim. Analista de sistemas. Mestre em Informática pelo Programa de Pós-graduação em Informática do Instituto Tércio Pacitti de Aplicações e Pesquisas Computacionais (PPGI/NCE) da UFRJ.

Miriam Nathalie F. Ferreira. Gerente administrativa de projetos. Pesquisadora associada ao Instituto Nacional para Convergência digital (INCoD) da UFSC. Mestranda do Programa de Pós-graduação em *Desing* da UFSC.

Murilo de Araújo Bento. Estudante do Bacharelado em Tecnologia da Informação da UFRN.

Nicollas Mocelin Sdroievski. Mestrando em Informática na Universidade Federal do Paraná (UFPR). Bolsista do Conselho Nacional de Desenvolvimento Científico e Tecnológico (CNPq).

Patrícia Fernanda da Silva. Professora de Matemática. Mestra em Ensino de Ciências Exatas pela Universidade do Vale do Taquari (Univates). Doutora em Informática na Educação pela UFRGS. Pós-doutoranda em Informática na Educação na UFRGS.

Paulo Roberto de Azevedo Souza. Analista de sistemas. Professor da Faetec e da Faculdade Vértix Trirriense (Univértix). Especialista em Tecnologias da Informação Aplicadas à Educação pela UFRJ. Mestre em Informática pela UFRJ.

Pricila Castelini. Licenciada em Letras-Inglês e Literaturas de Língua Inglesa pela Universidade Estadual do Centro-oeste do Paraná (Unicentro). Especialista em Estudos Literários e Linguísticos pela Unicentro. Mestra e Doutoranda em Tecnologia e Sociedade na UTFPR.

Raphael Netto Castello Branco Rocha. Engenheiro eletricista.

Roseli de Deus Lopes. Engenheira eletricista. Professora associada da Poli/USP. Pesquisadora de tecnologias na educação, meios eletrônicos interativos e interface humano-computador. Mestra e Doutora em Engenharia Elétrica pela Poli/USP.

Rubens Lacerda Queiroz. Cientista da computação. Especialista em Tecnologias da Informação Aplicadas à Educação pela UFRJ. Mestre e Doutorando em Informática no PPGI/NCE/UFRJ.

Serafim Brandão. Pesquisador. Mestre em Sistemas pela UFRJ.

Simone Xavier. Pedagoga. Especialista em Relações Interpessoais na Escola e a Construção da Autonomia Moral pela Universidade de Franca (Unifran).

Sônia Elizabeth Bier. Pedagoga especialista em Psicopedagogia. Gerente da área de Educação do Sesi/RS. Mestra em Gestão Educacional pela Universidade do Vale do Rio dos Sinos (Unisinos).

A SÉRIE

A **Série Tecnologia e Inovação na Educação Brasileira** foi idealizada por Paulo Blikstein, professor na Columbia University (EUA), diretor do Transformative Learning Technologies Lab e Senior Fellow no Lemann Center for Educational Entrepreneurship and Innovation in Brazil da Stanford University (EUA). A série almeja mapear e divulgar pesquisas, implementações e práticas bem-sucedidas em inovação e tecnologia educacional no Brasil. Os primeiros títulos da série, a serem publicados em 2019, são:

- *Inovações radicais na educação brasileira* (Flavio Rodrigues Campos, coorganizador)
- *Robótica educacional: experiências inovadoras na educação brasileira* (Rodrigo Barbosa e Silva, coorganizador)
- *Ludicidade, jogos digitais e gamificação na aprendizagem: estratégias para transformar as escolas no Brasil* (Luciano Meira, coorganizador)
- *Computação na educação básica: fundamentos e experiências* (André Raabe e Avelino F. Zorzo, coorganizadores)

Os livros foram estruturados para trazer também a voz de professores e de alunos, contando com seções e capítulos escritos por educadores e por estudantes. Nesses quatro volumes, a série conta com mais de 70 capítulos e mais de 50 autores de todos os Estados da federação, constituindo o mais completo retrato da inovação educacional no Brasil.

A série foi apoiada pela Fundação Lemann, que possibilitou que os coorganizadores pudessem ser pesquisadores visitantes no Lemann Center da Stanford University no período de 2015 a 2018, e teve coordenação editorial de Tatiana Hochgreb-Häegele e Livia Macedo.

Série Tecnologia e Inovação na Educação Brasileira

Idealização e direção
Paulo Blikstein
Professor associado do Departamento de Matemática, Ciência e Tecnologia do Teachers College, Columbia University.

Coordenação editorial
Tatiana Hochgreb-Häegele
Pós-doutora em Ciências – Lemann Center for Educational Entrepreneurship and Innovation in Brazil, Stanford University.

Livia Macedo
Mestre em Aprendizagem, *Design* e Tecnologia pela Stanford University. Gerente de projetos de STEM (Science, Technology, Engineering and Math) no Transformative Learning Technologies Lab, Teachers College, Columbia University.

APRESENTAÇÃO

É com muita satisfação que apresento o livro *Robótica educacional: experiências inovadoras na educação brasileira*. Após algumas décadas de caminhada nessa área, é um prazer compartilhar com os leitores as diferentes visões que este livro abrange. A obra traça, dentre os capítulos, uma retrospectiva histórica desde os anos 1980, época que marca o início da implementação da informática na educação e em que a robótica educacional era uma alternativa para se diversificar a forma de utilização de computadores na educação. Daquela época até a atualidade, inúmeros avanços ocorreram na área. Muito rapidamente passamos do uso de dispositivos robóticos conectados por fios/cabos a computadores – vivenciamos o surgimento da internet, da telerrobótica, dos laboratórios remotos de robótica educacional, das tecnologias móveis, dentre outros – e, na atualidade, fazemos robôs controlados por *smartphones*. Tudo isso se deu, felizmente, em contextos educacionais favorecedores do uso de tecnologias na escola, envolvendo estudos e pesquisas nos âmbitos de formação inicial e continuada de professores, do ensino fundamental e médio, de universidades e centros e/ou institutos de pesquisa. Ao longo dos 17 capítulos que compõem as seis partes deste livro – Parte I, Educação e Mediações Tecnológicas; Parte II, Robótica Livre; Parte III, Relatos; Parte IV, Laboratórios Virtuais; Parte V, Práticas Emergentes e em Grupos e, finalmente, Parte VI, Democratização e Inserção de Minorias – estão descritas as diferentes formas como a robótica vem se desenvolvendo na educação brasileira. Assim, espero que esta obra alcance seu objetivo, ou seja, constituir-se em material de referência, principalmente, para pesquisas acadêmicas e para profissionais que buscam conteúdos com profundidade sobre usos, experiências, metodologias, fundamentos teóricos e potencialidades da robótica na educação.

No Capítulo 1, **Não há Computação sem suputares: valores necessários ao poder, ao fazer, ao querer e ao saber computar**, Luiz Ernesto Merkle nos traz duas ideias interessantes. A primeira trata-se do uso do termo "suputar" como sinônimo de computar; e a segunda, a de transpor os ensinamentos do educador Paulo Freire, com base na sua obra *Pedagogia da Autonomia*, para a área da computação. Com a primeira ideia o autor explica o seu ponto de vista sobre o reconhecimento da multiplicidade e diversidade das atividades de computar, as quais podem ser associadas a cada pessoa, a cada uso, em suas individualidades, demandas e momentos. Com a segunda, ele discorre sobre o pensamento freiriano quando este trata da questão da educação progressista, esclarecendo que o pensar certo não se dá no isolamento, no conforto de si mesmo, pois, para o autor, não há, por isso mesmo, pensar [computar] sem entendimento; e o entendimento, do ponto de vista do pensar [computar] certo, não é transferido, mas coparticipado. No capítulo, as leituras de Freire são complementadas com as de Vieira Pinto, outro pensador brasileiro, em razão do entrelaçamento de conceitos que elas apresentam. Isso tudo apontando para uma outra compreensão dos fazeres implicados na construção do conhecimento, nas relações de poder que os múltiplos e diversos suputares ensejam podem vir a contribuir com vistas à construção de uma sociedade mais justa. Enfim, o objetivo do capítulo foi transpor os ensinamentos de Freire para a problematização e o alargamento do que se compreende hoje como atividade de computar.

No Capítulo 2, **Investigação em robótica na educação brasileira: o que dizem as dissertações e teses**, Flavio Rodrigues Campos e Gláucio Carlos Libardoni apresentam um panorama das pesquisas brasileiras relacionadas à robótica educacional dos últimos 22 anos, mapeando as questões centrais que envolvem os estudos relativos ao tema nesse período. No capítulo são apresentadas diversas categorias que foram elencadas para o estudo sobre robótica na educação brasileira. Os resultados mostraram, por exemplo, que a maioria dos pesquisadores atuantes no ensino brasileiro não cursou, na formação básica ou na formação básica e continuada, disciplinas ligadas à Didática e Metodologias de ensino. Eles concluem, portanto, que os campos da computação, engenharia e educação precisam unir forças com o intuito não apenas de discutir e propor ações técnico-operacionais do uso da robótica na prática educativa ou de refletir sobre o impacto desse uso na escola, mas de ampliar o escopo da integração dessa tecnologia a fim de possibilitar estudos mais aprofundados sobre currículo, didática, formação docente e tecnologia.

No Capítulo 3, **Uma experiência de implementação de robótica e computação física no Brasil**, João Vilhete Viegas d'Abreu, Josué J. G. Ramos, Anderson Pires Rocha, Guilherme Bezzon, Simone Xavier e José Luis de Souza nos trazem um breve histórico do desenvolvimento da robótica pedagógica no Brasil, apresentando uma discussão sobre robótica pedagógica e computação física como ferramentas relevantes para a educação. O capítulo apresenta a experiência do Centro de Tecnologia da Informação Renato Archer, instituição de pesquisa que, ao longo de mais de uma década, vem fazendo esforços no sentido de criar a Br-GoGo, uma alternativa brasileira para a computação física. O capítulo tratará sobre a Br-GoGo, seus componentes e exemplos de uso – em específico, a vivência na implantação da robótica desenvolvida no Núcleo de Informática Aplicada à Educação (NIED/Unicamp). Além disso, os autores discutem a experiência-piloto de desenvolvimento de atividades de robótica pedagógica em uma escola privada de ensino fundamental I e II (Photon) e a experiência-piloto de desenvolvimento de atividades de robótica pedagógica em uma escola pública de ensino médio (Cotuca).

No Capítulo 4, **Uma revisão sistemática do uso de brinquedos de programar e *kits* robóticos: pensamento computacional com crianças de 3 a 6 anos**, André Luiz Maciel Santana e André Raabe nos apresentam o conceito de pensamento computacional e a ideia de que o uso de tecnologias com o objetivo de desenvolver esse pensamento possibilita às crianças o aprendizado por meio de erros e acertos, ampliando a capacidade de resolver problemas em diversos níveis de dificuldade. Além disso, discorrem sobre o construcionismo proposto por Papert, o qual implica na construção do conhecimento com base na efetivação de uma ação concreta. A pesquisa buscou investigar as possibilidades de exploração do pensamento computacional como forma de estimular o desenvolvimento cognitivo e social desde a formação inicial. A principal motivação dos autores foi encontrar maneiras de combinar o processo criativo e o desenvolvimento da resolução de problemas com enfoque no pensamento computacional. Com base nisso, concluíram que as pesquisas que envolvem o pensamento computacional promovem o desenvolvimento e potencializam os sujeitos ao permitirem criar, discutir e interagir sobre aspectos tecnológicos com maior naturalidade, sendo que a cultura envolta nessas estratégias demonstra eficácia para o processo de ensino-aprendizagem.

No Capítulo 5, **Jabuti Edu: uma plataforma livre de acesso à robótica educacional**, Eloir José Rockenbach, Daniele da Rocha Schneider, Enoque Alves, Léa Fagundes e Patrícia Fernanda da Silva nos apresentam a Jabuti Edu, uma plataforma livre de robótica educacional que utiliza ferramentas controladas por computador para produzir um robô com o objetivo de ensinar programação e robótica para crianças e adolescentes. A Jabuti Edu, que utiliza o Logo como linguagem de programação, é produzida em uma impressora 3D (versão de plástico) ou em uma fresa CNC (versão em MDF), embarca um microcomputador Raspberry Pi e disponibiliza uma interface *web* de programação e administração por meio de uma rede Wi-Fi gerada pelo próprio robô. No capítulo, os autores apresentam também a comunidade Jabuti Edu, que surgiu como um espaço para reunir as pessoas que se envolvem com o projeto. A comunidade é um espaço para compartilhar informações, coordenar ações, alinhar esforços de desenvolvimento e garantir a representatividade e a aplicação da tecnologia em nível regional. Organizada em núcleos, ela congrega pessoas de um mesmo local e que são responsáveis pela articulação e pelo apoio ao projeto em seu estado, cidade, região, instituição, etc. Por fim, os autores consideram que, por ter sido desenvolvida usando tecnologias livres e por ter seu código aberto, a plataforma Jabuti Edu permite que qualquer pessoa a reproduza, sendo que ela se constitui em um importante recurso educacional que propicia situações de aprendizagem por meio da experimentação e da prática, podendo ser implementada em diferentes níveis de ensino. O capítulo nos mostra possibilidades viáveis, pois a plataforma Jabuti Edu constitui-se em uma alternativa livre para a democratização da robótica em diferentes contextos.

No Capítulo 6, **Robótica pedagógica livre e artefatos cognitivos na/para a construção do conhecimento**, Danilo Rodrigues César nos traz uma definição de robótica pedagógica livre como um conjunto de processos e procedimentos envolvidos em propostas de ensino e aprendizagem que utilizam os *kits* pedagógicos e os artefatos cognitivos com base em soluções livres e em sucatas como tecnologia de mediação para a construção do conhecimento. As soluções livres dão origem aos chamados *hardwares* livres, que constituem a robótica pedagógica livre. Com base nisso, o autor nos apresenta uma reflexão sobre as formas de desenvolvimento cognitivo a partir de artefatos cognitivos na/para a construção do conhecimento. Ele apresenta o processo de desenvolvimento cognitivo dos estudantes participantes de uma oficina de robótica pedagógica livre desenvolvida na Universidade do Estado da Bahia (Uneb), realizada de abril a julho de 2010, na qual foi construído um protótipo de roda-gigante. O processo de construção da roda-gigante foi dividido em quatro momentos: no primeiro, construção de uma roda-gigante movida por uma manivela; no segundo, foi inserido um motor elétrico contínuo para movimentá-la – sem o controle automatizado de velocidade e direção; no terceiro, o controle de direção e velocidade da roda-gigante foi automatizado a partir do uso de um *software* e de um *hardware* – e o artefato recebeu a intervenção humana para se movimentar; no quarto momento, a roda-gigante foi automatizada e não recebeu intervenção humana para se movimentar. Em conclusão, a partir das observações feitas na oficina de robótica pedagógica livre, César conclui que as atividades de construção do protótipo da roda-gigante provocaram nos estudantes experiências emancipatórias. Diante das dificuldades vivenciadas, eles superaram seus medos, suas angústias e suas inseguranças, entre outras emoções que dificultavam sua saída do espaço de acomodação, sabendo-se que as emoções interferem no processo de aprendizagem e podem acelerar ou atrasar o desenvolvimento cognitivo e que aprender com os erros faz parte do processo de aprendizagem, pois, ao vencer os obstáculos, os alunos rompem com o espaço de acomodação em busca do conhecimento.

No Capítulo 7, **Relato de experiência sobre a implementação do projeto Robótica Educacional em uma escola rural**, Anderson Szeuczuk discorre sobre o processo de implementação do projeto Robótica Educacional com GoGo Board em uma escola rural no município de Guarapuava (PR). O autor descreve a escola na qual realizou o experimento, o contexto social dos alunos, passando em seguida para o relato das atividades desenvolvidas. Na realização de atividades práticas de programação em xLogo, os alunos apresentaram muitas dificuldades em controlar/comandar a tartaruga de tela do computador. Uma das soluções encontradas foi a utilização de "tartarugas feitas com material de espuma vinílica acetinada (EVA) e palitos de sorvete, usando-se as letras "D" para identificar a direita e "E", para a esquerda. Com isso, as dificuldades de compreensão de direita e esquerda e de ângulos foram ultrapassadas. Após os trabalhos em sala de aula e no laboratório de informática, os alunos aprenderam princípios básicos de eletrônica e executaram projetos simples com baterias, motores e alguns tipos de sensores. Szeuczuk apresenta o projeto da plataforma de controle com sensores desenvolvido por uma aluna e também descreve outros diferentes projetos desenvolvidos. E, finalmente, afirma que durante a realização das atividades percebeu como a robótica educacional impactava positivamente a vida das crianças. Entretanto, por desinteresse da administração municipal, o projeto foi descontinuado, tendo sido feita a opção por outros tipos de projetos.

No Capítulo 8, **Uma aplicação da plataforma robótica Jabuti Edu como recurso pedagógico na aprendizagem de física no ensino médio**, Maria Inês Castilho e Léa Fagundes nos apresentam uma atividade de aprendizagem com a utilização da plataforma robótica Jabuti Edu, desenvolvida sob a perspectiva de *hardware* aberto e livre, com o objetivo de oportunizar aprendizagens em física e despertar a curiosidade sobre a robótica e suas implicações. O experimento por elas apresentado foi aplicado com 92 alunos do 1º ano do ensino médio de uma escola pública de Porto Alegre (RS). Além disso, uma discussão sobre os dados obtidos e uma análise qualitativa dos resultados foi feita enquanto os alunos realizavam a atividade prática para avaliar o interesse e a dedicação na realização da tarefa. As autoras destacam que, ao analisar os resultados obtidos em sua totalidade, um grande percentual dos alunos sente-se motivado a aprender física quando são realizadas práticas a partir do uso de robótica. Por fim, elas consideram que a plataforma robótica despertou a motivação necessária para a compreensão de conceitos do movimento uniforme, os quais são a base da cinemática. A aprendizagem não constitui acúmulo de conhecimentos, mas, sim, o desenvolvimento das capacidades cognitivas.

No Capítulo 9, **Da roca à máquina de costura: formação de professores, robótica livre e implantação de FabLearn em uma escola de ensino médio do Sesi-RS**, Joice Welter Ramos, Sônia Elizabeth Bier e Danielle Schio Rockenbach nos apresentam o Serviço Social da Indústria (Sesi) do Rio Grande do Sul como uma instituição que reconhece que seus jovens alunos são seres humanos protagonistas de suas vidas e, ao mesmo tempo, dos processos de sua sociedade, cultura e história. Para elas, o modelo de escola do Sesi-RS optou por metodologias ativas, nas quais a contextualização, a interdisciplinaridade e o desenvolvimento de projetos se fazem presentes. Nessa linha, apresentam um processo de formação pedagógica para as equipes escolares. Discutem todo o processo de implementação e implantação de FabLearn nas escolas do sistema Sesi-RS, destacando que, a partir de uma oficina sobre FabLearn, novas concepções sobre a exploração da tecnologia começaram a fazer parte da realidade da gerência de educação para que professores e alunos tivessem acesso à robótica livre. As autoras consideram que FabLearn não pode ficar evidenciado como um espaço, tampouco delimitado para cada turma, distribuído; ele tem de ser concebido como uma prática no desenvolvimento dos projetos. Por fim, que no processo de formação continuada de professores, especialmente em FabLearn, discussões mais aprofundadas sobre programação de computadores sejam praticadas e que seja garantido que meninas e meninos e professoras e professores tenham conhecimento e dominem a linguagem de programação.

No Capítulo 10, **Avaliação de projetos de tecnologias digitais na educação pública brasileira: experiência do programa Escolas Rurais Conectadas**, Gustavo Griolo Valentim, Juliano Bittencourt e Mariana Pereira da Silva nos dizem que a presença cada vez mais marcante das tecnologias no dia a dia das pessoas tem trazido vários questionamentos. Para abordar essa questão, os autores apresentam a experiência de uma escola participante do Programa Escolas Rurais Conectadas, da Fundação Telefônica Vivo, discutindo elementos do trabalho desenvolvido a partir do projeto na escola e também do processo avaliativo estabelecido. O projeto teve sua identidade constituída em torno de cinco princípios: (1) cocriação, (2) foco no aluno, (3) tecnologia como material para construir, (4) envolvimento do aprendiz na solução de problemas pessoalmente significativos e (5) aprendizagem genuína, proveniente do interesse. Para os autores, a experiência da escola-laboratório Escola Municipal de Ensino Fundamental Zeferino Lopes de Castro, na cidade de Viamão (RS), revelou as complexidades de um caminho no qual a presença da tecnologia digital foi disparadora de uma cadeia de transformações que vai além do uso da tecnologia, propiciando uma refundação completa da escola. Ao analisar e avaliar os dados coletados no projeto, os autores consideram a necessidade de se fortalecer processos avaliativos que não restrinjam seus valores somente ao desempenho dos alunos em testes oficiais, mas que possam estabelecer indagações avaliativas para diferentes âmbitos da cultura escolar. A avaliação por eles realizada pôde sistematizar e dar visibilidade aos resultados alcançados.

No Capítulo 11, **A Construção de experimentos remotos e a aprendizagem de jovens**, Eduardo Kojy Takahashi e Dayane Carvalho Cardoso nos trazem processos de educação informal que envolvem estudantes em projetos de desenvolvimento de produtos tecnológicos digitais, os quais contribuem para apontar novas experiências de aprendizagem que podem ser integradas ao processo formal de educação. Os autores apresentam resultados da participação de estudantes da educação básica na construção de experimentos didáticos reais que se utilizam de sensores e *displays*, que podem ser visualizados por meio de *webcam* e controlados a distância, cujo objetivo é o de realizar mensurações remotas. Nos *webLabs* são disponibilizados os experimentos, que podem ser acessados e manipulados via internet. Os autores apresentam os laboratórios de experimentação remota, acessíveis, desenvolvidos no Brasil, para a área educacional e as principais diferenças entre a experimentação *hands-on*, "mão na massa", a remota e a simulada computacionalmente. Apresentam e discutem pedagogicamente projetos de implementação de experimentos remotos no Núcleo de Pesquisa em Tecnologias Cognitivas da Universidade Federal de Uberlândia (UFU). E, por fim, consideram que a participação espontânea dos estudantes nas atividades envolvendo a experimentação remota aponta para novas proposições de experiências de aprendizagem integradas ao processo formal de educação.

No Capítulo 12, **Consórcio de laboratórios remotos para a prática da robótica educacional – LabVAD**, Fábio Ferrentini Sampaio, Leonardo Cunha de Miranda, Marcos Elia, Serafim Brandão, Maurício Nunes da Costa Bomfim, Marcos de Castro Pinto, César A. R. Bastos, Rubens Lacerda Queiroz, Paulo

Roberto de Azevedo Souza, Murilo de Araújo Bento e Raphael Netto Castello Branco Rocha nos apresentam o Grupo de Informática Aplicada à Educação (Ginape) do Instituto Tércio Pacitti de Aplicações e Pesquisas Computacionais (NCE) da Universidade Federal do Rio de Janeiro (UFRJ) em um percurso histórico de 30 anos que culminou com a criação do Laboratório Virtual Didático (LabVAD). O capítulo aborda os princípios norteadores das escolhas didático-pedagógico-tecnológicas feitas pela equipe, uma descrição detalhada da versão atual do ambiente LabVAD, bem como as principais ações e subprojetos realizados e em andamento. Os autores consideram que os próximos passos para o projeto vão na direção de expandir a diversidade de laboratórios didáticos de ciências e robótica, busca de parcerias com instituições de ensino e pesquisa de outras regiões do País e do exterior. A plataforma LabVAD encontra-se em plena operação e disponível para acesso via internet a partir de qualquer lugar e em qualquer dia e horário.

No Capítulo 13, **Robótica mole: o estado da arte e um roteiro para *makers***, Alexandre Brincalepe Campo nos traz os principais conceitos de uma nova área da robótica, a robótica mole. No capítulo são relatados casos associados a aplicações médicas, projetos de garras de robôs, exoesqueletos leves e complacentes ou outras aplicações em que as características dos robôs maleáveis são convenientes. Campo nos diz que os robôs moles possuem atuadores, sensores e sistemas de processamentos de dados e de armazenamento de energia, assim como os robôs rígidos. O robô mole incorpora uma característica que o torna mais próximo de um ser vivo, pois, fisicamente, pode ceder de modo natural aos esforços que outro corpo lhe impõe. Diversos materiais podem ser utilizados na construção dos robôs moles. Em geral, são usados elastômeros de silicone com diferentes graus de dureza. Diversas aplicações estão sendo desenvolvidas empregando conceitos estudados na robótica mole, como aplicações médicas do tipo: dispositivo mole vestível para diagnóstico quantitativo de lesões no tornozelo, dispositivo ortótico mole vestível para estimulação do movimento de chute em bebês com paralisia cerebral e órtese robótica mole para reabilitação do movimento do punho. Enfim, o autor considera que a robótica mole é uma tecnologia em expansão, e sua associação com tecnologias de IoT, sistemas embarcados e uso de novos materiais poderá resultar em aplicações inovadoras em diversas áreas, como aquelas relatadas neste capítulo na área de biodesign.

No Capítulo 14, **Um modelo de oficinas de IoT para estudantes do ensino médio**, Cassia Fernandez, Leandro Coletto Biazon, Alexandre Martinazzo, Irene Karaguilla Ficheman e Roseli de Deus Lopes nos apresentam um modelo de oficinas de IoT estruturado a partir de estratégias de aprendizagem baseada em projetos. A oficina, com duração de 16 horas, na qual foram introduzidos conceitos iniciais de programação e computação física para estudantes do ensino médio, foi desenvolvida e oferecida para 32 estudantes. Os autores apresentam no capítulo os referenciais teóricos que embasaram a proposta da oficina, os materiais utilizados e as estratégias didáticas adotadas. Além disso, relatam alguns resultados relativos às percepções dos estudantes sobre a oficina, bem como a avaliação da continuidade do trabalho nas escolas. Ao finalizar, destacam os principais resultados observados e sugerem estratégias que podem auxiliar outros educadores e pesquisadores na implantação desse tipo de oficina.

No Capítulo 15, **A experiência do grupo acadêmico de robótica ITAndroids**, Felipe Celso Reis Pinheiro, Júlio César Ferreira Filho, Luckeciano Carvalho Melo e Marcos R. O. A. Maximo nos apresentam competições acadêmicas de robótica em um contexto de utilização de robótica autônoma para a realização de tarefas sem a interferência humana. Os autores apresentam a equipe ITAndroids, proveniente de um ambiente de alunos de graduação do

Instituto Tecnológico de Aeronáutica (ITA), cuja missão é ensinar, desenvolver e pesquisar engenharia por meio de projetos de robótica. Para os autores, a ITAndroids é a equipe de referência na atualidade em competições de robótica no Brasil. Entretanto, consideram que ela ainda tem deficiências. Para eles, o próximo passo será tornar o laboratório de pesquisa tão bom quanto os melhores laboratórios das melhores universidades norte-americanas, como Massachusetts Institute of Technology (MIT), Carnegie Mellon University (CMU) e University of Pennsylvania (UPenn).

No Capítulo 16, **Sobre experiências, críticas e potenciais: computação física educacional e altas habilidades**, Marília A. Amaral, Nicollas Mocelin Sdroievski, Leander Cordeiro de Oliveira e Pricila Castelini descrevem uma parceria desenvolvida com o Instituto de Educação do Paraná Professor Erasmo Pilotto (IEPPEP) que se originou de uma demanda docente desse instituto por maneiras diferenciadas de trabalhar temáticas que extrapolam as concepções curriculares tradicionais. O capítulo debate as experiências e os aprendizados de um Programa de educação Tutorial (PET) estruturado de acordo com ações afirmativas de inclusão. Um projeto descrito pelos autores é o Roboquedo, que envolve o conceito de robótica de baixo custo na educação. Nesse projeto foi desenvolvido um artefato do tipo robô cujo objetivo era ensinar raciocínio lógico e programação para crianças de 4 a 6 anos com altas habilidades. Além disso, descrevem as oficinas de Arduino do Programa de Educação Tutorial – Computando Culturas (PET-CoCE) baseadas na construção de projetos por parte dos estudantes, envolvendo a montagem física, a escrita do código-fonte para a plataforma Arduino e a execução e observação do funcionamento do projeto. Os autores consideram que as respostas e reflexões apresentadas pelos instrutores e estudantes demonstraram o interesse e a motivação dos alunos envolvidos.

No Capítulo 17, **Programe um robô super-herói: ensinando computação física em oficinas de pais e filhos**, Christiane Gresse von Wangenheim, Aldo von Wangenheim, Fernando Santana Pacheco, Jean Carlo R. Hauck, Miriam Nathalie F. Ferreira e Daniel Dezan de Bona descrevem o processo de desenvolvimento dessas oficinas, desde a concepção até a avaliação. Isso se deu com base no uso de materiais de baixo custo, acessíveis a diferentes faixas etárias, envolvendo as famílias e motivando também as meninas a participarem das atividades. Apresentam a Iniciativa Computação na Escola, que desenvolveu oficinas de computação física para pais e filhos nas quais crianças e familiares aprendem em menos de quatro horas a programar um robô interativo utilizando uma linguagem de programação visual. Por fim, destacam que o ensino de computação por meio de oficinas de computação física com pais e filhos pode ser uma forma de ensinar e motivar com sucesso esse público em relação à área de computação. Os potenciais impactos positivos das oficinas em família vão muito além do ensino de computação. Os autores preveem a criação de um *kit* comercializável de estrutura física e de componentes de computação física.

Assim, esta obra chega aos leitores e nos presenteia com uma diversidade de pesquisas e aplicações, bem como com inúmeras metodologias sobre como os alunos aprendem utilizando a robótica em várias partes do Brasil. Percebe-se que surgem, a cada dia, vários aplicativos de aprendizagem para o desenvolvimento de atividades de robótica utilizando *tablets* e *smartphone*s, novas ferramentas eletrônicas são produzidas ao lado de ambientes de programação que ajudam a introduzir mais rapidamente, e de forma envolvente, os alunos no mundo da computação. Isso tudo tem levado ao desenvolvimento de estudos que investigam como um robô pode usar informações de conversas anteriores para promover um senso de relação ao longo do tempo, bem como a criação de robôs que colaboram com as crianças para criar histórias orais de maneira interativa, de robôs que são periféricos de computador vestíveis, de robôs sociais usados para interagir com crianças em áreas como saúde, educação, terapia e entretenimento, de robôs com recursos que auxiliam na acessibilidade de pessoas com deficiência, etc. Nessa perspectiva, devido à grande abrangência e diversidade de conteúdos apresentados, esta obra se constitui em uma importante contribuição para a área dos estudos que envolvem desenvolvimento de plataformas livres para acesso à robótica educacional, formação de professores e implantação de FabLearn, robótica mole, IoT, dentre outros interessantes tópicos. Desejo que essas contribuições cheguem também às secretarias estaduais e municipais de educação e, destas, alcancem as escolas e os estudantes da educação básica.

Boa leitura!

João Vilhete Viegas d'Abreu
Engenheiro e pesquisador. Mestre em Engenharia Elétrica: Eletrônica e Comunicações pela Unicamp. Doutor em Engenharia Mecânica: Mecânica dos Sólidos e Projeto Mecânico pela Unicamp.

PREFÁCIO

ROBÓTICA: DA FICÇÃO CIENTÍFICA PARA A SALA DE AULA

Até a década de 1990, robótica era assunto exclusivo para pesquisadores de ponta nas melhores escolas de engenharia do planeta – ou para escritores de ficção científica. Seria inimaginável pensar que crianças de 10 anos pudessem criar robôs. Foi então que um destemido grupo de pesquisadores resolveu trazer a robótica para a escola – alguns originários ou relacionados ao grupo de Seymour Papert do Massachusetts Institute of Technology (MIT) Media Lab, como Fred Martin, Mitchel Resnick e Steve Ocko, além de Edith Ackermann, Allison Druin, Robbie Berg, Brian Silverman e Bakhtiar Mikhak, e outros oriundos de grupos que tinham a eletrônica como *hobby* ou vindos da indústria.

A ideia era desenhar dispositivos que escondessem grande parte da complexidade da construção de dispositivos robóticos, o que tornou a robótica muito mais acessível. O princípio era semelhante ao que havia sido feito com a linguagem de programação Logo. Em vez de despender dezenas de horas ensinando crianças a programar usando linguagens "para adultos", por que não desenvolver novos tipos de linguagens e dispositivos especialmente para elas? As tartarugas Logo de Wally Feurzeig, Seymour Papert e Cynthia Solomon, que inspiraram gerações de professores e estudantes, tornavam tangíveis os comandos desenvolvidos pelas crianças por meio da exploração de ângulos e formas geométricas vivos e perceptíveis, ressignificando a matemática "no papel" e a transformando em matéria dinâmica, fluida e manipulável.

Esse processo, aliás, é comum em vários campos do conhecimento, como é o caso das artes plásticas. Há duzentos anos, metade do trabalho de um artista plástico era produzir suas próprias tintas, telas e pincéis. Algumas cores exigiam pigmentos extraídos de minerais raríssimos, só encontrados em regiões distantes. Naquela época, poucos imaginariam que uma criança iria poder comprar um *kit* de artes com dezenas de cores de tintas e tipos de pincéis, e que tais materiais seriam usados diariamente em escolas. Quando decidimos que queríamos ensinar pintura nas escolas, tratamos de focar na expressividade e na criação – e não na complicada extração de pigmentos. Da mesma forma, os primeiros *kits* de robótica, como Lego Mindstorms, MIT Cricket, BASIC Stamp e GoGo Board, transformaram uma atividade complexa e inacessível em uma realidade possível na escola, usando um princípio de *design* que alguns pesquisadores chamam de *glassboxing/blackboxing* (caixas de vidro/caixas pretas, HMELO-SILVER; DUNCAN; CHINN, 1996)* ou *selective exposure* (exposição seletiva, BLIKSTEIN, 2015).**

---

* HMELO-SILVER, C. E.; DUNCAN, R. G.; CHINN, C. A. Scaffolding and achievement in problem-based and inquiry learning: a response to Kirschner, Sweller, and Clark (2006). *Educational Psychologist*, 42(2), 99-107.

** BLIKSTEIN, P. Computationally enhanced toolkits for children: historical review and a framework for future design. *Foundations and Trends® in Human–Computer Interaction*, v. 9, n. 1, p. 1-68, 2015. Disponível em: https://www.nowpublishers.com/article/Details/HCI-057. Acesso em: 14 jun. 2019.

Assim, em vez de expor toda a complexidade de uma tarefa técnica de uma única vez, o que a pesquisa recomenda é que *designers* façam uma análise cuidadosa dos níveis de abstração e dos objetivos de aprendizagem e tentem "esconder" detalhes técnicos que não se encaixem nesses objetivos. Por exemplo, se o objetivo de aprendizagem é ensinar os princípios de programação e controle, não faz sentido que as crianças tenham que passar horas tentando entender outros detalhes técnicos como polaridade, resistência ou capacitância. É preciso escolher cuidadosamente os objetivos de aprendizagem, ter certeza de que eles são adequados ao nível de desenvolvimento da criança e usar o princípio de exposição seletiva, ou seja, encapsular o restante em "caixas pretas" – que podem ser abertas mais tarde. É essa a ideia que está por trás das plataformas de tecnologia educacional de maior sucesso, como as linguagens de programação Logo, Alice, Scratch, Boxer e NetLogo. Na linguagem de programação Scratch, os blocos são pequenas "caixas pretas", e seus níveis de abstração e complexidade foram cuidadosamente escolhidos com base em anos de pesquisa.

OUTROS PRINCÍPIOS DE *DESIGN* E A "RECEITA SECRETA" DO TIME DE PAPERT

Entretanto, sabemos que nem toda tecnologia educacional segue esse princípio das "caixas pretas". Ainda hoje, alguns *kits* de robótica são versões levemente modificadas de produtos usados por adultos, expondo as crianças ao mesmo nível de complexidade. O princípio, nesse caso, é diferente e parte da ideia de que as crianças devem aprender a usar o quanto antes as ferramentas do mundo adulto, seja para um aprofundamento futuro ou para sua preparação para o mercado de trabalho. Mas esse princípio de "preparação para o mundo do trabalho" mostrou-se ineficaz em estudos empíricos por estender demais o tempo necessário para o aprendizado básico do *kit* (SADLER; AQUINO SHLUZAS; BLIKSTEIN, 2017).* Se um aluno precisa de uma hora para fazer um LED piscar, isso é um bom alerta de que não vai haver tempo suficiente para chegar muito longe dentro do período normalmente disponível na escola. Nesse caso, a falta de um *design* específico para crianças torna o trabalho docente ainda mais difícil, diminuindo as chances de sucesso na escola.

Outro princípio de *design* questionado é a simplificação exagerada ("Síndrome do Chaveiro", BLIKSTEIN, 2013),** que resulta em produtos que exigem pouco engajamento cognitivo do aluno. Os *kits* fazem quase tudo pela criança, dando a impressão equivocada de que ela está no controle, quando está apenas seguindo instruções ou criando produtos padronizados. Embora atualmente exista uma explosão de produtos de robótica, muitos deles ainda confundem engajamento cognitivo com diversão – um tema abordado por Papert (2002)*** quando comenta sobre *fun* versus *hard fun*. Tornar a robótica fácil demais, muitas vezes como estratégia de *marketing* para vender produtos para pais e escolas, acaba por privar os alunos dos maiores benefícios da tecnologia.

Portanto, na história da robótica, a qualidade do *design* é fundamental – cada boa ideia de *design* diminui o tempo necessário para que os alunos compreendam a tecnologia, aumentando o tempo efetivo para criação. E cada simplificação exagerada esconde dos alunos etapas que poderiam levar a aprendizados sig-

---

* SADLER, J.; AQUINO SHLUZAS, L.; BLIKSTEIN, P. Building blocks in creative computing: modularity increases the probability of creative prototyping success. *IJDCI International Journal of Design Creativity and Innovation*, p. 1-17, 2017.
**BLIKSTEIN, P. Digital fabrication and 'making' in education: the democratization of invention. In: BÜCHING, C., WALTER-HERRMANN, J. (ed.). *FabLabs*: of machines, makers and inventors. London:Transcript Publishers, 2013.
*** PAPERT, S. Hard fun. *Bangor Daily News*, 2002. Disponível em: http://www.papert.org/articles/HardFun.html. Acesso em: 14 jun. 2019.

nificativos. E o time de Papert entendeu isso perfeitamente. Não é à toa que tantas tecnologias desenvolvidas por Papert e seus seguidores têm um *design* tão eficaz e uma penetração tão ampla. O "ingrediente secreto" do MIT Media Lab, nas décadas de 1980 e 1990, foi colocar engenheiros, educadores e psicólogos no mesmo ambiente, em condições de igualdade. O próprio Papert, que passou cinco anos com Piaget, sabia da importância dos estudos em psicologia do desenvolvimento e atraiu, ao longo dos anos, professores e alunos com formações ecléticas em tecnologia, ciência da computação, *design*, psicologia, educação e arte (inclusive o brasileiro José Valente). Nesse ambiente, engenheiros não tinham a última palavra no *design*, pelo contrário, as soluções tecnológicas passavam pelo crivo daqueles que trabalhavam com crianças e de cientistas cognitivos. Esse "ingrediente secreto" deveria servir como exemplo e inspiração para jovens pesquisadores, principalmente em escolas de engenharia e computação: bom *design* educacional não existe sem a participação igualitária de pesquisadores que entendem de educação.

UMA HISTÓRIA RICA E SIGNIFICATIVA

A robótica educacional tem, portanto, uma história significativa para quem a pesquisa, para quem a pratica nas escolas e para os estudantes brasileiros. Ela é uma das experiências mais inovadoras e ricas na história das tecnologias educacionais, e os capítulos desta obra trazem exatamente essa riqueza e relevância para o leitor. Mas, afinal de contas, quantas robóticas educacionais existem?

Ao longo das últimas décadas, muitas novas tecnologias e currículos de robótica educacional foram desenvolvidos, diminuindo seu custo, levando-a para estudantes ainda mais jovens, regiões mais remotas e permitindo aplicações cada vez mais inovadoras. Neste livro, temos vários exemplos de trabalhos que revelam essa diversidade de tecnologias e abordagens, e toda a riqueza do aprendizado construcionista desenvolvido nas grandes metrópoles, nas escolas rurais, em universidades e em espaços informais. Autoras e autores nos apresentam, com o orgulho de quem constrói junto com alunas e alunos, experiências intensas em trabalho em grupo, curiosidade, descoberta e emancipação.

Assim, essa grande diversidade criou várias abordagens para o uso da robótica, que estão presentes em cada capítulo. Elas se dividem, de maneira geral, em quatro grandes categorias:

- **A robótica como ferramenta para abrir a "caixa-preta" das tecnologias contemporâneas.** Muitas das experiências dos jovens com tecnologia ainda os colocam como usuários de dispositivos, especialmente em um tempo em que conceitos como computação em nuvem e dispositivos inteligentes ganham notoriedade. Provemos "entradas" para um sistema que processa a informação e oferece respostas. Mas o que acontece dentro das máquinas, dos sistemas, das "coisas" tecnológicas? Esse mundo invisível é, cada vez mais, misterioso e distante. Um dos grandes benefícios da robótica é exatamente mostrar como uma entrada é capturada (p. ex., uma imagem ou dados de um sensor), processada, executada e devolvida para quem "comanda". Ao abrir um equipamento eletrônico, ao ter nas mãos interfaces abertas como GoGo Board e Arduino, ao cortar cabos, ao ligar conectores, o aluno está abrindo a caixa-preta e percebendo que, na verdade, são pessoas que comandam a robótica. Os estudantes percebem, no melhor estilo freireano, que não estão cercados de objetos opacos e fechados, mas de dispositivos abertos à inspeção, ao entendimento e à transformação.
- **A robótica como ferramenta de construção de máquinas digitais.** O "olhar para dentro" da máquina tem um segundo

objetivo: fazer o aluno entender quando ele precisa ir além de "abrir a caixa preta" e, de fato, construir a sua própria máquina. A maioria dos dispositivos eletrônicos que usamos é desenhada para ser fácil de usar: *designers* passam anos tentando criar interfaces que exigem o menor esforço cognitivo possível. Na robótica, entretanto, pouca coisa está pronta e não basta "clicar" para fazer algo acontecer. A robótica é um convite a um novo tipo de experiência com tecnologia, em que as coisas não estão prontas e raramente funcionam da primeira vez. É um convite ao erro produtivo, à reflexão, ao depuramento (*debugging*), em vez de simplesmente admirar as máquinas e imaginar que seus criadores são "gênios", os estudantes percebem que máquinas são construídas por seres humanos normais, pessoas que, um dia, tiveram as mesmas dúvidas, passaram horas e horas sentadas em um laboratório, erraram e tentaram de novo. Nesse processo imperfeito de criação de invenções, com solda, sensores e várias "coisas" eletrônicas aparentemente misteriosas, nossos estudantes têm a oportunidade única de entender mais não apenas sobre tecnologia, mas como cientistas, engenheiros e programadores trabalham – percebendo-se não mais somente como consumidores, mas como produtores de tecnologia.

- **A robótica como base para a construção de ideias.** Quantas ideias temos por dia? E quantas colocamos em prática? A distância entre intenção e gesto, nesse caso, é diretamente proporcional ao domínio das ferramentas de criação. Um pintor, um *chef* ou um poeta não podem se considerar como tal se não dominam os meios que permitem a expressão de suas ideias. Quando temos uma ideia para uma invenção, como ela sairá da cabeça e será construída, testada, expandida? No campo das invenções tecnológicas, a robótica nos convida não só a sonhar e a ter ideias, mas em colocar em prática, a levar para o mundo a riqueza de nossa imaginação, criando um espaço na escola para a curiosidade, o diálogo e a criação de soluções.

- **A robótica como ambiente individual e colaborativo.** A robótica na educação é um ambiente rico para o aprendizado individual, mas também colaborativo. Ela é uma atividade em que os alunos, sozinhos ou em grupo, com seus professores, estão explorando e vivenciando novas tecnologias. É uma atividade apropriada tanto para momentos de reflexão e introspecção individual – quando submergimos em uma exploração profunda de nossas construções – quanto para grupos, em que o trabalho colaborativo é fundamental. Trazendo diferentes competências para a mesa, os alunos aprendem uma das mais importantes competências do século XXI: concordar e divergir em equipe, respeitando as diferenças. A dinâmica do trabalho em sala de aula sobre a robótica tira os alunos do formato tradicional de cadeiras enfileiradas e de provas que recompensam o desempenho individual, e tira também o professor de seu papel convencional.

Nossa obra coletiva buscou exemplos e experiências significativas em várias partes do Brasil. Nossa intenção foi mostrar que tudo isso é possível na educação pública. *Robótica educacional: experiências inovadoras na educação brasileira* mostra que há grupos de pesquisa, conhecimento produzido, experiências significativas e plataformas de robótica no Brasil que podem chegar às escolas públicas – um convite a quem se preocupa em desenvolver e implementar políticas públicas de tecnologia na educação no Brasil. Uma política pública efetiva nessa área precisa se preocupar com os temas trazidos por esta obra: a pedagogia, os percursos formativos, as potencialidades, as dificuldades, os equipamentos que fazem a robótica educacional em diversas iniciativas no País. Todos os dias, nossas secretarias de educação fazem escolhas que afetarão a vida de milhares de alunos, muitas vezes sem acesso à pesquisa na área. Essas decisões poderiam encontrar maior suporte nas produções acadêmicas brasileiras, na ciência da computação, na engenharia, na educação e nas entidades que fazem parte da estrutura a serviço do público. E temos trabalhos aqui sobre todas essas áreas: plataformas abertas, ações com estudantes e famílias, novos tipos de tecnologias para robótica, trabalho em escolas rurais, no Serviço Social da Indústria (Sesi) e nas universidades.

Aqui são apresentadas várias experiências que ajudarão a lidar com esses desafios. Nossas autoras e autores discutem Paulo Freire (Capítulo 1); as dissertações e teses de robótica (Capítulos 2); experiências com a Br-GoGo (versão brasileira da GoGo Board) em projetos de pesquisa universitários e também com brinquedos de programar em escolas e universidades (Capítulos 3 e 4). Os Capítulos 6 e 7 nos levam ao fascinante mundo da robótica aberta e do *software* livre. O capítulo 7 também traz, assim como o 10, experiência de robótica com sucata e avaliação de projetos em escolas rurais. Nos Capítulos 8 e 9 temos duas histórias da robótica educacional no Rio Grande do Sul, um estado pioneiro em tecnologias livres e em abertura de "caixas pretas" tecnológicas. Os Capítulos 11 e 12 mostram como trabalhar remotamente com robótica. Os Capítulos 13 e 14 são referência na aplicação de robótica em conceitos emergentes das tecnologias modernas, como novos materiais e internet das coisas. O Capítulo 15 mostra como é o trabalho em equipes de robótica, o Capítulo 16 discute a robótica como opção para grupos excluídos do cotidiano escolar (como pessoas com altas habilidades), e o Capítulo 17 traz um exemplo do envolvimento das famílias com a robótica.

E para concluir, esta obra também nos mostra que ainda temos um longo caminho a percorrer: queremos mais mulheres na computação e nas engenharias, queremos mais representatividade de cor, de gênero, de perfil socioeconômico, queremos que crianças e jovens tenham na escola um lugar de vivência, criação e abertura de uma visão construtiva, crítica e ampla para o mundo. Queremos que o Brasil vivo, aquele que inventa, modifica, monta e demonstra, que é curioso, criativo, ousado, independente e respeitado pela capacidade de um povo diverso, tenha na robótica mais um campo de expansão, de construção e de liberdade. Para nós, o Brasil tem todas as características de uma educação que, dentro de muitas contradições e contratempos, está destinada a mudar a vida dos brasileiros. Paulo Freire, eterno patrono da educação brasileira, falava da importância da educação como caminho para realizar a nossa vocação ontológica de "ser mais", de mudar o mundo. A robótica, na perspectiva freireana, é um instrumento poderoso para passar da "consciência do real" para a "consciência do possível". Ela nos permite perceber, nas imperfeições do mundo, oportunidades para invenção, criação, construção. Ela nos faz olhar a tecnologia como um instrumento para emancipação e para ajudar o próximo e não para opressão em escala industrial. Ironicamente, enquanto a educação tradicional robotiza nossos alunos, a robótica educacional os humaniza cada vez mais.

Rodrigo Barbosa e Silva
Paulo Blikstein
Orgs.

SUMÁRIO

Parte I – EDUCAÇÃO E MEDIAÇÕES TECNOLÓGICAS

1. Não há computação sem suputares: valores necessários ao poder, ao fazer, ao querer e ao saber computar 3
   Luiz Ernesto Merkle

2. Investigação em robótica na educação brasileira: o que dizem as dissertações e teses 21
   Flavio Rodrigues Campos | Gláucio Carlos Libardoni

3. Uma experiência de implementação de robótica e computação física no Brasil 46
   João Vilhete Viegas d'Abreu | Josué J. G. Ramos | Anderson Pires Rocha
   Guilherme Bezzon | Simone Xavier | José Luis de Souza

4. Uma revisão sistemática do uso de brinquedos de programar e *kits* robóticos: pensamento computacional com crianças de 3 a 6 anos 65
   André Luiz Maciel Santana | André Raabe

Parte II – ROBÓTICA LIVRE

5. Jabuti Edu: uma plataforma livre de acesso à robótica educacional 77
   Eloir José Rockenbach | Daniele da Rocha Schneider
   Enoque Alves | Léa Fagundes | Patrícia Fernanda da Silva

6. Robótica pedagógica livre e artefatos cognitivos na/para a construção do conhecimento 95
   Danilo Rodrigues César

Parte III – RELATOS

7. Relato de experiência sobre a implementação do projeto Robótica Educacional em uma escola rural 113
   Anderson Szeuczuk

8. **Uma aplicação da plataforma robótica Jabuti Edu como recurso pedagógico na aprendizagem de física no ensino médio** 118

   Maria Inês Castilho | Léa Fagundes

9. **Da roca à máquina de costura: formação de professores, robótica livre e implantação de FabLearn em uma escola de ensino médio do Sesi-RS** 125

   Joice Welter Ramos | Sônia Elizabeth Bier | Danielle Schio Rockenbach

10. **Avaliação de projetos de tecnologias digitais na educação pública brasileira: experiência do programa Escolas Rurais Conectadas** 137

    Gustavo Giolo Valentim | Juliano Bittencourt | Mariana Pereira da Silva

Parte IV – LABORATÓRIOS VIRTUAIS

11. **A construção de experimentos remotos e a aprendizagem de jovens** 151

    Eduardo Kojy Takahashi | Dayane Carvalho Cardoso

12. **Consórcio de laboratórios remotos para a prática da robótica educacional – LabVAD** 169

    Fábio Ferrentini Sampaio | Leonardo Cunha de Miranda | Marcos Elia | Serafim Brandão
    Maurício Nunes da Costa Bomfim | Marcos de Castro Pinto | César A. R. Bastos
    Rubens Lacerda Queiroz | Paulo Roberto de Azevedo Souza | Murilo de Araújo Bento
    Raphael Netto Castello Branco Rocha

Parte V – PRÁTICAS EMERGENTES E EM GRUPOS

13. **Robótica mole: o estado da arte e um roteiro para *makers*** 193

    Alexandre Brincalepe Campo

14. **Um modelo de oficinas de IoT para estudantes do ensino médio** 211

    Cassia Fernandez | Leandro Coletto Biazon | Alexandre Martinazzo
    Irene Karaguilla Ficheman | Roseli de Deus Lopes

15. **A experiência do grupo acadêmico de robótica ITAndroids** 228

    Felipe Celso Reis Pinheiro | Júlio César Ferreira Filho
    Luckeciano Carvalho Melo | Marcos R. O. A. Maximo

Parte VI – DEMOCRATIZAÇÃO E INSERÇÃO DE MINORIAS

16. **Sobre experiências, críticas e potenciais: computação física educacional e altas habilidades**.................................. 251

    Marília A. Amaral | Nicollas Mocelin Sdroievski
    Leander Cordeiro de Oliveira | Pricila Castelini

17. **Programe um robô super-herói: ensinando computação física em oficinas de pais e filhos** 276

    Christiane Gresse von Wangenheim | Aldo von Wangenheim
    Fernando Santana Pacheco | Jean Carlo R. Hauck
    Miriam Nathalie F. Ferreira | Daniel Dezan de Bona

PARTE I

EDUCAÇÃO E MEDIAÇÕES TECNOLÓGICAS

NÃO HÁ COMPUTAÇÃO SEM SUPUTARES:
valores necessários ao poder, ao fazer, ao querer e ao saber computar

Luiz Ernesto Merkle

POR QUE NÃO HÁ COMPUTAÇÃO SEM A CONCRETUDE DOS SUPUTARES

Tomei uma primeira licença na escolha do título deste capítulo ao escolher o verbo suputar*, sinônimo de computar, e substantivá-lo, utilizando-o no plural. Educadores cotidianamente avaliam, estimam, mensuram, calculam, enfim, suputam o aprendizado de suas e seus estudantes. Em tais processos, fazem uso de meios diretos ou indiretos, de processos objetivos ou subjetivos, de modo mais participativo ou mais hierárquico, em uma miríade de possibilidades e alternativas. Utilizo suputar como provocação à área do conhecimento da Computação, como desafio à sua comunidade, e por isso sua grafia em letra maiúscula.

Trata-se de um desafio porque entendo que muitas das formas e atividades de computar/suputar ainda estão por ser reconhecidas como computação/automação. Pessoas, em quaisquer culturas, computam, consideram, estimam, etc., façam ou não uso de computadores eletroeletrônicos, calculadores mecânicos, réguas, graminhos, o próprio corpo, de modo manual, automático ou automatizado. Postulo que reconhecer tais computares/suputares é de responsabilidade da área do conhecimento que se dedica ao estudo das atividades de computar. Coetaneamente, suputar, no sentido de poder levar em conta e de ser levado em conta, deveria ser um direito de todo ser humano.

Forjo tal termo no plural – suputares – de modo a reconhecer a multiplicidade e diversidade das atividades de computar, de modo que possam ser associadas a cada pessoa, a cada uso, em suas individualidades, demandas e momentos. Não se trata de uma categoria universal, de uma essência que possa abstrair as particularidades de uma pessoa ou máquina, tal como postula o termo computabilidade, que tem outro propósito. Todo trabalhador computa, embora nem sempre seja considerado, e a Computação deveria ser capaz de levar em conta, reconhecer, considerar todos seus suputares como válidos, como dignos. Ainda não o faz, talvez por ser uma área do conhecimento ainda em sua infância, a ser trabalhada rumo ao amadurecimento, alimentada pela concretude dos fenômenos que se dedica a estudar.

Adicionalmente, tomei uma segunda grande licença neste capítulo, ao trazer os ensina-

---

*Suputar vem do latim *supputare*. É verbo transitivo direto e sinônimo de calcular, computar, assim como em espanhol. Em latim, também significa podar ou aparar, o que pode ser importante para o significado que aqui se pretende denotar, pois implica escolhas e descartes. Em francês também significa avaliar indiretamente por um cálculo; estimar o valor de algo; ou avaliar empiricamente, geralmente aplicado a uma situação futura.

mentos do educador Paulo Freire para a área da Computação. Foi por meio de Freire, de sua pedagogia da autonomia, que iniciei uma reflexão no final da década de 1990 sobre os modelos bancários que regem tal área. Trago, assim, a educação para a Computação, acreditando que existem múltiplas vias que ligam essas áreas, ainda pouco exploradas em suas interseções.

Paulo Freire (1996), em *Pedagogia da autonomia: saberes necessários à prática educativa*, apresenta um conjunto de reflexões e perspectivas que são importantes para profissionais da educação, em especial pela forma como ele problematiza tais atividades, tecendo críticas sobre como são em geral compreendidas: (i) a separabilidade das esferas do ensinar e do aprender, considerando-as como atividades profundamente interdependentes; (ii) a unidirecionalidade da comunicação, propondo a dialogicidade como caminho necessário; e (iii) a aceita neutralidade e universalidade da educação, mostrando-a necessariamente interessada e contingente, como toda atividade humana. Neste capítulo, meu objetivo é transpor parte desses ensinamentos (FREIRE, 1996) para o estudo, para a problematização e para o alargamento do que se compreende hoje como atividades de computar, com o intuito de tensionar algumas fronteiras das áreas de Computação e automação, entre outras. Parto do princípio que os computadores incluem um conjunto mais amplo de atividades – as quais envolvem tecnologias computacionais e de automação – do que as atuais fronteiras de interesse de tais áreas reconhecem, valorizam e circunscrevem canonicamente como delimitadoras de seus domínios, como brevemente já comentei.

Os fenômenos associados aos computares extrapolam o estudo, a construção e a implantação de computadores de maquinismos, programas e procedimentos, de sistemas e de processos computacionais, ou próximos a estes (NEWELL; PERLIS; SIMON, 1967), como expresso em uma das primeiras publicações que defenderam a institucionalização da ciência da computação na academia.

Os computadores na vida, por um lado, e a computação nas ciências, nas tecnologias e nas artes, por outro, não têm a mesma pegada* junto às sociedades. A Computação, como área, ainda tem muito a amadurecer para dar conta de suas implicações e desdobramentos junto às sociedades. Precisa ser ampliada, enriquecida com base na diversidade de fenômenos de computar existentes ou ainda a existir, que chamo, como já mencionado, de suputares ou computares.

No que concerne a esta obra, sobre robótica e computação física na educação brasileira, é possível afirmar que algumas iniciativas de movimentos, como a construção exploratória (*maker*) ou a bricolagem concreta (*hacker*), são estruturais em alguns foros e para algumas comunidades, embora sejam pautadas por diferentes agendas, conectadas mais fortemente à produção inovadora e à viabilização econômica, à contestação ou à resistência contra-hegemônicas, ao ensino e à aprendizagem, ao empoderamento e ao reconhecimento de grupos subalternizados, entre outras razões. Cada uma a seu modo, em que pese sombreamentos, tensionam algumas fronteiras epistemológicas de certas áreas do conhecimento, seja a Computação, a automação, ou uma expressão de sua conjunção na robótica, seja de áreas como os estudos da cibercultura, da comunicação, etc. Na prática, entretanto, tais delimitações disciplinares, embora atraiam diferentes pessoas, e permitam a construção de diferentes identidades, não se sustentam historicamente. As fronteiras do computar, a abrangência dos suputares estão em constante atualização, o que demanda constante atualização das áreas que os empregam ou estudam.

Por exemplo, a separação entre *hardware*, *software* e sistemas e suas abstrações, quase ca-

---

*O termo "pegada" é utilizado neste contexto tal como em pegada ecológica (em inglês, *ecological footprint*), que remete à abrangência de certo fenômeno.

nônica, embora controversa, pode ser correlacionada a divisões profissionais do trabalho e da própria academia, que segmenta e especializa diferentes formações profissionais, cujas identidades estão associadas a atividades projetuais, de desenvolvimento, implantação, uso, manutenção e ou descarte. Tais identidades e suas respectivas profissões podem ser associadas à dissociação de perfis, tais como os de projetistas e utentes*(usuários), e entre o que os define ou exclui, e suas respectivas atividades. Áreas como engenharia, ciências, tecnologia geralmente são vistas como desenvolvedoras, enquanto áras como administração, educação, comunicação, antropologia, sociologia e uma miríade de outras, como usuárias.

Embora Paulo Freire não discorra extensivamente sobre informática em sua obra, suas reflexões no campo da pedagogia se mostram muito pertinentes como fundamentos para uma discussão de tais separações, divisões, normativas, por vezes sugestivas, em muito compulsórias. De modo metafórico, a partir dos questionamentos de Freire a respeito das tendências neoliberais naquele pequeno, mas importante, texto, que podem ser correlacionadas à educação bancária da *Pedagogia do oprimido* (FREIRE, 1987), pode-se fazer o exercício de trazer tais reflexões da educação para se pensar sobre os computadores.

Considero tal perspectiva exploratória pertinente ao contexto de iniciativas educacionais cujas propostas, em parte, articulam diferentes formas e práticas de computar, que recorrentemente questionam, por exemplo, a primazia do saber frente ao fazer, das ideias e abstrações em contraposição à concretude dos manuseios, que reconhecem que aprendizes ou utentes, com autonomia e liberdade, podem e vão além daquilo que é reconhecido, previsto ou normatizado por docentes, pesquisadores e profissionais. Informatizações, computerizações, automatizações em geral envolvem relações de poder, desejos, conhecimentos práticos e teóricos, interesses e limitações que precisam ser considerados, contabilizados, esclarecidos e compreendidos pelas disciplinas tradicionalmente ligadas ao computacional, ao digital, ao controle e à supervisão.

Esse exercício de transposição de alguns dos ensinamentos de Freire para o estudo dos computadores se dá no contexto de um projeto de mais longo prazo em que trabalho temas discutidos pelo pensador brasileiro Álvaro Vieira Pinto sobre tecnologia e cibernética (VIEIRA PINTO, 2005a), escritos nas décadas de 1960-70. São identificados vários conceitos de Vieira Pinto neste livro e na obra de Freire, mas não há espaço aqui para discorrer sobre eles ou sobre a potencial contribuição do pensamento de um para com o outro, e vice-versa (BARDANACHVILI; PAIVA, 2001; ALENCAR, 2009; FÁVERI, 2014).

Contudo, é importante pontuar que Vieira Pinto (1960a, 1960b) questiona profundamente os usos ingênuos, em detrimento dos críticos, de termos e conceitos caros à Computação, como os de "era tecnológica", "máquinas pensantes", "revolução cibernética", "programação" (VIEIRA PINTO, 2005a, 2005b). Ele reforça o caráter social situado e histórico do conhecimento, da informação e da inteligência, apontando que uma compreensão dialética do que esse autor ainda chamava de cibernética seria necessária para seu posterior aprimoramento. Se ampliada, também poderia contribuir para aprimorar noções de aprendizagem e problematizar as relações entre as tecnologias, a existência, o trabalho e as relações entre as classes sociais na cultura e na história.

De volta a Freire, na coluna da esquerda do **Quadro 1.1**, é apresentado parte do Sumário de *Pedagogia da autonomia* (FREIRE, 1996), e, na coluna da direita, a transposição

---

*Pessoalmente, dou preferência ao termo utente, em contraposição a usuário, por não ter uma associação clara com o gênero masculino. Faço-o com o intuito de favorecer uma diversificação da força de trabalho em termos de classe, raça e etnia, sexualidade, gênero, corporalidade e outras clivagens que ainda limitam e filtram quem computa e quem usa computadores.

QUADRO 1.1 Pedagogia da autonomia de Freire transposta para uma informática da autonomia

Excerto do Sumário original de *Pedagogia da autonomia*, de Paulo Freire (FREIRE, 1996, p. 7-9)	Transposição da pedagogia da autonomia a uma informática da autonomia
	Por uma informática da autonomia: saberes necessários às práticas computacionais
1. Capítulo I: Não há docência sem discência	1. Não há computação sem computares ("Não há docência sem discência")
1.1. Ensinar exige rigorosidade metódica	1.1. Computar exige rigorosidade metódica
1.2. Ensinar exige pesquisa	1.2. Computar exige pesquisa
1.3. Ensinar exige respeito aos saberes dos educandos	1.3. Computar exige respeito aos saberes de participantes e trabalhadores
1.4. Ensinar exige criticidade	1.4. Computar exige criticidade
1.5. Ensinar exige estética e ética	1.5. Computar exige estética e ética
1.6. Ensinar exige a corporificação das palavras pelo exemplo	1.6. Computar exige a corporificação das palavras pelo exemplo
1.7. Ensinar exige risco, aceitação do novo e rejeição a qualquer forma de discriminação	1.7. Computar exige risco, aceitação do novo e rejeição a qualquer forma de discriminação
1.8. Ensinar exige reflexão crítica sobre a prática	1.8. Computar exige reflexão crítica sobre as práticas
1.9. Ensinar exige o reconhecimento e a assunção da identidade nacional	1.9. Computar exige o reconhecimento e a assunção das identidades nacionais
2. Capítulo II: Ensinar não é transferir conhecimento	2. Computar não é implantar computadores, não é computerizar ou automatizar ("Ensinar não é transferir conhecimento")
2.1. Ensinar exige consciência do inacabamento	2.1. Computar exige consciência do inacabamento
2.2. Ensinar exige o reconhecimento de ser condicionado	2.2. Computar exige o reconhecimento de ser condicionado
2.3. Ensinar exige respeito à autonomia do ser do educado	2.3. Computar exige respeito à autonomia das pessoas que computam
2.4. Ensinar exige bom-senso	2.4. Computar exige bom-senso
2.5. Ensinar exige humildade, tolerância e luta em defesa dos direitos dos educadores	2.5. Computar exige humildade, tolerância e luta em defesa dos direitos de participantes e trabalhadores
2.6. Ensinar exige apreensão da realidade	2.6. Computar exige apreensão da realidade
2.7. Ensinar exige alegria e esperança	2.7. Computar exige alegria e esperança
2.8. Ensinar exige a convicção de que a mudança é possível	2.8. Computar exige a convicção de que a mudança é possível
2.9. Ensinar exige curiosidade	2.9. Computar exige curiosidade
3. Capítulo III: Ensinar é uma especificidade humana	3. Computar é uma especificidade humana ("Ensinar é uma especificidade humana")
3.1. Ensinar exige segurança, competência profissional e generosidade	3.1. Computar exige segurança, competência profissional e generosidade
3.2. Ensinar exige comprometimento	3.2. Computar exige comprometimento
3.3. Ensinar exige compreender que a educação é uma forma de intervenção no mundo	3.3. Computar exige compreender que a computação é uma forma de intervenção no mundo
3.4. Ensinar exige liberdade e autoridade	3.4. Computar exige liberdade e autoridade

(*Continua*)

QUADRO 1.1 Pedagogia da autonomia de Freire transposta para uma informática da autonomia (*Continuação*)	
Excerto do Sumário original de *Pedagogia da autonomia*, de Paulo Freire (FREIRE, 1996, p. 7-9)	**Transposição da pedagogia da autonomia a uma informática da autonomia**
3.5. Ensinar exige tomada consciente de decisões	3.5. Computar exige tomada consciente de decisões
3.6. Ensinar exige saber escutar	3.6. Computar exige saber escutar
3.7. Ensinar exige reconhecer que a educação é ideológica	3.7. Computar exige reconhecer que a computação é ideológica
3.8. Ensinar exige disponibilidade para o diálogo	3.8. Computar exige disponibilidade para o diálogo
3.9. Ensinar exige querer bem aos educandos	3.9. Computar exige querer bem aos participantes

dessa pedagogia freireana para uma computação da autonomia. Neste capítulo, serão abordados apenas os nove subitens do Capítulo 1, em função das limitações de espaço.

As leituras de Freire são complementadas com as de Vieira Pinto, em razão do entrelaçamento de conceitos que elas apresentam. Entretanto, neste breve capítulo, serão abordados panoramicamente apenas os enunciados de Freire, visto que são suficientes para delinear uma futura computação pautada na autonomia, fundamentada na liberdade, e que seja crítica, democrática e cidadã. Alerta-se, porém, para as limitações de um estudo programático. Trata-se de um primeiro pequeno passo, comparado a um trabalho que requer uma trajetória mais longa.

Assim como para Freire, trata-se de um projeto, de uma visão, com vistas a traçar uma educação progressista, não bancária, dialógica, problematizadora, enriquecida pelos computares, mas não exclusiva a tal mediação, atividade e funcionamento simbólico material. Passa-se, agora, à análise do Capítulo 1 de Freire e suas nove seções.

Não há computação sem computar ("Não há docência sem discência")

Os fenômenos e as atividades associadas ao computar como atividade humana ainda não foram estudados a contento em sua totalidade, tanto em amplitude como em profundidade, pelas áreas do conhecimento sob o termo computação, ou, em inglês, *computing*. Tal parecer não é recente, pois já foi afirmado (DENNING; METCALFE, 1997) que tal área ia muito além das "calculações".

Entretanto, tal como na pedagogia analisada por Freire (1996), a computação também se desenvolveu com maior foco em alguns objetos e temas de estudo, frente a outros, e, assim, acabou por amadurecer basilada por alguns interesses, por favorecer alguns objetos de estudo, e não outros.

Vale relembrar que a interpretação corrente do termo computação geralmente remete apenas a um maquinismo, a seu funcionamento ou à modelagem deste, podendo sua definição ser associada ao *hardware*, ao *software* ou ao algoritmo.

Essas segmentações, entretanto, se mostram problemáticas à luz de uma visão progressista, e, pelas próprias identidades que almejam delinear, não se mostram tão estanques como preconizado.

À medida que o *hardware* vai ficando mais complexo, ele também incorpora o *software*, às vezes, inclusive, nomeado como *firmware*, questionando e transpondo limites estabelecidos. O que ontem era desenvolvido em *hardware*, hoje pode muito bem ser programado em *software*, e vice-versa. Assim, as perspectivas que restringem os interesses de cada área apenas à conformação, à programação, à implantação ou ao uso mostram-se problemáticas e contraditórias à própria construção dos artefatos aos quais se dedicam, mesmo quando se restringe a computação a produtos, em vez de a processos.

Reconhecer a fluidez dessas identidades seria importante inclusive para se repensar tal cadeia ou tal ecossistema socioprofissional e sociotécnico. Portanto, não é por acaso que, das cinco formações reconhecidas formalmente pela Sociedade Brasileira de Computação como de Computação – engenharia da computação, ciência da computação, engenharia de *software*, sistemas de informação e licenciatura em informática –, quatro refletem grandemente suas vertentes anglo-saxônicas, reconhecidas pela Associação para Maquinaria Computacional (*Association for Computer Machinery*), que seriam, respectivamente, a engenharia do computador *(computer engineering)*, a ciência do computador *(computer science)*, a engenharia de *software (software engineering)*, a tecnologia da informação (*information technology)* e os sistemas de informação (*information systems).*

As subáreas do conhecimento, e respectivas identidades profissionais, refletem uma divisão de trabalho cujas identidades foram construídas sobre uma primeira estratificação, que tinha por foco uma clara separação entre *hardware*, *software* e sistema, e entre quem construía, programava e implantava computadores.

O questionamento dos limites dessas formações profissionais, uma vez que há interseção de competências, aponta a necessidade de se repensar tais fronteiras identitárias, mas para além das camadas dos artefatos. Freire (1996) afirma que não há docência sem discência. Optou-se, aqui, por afirmar que não há computação sem as atividades de computar, sem computares, não há concepção sem manuseio, estando-se ciente de que, na matriz epistemológica e axiológica corrente, tais computares muitas vezes são compreendidos de modo reducionista, como tendo lugar apenas no funcionamento de computadores e outros artefatos computacionais, o que não leva em consideração nem seu propósito nem seu emprego. Como já explicado, por computares compreendem-se as atividades que englobam ou implicam "as computações", as quais podem inclusive ser delegadas à execução automática por maquinismos.

Freire (1996) esclarece que alguns saberes que lhe parecem indispensáveis à práxis docente crítica e progressista são "igualmente necessários" a educadores conservadores. E acrescenta que "a reflexão crítica sobre a prática se torna uma exigência da relação teoria/prática, sem a qual a teoria pode ir virando blá-blá-blá, e a prática, ativismo" (FREIRE, 1996, p. 24). Semelhantes comentários poderiam ser feitos a profissionais de informática, pois é sobremaneira insuficiente pensar, construir e manter ferramentas que computam, comunicam e automatizam sem correlacioná-las às práticas do computar, vinculadas às necessidades de quem computa e do que se suputa (por que contamos, o que calculamos, quem levamos em conta), de comunicação (como e com quem dialogamos, reconhecemos) e de labor (como, quem e em que se trabalha) por meio de conjuntos de ferramentas e signos ditos computacionais ou digitais.

Postulo que tal horizonte ampliado de perspectivas, sensibilidades, atenções, zelos às atividades humanas, em sua pluralidade, deveriam balizar as práticas formadoras em computação, as quais se traduzem em saberes, fazeres, quereres e poderes necessários ao computar. Isso ainda não se dá em abrangência e profundidade suficientes, embora existam algumas especialidades que apontem nessa direção e algumas áreas fronteiriças e interdisciplinares, como a interação humano-computador, a informática na educação e computação e sociedade, já contempladas em alguns currículos. Parafraseando Freire, é necessário que o aprendiz do computar, seja estudante ou profissional, de computação ou não, "[...] desde o princípio mesmo de sua experiência formadora, assumindo-se também sujeito da produção do saber [do computar], se convença definitivamente que ensinar [computar] não *é transferir conhecimento* [construir e implantar computadores], mas criar as possibilidades para a sua produção [do computar/automatizar] ou a sua construção [do computar]" (FREIRE, 1996, p. 24-25, grifo no original) pelas pessoas e pela sociedade.

Quando se refere a criar possibilidades para a construção de conhecimento por estudantes, fica subentendido que tais possibilidades demandam agência, autonomia e liberdade para seu exercício. Em contraposição, se uma leitura não densa dos computares tem lugar, corre-se o risco de se resvalar facilmente para um entendimento de viés instrumental, que se limita à produção e construção de computadores ou computações, deixando de lado as atividades humanas implicadas de computar, pois foca-se no mecanismo embarcado em si, executado em maquinismo, a despeito das razões, objetivos e fins que levaram a sua construção e uso. Nesse sentido, os computares não se restringem aos escopos da produção de computadores, ou abstrações sobre os algoritmos que neles serão executados em forma de *software*; eles tornam viável que a própria sociedade venha, com liberdade e autonomia, a computar, inclusive se apropriando e modificando os próprios artefatos e dispositivos, se assim optar.

Não se chegou nesse estágio ainda, e não se chegará enquanto "computólogos"* e utentes compreenderem que suas esferas de atuação e responsabilidade são dicotomicamente separadas, em vez de interconectadas e interdependentes. É nesse sentido que se postula que não há computação, por mais abstrata que seja, que possa ser concebida sem as atividades do computar, sem a materialidade, a historicidade e a situacionalidade dos computares. Por outro lado, o inverso também é verdadeiro, pois não há computares sem a computação, sem computadores, etc.

Freire, ao se referir a quem forma e a quem é formado e ao questionar a separação desses papéis, afirma que:

É preciso que, pelo contrário, desde os começos do processo, vá ficando cada vez mais claro que, embora diferentes entre si, quem forma se forma e reforma ao formar e quem é formado forma-se e forma ao ser formado. (FREIRE, 1996, p. 25)

Uma transposição direta para o computar fica confusa, dada a semântica corrente do verbo computar:

> Quem [computa] se [computa] e se [recomputa] ao [computar], e quem é [computado computa-se] e [computa] ao ser [computado]** (FREIRE, 1996, p. 25, transposição minha).

Quando se utiliza outro verbo, sinônimo de computar, a frase parece fazer mais sentido:

> Quem considera se considera e se reconsidera ao considerar, e quem é considerado considera-se e considera ao ser considerado (transposição minha).

A consideração é tradicionalmente feita por pessoas, já a computação, por outro lado, não necessariamente, ao menos quando se refere à tecnologia computacional. É essa compreensão de computação que é restrita, que necessita ser alargada.

Isso porque, tradicionalmente, assume-se que a computação é executada por máquinas e em máquinas, e não por pessoas. Não se pergunta quem computa, mas o que computa, ou o que é computado.*** Trabalhos em áreas como o *design* participativo, a interação humano-computador, o *design* de interação, a informática na educação e computação e so-

---

*Agradeço ao professor Geraldo Augusto Pinto pelo uso do termo computólogo em nossas conversas.

**Neste capítulo faço uso extensivo da obra de Freire (1996). Em reconhecimento a esse autor e a sua obra, optamos, eu e a editora, em fazer uso de realces, nos trechos ou palavras que modifico, ora como itálico ou entre colchetes [...], de modo a enfatizar a citação a Freire, e a minha transposição. Sem Freire, este capítulo, na atual forma, não poderia ser redigido.
***Nem sempre isso foi assim. Do século XIX até meados dos XX, "as computadoras" que calculavam tabelas de logaritmos balísticas eram, em sua maioria, mulheres. Durante a Segunda Guerra Mundial, inclusive, a maioria das profissionais que programavam, ainda que em *hardware*, eram mulheres (CERUZZI, 2003).

ciedade, dependendo do viés adotado, realçam o computar como atividade humana, seja no interagir ou no aprender, embora tal visão seja contingente a cada escola de pensamento. Movimentos como o *maker*, espaços de experimentação como *hacklabs*, *fablabs*, inclusive em ambiente educacional, como o *fablearn*, quando reforçam questões como autonomia, liberdade e cidadania, também alargam tal compreensão, em diferentes graus, de certa forma tensionando tanto a área de computação como a compreensão e os desdobramentos do computacional para além de suas fronteiras e cânones historicamente estabelecidos. Para não soar reducionista, isso também se dá em outros âmbitos, inclusive nos tradicionais.

Nesta perspectiva, o computar é verbo, é processo. Ao substantivá-lo, quando me refiro ao computar, ou aos computadores, aos suputares, almejo alguma coisa feita ou executada por uma pessoa ou por uma máquina, mas em parte mantendo sua conotação de processo. Não se trata simplesmente do cálculo, do cômputo, Nesse horizonte, a transposição fica mais clara se computar for compreendido como levar em conta, e daí a escolha de *considerar*, em um determinado processo, ou mesmo de contar, como em "eu conto com ela" ou em "eu o levo em conta", podendo se tratar de pessoa, coisa, evento ou força. Se for pensado em quem considera no computar:

> [Aquele que computa, leva em conta, se contabiliza como relevante] e se [reavalia] ao [computar], e [aquele que é computado(a) reavalia-se e avalia] ao ser [computado/levado em conta] (transposição minha).

A Computação sempre foi uma atividade humana, mas nem sempre quem computa tem o direito de computar, no sentido amplo, ou foi, é ou será computado, no sentido inclusivo do termo. Isso não desmerece as contribuições da Computação como área do conhecimento até hoje delimitada, apenas reconhece alguns de seus limites ou lacunas e, assim, aponta alguns desafios a serem encarados ou, talvez, ultrapassados e preenchidos.

Freire (1996, p. 25) esclarece: "*Quem ensina aprende ao ensinar e quem aprende ensina ao aprender*". Uma associação do ensino com a programação e do uso de computadores com o aprendizado, por exemplo, associando docência à computação e discência ao uso, levaria a algo como:

> Quem [programa usa computadores] ao [programar] e quem usa [computadores programa] ao utilizá-los.

Um certo estranhamento é sentido na segunda oração: *quem usa computadores programa ao utilizá-los*. O fato de programadores usarem computadores parece óbvio, mas o fato de usuários programarem tensiona alguns pressupostos, na divisão de trabalho hoje aceita, pois reconhece a agência daqueles que programam e favorece um menor reconhecimento e a subalternização daqueles ou daquelas que os usam. Nesse sentido, os termos usuário, utente e outros sinônimos precisam ser problematizados, pois, de modo sutil, mas aceito, reduzem as atividades de trabalhadores e cidadãos apenas ao escopo do uso, de uma forma estereotipada, simplificada, reducionista, tolhendo-lhes as dimensões criativas e produtivas de seu labor.

A radicalidade de Freire nos mostra que "ensinar inexiste sem aprender e vice-versa". Assim, na perspectiva aqui proposta, "o programar, uma das atividades envolvidas no computar, inexiste sem o usar e vice-versa". Freire também não teme dizer que:

> [...] inexiste validade no ensino que não resulta em um aprendizado em que o aprendiz não se tornou capaz de recriar ou refazer o ensinado, em que o ensinado que não foi apreendido não pode ser realmente aprendido pelo aprendiz. (FREIRE, 1996, p. 26)

> [...] inexiste validade no *[programado]* que não resulta em um *[uso]* em que o utente não se tornou capaz de recriar ou refazer o *[programado]*, em que o *[programado]* que não foi *[incorporado]* não pode ser realmente *[incorporado pelo(a) utente]*. (FREIRE, 1996, p. 26, transposição minha).

Curiosamente, após tal afirmação, Freire remete a François Jacob, e afirma que mulheres e homens são "seres programados, mas, para aprender"* (JACOB, 1983 *apud* FREIRE, 1996, p. 27). Nesse sentido, o aprender se difere do programar, embora Freire o utilize metaforicamente.

Freire crítica o ensino "bancário". Aqui, critica-se a computação como também "bancária"** e, em consonância com Freire, afirma-se que também se deve reconhecer que, 'apesar dela, trabalhadores a ela submetidos não estão fadados a fenecer'. Nesta apropriação feita, se a computação e o computar fossem encarados de modo autêntico, em contraste com o modo ingênuo, nos termos de Vieira Pinto (1960a), participar-se-ia "[...] de uma experiência total, diretiva, política, ideológica, gnosiológica, pedagógica, estética e ética", nos termos de Freire. Se o computar for aprendido e apreendido, sem se restringir à transferência de computadores e outros automatismos e seus empregos, pelo próprio processo de apropriação, pode-se "dar a volta por cima" (FREIRE, 1996, p. 27-28).

A partir deste ponto da narrativa de Freire, ele aprofunda suas reflexões acerca de vários saberes necessários à prática educativa, sem seções separadas, no contexto de sua pedagogia progressista, da autonomia, voltada para a liberdade. Na primeira seção, afirma que "ensinar exige rigorosidade metódica".

---

*"Comme tout organisme vivant, l'être humain est génétiquement programmé, mais il est programmé pour apprendre." (JACOB, 1983, p. 119).

**Vale ressaltar que as instituições, organizações e dimensões econômicas e financeiras foram e continuam sendo um domínio bastante relevante para a computação, como mercado de trabalho. A crítica aqui feita não se refere a esse "bancário", mas à semelhança de seu modo de operação dentro da sociedade capitalista em que se vive.

Computar exige rigorosidade metódica ("Ensinar exige rigorosidade metódica")

Substituo *ensinar* por computar. Opto pelo singular, computar, mas gostaria de me referir ao plural, como em computares, de modo a reconhecer e enfatizar a pluralidade de atividades possíveis de serem desenvolvidas por meio – ou com o auxílio – de saberes computacionais.

A computação, quase que de praxe, é reconhecida por exigir rigor e método, mas ela em geral exclui muitas outras atividades de parte da comunidade que computa, muitas vezes caracterizando-as axiologicamente como de menor valor, como meros usos, empregos, aplicações. Não é preciso ir a casos extremos, como o daqueles que trabalham em *telemarketing* (ANTUNES; BRAGA, 2009), ou em tecnologia da informação (BRIDI, 2015; BRIDI; MOTIM, 2013) e são superexplorados.

Espera-se que algum dia se possa afirmar que a Computação, como disciplina, dá conta de considerar similares implicações e desdobramentos com rigor e método. Isso exigirá uma ampliação de seus fundamentos, de seu foco, do que é entendido como canônico, em contraste com o que é periférico. Só assim se diminuirá a lacuna entre a computação como disciplina e os computares como cultura, permitindo que se chegue a uma profissão com exercícios mais inclusivos, democráticos, menos seccionados e alienados, menos hierarquizados e subalternizantes, na qual todos os participantes sejam reconhecidos em igualdade, em seus direitos e seu cotidiano, no âmbito de seus potenciais. Novamente, uma citação de Freire, com a transposição da função do *educador democrático* para o de informatas democráticos.

***Nesta e em outras transposições, faço uso de colchetes, de modo a facilitar um certo paralelismo entre os enunciados de Freire e seu desdobramento em minha apropriação na Computação. Optei por não reproduzir as citações originais em sua completude, de modo a não tornar o texto demasiado extenso. Para elas, ver Freire (1996).

> *[Informatas democráticos]* não podem negar-se ao dever de, em suas práticas *[em computação]*, reforçarem as capacidades críticas *[das pessoas que computam]*, suas curiosidades, suas insubmissões. Uma de suas tarefas primordiais é trabalharem com tais pessoas a rigorosidade metódica com que devem se "aproximar" *[dos objetos computáveis, do trabalho informatizável ou automatizável, dos interesses, dos modos, dos efeitos dos computares na sociedade e no meio ambiente, das atividades do computar]*. (FREIRE, 1996, p. 28, transposição minha).*

Tal informática progressista tensiona algumas das fronteiras epistemológicas da atual computação. Em seu horizonte, computar não se restringe meramente ao domínio dos computadores, mesmo que em rede e distribuídos, ao que é processado por esses ou conjuntos desses, a sua simples utilização, emprego ou aplicação. Computar exige sua extensão à criação de condições nas quais atividades críticas do computar sejam possíveis (FREIRE, 1996). Em uma informática dialógico-problematizadora, os implicados, que podem ser trabalhadores, utentes, mas também aqueles excluídos de tais computares, vão se transformando em reais sujeitos das construção e reconstrução de computares a serem apropriados, ao lado de informatas, igualmente sujeitos do processo (FREIRE, 1996).

Em sequência a seu argumento, Freire (1996, p. 29) alerta que "[...] uma das condições necessárias a pensar certo é não estarmos demasiado certos de nossas certezas". O mesmo poderia ser dito do computar. O autor, ao se referir ao ciclo gnoseológico, afirma: "Ao ser produzido, o conhecimento novo supera outro que antes foi novo e se fez velho e se 'dispõe' a ser ultrapassado por outro amanhã" (FREIRE, 1996, p. 29).

A computação, apesar de nova, não é exceção, e também pode ser ultrapassada. Por isso é tão necessário não apenas conhecer os computares em curso, contemporâneos, e suas concretudes, mas também ter ciência da necessidade de se estar ciente de e apto a computares, automatizações e informatizações ainda não existentes, a serem desenvolvidos. Construir e fazer computações devem ensejar computares, mas incluem computares outros, ainda não antevistos. Isso direciona ao estudo dos computares como pesquisa, em horizonte amplo.

***Computar* exige pesquisa**
("Ensinar exige pesquisa")

"Não há [computares] sem pesquisa, e não há pesquisa sem [computares]". (FREIRE, 1996, p. 32, transposição minha). Em senso comum, não é de estranhar que não há computação sem pesquisa, pois a identidade científica de tal disciplina faz parte de seu *glamour*. No entanto, já foram feitas proposições de que atualmente não há pesquisa sem computação, o que, de certa forma, subalterniza muitas outras formas de ciência.

Freire traz para seu argumento os conceitos de ingênuo e crítico explorados largamente por Vieira Pinto (1960a) ao escrever sobre a realidade brasileira, embora denomine tal criticidade no ciclo gnoseológico de "curiosidade epistemológica" (FREIRE, 1996, p. 32).

Em consonância com Freire, poderia ser afirmado que "[...] a curiosidade ingênua, de que resulta indiscutivelmente um certo saber, não importa que metodicamente rigoroso, é a que caracteriza o senso comum" (FREIRE, 1996 p. 32), e, por extrapolação, os computares que apenas reproduzem, mantêm, não enfrentam e não transformam são ingênuos.

> *[Computar]* certo, do ponto de vista *[do informata]*, tanto implica o respeito ao senso comum no processo de sua necessária superação quanto o respeito e o estímulo *[das pessoas que trabalham o computar, que computam, sejam rotuladas de usuárias, "stakeholders", participantes ou outras denominações]*. (FREIRE, 1996, p. 32-33, transposição minha).

A promoção do computar ingênuo ao crítico não se dá automaticamente. Ela exige o compromisso profissional com a criticidade de todas as pessoas envolvidas ou implicadas, seja direta ou indiretamente.

Computar exige respeito aos saberes de todas as partes implicadas ou envolvidas ("Ensinar exige respeito aos saberes dos educandos")

Se ensinar exige respeito aos saberes dos educandos, computar deveria exigir respeito aos saberes de todas as partes envolvidas ou implicadas. Freire argumenta que o pensar certo coloca ao professor ou à escola

> [...] o dever de não só respeitar os saberes dos educandos, sobretudo os das classes populares, chegam a ela – saberes socialmente construídos na prática comunitária – [...] mas [...] discutir com os alunos a razão de ser de alguns desses saberes em relação ao ensino dos conteúdos. (FREIRE, 1996, p. 33, seleção minha).

O computar certo demandaria, portanto, de informatas, e da própria computação, respeitar os saberes – historicamente construídos – não só de utentes, trabalhadores, participantes e demais partes interessadas (*stakeholders*) em suas práticas, cotidianos, fazeres e quereres, mas também respeitar os saberes daqueles que não podem conhecer, utilizar e desejar computar, por quaisquer razões ou restrições existentes.

Por que não discutir com tais pessoas as atividades concretas dos computares, as "[...] implicações políticas e ideológicas de um tal descaso dos dominantes pelas áreas pobres da cidade?" (FREIRE, 1996, p. 34]. Talvez porque, dirá *um informata*, "[...] reacionariamente pragmático, que a *computação* não tem nada a ver com isso" (FREIRE, 1996, p. 34, grifo nosso). A Computação tem de viabilizar computares e automações, de modo a viabilizar o empoderamento de todas as partes, para que elas mesmas se apropriem de computares em seus trabalhos e em suas vidas, viabilizando, caso assim o desejem, a produção de suas existências em sociedade. Uma vez aprendidos, apropriados, esses computares podem ser desdobrados, transpostos e articulados com autonomia e liberdade.

Computar exige criticidade ("Ensinar exige criticidade")

Para Freire:

> [...] não há [...] na diferença e na 'distância' entre a ingenuidade e a criticidade, entre o saber de pura experiência feito e o que resulta dos procedimentos metodologicamente rigorosos, uma ruptura, mas uma superação. (FREIRE, 1996, p. 34).

Tais superações, e não rupturas, acontecem na medida em que explorações de computares ingênuos, sem deixar de ser computares, pelo contrário, continuando a ser computares, se criticizam. Freire denomina esse processo de curiosidade epistemológica, e o caracteriza como fenômeno vital, como uma "[...] inclinação ao desvelamento de algo, como procura de esclarecimento, como sinal de atenção que sugere alerta" (FREIRE, 1996, p. 35). Ao se criticizarem, ao metodologicamente se rigorizarem, nas associações e aproximações às atividades a computerizar, ou automatizar, estes tornam-se mais exatos, mais eficazes, mais eficientes, mais respeitosos, mais cidadãos, mais consonantes às demandas e aos anseios daqueles que os exploram criticamente em seu trabalho, em seu lazer e em seu dia a dia.

Entretanto, o aprimoramento do computar ingênuo ao computar crítico não se dá de modo automático, pela simples implantação de computadores e outros automatismos. Uma das tarefas de práticas informáticas progressistas passa justamente pelo desenvolvimento da "[...] curiosidade crítica, insatisfeita, indócil" (FREIRE, 1996, p. 36). Segundo Freire, esse tipo de curiosidade é que empodera a comunidade para se defender de "'irracionalismos' decorrentes do

– ou produzidos por certo – excesso de 'racionalidade' de nosso tempo altamente tecnologizado" (FREIRE, 1996, p. 35).

Freire também alerta que essa consideração não se filia a "[...] nenhuma arrancada falsamente humanista de negação da tecnologia e da ciência" (FREIRE, 1996, p. 35). Ao contrário, trata-se de uma perspectiva que nem diviniza nem diaboliza, mas de quem a vê, a compreende, a pratica, de forma "criticamente curiosa". Tal ensinamento é de crucial importância para a educação em computação, que muitas vezes compreende ou avalia a comunidade que computa como meramente usuária de tecnologias, sem capacidade para computar de modo curioso, de modo crítico. No entanto, isso é subestimar o potencial da computação para com as sociedades, é restringir os computares possíveis, é não respeitar a boniteza da diferença, o que nos leva à próxima seção.

Computar exige estética e ética ("Ensinar exige estética e ética")

Uma "[...] rigorosa formação ética [...] sempre ao lado da estética" (FREIRE, 1996, p. 36) é crucial para que a ingenuidade se transforme em criticidade. Para Freire, "decência e boniteza andam de mão dadas" – pureza, mas sem facilmente resvalar em puritanismo. Os cidadãos se tornam éticos justamente por serem capazes de comparação, de valoração, de intervenção, de escolha, de decisão, de ruptura. Como seres sócio-históricos, seu tornar-se é sempre situado e circunstanciado no espaço e no tempo. "Estar sendo é a condição [...] para ser" (FREIRE, 1996, p. 36-37). Estar fora da ética é uma transgressão. É por isso que "[...] transformar a experiência educativa [computacional] em puro treinamento técnico é amesquinhar o que há de fundamentalmente humano no exercício educativo [computacional]: seu caráter formador (FREIRE, 1996, p. 37)."

Quando se respeita a natureza do ser humano, a computerização não pode se dar de modo alheio à formação moral das partes interessadas, a suas histórias e horizontes de ação, a seus potenciais. Nesse sentido, computar também é formar. Porém, para computar certo, exige-se a disponibilidade para a revisão de computares, sejam computerizações, automações ou informatizações. É necessário o reconhecimento da possibilidade de mudança dos computares – e sobretudo "o direito de fazê-lo". Não há computar certo à margem de princípios éticos.

Contudo, se a transformação dos computares é uma possibilidade e um direito, cabe a quem os transforma assumir tal transformação e agir em consonância com esse horizonte rumo a uma sociedade mais justa.

Computar exige a corporificação das palavras pelo exemplo ("Ensinar exige a corporificação das palavras pelo exemplo")

Informatas críticos computam em sentido amplo, consideram as partes envolvidas, automatizam de modo responsivo e responsável, trabalham os computares na rigorosidade ética, com boniteza e respeito, "[...] nega[m], como falsa, a fórmula farisaica do 'faça o que eu mando e não o que eu faço'. [...] Pensar certo é fazer certo" (FREIRE, 1996, p. 38).

Porém, destaca-se que, na divisão de trabalho historicamente estabelecida na computação, não é raro compreender e valorar as atividades projetuais, de abstração e de programação com alto apreço e reconhecimento, enquanto as de uso, emprego e manutenção são muitas vezes caracterizadas sem suas dimensões criativas, tidas como passivas, ou simplesmente invisibilizadas. Isso equivale a dizer "[...] compute como eu mando, mas não como eu computo", eu produzo, você consome – eu crio, você aplica. Nessa perspectiva, não basta que computólogos impunham seus produtos e concepções, é necessário o devido espaço para que a comunidade possa apreender tais computares de seu modo, com liberdade e autonomia, de modo conexo a suas particularidades e desejos.

Informatas que se apoiam na prepotência para impor suas soluções, produtos e automatismos, que assumem estereotipadamente que as partes interessadas não sabem o que querem, não as reconhecem em igualdade, caracterizando-as, muitas vezes, como usuárias finais, e não respondem a elas, mas lhes ditam, reservam-se para si, de modo elitista, os atributos ativos, merecedores de atenção e reconhecimento. Nessa perspectiva, só quem é tido como produtor, autor, programador, *designer* é que conta, é suputado, pois tem suas opiniões, demandas e anseios levados em consideração, enquanto os demais, nessa visão estreita e interessada, apenas fazem uso de computadores – quando o fazem.

Reforça-se que não é possível a informatas pensar que computam certo, e, ao mesmo tempo, perguntar às partes interessadas se elas sabem "com quem [estão] falando" (FREIRE, 1996 p. 38). Reconhecer o diferente, o estranho, o outro como igual em direitos exige aceitação do novo, demanda a assunção da alteridade na produção da própria existência.

Computar exige risco, aceitação do novo e rejeição a qualquer forma de discriminação ("Ensinar exige risco, aceitação do novo e rejeição a qualquer forma de discriminação")

Mas a computação não é caracterizada, no senso comum, como sempre nova, desafiadora, em constante renovação, como precursora de tendências e por aí adiante? Não aceitar as benesses que ela traz, determina ou representa pode se compreendido como uma atitude retrógrada, conservadora. Em contraposição, a educação, embora por vezes seja compreendida por trazer algo novo a cada estudante, é mais vista como garantia do que como risco, visa mais a manter o conhecimento, no sentido de repassar, do que transformá-lo.

Todavia Freire (1996, p. 39), ao se referir ao risco e à aceitação do novo, imediatamente esclarece que não é porque não pode ser negado, ou porque é apenas novo, que precisa ser aceito, e que o "[...] critério de recusa ao velho não é apenas cronológico [...] O velho que preserva sua validade ou que encarna uma tradição ou marca uma presença no tempo continua vivo".

O computar certo também exige risco e a aceitação do novo, mas não apenas por se acreditar ser mais recente, em termos cronológicos. O risco também está na aceitação do diferente, do não conhecido, no não computável ou automatizável, do não formalizável ou comunicável por parte de informatas. Freire questiona um educar bancarista, que não leva à autonomia, mas à dependência, à opressão, à alienação.

Vale ressaltar que Freire articula tanto o risco como a aceitação do novo à "[...] rejeição a qualquer forma de discriminação" (1996, p. 39). Ele afirma, ainda, que "[...] a prática preconceituosa de raça, de classe e de gênero ofende a substantividade do ser humano e nega radicalmente a democracia" (FREIRE, 1996, p. 40). Se os computares fossem mais democráticos, menos enviesados, certamente haveria uma participação mais equânime em termos de classe e origem, de raça e etnia, de sexo e gênero, de corpo e corporalidade (MALUF, 2001).

Contudo, a computação, no fluxo de outras áreas tecnológicas, também foi progressivamente masculinizada, conforme apresenta Oldenziel (1999). Foi semelhantemente embranquecida, ocidentalizada, compulsoriamente heteronormatizada, em sua maioria restrita – no sentido do acesso – às proprietárias – em termos de empreendimento e licenciamento –, e conformada em modais restritivos – de reduzida acessibilidade. Voltando a Freire, este afirma que:

> Nesse sentido é que ensinar a pensar certo não é uma experiência em que ele – o pensar certo – é tomado em si mesmo e dele se fala ou uma prática que puramente se descreve, mas algo que se faz e se vive enquanto dele se fala com a força do testemunho (FREIRE, 1996, p. 41).

Nesse sentido,

> [...] trabalhar o *[computar]* certo não é uma experiência em que ele – o *[computar]* certo – é tomado em si mesmo – de modo isolado – e dele se fala – abstratamente – ou uma prática que puramente se descreve – sem responsibilidade, engajamento, responsabilidade ou compartilhamento –, mas algo que se faz e se vive enquanto dele se fala com a força do testemunho (FREIRE, 1996, p. 41, transposição e grifos meus).

Freire prossegue esclarecendo que, na educação progressista, o pensar certo não se dá no isolamento, no conforto de si mesmo, pois "é um ato comunicante". "Não há, por isso mesmo, pensar [computar] sem entendimento, e o entendimento, do ponto de vista do pensar [computar] certo, não é transferido, mas coparticipado" (FREIRE, 1996, p. 41). Freire prossegue comentando que tal "entendimento" implica "comunicabilidade", salvo quando mecanicisticamente trabalhado, ou regido de modo alienante e burocratizado. Ele fecha a seção com um longo trecho, transcrito a seguir, apesar de extenso:

> A grande tarefa do sujeito que pensa certo não é transferir, depositar, oferecer, doar *[computações, computadores, conexões, armazenamentos, digitalizações]* ao outro, tomado como paciente de seu pensar, a inteligibilidade das coisas, dos fatos, dos conceitos *[passíveis de serem programados, computados, informatizados, automatizados, planejados]*. A tarefa coerente do educador *[informata]* que pensa *[suputa]* certo é, exercendo como ser humano a irredutível prática de inteligir, desafiar o educando *[copartícipe, parte interessada ou implicada]* com quem se comunica, produzir sua compreensão do que vem sendo comunicado *[informatizado/automatizado]*. Não há inteligibilidade que não seja comunicação e intercomunicação e que não se funda na dialogicidade (FREIRE, 1996, p. 42, transposição e grifos meus).

Tal mudança de postura, entretanto, representa um grande desafio para a comunidade da computação, bem como para o modo como a sociedade compreende essa tecnologia, pois exige uma postura tanto crítica e problematizadora como dialógica e cidadã.

Computar exige reflexão crítica sobre a(s) prática(s) ("Ensinar exige reflexão crítica sobre a prática")

As práticas informáticas críticas, implicantes do pensar e computar certo, envolvem "[...] o movimento dinâmico, dialético, entre o fazer" (FREIRE, 1996, p. 43) o computar e o pensar sobre o computar, de sua concretização e da reflexão sobre ela.

Freire, nessa seção, não trabalha educadores e estudantes como dados, como seres atemporais, prontos, acabados, pois estes são seres históricos, sempre abertos, inconclusos. Em função disto, ele afirma que o pensar certo: "não é presente dos deuses" e nem provém de "iluminados intelectuais" (FREIRE, 1996, p. 43). Pelo contrário, "o pensar [computar] certo que supera o ingênuo tem de ser produzido pelo próprio aprendiz [de informata, de utente] em comunhão com o docente formador [em computação]" (FREIRE, 1996, p. 43).

Freire prossegue explicando que o momento fundamental da "formação permanente dos professores" é o "da reflexão crítica sobre a prática" (FREIRE, 1996 p. 43). Ao transpor tal enunciado para o computar, pode-se afirmar que as reflexões críticas sobre as práticas do computar são igualmente fundamentais na formação permanente de informatas, utentes e não utentes.

Em seguida, Freire retoma a dimensão histórica do materialismo dialético, ao explicar que "é pensando criticamente a prática de hoje ou de ontem que se pode melhorar a próxima prática" (FREIRE, 1996, p. 43-44). Será que os professores refletem criticamente sobre suas práticas, aquelas que vão além de seus algoritmos, equipamentos, posturas e práxis?

Freire continua, esclarecendo que o

> [...] próprio discurso teórico, necessário à reflexão crítica, tem de ser de tal modo concreto que

quase se confunda com a prática. [...] Quanto melhor se faça esta operação tanto mais inteligência ganha da prática em análise e maior comunicabilidade exerce em torno da superação da ingenuidade pela rigorosidade (FREIRE, 1996, p. 44).

Atualmente, o que em geral se valoriza como "teoria", em computação, é algo abstrato, e, como "prática", é algo concreto, no sentido de técnico, instrumental. Porém, trata-se de um abstrato ou concreto que não abarcam outras dimensões das tecnologias envolvidas – seus interesses, limitações, sua não neutralidade, entre outras. Embora tais teorias e práticas sejam de suma importância, são abstrações do computar como algoritmos, arquiteturas e sistemas, e nem sempre equacionam, consideram, suputam outras dimensões dos computadores envolvidos ou implicados.

Reconhecer que os computadores vão muito além das máquinas envolvidas – e do que a computação abarca como disciplina – não é novidade. Papert (1980) comenta que, ao se encerrar o computador em um laboratório, este é controlado, e perde seu potencial. Suchman (1987) questiona os estudos de laboratório em interação humano-computador e o conceito de planejamento, manifestando a necessidade de estudos situados, de perspectiva antropológica.

Na sequência, ele questiona mais a fundo o processo que pode levar da ingenuidade à rigorosidade, da curiosidade ingênua à epistemológica, ao processo de reconhecimento. Ao assumir o próprio processo de desenvolvimento e perceber os porquês de desdobrá-lo de certa forma, uma pessoa também se torna mais capaz de mudar, de se transformar. Ou seja, a assunção de si em um certo modo de ser não é possível "sem a disponibilidade de mudança" (FREIRE, 1996, p. 44). A mudança requer que a pessoa se faça sujeito, se reconheça, se posicione, inclusive emocionalmente, se assuma como tal.

***Computar* exige o reconhecimento e a assunção das identidades nacionais ("Ensinar exige o reconhecimento e a assunção da identidade")**

O próprio Freire facilita o paralelo entre seus ensinamentos e o domínio dos computadores, afinal, ele não restringe a educação a uma área específica:

> Uma das tarefas mais importantes da prática educativo-crítica é propiciar as condições em que os educandos em suas relações uns com os outros e todos com o professor ou a professora ensaiam a experiência profunda de assumir-se. Assumir-se como ser social e histórico, como ser pensante, comunicante, transformador, criador, realizador de sonhos, capaz de ter raiva porque capaz de amar. Assumir-se como sujeito porque capaz de reconhecer-se como objeto. A assunção de nós mesmos não significa a exclusão dos outros. É a "outredade" do "não eu", ou do tu, que me faz assumir a radicalidade de meu eu. (FREIRE, 1996, p. 46)

Ao transpor as questões apresentadas para o computar, tomo a liberdade de estender alguns trechos, de modo a facilitar a compreensão dos possíveis desdobramentos de Freire para a computação:

> Uma das tarefas mais importantes das práticas informático-críticas é propiciar as condições em que as partes interessadas ou implicadas, todas que computam, sejam como projetistas, usuárias, ou de alguma forma afetadas direta ou indiretamente pelo computar, em suas relações umas com as outras e todas com os informatas ensaiam a experiência profunda de se assumir (FREIRE, 1996, p. 46, transposição minha).

Destaca-se que a divisão de trabalho historicamente estabelecida na computação não progressista diferencia informatas de usuários de modo muitas vezes dicotômicos, normatizando compulsoriamente identidades bastante restritivas a tais papéis, de modo muito semelhante ao que acontece na educação qualificada de bancária por Freire – ou se é docente, ou se é estudante; ou se é informata, ou se é utente.

Entretanto, a necessidade de todas as partes interessadas ou implicadas assumirem-se como pessoas que computam, mesmo não sendo formalmente educadas como informatas, formal e profissionalmente, mostra-se crucial para a práxis progressista e crítica. "Assumir-se como ser social e histórico, como ser pensante, comunicante, transformador, criador, realizador de sonhos" (FREIRE, 1996, p. 46), como ser que conta, calcula, computa, programa, planeja, considera, informa, reconhece, registra, disponibiliza, automatiza, digitaliza, visualiza, conecta, participa, publica, acessa, recupera, divulga, lê, ouve, dialoga, reflete, revê, independentemente se informata ou utente. Em uma computação ampliada, se progressista, todos deveriam ter o direito a computar, mas nem todos devem compulsoriamente optar por computar.

Movimentos como o de *software* livre, *hardware* aberto, educação aberta, ciência aberta, assim como iniciativas de educação em informática como um direito, seja como letramento digital generalizado, seja como o faça-você-mesmo, seja de ampliação da participação de grupos subrepresentados, têm propiciado um desejo de – e uma pressão para – um alargamento da compreensão de quem pode, deseja ou exerce o computar. Freire também discorre a esse respeito.

> A assunção de nós mesmos, [informatas ou utentes, projetistas ou participantes, produtores ou consumidores de computares], não significa a exclusão de outros. "É a "outredade" do "não eu", ou do tu, que [nos] faz assumir a radicalidade de nosso eu (FREIRE, 1996, p. 45-46, transposição e grifos meus).

Um informata que assume, reconhece e considera a miríade de formas de computar por outras pessoas, áreas ou formações exige de si a consideração da existência de formas de computar ainda não reconhecidas, exploradas, viabilizadas, concretizadas pela computação como disciplina historicamente constituída. Ao assumir a alteridade do computar, de quem computa ou pode computar, em sentido amplo, radicaliza-se o próprio computar, seu próprio exercício, seja acadêmico, profissional ou cidadão. Radicaliza-se a computação.

No entanto, Freire alerta que a "aprendizagem da *assunção* do sujeito é incompatível com o *treinamento pragmático* ou com o *elitismo autoritário* dos que se pensam donos da verdade e do *saber articulado*" (FREIRE, 1996, p. 47). Peter Denning (1984) já alertava sobre a necessidade do desenvolvimento de uma "atitude menos paroquial" em computação. James Foley, em entrevista a Pitkow, já afirmava que estudantes de interação humano-computador de sucesso tinham:

> Uma habilidade de sair de si mesmos, de enxergar um problema como outra pessoa poderia, de se colocar nos sapatos de outrem. Este é o coração do projeto. Nós não projetamos para nós mesmos, mas para nossos usuários. Vindo a IHC [Interação Humano-Computador] do lado da ciência da computação, eu acredito que um dos maiores obstáculos é o que chamo de "a arrogância do tecnologista", que entende de computadores, mas que não consegue aceitar que outros podem não compreendê-los. (PITKOW, 1996 p. 29, tradução minha)*

Na transposição que faço de Freire para a Computação, almejo ir além dos limites que aponta Foley. Parto da perspectiva de que, além da compreensão que informatas possam ter do computador, utentes também o compreendam, mas de outras formas, de outras perspectivas, com outros interesses, com outras atividades em escopo.

---

*No original: *ability to get outside of themselves, to look at a problem as someone else might, to put oneself in another's shoes. This is the heart of understanding [User Interface] design. We design not for ourselves, but for our users. Coming at HCI [Human-Computer Interaction] from the computer science side, I find the biggest roadblock to be what I call 'the arrogance of the technologist' who understands computers and can't accept that others might not understand them* (PITKOW, 1996 p. 29).

Ao fazer a ponte com a próxima seção, Freire aponta que o descaso pelo que acontece no espaço ou no tempo escolar está associado a um entendimento estreito da "educação e do que é aprender" (FREIRE, 1996, p. 49). Entende-se que a computação também tem ainda uma compreensão demasiado restrita face ao que os computadores abarcam e ao que podem abarcar. Em consonância com esse autor, poderia ser afirmado que:

> No fundo, passa despercebido a nós que foi aprendendo socialmente que mulheres e homens, historicamente, descobriram que é possível ensinar. Se estivesse claro para nós que foi aprendendo que percebemos ser possível ensinar, teríamos entendido com facilidade a importância das experiências informais nas ruas, nas praças, no trabalho, nas salas de aula das escolas, nos pátios dos recreios, em que variados gestos de alunos, de pessoal administrativo, de pessoal docente se cruzam cheios de significação. (FREIRE, 1996 p. 49-50)

Será que também passa despercebido *[aos e às informatas]* que foi *[computando]* socialmente que mulheres e homens, historicamente, descobriram que é possível *[computar]*? Isso é possível, pois as experiências informais de *[computar]* das pessoas, no lar, no trabalho, no lazer, na cidade, no campo, embora cheias de significação, são uma preocupação recente (FREIRE, 1996, p. 49-50, transposição minha).

CONSIDERAÇÕES FINAIS

Os dois capítulos seguintes de *Pedagogia da autonomia* não serão analisados aqui, mas eles são de suma importância para o reconhecimento da multiplicidade de computares praticados concretamente no cotidiano de várias atividades humanas e para a consequente ampliação da Computação.

Freire intitula o segundo capítulo de seu livro "Ensinar não é transferir conhecimento", mas, logo no parágrafo introdutório, complementa, "mas criar as possibilidades para a sua própria produção ou construção" (Freire, 1996 p. 52). Se a educação, tradicionalmente compreendida como uma atividade que, ao menos, envolve pessoas, reforça-se em muito modelos lineares, segmentados, hierarquizados e não participativos do educar, na Computação, tal tendência se mostra ainda mais reforçada e consolidada.

Afirmo, resumidamente, tendo como base o segundo capítulo, que computar não é prescrever computações, implantar computadores, computerizar ou automatizar, "[...] mas criar as possibilidades para sua própria produção ou construção". (FREIRE, 1996, p. 52). Em particular, por meio da apropriação de Freire feita aqui, em parte livre, é possível sustentar que os computares, e quiçá a computação, quando crítica, exige (2.1) consciência do inacabamento; (2.2) o reconhecimento de ser condicionado; (2.3) o respeito à autonomia das pessoas que computam; (2.4) bom senso; (2.5) humildade, tolerância e luta em defesa dos direitos das partes implicadas; (2.6) apreensão da realidade; (2.7) alegria e esperança; (2.8) a convicção de que a mudança é possível; (2.9) curiosidade.

No terceiro capítulo, Freire aponta que ensinar é uma especificidade humana. Em uma transposição simples, pode-se afirmar que o computar é uma especificidade humana e exige (3.1) segurança, competência profissional e generosidade; (3.2) comprometimento; (3.3) compreensão de que o computar é uma forma de intervenção no mundo; (3.4) liberdade e autoridade; (3.5) tomada consciente de decisões; (3.6) escuta; (3.7) o reconhecimento de que o computar é ideológico; (3.8) disponibilidade para o diálogo; (3.9) o bem querer das partes implicadas ou envolvidas.

Cada uma dessas exigências requer uma análise aprofundada de seus ensinamentos, para que se possa transpô-la para os computares. No contexto deste livro, que aponta para os espaços de construção, espero contribuir para uma compreensão outra dos fazeres implicados na construção do conhecimento, nas relações de poder que os múltiplos e diversos suputares ensejam, talvez contribuindo para que seus trabalhos sejam reconhecidos como tal, que seus sonhos se concretizem, no contexto de uma sociedade mais justa.

REFERÊNCIAS

ALENCAR, A. F. A tecnologia na obra de Álvaro Vieira Pinto e Paulo Freire. In: AGUIAR, V. M. (Org.). *Software livre, cultura hacker e o ecossistema da colaboração*. São Paulo: Momento Editorial, 2009. p. 151-187.

ANTUNES, R.; BRAGA, R. *Infoproletários:* degradação real do trabalho virtual. São Paulo: Boitempo, 2009.

BARDANACHVILI, E.; PAIVA, V. Um outro olhar sobre Paulo Freire. *Jornal do Brasil,* Rio de Janeiro, 25 maio 2001, p. 1-2.

BRIDI, M. A. O setor de tecnologia da informação: o que há de novo no horizonte do trabalho? *Política & Trabalho: Revista de Ciências Sociais,* v. 2, n. 41, p. 277-304, 2015.

BRIDI, M. A. C.; MOTIM, B. O trabalho no setor de informática no Paraná: reflexões sociológicas. *Revista Paranaense de Desenvolvimento - RPD,* v. 34, n. 124, p. 93-118, 2013.

CERUZZI, P. E. *A history of modern computing*. 2. ed. Cambridge: MIT, 2003.

DENNING, P. J. Educational ruminations. *Communications of the ACM,* v. 27, n. 10, p. 979-983, 1984.

DENNING, P. J.; METCALFE, R. M. *Beyond calculation:* the next fifity years of computing. New York: Copernicus/Springer Verlag, 1997.

FÁVERI, J. E. *Álvaro Vieira Pinto:* contribuições à educação libertadora de Paulo Freire. São Paulo: Liber Ars, 2014.

FREIRE, P. *Pedagogia da autonomia:* saberes necessários à prática educativa. 25. ed. São Paulo: Paz e Terra, 1996.

FREIRE, P. *Pedagogia do oprimido.* 17. ed. Rio de Janeiro: Paz e Terra, 1987.

JACOB, F. *Le jeu des possibles:* essai sur la diversité du vivant. Paris: Fayard, 1983.

MALUF, S. W. Corpo e corporalidade nas culturas contemporâneas: abordagens antropológicas. *Esboços - Revista do Programa de Pós-Graduação em História da UFSC,* v. 9, n. 9, p. 87-101, 2001.

NEWELL, A.; PERLIS, A. J.; SIMON, H. A. Computer Science. *Science,* v. 157, n. 3795, p. 1373-1374, 1967.

OLDENZIEL, R. *Making technology masculine men, women and modern machines in America:* 1870-1945. Amsterdam: Amsterdam University, c1999.

PAPERT, S. *Mindstorms:* children, computers, and powerful ideas. New York: Basic Books, 1980.

PITKOW, J. E. The evolution of the student experience: interviews with Stuart Card and James Foley. *SIGCHI Bulletin,* v. 28, p. 28-31, 1996.

SUCHMAN, L. A. *Plans and situated actions:* the problem of human-machine communication. 2. ed. New York: Cambridge University, 1987.

VIEIRA PINTO, A. V. *Consciência e realidade nacional*. Rio de Janeiro: Instituto Superior de Estudos Brasileiros, 1960a. (Textos Brasileiros de Filosofia, 1).

VIEIRA PINTO, A. V. *Consciência e realidade nacional*. Rio de Janeiro: Instituto Superior de Estudos Brasileiros,1960b. (Textos Brasileiros de Filosofia, 2).

VIEIRA PINTO, A. V. *O conceito de tecnologia*. Rio de Janeiro: Contraponto, 2005b. v. 1.

VIEIRA PINTO, A. V. *O conceito de tecnologia*. Rio de Janeiro: Contraponto, 2005a. v. 2.

Agradecimentos

Desenvolvi a estrutura deste capítulo em vários momentos. Em 2001, ao ministrar a disciplina de Interface Homem-Máquina, na UTFPR, em nível de graduação, apresentei um primeiro paralelo entre o pensamento freireano apresentado em Pedagogia da Autonomia e a interdependência entre atividades projetuais e de uso. Em meados da mesma década, em uma reunião do Grupo de Pesquisa em Ciências Humanas, Tecnologia e Sociedade, a convite do professor Gilson Leandro Queluz, discutimos como transpor para a Interação Humano-Computador tais reflexões e tais contribuições. Mais recentemente, em 2016, em encontro na Universidade Federal da Bahia, com integrantes do projeto Onda Digital, a convite do professor Ecivaldo Matos, tive a oportunidade de revisitar tal reflexão e expandi-la do escopo das relações entre projeto e uso para aquilo que comecei a me permitir chamar de computares. Em 2017, apresentei um aprofundamento de tal relação em apresentação no Computar em Contexto, iniciativa articulada ao Grupo de Pesquisa Xuê, ao Programa de Educação Tutorial Computando Culturas em Equidade, ambos da UTFPR, e a pesquisadores da UTFPR e da PUC-PR em Design de Interação, a convite da professora Marília Abrahão Amaral. Quanto ao verbo suputar, tomei conhecimento dele em um programa do Jô Soares, do qual não tenho a referência, mas vim a mencioná-lo publicamente em uma apresentação sobre Álvaro Vieira Pinto no Seminário Direitos Sociais, Educação e Gestão Pública, na Universidade Federal da Paraíba, em novembro de 2017, a convite da professora Lorena Freitas e do professor Enoque Feitosa. Compreendo o suputar como um direito, tal qual saúde, educação e moradia. Agradeço a todos e todas estas múltiplas oportunidades de reflexão, de diálogo, de provocação, assim como as diversas contribuições que me permitiram estruturar e aprimorar este texto, ao longo deste período. Agradeço a possibilidade de reproduzi-las em forma de capítulo neste livro.

INVESTIGAÇÃO EM ROBÓTICA NA EDUCAÇÃO BRASILEIRA:
o que dizem as dissertações e teses

Flavio Rodrigues Campos | Gláucio Carlos Libardoni

O histórico da robótica na educação brasileira apresenta como marco inicial a interação de profissionais brasileiros com profissionais do exterior para o conhecimento de tipos de materiais e para a compreensão de suas potencialidades no ensino. Conforme D'Abreu (2014), esses primeiros passos foram dados por algumas universidades brasileiras na década de 1980. Para tanto, os primeiros projetos em robótica estavam atrelados ao sistema Lego-*Logo*.* Segundo Valente (1999), foi criado, na Universidade Estadual de Campinas (Unicamp), em 1983, o grupo de pesquisa chamado Núcleo de Informática Aplicada à Educação (Nied), que desenvolveu diversas pesquisas relacionadas com o uso do *Logo* na educação. O Projeto *Logo* da Unicamp foi o primeiro de sua natureza a ser implantado no Brasil. Seu objetivo inicial foi introduzir a linguagem *Logo* de programação e adequá-la à realidade brasileira (Valente, 1999).

Essas ações deram suporte ao uso em maior escala do *Logo* na educação. Embora tenha sido utilizado em pesquisas em algumas universidades do país, esse sistema se disseminou com as iniciativas do governo em criar projetos como o Educom. Além disso, o desenvolvimento de computadores de uso pessoal ampliou as possibilidades de uso da informática na educação no Brasil, assim como no mundo todo. Outro grupo de pesquisa importante na utilização do *Logo* na educação foi o Laboratório de Estudos Cognitivos (LEC), da Universidade Federal do Rio Grande do Sul (UFRGS). Durante a década de 1980, o *Logo* foi intensamente utilizado por um grupo de pesquisadores coordenados pela professora Léa da Cruz Fagundes.

Em 1981, foi realizado, no LEC, um primeiro estudo, que resultou na construção de um modelo sobre formas de raciocínio geométrico de crianças com dificuldades para aprender a ler, escrever e calcular. Esse estudo possibilitou também definir a utilização terapêutica da programação em *Logo* como um recurso para tratar tais dificuldades (FAGUNDES; MOSCA, 1985).

Ampliando essas primeiras investigações, foi estudado, em 1981, o processo de construção do conhecimento de crianças e adolescentes em educação especial. Procurou-se identificar a presença de habilidades e explorar os efeitos da interação desses indivíduos com o ambiente informatizado, bem como as novas possibilidades de intervenção do facilitador ou professor (FAGUNDES; MARASCHIN, 1992).

---

*O sistema Lego-*Logo* se baseia em um conjunto de peças Lego que permitem a montagem de dispositivos (máquinas e animais) e um conjunto de novos comandos Logo que permitem a elaboração de programas que controlam esses dispositivos.

No Brasil, a primeira versão do *Logo* traduzida foi desenvolvida para os computadores compatíveis com o Apple II, versão essa chamada de *mlogo*, adaptada pela empresa Microarte, de São Paulo (CHAVES, 1998).

A Itautec desenvolveu um *Logo* em português para seu computador Itautec Jr., traduzido pelo Nied. Essa versão era uma das únicas do *Logo* utilizada em um sistema operacional CP/M* (CHAVES, 1998).

Após o *Logo* da Itautec, surgiu uma versão em português para computadores da linha MSX** chamada de Hot-*Logo*, instituída pela Sharp, para micros de 8 bits e 64k, com saída para televisão colorida em 16 cores.

Os primeiros *kits* do sistema Lego-*Logo* na educação chegaram pelas universidades, que, por meio de seus núcleos, começaram a desenvolver os projetos em sala de aula. As universidades que receberam os *kits* foram: Unicamp e Nied, em 1988; Universidade Federal de Alagoas (UFAL) e seu Núcleo de Informática na Educação Superior (Nies), em 1993; UFRGS e seu Departamento de Psicologia/LEC, em 1994.

A implementação das primeiras práticas aconteceu em algumas capitais em 1990, e, a partir de 2000, começaram a surgir espaços para a disseminação em âmbito nacional, como, por exemplo, a Olimpíada Brasileira de Robótica (OBR), o fórum científico Workshop de Robótica Educacional (WRE) e a competição para alunos de 9 a 14 anos First Lego League.*** Dessa forma, pode-se dizer que a "linha do tempo" da robótica na educação brasileira encontra-se em seus primórdios no que se refere a sua utilização no ensino.

Políticas de expansão do uso dessa tecnologia variam em cada país, na medida em que se destinam recursos para o trabalho com robótica de forma diferente, na formação docente e na estrutura pedagógica preparada para tal uso. Assim, verificar o andamento dos estudos e pesquisas sobre o tema é fundamental para o desenvolvimento de uma investigação que tenha contribuição significativa para a educação.

Para que o histórico venha acompanhado de qualidade, revisões sistemáticas de teses e dissertações precisam ser realizadas. Desse modo, trabalhos específicos de outros pesquisadores podem ser reutilizados e lacunas na área podem ser preenchidas. Com esse objetivo, pesquisas brasileiras foram analisadas por um período de 22 anos, com início em 1994, momento em que a robótica percorreu os primeiros passos para o estágio atual, e término em 2016, ano no qual foram observados a manutenção de práticas iniciadas em 2000 e o aumento significativo de interessados em outros espaços, como cursos *on-line* e redes sociais.

Para colaborarmos com espaços formais e informais, será dada continuidade ao estudo de Campos (2011), que, em parte do seu trabalho, apresentou informações sobre os temais centrais, regiões brasileiras de abrangência, áreas dos saberes e referenciais teóricos no período de 1994 a 2010. Além da manutenção dessas categorias de análise para o período de 2010 a 2016, foram elaboradas novas categorias, que remetem à área de formação básica e continuada dos autores e orientadores, ao uso de materiais, aos níveis de ensino investigados e ao uso de metodologias para a análise dos resultados no período de 1994 a 2016.

Cabe ressaltar que os resultados são analisados por meio de um cruzamento de categorias que visa à compreensão do contexto dos mesmos. A proposta deste capítulo é examinar a robótica como tecnologia de intervenção no processo educativo. Para tanto, 86 trabalhos acadêmicos, entre dissertações de mestrado e teses de doutorado desenvolvidos no Brasil entre 1994 e 2016, foram encontrados e analisados por meio da pesquisa bibliográfica e da análise de conteú-

---

*"Programa de Controle para Microcomputadores" é um sistema operacional desenvolvido para os processadores Intel 8080, Intel 8085 e Zilog Z80, criado por Gary Kildall na década de 1980.

**MSX foi o nome dado a uma arquitetura de microcomputadores pessoais criada no Japão em 1983.

***Competição organizada pela First com apoio da Lego Education, fabricante dos produtos Lego de robótica.

do, utilizando recursos quantitativos e qualitativos de análise de dados.

Para esse estudo, foram tomados como base alguns questionamentos determinantes para o acesso e análise de conteúdo e dos resultados:

1. Como as dissertações e teses distribuem-se ao longo dos anos?
2. Qual foi o método de pesquisa mais comumente empregado nos trabalhos?
3. Qual foi a distribuição dos métodos de pesquisa por mestrado e doutorado?
4. Qual foi o método de análise de dados mais utilizado?
5. Qual foi a distribuição dos trabalhos nas instituições e seus programas?
6. Qual foi a distribuição entre os programas?
7. Quais foram os públicos-alvo envolvidos nas pesquisas?
8. Quais são as áreas de formação dos orientadores e autores?
9. Que teorias de aprendizagem fundamentam as pesquisas?
10. Que materiais de robótica foram utilizados nas pesquisas?
11. Quais foram os objetos centrais de estudos das pesquisas?

ANÁLISE DOS DADOS – ANÁLISE DE CONTEÚDO E REVISÃO BIBLIOGRÁFICA

Bardin (2011) indica que a utilização da análise de conteúdo prevê três fases fundamentais: pré-análise, exploração do material e tratamento dos resultados – a inferência e a interpretação.

Por meio da análise de conteúdo de Bardin (2011), construiu-se um material a partir dos trabalhos acadêmicos levantados na base de dados da Coordenação de Aperfeiçoamento de Pessoal de Nível Superior (CAPES), Google Acadêmico e citações encontradas nos próprios trabalhos, conforme pesquisa integral de cada um deles.

A busca na base de dados levou em consideração as seguintes palavras-chave: robótica educacional, robótica pedagógica, robótica educativa, robótica e educação. Os dados recolhidos foram catalogados e analisados com estatística descritiva.

Nessa análise, foram identificadas 86 produções de mestrado e doutorado entre os anos de 1994 e 2016. Na **Tabela 2.1** está listada a distribuição desses dados por ano.

TABELA 2.1 Quantidade de produções de mestrado e doutorado por ano

Ano	Mestrado	Doutorado
1994	–	–
1995	–	–
1996	1	–
1997	–	–
1998	–	–
1999	–	–
2000	–	–
2001	–	–
2002	2	1
2003	2	–
2004	2	–
2005	3	–
2006	2	1
2007	3	1
2008	3	1
2009	4	2
2010	5	–
2011	7	1
2012	3	1
2013	4	1
2014	4	2
2015	16	–
2016	12	2
Total	73	13

Se forem consideradas as produções acadêmicas dos programas de pós- graduação no Brasil, pode-se afirmar que a temática sobre robótica na educação, embora tenha aumentado em pesquisas nos últimos anos, ainda se configura como um tema pouco explorado pelos pesquisadores. Um dado importante é a produção entre 2010 e 2016 (sete anos) em comparação com o período de 1994 a 2009 (16 anos):

- **1994 a 2009:** 28 produções acadêmicas.
- **2010 a 2016:** 58 produções acadêmicas.

Os dados dos últimos sete anos, que correspondem ao aumento nas pesquisas, podem ser interpretados pelo surgimento de novos materiais de robótica, bem como de projetos didático-pedagógicos, e pela configuração das instituições de educação básica em relação ao trabalho com tecnologias e competências para o século XXI.

Na relação entre os níveis (mestrado e doutorado), a maior parte das pesquisas em robótica educacional se concentrou no mestrado (84%), enquanto o doutorado conta apenas com 16% das produções.

A **Figura 2.1** demonstra a escala de pesquisas apresentadas na **Tabela 2.1**.

A partir dessa primeira organização e análise, passou-se para a leitura dos trabalhos de forma integral, no sentido de mapear os temas centrais de cada um, além de tentar destacar a relação entre os temas abordados.

Em relação aos procedimentos analíticos, inicialmente foram lidos todos os resumos. Dessa etapa, foi obtido um mapeamento da produção acadêmica a partir da estrutura acadêmico-científica formal. Em seguida, foram mapeadas as pesquisas a partir das instituições de ensino superior (IES), das áreas de conhecimento envolvidas e das temáticas centrais abordadas. Depois, os trabalhos foram lidos na íntegra. O objetivo dessa etapa foi verificar os temas pesquisados, as tendências temáticas e, sobretudo, os fundamentos teóricos.

Destaca-se a seguir a **Tabela 2.2**, que configura os dados de autores, ano, tipo, método, detalhes do estudo e objetivo.

A distribuição dos trabalhos citados demonstra o domínio do método de estudo de caso nas produções, bem como dos estudos qualitativos. Outro aspecto a ser destacado na **Tabela 2.2** é a possibilidade de a comunidade

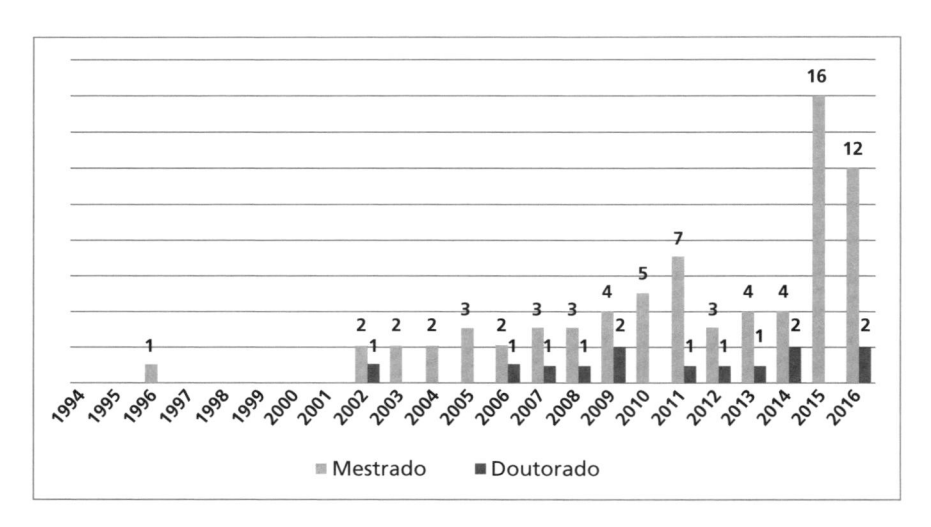

Figura 2.1 Tipos e quantidades de trabalhos por ano.

TABELA 2.2 Dados de autores, ano, tipo, método, detalhes do estudo e objetivo

Autor	Ano	Tipo M/D	Método	Detalhe do estudo	Objetivo
Petry	1996	M	Qualitativo	Estudo de caso	Estudar a aprendizagem com a robótica.
D'Abreu, J. V.V.	2002	D	Qualitativo	Estudo de caso	Estudar a implementação de ambientes de robótica educativa.
Chella	2002	M	Qualitativo	Estudo de caso	Estudar a implementação de ambientes de robótica educativa.
Steffen	2002	M	Qualitativo	Estudo de caso	Realizar a aplicação da robótica em ambientes de aprendizagem.
Santana	2003	M	Qualitativo	Estudo de caso	Estudar a implantação da robótica no currículo.
Ortolan	2003	M	Qualitativo	Estudo de caso, analise de conteúdo	Estudar a robótica por meio da programação.
Zilli	2004	M	Qualitativo	Estudo de caso, analise de conteúdo	Analisar o uso da robótica como recurso.
Santos	2004	M	Qualitativo	Estudo de caso	Analisar a relação professor/recurso.
Accioli	2005	M	Qualitativo	Estudo de caso, Experimentação	Investigar a potencialidade do robolab (*software*).
Santos	2005	M	Qualitativo	Estudo de caso, experimentação	Analisar o uso da robótica no ensino de física.
Campos	2005	M	Qualitativo	Estudo de caso, experimentação	Estudar a implementação de robótica na educação.
Chella	2006	D	Qualitativo	Estudo de caso, experimentação	Estudar o desenvolvimento de experimentos com robótica.
Miranda	2006	M	Qualitativo	Estudos comparativos, experimentação	Estudar o desenvolvimento de *kit* de robótica.
Rocha	2006	M	Qualitativo	Estudo de caso, experimentação	Estudar o processo de ensino-aprendizagem de programação com o uso da robótica.
Fortes	2007	M	Qualitativo	Design de experimentos	Estudar o uso da robótica na aprendizagem de conceitos matemáticos.
Oliveira	2007	D	Qualitativo	Método Crítico (Piaget)	Estudar a tomada de consciência do objeto no uso da robótica.
Gonçalves	2007	M	Qualitativo	Estudo de caso, experimentação	Estudar a utilização de *kits* de baixo custo de robótica.

(*Continua*)

TABELA 2.2 Dados de autores, ano, tipo, método, detalhes do estudo e objetivo
(Continuação)

Autor	Ano	Tipo M/D	Método	Detalhe do estudo	Objetivo
Labegalini	2007	M	Qualitativo	Estudo de caso	Estudar a efetividade de um material didático voltado a aulas de robótica.
Moreira	2008	M	Qualitativo	Experimentação	Estudar o desenvolvimento de um ambiente de robótica de baixo custo.
Castro	2008	M	Qualitativo	Estudo de caso, experimentação	Estudar o desenvolvimento de um *software* para robótica.
Curcio	2008	M	Qualitativo	Estudo de caso, experimentação	Estudar um método didático de equipamentos de baixo custo na robótica.
Lopes	2008	D	Qualitativo	Experimentação	Estudar a criatividade no desenvolvimento de projetos de robótica.
Maliuk	2009	M	Qualitativo	Estudo de caso	Estudar o uso da robótica na educação de matemática.
Cesar	2009	M	Qualitativo	Experimentação	Estudar a robótica pedagógica livre na construção de conceitos científico-tecnológicos na formação de professores.
Bigonha	2009	M	Qualitativo	Estudo de caso	Estudar o uso da robótica na educação do idoso.
Santana	2009	D	Qualitativo	Estudo de caso	Estudar o uso da robótica na iniciação científica.
Junior, N. M. F.	2009	M	Qualitativo	Estudo de caso	Estudar a implantação de um ambiente de robótica educacional.
Silva	2009	D	Qualitativo	Experimentação	Estudar uma metodologia para o ensino de robótica.
Santos	2010	M	Qualitativo	Estudo de caso	Estudar a robótica na aprendizagem no ensino médio.
Furletti	2010	M	Qualitativo	Estudo de caso	Estudar a robótica na educação matemática.
Cabral	2010	M	Qualitativo	Análise de conteúdo	Estudar as estratégias cognitivas de resolução de problemas em ambiente de robótica.
Moraes	2010	M	Qualitativa	Estudo de caso, experimentação	Estudar a robótica na educação matemática.
Leitão	2010	M	Qualitativo	Estudo de caso	Estudar a robótica na educação matemática.
Kloc	2011	M	Qualitativo	Estudo exploratório	Estudar a implementação da robótica extracurricular.

(Continua)

TABELA 2.2 Dados de autores, ano, tipo, método, detalhes do estudo e objetivo
(Continuação)

Autor	Ano	Tipo M/D	Método	Detalhe do estudo	Objetivo
Neves Júnior	2011	M	Qualitativo	Estudo de caso	Estudar a robótica como ambiente educacional para a fluência tecnológica.
Barbosa	2011	M	Qualitativo	Estudo de caso	Estudar a robótica como ambiente educacional.
Pinto	2011	M	Qualitativo	Estudo de caso, experimentação	Estudar a formação docente para o uso da robótica.
Barros	2011	M	Qualitativo	Experimentação	Estudar um ambiente de programação de robótica.
Silva	2011	M	Qualitativo	Experimentação	Estudar a implementação de um *kit* de robótica de baixo custo.
Souza	2011	M	Qualitativo	Experimentação	Estudar um ambiente telerrobótico em um contexto educacional.
Campos	2011	D	Qualitativo	Análise do discurso, grupo focal	Estudar o desenvolvimento de currículo de robótica e sua utilização.
Martins	2012	M	Qualitativo	Estudo de caso	Estudar a robótica na educação matemática.
Silva	2012	M	Qualitativo	Ciência, tecnologia e sociedade	Estudar a robótica como propulsor do pensamento.
Aroca	2012	D	Qualitativo e quantitativo	Experimentação	Estudar a aplicação de recurso robótico de baixo custo.
Nascimento	2012	M	Qualitativo	Experimentação	Estudar a robótica no ensino do conceito de proporção no ensino fundamental.
Zanatta	2013	M	Qualitativo	Experimentação	Estudar a robótica na educação científica.
Araújo	2013	M	Qualitativo	Estudo de caso	Estudar a robótica na formação de professores de física.
Alves	2013	M	Qualitativo	Estudo de caso	Estudar a criação de um ambiente de programação para a robótica educacional.
Fernandes	2013	M	Qualitativo	Estudo de caso, experimentação	Estudar a aplicação de uma plataforma virtual de robótica.
César	2013	D	Qualitativo	Estudo de caso	Estudar a metodologia de robótica pedagógica livre.
Gomes	2014	M	Qualitativo	Estudo de caso	Estudar a robótica na educação matemática.
Shivani	2014	D	Qualitativo	Estudo de caso	Estudar a robótica no ensino de física.

(Continua)

TABELA 2.2 Dados de autores, ano, tipo, método, detalhes do estudo e objetivo
(Continuação)

Autor	Ano	Tipo M/D	Método	Detalhe do estudo	Objetivo
Fabri Junior	2014	M	Qualitativo	Estudo de caso, experimentação	Estudar a introdução de um *kit* de baixo custo no ensino médio.
Pereira Junior	2014	M	Qualitativo	Estudo de caso	Estudar a robótica no ensino de física.
Zanetti	2014	M	Qualitativo	Estudo de caso, experimentação	Estudar a robótica no apoio ao ensino de programação.
Santin	2014	D	Qualitativo	Pesquisa aplicada	Estudar o uso de ferramenta específica para o ensino de computação e robótica
Rodrigues, W. S.	2015	M	Qualitativo	Estudo de caso, experimentação	Estudar uma sequência didática com robótica no ensino fundamental.
Guarenti	2015	M	Qualitativo	Pesquisa-ação	Estudar o uso da robótica no desenvolvimento cognitivo.
Flores	2015	M	Qualitativo	Experimentação	Estudar o desenvolvimento de uma ferramenta remota para a robótica educacional.
Araújo	2015	M	Qualitativo	Estudo de caso	Estudar a robótica educacional no ensino de matemática.
Gomes	2015	M	Qualitativo	Experimentação	Estudar o desenvolvimento de uma arquitetura pedagógica para docentes.
Pinto	2015	M	Qualitativo	Experimentação	Estudar a inserção de um robô humanoide no processo de ensino-aprendizagem.
Souza	2015	M	Qualitativo	Experimentação	Estudar a validação conceitual de um laboratório virtual para atividades com robótica.
Pereira	2015	M	Qualitativo e quantitativo	Estudo de caso	Estudar a robótica no ensino de matemática e física em cursos de engenharia.
Rodrigues, R. M. L. S.	2015	M	Qualitativo	Experimentação	Estudar o desenvolvimento de um ambiente de programação visual.
Mesquita	2015	M	Qualitativo	Estudo de caso	Estudar o planejamento e aulas da robótica no ensino fundamental.
Dargains	2015	M	Qualitativo	Experimentação	Estudar a robótica no ensino de programação.
Garcia	2015	M	Qualitativo	Estudo de caso	Estudar a robótica no ensino de conceitos de biologia.
Oliveira	2015	M	Qualitativo	Estudo de caso	Estudar a robótica no ensino de matemática.

(Continua)

TABELA 2.2 Dados de autores, ano, tipo, método, detalhes do estudo e objetivo
(Continuação)

Autor	Ano	Tipo M/D	Método	Detalhe do estudo	Objetivo
Stroeymeyte	2015	M	Qualitativo	Estudo de caso	Estudar a integração da robótica ao currículo da educação básica.
Wildner	2015	M	Qualitativo	Estudo de caso	Estudar a robótica no ensino de matemática.
Callegari	2015	M	Qualitativo	Estudo de caso	Estudar os processos cognitivos com a robótica educacional.
Pereira	2016	M	Qualitativo	Estudo de caso	Estudar a robótica na aprendizagem de alunos superdotados e não superdotados.
Moreira	2016	M	Qualitativo	Estudo de caso	Estudar a robótica no processo de ensino-aprendizagem à luz do construcionismo.
Rabelo	2016	M	Qualitativo	Estudo de caso	Estudar a robótica no ensino de física.
Fornaza	2016	M	Qualitativo	Estudo de caso	Estudar a robótica no ensino de física.
Silva	2016	M	Qualitativo	Estudo de caso	Estudar uma sequência didática com a robótica educacional.
Sá	2016	D	Qualitativo	Experimentação	Estudar a proposição de um ambiente da *web* para a robótica educacional.
Cagliari	2016	M	Qualitativo	Experimentação	Estudar a proposição de um ambiente colaborativo para a aprendizagem da robótica.
Lima	2016	M	Qualitativo	Estudo de caso	Estudar a robótica no ensino de química.
Honorato	2016	M	Qualitativo	Experimentação	Estudar uma proposta de plataforma para o ensino de física.
Santos, J. P.S.	2016	M	Qualitativo	Estudo de caso	Estudar as implicações para a prática pedagógica de licenciandos em física usando a robótica.
Santos, M. E.	2016	M	Qualitativo	Estudo de caso	Estudar a robótica no ensino de matemática.
Almeida	2016	M	Qualitativo	Experimentação	Estudar a proposição de um laboratório remoto de ensino de robótica.
Barbosa	2016	D	Qualitativo	Estudo de caso	Estudar a aprendizagem colaborativa com a robótica no ensino médio.
Antunes	2016	M	Qualitativo	Estudo de caso	Estudar a robótica no ensino de música.

D, doutorado; M, mestrado.

acadêmica conhecer as pesquisas em termos de seus objetivos e, assim, reutilizá-las como material de apoio para a estruturação de novos trabalhos. Nesse contexto, destaca-se um conjunto de pesquisas que utilizam a robótica no ensino de física, de matemática e de programação. Além disso, apresentam propostas de uso de materiais de baixo custo e inserção da robótica no currículo.

Na elaboração de projetos de pesquisa e na estruturação de materiais didáticos, também é importante que sejam conhecidas as regiões de abrangência das pesquisas para a aproximação entre pesquisadores e interessados pelo tema. Com esse objetivo, apresenta-se o **Tabela 2.3**.

A produção das dissertações e teses está distribuída por 42 universidades brasileiras,

TABELA 2.3 Distribuição dos trabalhos nas instituições de ensino superior (IES) e seus respectivos programas

IES	Área do conhecimento	Quantidade
Pontifícia Universidade Católica de São Paulo	Educação matemática	2
Pontifícia Universidade Católica de Minas Gerais	Ensino de ciências e matemática	1
Universidade Federal Rio Grande do Sul	Ensino de matemática	2
Universidade Federal de Goiás	Ensino de ciências e matemática	3
Universidade Federal Rio Grande do Sul	Psicologia	1
Universidade Federal Rio Grande do Sul	Informática na educação	2
Universidade Federal do Rio Grande do Sul	Educação	1
Universidade Federal do Rio Grande	Educação em ciências	2
Universidade Federal do Espírito Santo	Informática	1
Centro Federal de Educação Tecnológica de Minas Gerais	Educação tecnológica	1
Universidade Federal da Bahia	Educação	4
Universidade Federal da Bahia	Mecatrônica	1
Universidade Federal do Paraná	Instituto de tecnologia	1
Universidade Estadual do Ceará	Computação aplicada	1
Universidade Estácio de Sá	Educação	1
Universidade Federal de Uberlândia	Educação	2
Universidade Estadual de Maringá	Ciência da computação	2
Universidade Federal de Santa Catarina	Engenharia de produção	1
Universidade Federal de Santa Catarina	Engenharia e gestão do conhecimento	1
Universidade Federal de Santa Catarina	Ciência da computação	1
Pontifícia Universidade Católica do Paraná	Educação	1
Universidade Estadual de Campinas	Engenharia elétrica	1

(Continua)

TABELA 2.3 Distribuição dos trabalhos nas instituições de ensino superior (IES) e seus respectivos programas (Continuação)

IES	Área do conhecimento	Quantidade
Universidade Estadual de Campinas	Tecnologia	1
Universidade Estadual de Campinas	Engenharia mecânica	1
Universidade Presbiteriana Mackenzie	Educação	1
Universidade Federal do Rio de Janeiro	Informática	7
Universidade Federal do Rio Grande do Norte	Engenharia elétrica e computação	7
Universidade Brazcubas	Semiótica	1
Universidade Bandeirante de São Paulo	Educação matemática	1
Universidade do Sul de Santa Catarina	Educação	1
Universidade de São Paulo	Escola de comunicação e artes	1
Universidade de São Paulo	Educação	1
Universidade Federal de Lavras	Educação	1
Pontifícia Universidade Católica de São Paulo	Educação: currículo	2
Universidade Tecnológica Federal do Paraná	Tecnologia e sociedade	1
Universidade Tecnológica Federal do Paraná	Ensino de ciência e tecnologia	1
Universidade Federal do Amazonas	Informática	2
Universidade Anhanguera de São Paulo	Educação matemática	1
Instituto de Engenharia do Paraná	Desenvolvimento de tecnologia	1
Faculdade Campo Limpo Paulista	Ciência da computação	1
Universidade Estadual Paulista Júlio de Mesquita Filho – Ilha Solteira	Mestrado profissional em matemática	1
Centro Universitário Internacional	Educação e novas tecnologias	1
Instituto Federal de Educação, Ciência e Tecnologia – Rio Grande do Sul	Educação e tecnologias	1
Universidade Salvador	Sistemas de computação	1
Universidade de Fortaleza	Informática aplicada	1
Universidade Federal de Goiás	Ensino de física	2
Universidade Federal de Goiás	Química	1
Universidade de Caxias do Sul	Ensino de ciências e matemática	1
Universidade de Caxias do Sul	Educação	1
Universidade do Oeste do Pará	Educação	1
Universidade Regional Integrada do Alto Uruguai e das Missões	Ensino científico e tecnológico	1

(Continua)

TABELA 2.3 Distribuição dos trabalhos nas instituições de ensino superior (IES) e seus respectivos programas *(Continuação)*

IES	Área do conhecimento	Quantidade
Universidade Federal de Itajubá	Ensino de ciências	1
Universidade Federal Rural de Pernambuco	Ensino de ciências	1
Instituto Federal de Educação, Ciência e Tecnologia – Amazonas	Ensino tecnológico	1
Universidade Cruzeiro do Sul	Ensino de ciências e matemática	1
Universidade Federal do ABC	Ensino e história das ciências e da matemática	1
Universidade Estadual da Paraíba	Ensino de ciências e matemática	1
Universidade Federal da Fronteira Sul (UFF), campus Passo Fundo	Educação	1
Fundação Vale do Taquari de Educação e Desenvolvimento Social	Ensino de ciências exatas	1
Universidade de São Paulo	Ciências da computação e matemática computacional	1
Total	47	86

em 47 programas espalhados por essas instituições. A seguir, é apresentada a **Tabela 2.4**, que representa a distribuição das universidades pelas regiões do Brasil.

Pode-se constatar, a partir da **Tabela 2.2**, que, em sua grande maioria, as pesquisas se concentram nas regiões Sul e Sudeste, o que significa 74% das instituições (24). Contudo, verificou-se um aumento significativo na quantidade das produções sobre o tema "Robótica educacional" na região Nordeste. Embora a concentração dos 86 trabalhos seja nas regiões Sudeste e Sul, duas das universidades que concentram a maior quantidade em números de produções estão no Nordeste.

As universidades com maior número de produções são federais – do Rio Grande do Sul (7), Rio Grande do Norte (7) e Bahia (5). Outro ponto importante é a distribuição das produções nas universidades em cada região, como, por exemplo, no Sul, apresentando 13 instituições com 24 trabalhos acadêmicos, dos quais 10 foram desenvolvidos no Rio Grande do Sul e 8 no Paraná, totalizando 75% das produções na região. No estado do Rio Grande do Sul, a predominância das pesquisas está na UFRGS, com 85%, distribuídas em 4 programas.

No caso do Sudeste, São Paulo conta com 19 trabalhos, enquanto Minas Gerais e Rio de Janeiro apresentam 15, e o Espírito Santo possui apenas 1 trabalho.

Em São Paulo, a Pontifícia Universidade Católica (PUC-SP) (4), a Unicamp (3) e

TABELA 2.4 Distribuição da quantidade de universidades e de trabalhos pelas regiões do Brasil

Região	Quantidade/ universidades	Quantidade/ trabalhos
Sul	12	24
Sudeste	19	35
Centro-oeste	1	6
Nordeste	7	17
Norte	3	4
Total	42	86

a USP (3) são as instituições que agregam o maior número de trabalhos. Considerando o total no estado, as instituições particulares reúnem o maior número (10).

No Nordeste, 7 instituições agregam os 17 trabalhos na região, com a maior concentração na Universidade Federal do Rio Grande do Norte (UFRN) com 7, seguida de perto pela Universidade Federal da Bahia (UFBA), com 5. A Universidade Federal do Ceará (UFC) tem 1 produção.

Um dado interessante é a distribuição dos trabalhos entre as instituições federais, estaduais e particulares, conforme a **Tabela 2.5**.

Além disso, foram analisadas as áreas que mais produziram dissertações e teses, conforme a **Figura 2.2** a seguir, contando com 25 programas.

Na perspectiva dos programas, as pesquisas veiculadas em educação somam 21% das produções, representando o maior número

TABELA 2.5 Distribuição dos trabalhos entre instituições federais, estaduais e particulares

Tipo de instituição	Quantidade/ universidades	Quantidade/ trabalhos
Federal	18	51
Estadual	10	18
Particular	14	17

(18 produções). Programas como ciência da computação (5), informática e informática na educação (13) e engenharias (11) têm 38% dos trabalhos acadêmicos.

Pode ser observado que, embora as produções científico-acadêmicas tenham aumentado nos programas de educação, as diferenças para os programas mais relacionados com tecnologia e ciências exatas ainda são relevantes. Dos 25 programas, apenas 8 são da área das ciên-

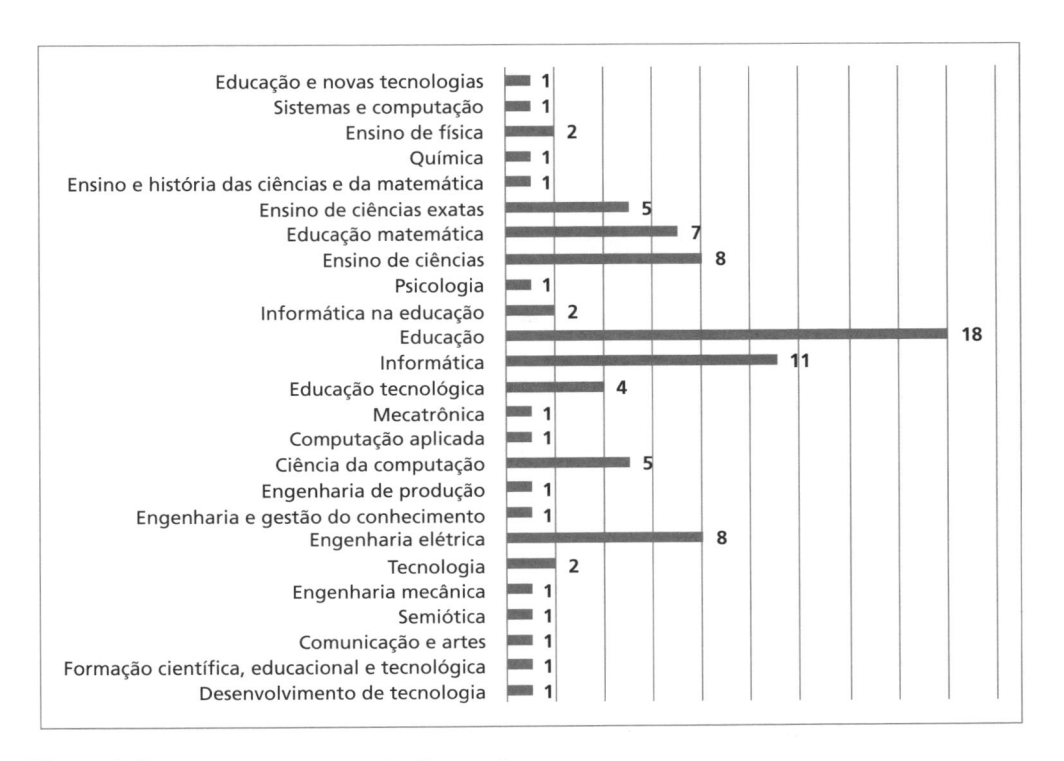

Programa	Número
Educação e novas tecnologias	1
Sistemas e computação	1
Ensino de física	2
Química	1
Ensino e história das ciências e da matemática	1
Ensino de ciências exatas	5
Educação matemática	7
Ensino de ciências	8
Psicologia	1
Informática na educação	2
Educação	18
Informática	11
Educação tecnológica	4
Mecatrônica	1
Computação aplicada	1
Ciência da computação	5
Engenharia de produção	1
Engenharia e gestão do conhecimento	1
Engenharia elétrica	8
Tecnologia	2
Engenharia mecânica	1
Semiótica	1
Comunicação e artes	1
Formação científica, educacional e tecnológica	1
Desenvolvimento de tecnologia	1

Figura 2.2 Programas e números de dissertações e teses.

cias humanas e sociais, o que representa apenas 32% do total.

Essa configuração sugere a necessidade de integração das áreas de engenharias e informática e educação, a fim de superar a distância nos estudos relacionados com o uso da robótica na educação. Aqui cabe ressaltar que os argumentos para tal afirmação estão embasados na continuidade da pesquisa de Campos (2011) no que se refere aos programas de desenvolvimento dos trabalhos.

O presente capítulo, além de apresentar a continuidade de parte do estudo presente na tese do autor, também apresenta novas categorias, que colaboram para o conhecimento sobre os atores que estão envolvidos nas pesquisas. Inicia-se esta etapa com a apresentação dos públicos-alvo das pesquisas por meio da **Tabela 2.6**.

A **Tabela 2.3** apresentou a configuração em que os estudos tiveram maior incidência na educação básica, o que corrobora as características da implantação de projetos de robótica com alunos dos ensinos fundamental e médio com *kits* de materiais de robótica (peças e material didático), principalmente da Lego, conforme ilustra o **Tabela 2.7**.

Na conjunção dos estudos, é possível observar a predominância de pesquisas voltadas ao uso dos materiais de robótica da Lego. Nota-se

TABELA 2.6 Público-alvo das pesquisas por ano*

Nível investigado	1996	2002 2003	2004 2005	2006 2007	2008 2009	2010 2011	2012 2013	2014 2015 2016
Fundamental	–	2	3	2	5	5	3	8
Médio	–	–	–	–	–	2	–	12
Fundamental e médio	–	–	–	1	–	1	–	5
Fundamental e professores	–	–	1	–	2	–	–	–
Fundamental e Pós-graduação	–	1	–	–	–	–	–	–
Superior	–	–	–	1	–	–	2	5
Superior e Pós-graduação	–	1	–	–	–	–	–	–
Professores	1	–	1	–	1	1	1	1
Professores, fundamental, adultos leigos	–	–	–	–	–	–	1	1
Público diversificado	–	–	–	–	–	1	1	2
Idosos	–	–	–	–	1	–	–	–
Curso técnico	–	–	–	–	–	1	–	2

*****Nota:** um trabalho sem a definição de público em 2002; dois trabalhos sem a existência de público em 2006; um trabalho sem a existência de público em 2007; um trabalho sem a existência de público em 2008; dois trabalhos sem a existência de público em 2011; um trabalho sem a existência de público em 2012.

TABELA 2.7 Materiais de robótica

Ano	Material utilizado
1996	Lego
2002	Lego e materiais recicláveis Lego e Robix Não especificado
2003	Lego Lego
2004	Não especificado Não utilizados
2005	Lego Lego Lego
2006	Proposta do material Não utilizados Lego
2007	Lego Proposta de material Lego Lego
2008	Proposta de material Lego Robótica livre Lego
2009	Lego Lego Não especificado Robótica livre Lego Lego
2010	Lego Lego Lego Lego Robótica livre
2011	Lego Lego Lego Robótica livre e Lego Robótica livre Lego Não utilizados Robótica livre
2012	Lego GoGo Board Robótica livre Lego
2013	Lego Robótica livre Robótica livre Proposta de material Robótica livre

(Continua)

TABELA 2.7 Materiais de robótica (Continuação)

Ano	Material utilizado
2014	Lego Lego Robótica livre Robótica livre Lego Topobo
2015	Arduino e Lego Lego Robótica livre Fishertechnik Lego Robótica livre Lego Robótica livre Robótica livre Robótica livre Robô humanoide Lego Lego Robótica livre Lego Lego
2016	Robótica livre Lego Robótica livre Lego Lego Robótica livre Robótica livre Robótica livre Robótica livre Lego Lego Lego Robótica livre

a presença desses materiais em todos os anos pesquisados. Também cabe salientar o aumento de projetos com o uso de materiais diversos, conforme os últimos 12 anos de pesquisas.

Na perspectiva de se conhecer as áreas de formação básica e continuada dos promotores das pesquisas, utilizou-se a Plataforma Lattes como fonte de informações. Desse modo, foram elaboradas as **Tabelas 2.8 e 2.9**.

Na **Tabela 2.4**, pode-se observar a predominância da formação básica em licenciaturas e pós-graduação nas áreas de ensino ou educação, com 33% do total (28). Contudo, é possível perceber que as áreas de engenharia e in-

TABELA 2.8 Referente aos orientadores e sua formação

Área de formação básica e continuada	Número de orientações	Ano das orientações
Formação básica em licenciatura e pós-graduação no ensino/educação	28	1996, 2003, 2004, 2005 (2), 2007, 2008 (2), 2009 (3), 2010 (2), 2011 (2), 2012, 2013, 2014 (2), 2015 (9), 2016
Formação básica em engenharias e pós-graduação em engenharias	13	2002 (2), 2007, 2008, 2010 (2), 2011 (2), 2015 (2), 2016 (3)
Formação básica em informática e pós-graduação em engenharia	10	2006, 2008, 2009, 2011 (2), 2012, 2013 (3), 2016
Formação básica em engenharias e pós-graduação em informática	4	2006, 2007, 2012, 2014
Formação básica em licenciatura e pós-graduação em informática	2	2005, 2014
Formação básica em psicologia e pós-graduação em ensino/educação	3	2009, 2010, 2012
Formação básica em licenciatura e pós-graduação em ciências sociais aplicadas	1	2002
Formação básica em licenciatura e pós-graduação em psicologia	1	2014
Formação básica em estatística e ciências jurídicas e sociais e pós-graduação em engenharia	1	2003
Formação básica em informática e pós-graduação em educação	6	2007, 2015 (3), 2016 (2)
Formação básica em engenharia e pós-graduação em geografia	1	2004
Formação básica em bacharelado em física e pós- graduação em ensino/educação	3	2011, 2015, 2016
Bacharelado em física e pós-graduação em física	4	2013, 2015, 2016 (2)
Psicologia e pós-graduação em saúde pública	1	2009
Formação básica em física e pós-graduação em engenharia	1	2006
Formação básica em Informática e pós-graduação em ciência da computação	5	2011, 2014, 2015 (1), 2016 (2)
Formação básica em licenciatura e pós-graduação em química	2	2015, 2016

TABELA 2.9 Formação dos autores*

Área de formação básica e continuada	Número de trabalhos	Ano das orientações
Formação básica em licenciatura e pós-graduação em educação	38	2003, 2005 (2), 2007 (2), 2009 (4), 2010 (5), 2011 (2), 2012 (2), 2013 (2), 2014 (3), 2015 (9), 2016 (6)
Formação básica em informática e pós-graduação em informática	18	2005, 2007, 2008, 2011 (2), 2012 (2), 2013, 2014, 2015 (5), 2016 (4)
Formação básica em engenharias e pós-graduação em engenharias	8	2002, 2008, 2011 (2), 2013 (2), 2016 (2)
Formação básica em outras e pós-graduação em educação	8	2004, 2006, 2007, 2008, 2009, 2011, 2014, 2015
Formação básica em licenciatura e pós-graduação em outras	7	2002, 2006, 2009, 2011 (2), 2015, 2016
Formação básica em informática e pós-graduação em engenharia	4	2002, 2004, 2006, 2016
Formação básica em engenharia e pós-graduação em informática	1	2008
Formação básica e continuada em psicologia	1	1996

*Nota: o currículo de um dos autores não foi localizado.

formática apresentam número significativo (23) de profissionais formados.

Na **Tabela 2.5**, fica evidente a predominância da formação básica em licenciatura e pós-graduação nas áreas de ensino ou educação, com 44% do total. Aí também as engenharias e a informática apresentam número expressivo de formados (26), o que representa 30%. Desse modo, pode-se afirmar que, em trabalhos acadêmicos como dissertações e teses, as áreas de ensino e educação prevalecem na formação dos orientadores e, principalmente, dos autores.

Para que haja conhecimento das teorias de aprendizagem utilizadas como referenciais teóricos das pesquisas, elaborou-se a **Tabela 2.10**.

Na pesquisa, é possível observar a presença dos trabalhos de Piaget e Papert em 90% das produções. O construcionismo apresentado por Papert, pioneiro na utilização de programação e robótica no ensino, é uma referência na aplicação de tecnologia em educação e demonstra grande influência nas pesquisas. No caso do construtivismo, o papel dos estudos de Piaget sobre o processo de aprendizagem é por natureza objeto de fundamentação das produções, haja vista que o próprio Papert estudou e trabalhou com Piaget, estruturando o construcionismo a partir do construtivismo.

No intuito de conhecer e compreender os temas centrais das pesquisas, delimitamos, por meio de sistematização, os objetos de estudo, conforme apresentados na **Figura 2.3**.

Esses temas centrais indicam um aspecto que orienta de forma geral a composição do trabalho acadêmico. Assim, por exemplo, o tema "Aprendizagem de conceitos específicos" foi levantado para designar os trabalhos que tiveram como foco o uso da robótica na aprendizagem de conceitos específicos de determinada área de conhecimento, como física, matemática, ciências e computação.

Nesse sentido, esses trabalhos se configuram pela busca de elementos que caracterizem a relação entre o uso da robótica como recurso tecnológico e a aprendizagem de conceitos.

TABELA 2.10 Teoria de aprendizagem

Ano	Teoria
1996	1. Tomada de consciência de Piaget
2002	1. Construcionismo de Papert e construtivismo de Piaget 2. Papert 3. Não especificada
2003	1. Construcionismo de Papert e construtivismo de Piaget 2. Construcionismo de Papert e construtivismo de Piaget
2004	1. Não especificada 2. Inteligências múltiplas de Gardner, ensino por competências de Perrenoud, construcionismo de Papert e construtivismo de Piaget
2005	1. Teoria sociocultural de Vigotsky, construcionismo de Papert 2. Teoria sociocultural de Vigotsky, construtivismo de Piaget, construcionismo de Papert 3. Não especificada
2006	1. Inexistente 2. Inexistente 3. Construtivismo de Piaget, construcionismo de Papert
2007	1. Construtivismo de Piaget, construcionismo de Papert 2. Inexistente 3. Construtivismo de Piaget, construcionismo de Papert 4. Teoria sociocultural de Vigotsky, construtivismo de Piaget, construcionismo de Papert
2008	1. Não especificada 2. Construtivismo de Piaget, construcionismo de Papert 3. Construtivismo de Piaget, construcionismo de Papert 4. Teoria sociocultural de Vigotsky, construtivismo de Piaget, construcionismo de Papert
2009	1. Não especificada 2. Construtivismo de Piaget, construcionismo de Papert 3. Não especificada 4. Não especificada 5. Teoria sociocultural de Vigotsky 6. Inexistente
2010	1. Construcionismo de Papert, teoria sociocultural de Vigotsky 2. Construtivismo de Piaget 3. Construtivismo de Piaget 4. Construcionismo de Papert 5. Construcionismo de Papert
2011	1. Construcionismo de Papert 2. Teoria sociocultural de Vigotsky, construtivismo de Piaget, construcionismo de Papert 3. Teoria sociocultural de Vigotsky, construtivismo de Piaget, construcionismo de Papert, teoria da experiência da aprendizagem mediada de Feuerstein 4. Inexistente 5. Teoria sociocultural de Vigotsky, construtivismo de Piaget, construcionismo de Papert 6. Não especificada 7. Construtivismo de Piaget 8. Não especificada
2012	1. Construcionismo de Papert, teoria dos campos conceituais de Vergnaud 2. Papert, Álvaro Vieira Pinto 3. Inexistente 4. Construcionismo de Papert
2013	1. Construcionismo de Papert 2. Teoria sociocultural de Vigotsky 3. Teoria sociocultural de Vigotsky, construtivismo de Piaget, construcionismo de Papert 4. Inexistente 5. Construtivismo de Piaget, construcionismo de Papert

(Continua)

TABELA 2.10 Teoria de aprendizagem (Continuação)	
Ano	Teoria
2014	1. Construcionismo de Papert 2. Teoria antropológica do didático de Chevallard 3. Inexistente 4. Inexistente 5. Construcionismo de Papert 6. Piaget, Papert, Resnick
2015	1. Construcionismo, construtivismo 2. Ausubel, construcionismo 3. Teorias de currículo 4. Construcionismo 5. Construcionismo de Vygotsky 6. Construcionismo 7. Construtivismo, construcionismo 8. Construcionismo 9. Construtivismo, construcionismo 10. Construtivismo 11. Construcionismo de Vygotstky 12. Construcionismo, construtivismo 13. Construcionismo 14. Construcionismo 15. Construcionismo, construtivismo 16. Construcionismo de Vygotstky
2016	1. Construtivismo, construtivismo de Pozo 2. Construcionismo 3. Construcionismo 4. Construcionismo de Vygotsky, construtivismo 5. Construcionismo 6. Construcionismo 7. Construcionismo de Vygotsky 8. Construcionismo 9. Construtivismo, construcionismo de Vygotsky 10. Construtivismo 11. Construcionismo 12. Construcionismo 13. Construcionismo 14. Construcionismo

- Currículo: 7
- Cognição: 5
- Uso da ferramenta (prática): 10
- Trabalho docente: 4
- Desenvolvimento de instrumento: 18
- Processo de ensino-aprendizagem: 14
- Formação docente: 3
- Aprendizagem de conceitos específicos: 25

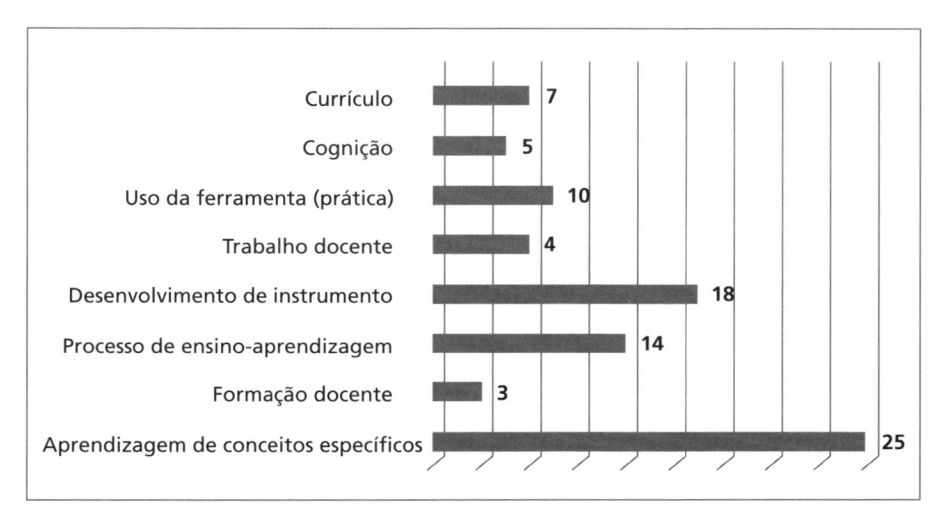

Figura 2.3 Objeto de estudo dos trabalhos apresentados.

Portanto, o foco está na dinâmica do processo de aprendizagem de determinado componente curricular e em como a robótica potencializa esse processo.

No que diz respeito ao tema "Processo de ensino-aprendizagem", as pesquisas que tratam desse assunto destacam o papel que a robótica tem no processo, tanto em relação ao docente quanto ao educando. Uma diferença importante desse tema para a "Aprendizagem de conceitos" é que a ênfase aqui não está na aprendizagem como processo, tampouco no recurso tecnológico, mas, sim, na relação entre os dois, ou seja, como é possível aprender física, por exemplo, utilizando a robótica.

As pesquisas que têm como tema central o uso da ferramenta (prática), ou seja, a robótica diretamente relacionada com os processos de aprender e ensinar, enfatizam seu uso como recurso tecnológico que inova esses processos. Portanto, o foco está nas possibilidades que o recurso cria nas práticas pedagógicas, mas sem destaque em conhecimentos específicos ou nos processos de ensinar e aprender.

Embora essa seja a categoria importante, as discussões tendem a fazer um recorte generalista quanto à perspectiva do recurso tecnológico em relação à prática pedagógica, sob a ótica das potencialidades que a robótica cria no ambiente educacional.

Entre todas as categorias, o currículo apresenta apenas quatro trabalhos acadêmicos em seu repertório. Acredita-se que falta discutir perguntas como: em que condições esse recurso tecnológico é integrado ao currículo? Que consequências o uso da robótica como disciplina no quadro curricular ou integrada a outras disciplinas traz para a prática pedagógica e para os processos educativos? Que dificuldades são encontradas quando se busca integrar a robótica no contexto curricular das escolas brasileiras? Quais são as contribuições desse recurso para o currículo? Até o momento, pouco se tem avançado sobre esses aspectos, e, de fato, as pesquisas a esse respeito têm se limitado ao uso propriamente dito do recurso.

Outro aspecto pouco explorado é a formação e o trabalho docente, visto que, no Brasil, as pesquisas não têm se preocupado com essa questão, haja vista que poucos são os trabalhos alocados nessas temáticas. Embora isso seja indiretamente discutido, não se encontram trabalhos acadêmicos que explorem mais profundamente o papel docente na integração curricular desse recurso, os aspectos de sua formação inicial e continuada e a relação das instituições com o docente, entre outras.

Em suma, a temática "aprendizagem de conceitos específicos" conta com 29% dos trabalhos (25). Nessa categoria, os trabalhos apresentam estudos referentes ao uso da robótica na aprendizagem de conceitos de física, matemática, biologia, ciências e química, entre outras. Com 20% dos trabalhos (18), a temática "desenvolvimento de instrumento" aparece com o segundo maior número de pesquisas, envolvendo a produção de materiais de robótica, bem como ambientes de programação.

Em contrapartida, temáticas como currículo, formação docente e cognição possuem o menor número de pesquisas, com apenas 18% (16) no total.

DISCUSSÃO, CONCLUSÃO E ENCAMINHAMENTOS

A utilização da robótica como recurso tecnológico na educação ganhou repercussão nos meios acadêmico e escolar brasileiros nos últimos anos com a disseminação de novos recursos e projetos voltados para a temática. Os pesquisadores têm buscado investigar a utilização desse recurso na resolução de problema, no tocante à criatividade, no desenvolvimento do pensamento computacional e na criação de novos recursos, entre outros.

Este capítulo procurou destacar um panorama das pesquisas relacionadas com a robótica educacional dos últimos 22 anos no Brasil, mapeando as questões centrais que envolvem os estudos relacionados ao tema nesse período.

A relação desproporcional de trabalhos acadêmicos entre pesquisas de mestrado e doutorado sugere a necessidade de ampliação do escopo e de aprofundamento das discussões em relação à utilização da robótica como recurso tecnológico na educação. Nesse sentido, dos 13 trabalhos de doutorado, tem-se a distribuição nos respectivos objetos de estudo conforme apresentada na **Tabela 2.11**.

Observa-se que a categoria **cognição** está inserida completamente nos trabalhos de doutorado; não há referência a tal categoria nas pesquisas de mestrado, as quais têm o objetivo de estudar a robótica e seus conhecimentos.

Este capítulo, especificamente na **Tabela 2.4**, ilustra um equilíbrio das formações básica e continuada dos orientadores das áreas de ensino/educação e engenharia e computação, pois 53% dos orientadores cursaram na graduação e/ou pós-graduação disciplinas associadas ao ensino/educação. Em relação aos autores, a porcentagem cresce significativamente, já que cerca de 80% deles cursaram na graduação e/ou pós-graduação disciplinas associadas ao ensino/educação. Esses resultados, à primeira vista, indicam a predominância das áreas de ensino/educação nas pesquisas sobre robótica educacional no Brasil.

TABELA 2.11 Relação entre objeto de estudo/quantidade – doutorado

Objeto de estudo	Quantidade
Desenvolvimento de instrumento	3
Currículo	2
Cognição	5
Uso da ferramenta (prática)	1
Aprendizagem de conceitos específicos	2
Total	13

Contudo, em comparação com artigos na temática da robótica educacional na educação brasileira, Libardoni e Del Pino (2016) revisaram um total de 150 artigos científicos publicados no período de 2011 a 2014 em anais de eventos e periódicos. Nesse trabalho, uma das categorias analisadas foi a área de formação básica e continuada dos autores. Os resultados mostram que a grande maioria dos pesquisadores sobre robótica no ensino brasileiro não cursou, na formação básica, ou na formação básica e continuada, disciplinas ligadas a didática e metodologias de ensino. Na comparação entre a formação básica dos autores com mais de uma publicação, cerca de 96% apresentaram graduação em engenharia ou informática. Na comparação entre formação básica e continuada dos autores com mais de uma publicação, cerca de 78% apresentaram graduação e pós-graduação em engenharia ou informática. Além disso, para os autores com uma publicação no mesmo período, cerca de 83% apresentaram formação básica em engenharia ou informática, e cerca de 72% apresentaram graduação e pós-graduação em engenharia ou informática.

Com efeito, nos artigos científicos, as áreas de engenharia e informática predominam, pois os conhecimentos de robótica são trabalhados em disciplinas básicas e avançadas na graduação. Nas licenciaturas, essa alternativa é escassa, tanto na formação básica quanto na continuada, haja vista que, de acordo com Libardoni e Del Pino (2016), há apenas uma proposta de formação básica de professores no período de 2011 a 2014, que se refere ao curso de licenciatura em informática da Universidade Tecnológica Federal do Paraná (UTFPR). Outro fator é a escassez de alternativas para a formação continuada de professores (CAMPOS, 2011; LIBARDONI e DEL PINO, 2016) e conforme a **Tabela 2.2** deste capítulo.

No caso das dissertações e teses, a área de ensino/educação predomina, acredita-se, porque, atualmente, é uma possibilidade de o professor se capacitar em um tema que trabalha com conhecimentos interdisciplinares. Essas pesquisas envolvendo a robótica na sala de aula normalmente fornecem resultados relacionados com a percepção dos estudantes ou docentes, em vez de promover o *design* rigoroso de pesquisas baseadas nos dados de realização dos alunos. As pesquisas precisam destacar em qual projeto de robótica ou curso os objetivos de aprendizagem foram alcançados, se mais alunos demonstram interesse em ciência e tecnologia ou se desenvolvem as habilidades cognitivas ou sociais de maneira significativa por meio da robótica. Soma-se a isso a necessidade de investigar se a robótica no contexto educacional (na educação infantil e nas séries iniciais do ensino fundamental) tem impacto nas futuras carreiras profissionais dos estudantes, o que requer projetos de avaliação longitudinal.

Contudo, durante uma aula de robótica, os estudantes trabalham desenvolvendo seus projetos ou resolvendo problemas tomando caminhos diversos e imprevisíveis, tornando difícil para os avaliadores seguir o progresso dos alunos. O monitoramento de ambientes tem sido proposto para permitir ao docente monitorar e modelar o processo de aprendizagem fundamentado em dados providos pela avaliação da situação de aprendizagem. Essa mineração de dados mostra-se promissora tanto na coleta e tratamento de dados mais efetivos quanto na prática da robótica no contexto educacional e acadêmico.

Tem-se um importante aspecto a considerar sobre a robótica: a articulação entre as áreas de computação, engenharia e educação. Não será possível fomentar propostas e práticas educativas concretas sem a integração das áreas de computação e engenharia (robótica) com a educação (pedagogia e licenciaturas). Isso porque, na formação do educador, não se considera a articulação dos saberes técnico-operacionais dos materiais de robótica disponíveis, bem como os didático-pedagógicos. Como exemplo, os cursos de pedagogia precisam considerar a construção de saberes voltados à robótica educacional, pois é comum o uso dessa ferramenta como recurso tecnológico nas escolas de educação básica, e os docentes formados em pedagogia são os responsáveis pela turma, mesmo que a instituição tenha docentes específicos que orientem o trabalho de sala de aula. Nesse sentido, é importante considerar, na formação do educador (licenciaturas em matemática, ciências, química, física, computação e pedagogia), um currículo que permita ao futuro docente articular teoria e prática de robótica educacional, proporcionando reflexão quanto ao currículo e saberes didáticos e técnicos que envolvem a utilização desse recurso na prática.

Até o momento, a maioria das utilizações das tecnologias em robótica na educação tem como foco dar suporte ao ensino de conteúdos que são próximos ao campo da robótica como ciência, como a programação, a construção de robôs e a mecatrônica. Além disso, outra abordagem comum é utilizar a robótica no aprendizado de conceitos de áreas correlatas, como a física, as ciências e a matemática.

Se o objetivo é alcançar os alunos, independentemente de suas aptidões, é preciso pensar em projetos mais amplos. Uma perspectiva mais abrangente quanto aos saberes e objetivos de seu uso tem potencial para engajar as crianças e os jovens com os mais diversos interesses. Na busca por essa perspectiva, é preciso desenvolver maneiras inovadoras de tornar mais atrativo o desenvolvimento de projetos de robótica.

São sugeridas, nesse sentido, quatro estratégias para ampliar engajamento dos alunos em aprender robótica:

- Projetos com foco em temas, não apenas desafios.
- Projetos que combinem arte e engenharia.
- Projetos que estimulem o desenvolvimento de histórias.
- Organização de mostras, não apenas campeonatos.

Os campos da computação, engenharia e educação precisam unir forças, com o intuito não apenas de discutir e propor ações técnico-operacionais do uso da robótica na prática educativa ou de refletir sobre o impacto desse uso na escola, mas de ampliar o escopo da integração dessa tecnologia, a fim de possibilitar estudos mais aprofundados sobre currículo, didática, formação docente e tecnologia.

REFERÊNCIAS

BARDIN, L. *Análise de conteúdo*. São Paulo: Edições 70, 2011.

CAMPOS, F. R. *Currículo, tecnologias e robótica na educação básica*. 2011. Tese (Doutorado em Educação)-Pontifícia Universidade Católica de São Paulo, São Paulo, 2011.

CHAVES, E. O. C. *Tecnologia e educação*: o futuro da escola na sociedade da informação. Campinas: Mindware, 1998

D'ABREU, J. V. V. Robótica pedagógica: percursos e perspectivas. In: Workshop de Robótica Educacional, 5., 2014. São Carlos. Anais... São Paulo: USP, 2014.

FAGUNDES, L. C.; MARASCHIN, C. *A linguagem Logo como instrumento terapêutico das dificuldades de aprendizagem*: possibilidades e limites. Psicologia: reflexão e crítica, v. 5, n. 1, p. 19-28, 1992.

FAGUNDES, L. C.; MOSCA, P. R. F. Interação com computador de crianças com dificuldade de aprendizagem: uma abordagem piagetiana. *Arquivos Brasileiros de Psicologia*, v. 37, n. 1, p. 32-48, 1985.

LIBARDONI, G. C.; DEL PINO, J. C. Robótica educacional no ensino básico e superior: o que dizem os artigos científicos. *Ensino de Ciências e Tecnologia em Revista*, v. 6, n. 1, p. 53-69, 2016.

VALENTE, J. A. (Org.). *O computador na sociedade do conhecimento*. Campinas: UNICAMP, 1999.

LEITURAS RECOMENDADAS

ACCIOLI, R. M. *Robótica e as transformações geométricas*: um estudo exploratório com alunos do ensino fundamental. 2005. Dissertação (Mestrado em Educação Matemática)-Pontifícia Universidade Católica de São Paulo, São Paulo, 2005.

ALMEIDA, T. O. *Laboratório remoto de robótica como apoio ao ensino de programação*. 2016. Dissertação (Mestrado em Informática) -Universidade Federal do Amazonas, Manaus, 2016.

ALVES, R. M. *Duinoblocks*: desenho e implementação de um ambiente de programação visual para robótica educacional. 2013. Dissertação (Mestrado em Informática)-Universidade Federal do Rio de Janeiro, Rio de Janeiro, 2013.

ANTUNES, S. F. *Robótica livre como alternativa didática para a aprendizagem de música*. 2016. Dissertação (Mestrado em Educação)-Universidade de Passo Fundo, Passo Fundo, 2016.

ARAÚJO, A. V. P. R. *Uma proposta de metodologia para o ensino de física usando robótica de baixíssimo custo*. 2013. Dissertação (Mestrado em Ciências)-Universidade Federal do Rio Grande do Norte, Natal, 2013.

ARAUJO, C. A. P. *As potencialidades da robótica educacional na matemática básica sob a perspectiva da teoria da atividade*. 2015. Dissertação (Mestrado em Educação)-Universidade Federal do Oeste do Paraná, Francisco Beltrão, 2015.

AROCA, R. V. *Plataforma robótica de baixíssimo custo para robótica educacional*. 2012. Tese (Doutorado em Ciências)-Universidade Federal do Rio Grande do Norte, Natal, 2012.

BARBOSA, F. C. *Educação e robótica educacional na escola pública*: as artes do fazer. 2011. Dissertação (Mestrado em Educação)-Universidade Federal de Uberlândia, Uberlândia, 2011.

BARBOSA, F. C. *Rede de aprendizagem em robótica*: uma perspectiva educativa de trabalho com jovens. 2016. Tese (Doutorado em Educação)-Universidade Federal de Uberlândia, Uberlândia, 2016.

BARROS, R. P. *Evolução, avaliação e validação do software RoboEduc*. 2011. Dissertação (Mestrado em Ciências)-Universidade Federal do rio Grande do Norte, Natal, 2011.

BIGONHA, W. O. D. *A robótica e a informática como estratégia de ensino e aprendizagem para o idoso*. 2009. Dissertação (Mestrado em Semiótica, Tecnologias de Informação e Educação)-Universidade Braz Cubas, Mogi das Cruzes, 2009.

CABRAL, C. P. *Robótica educacional e resolução de problemas*: uma abordagem microgenética da construção do conhecimento. 2010. Dissertação (Mestrado em Educação)-Universidade Federal do Rio Grande do Sul, Porto Alegre, 2010.

CAGLIARI, A. I. *Ambiente colaborativo Geart*: compartilhando projetos, materiais e conhecimento sobre robótica educacional livre. 2016. Dissertação (Mestrado em Ensino Científico e Tecnológico)-Universidade Regional Integrada do Alto Uruguai e das Missões, Erechim, 2016.

CALLEGARI, J. H. *A robótica educativa com crianças/jovens*: processos sociocognitivos. 2015. Dissertação (Mestrado em Educação)-Universidade de Caxias do Sul, Caxias do Sul, 2015.

CAMPOS, F. R. *Robótica pedagógica e inovação educacional*: uma experiência no uso de novas tecnologias na sala de aula. 2005. Dissertação (Mestrado em Educação, Arte e História da Cultura)-Universidade Presbiteriana Mackenzie, São Paulo, 2005.

CASTRO, V. G. *RoboEduc*: especificação de um software educacional para ensino da robótica às crianças como uma ferramenta de inclusão digital. 2008. Dissertação (Mestrado em Automação e Sistemas; Engenharia de Computação; Telecomunicações)-Universidade Federal do Rio Grande do Norte, Natal, 2008.

CÉSAR, D. R. *Potencialidades e limites da robótica pedagógica livre no processo de (re)construção de conceitos científico-tecnológicos a partir do desenvolvimento de artefatos robóticos*. 2009. Dissertação (Mestrado em Educação)-Universidade Federal da Bahia, Salvador, 2009.

CÉSAR, D. R. *Robótica pedagógica livre*: uma alternativa metodológica para emancipação sociodigital e a democratização do conhecimento. 2013. Tese (Doutorado em Difusão do Conhecimento)-Universidade Federal da Bahia, Salvador, 2013.

CHELLA, M. T. *Ambiente de robótica para aplicações educacionais com SuperLogo*. 2002. Dissertação (Mestrado)-Universidade Estadual de Campinas, Campinas, 2002.

CHELLA, M. T. *Arquitetura para laboratório de acesso remoto com aplicações educacionais*. 2006. Tese (Doutorado)-Universidade Estadual de Campinas, Campinas, 2006.

CURCIO, C. P. C. *Proposta de método de robótica educacional de baixo custo*. 2008. Dissertação (Mestrado)-Instituto de Tecnologia para o Desenvolvimento, Curitiba, 2008.

D'ABREU, J. V. V. *Integração de dispositivos mecatrônicos para ensino-aprendizagem de conceitos na área de automação*. 2002. Tese (Doutorado em Engenharia Mecânica)-Universidade Estadual de Campinas, Campinas, 2002.

DARGAINS, A. R. *Estudo exploratório sobre o uso da robótica educacional no ensino de programação introdutória*. 2015. Dissertação (Mestrado em Informática)-Universidade Federal do Rio de Janeiro, Rio de Janeiro, 2015.

FABRI JUNIOR, L. A. *O uso de arduino na criação de kit para oficinas de robótica de baixo custo para escolas públicas*. 2014. Dissertação (Mestrado em Tecnologia e Inovação)-Universidade Estadual de Campinas, Limeira, 2014.

FERNANDES, C. C. *S-Educ:* um simulador de ambiente de robótica educacional em plataforma virtual. 2013. Dissertação (Mestrado em Ciências)-Universidade Federal do Rio Grande do Norte, Natal, 2013.

FLORES, C. C. *LERO:* um laboratório remoto de robótica educacional extensível e adaptável. 2015. Dissertação (Mestrado em Sistemas e Computação)-Universidade Salvador, Salvador, 2015.

FORNAZA, R. *Robótica educacional aplicada ao ensino de física*. 2016. Dissertação (Mestrado em Ensino de Ciências e Matemática)-Universidade de Caxias do Sul, Caxias do Sul, 2016.

FORTES, R. M. *Interpretação de gráficos de velocidade em um ambiente robótico*. 2007. Dissertação (Mestrado em Educação Matemática)-Pontifícia Universidade Católica de São Paulo, São Paulo, 2007.

FURLETTI, S. *Exploração de tópicos de matemática em modelos robóticos com a utilização do software Slogo no ensino médio*. 2010. Dissertação (Mestrado em Ensino de Ciências e Matemática)-Pontifícia Universidade Católica de Minas Gerais, Belo Horizonte, 2010.

GARCIA, M. C. M. *Robótica educacional e aprendizagem colaborativa no ensino da biologia:* discutindo conceitos relacionados ao sistema nervoso humano. 2015. Dissertação (Mestrado em Educação em Ciências e Matemática)-Universidade Federal de Goiás, Goiania, 2015.

GOMES, M. R. *Uma proposta pedagógica para oficinas de robótica educacional orientada a alunos com altas habilidades/ superdotação*. 2015. Dissertação (Mestrado em Informática)-Universidade Federal do Rio de Janeiro, Rio de Janeiro, 2015.

GOMES, P. N. N. *A robótica educacional como meio para à aprendizagem da matemática no ensino fundamental*. 2014. Dissertação (Mestrado em Educação)-Universidade Federal de Lavras, Lavras, 2014.

GONÇALVES, P. C. *Protótipo de um robô móvel de baixo custo para uso educacional*. 2007. (Mestrado em Ciência da Computação)-Universidade Estadual de Maringá, Maringá, 2007.

GUARENTI, R. G. *Robótica educacional na educação profissional e tecnológica*: desafios e possibilidades, um estudo de caso, superando desafios de aprendizagem. 2015. Dissertação (Mestrado em Educação e Tecnologia)-Instituto Federal de Educação, Ciência e Tecnologia Sul-Rio-Grandense, Pelotas, 2015.

HONORATO, W. A. M. *Proposta de uma plataforma robótica para o ensino de cinemática*. 2016. Dissertação (Mestrado em Ensino de Ciências)-Universidade Federal de Itajubá, Itajubá, 2016.

KLOC, A. E. *Robótica:* ferramenta pedagógica no campo da computação. 2011. Dissertação (Mestrado em Ensino de Ciência e Tecnologia)-Universidade Tecnológica Federal do Paraná, Ponta Grossa, 2011.

LABEGALINI, A. C. *A construção da prática pedagógica do professor:* o uso do Lego/robótica na sala de aula. 2007. Dissertação (Mestrado em Educação)-Pontifícia Universidade Católica do Paraná, Curitiba, 2007.

LEITÃO, R. L. *A dança dos robôs:* qual a matemática que emerge durante uma atividade lúdica com robótica educacional? 2010. Dissertação (Mestrado em Educação Matemática)--Universidade Bandeirante de São Paulo, São Paulo, 2010.

LIMA, W. F. *Aprendizagem colaborativa para o ensino de química por meio da robótica educacional*. 2016. Dissertação (Mestrado em Química)-Universidade Federal de Goiás, Goiânia, 2016.

LOPES, D. Q. *A exploração de modelos e os níveis de abstração nas construções criativas com robótica educacional*. 2008. Tese (Doutorado em Informática na Educação)-Universidade Federal do Rio Grande do Sul, Porto Alegre, 2008.

MALIUK, K. D. *Robótica educacional como cenário investigativo nas aulas de matemática*. 2009. Dissertação (Mestrado em Ensino de Matemática)-Universidade Federal do Rio Grande do Sul, Porto Alegre, 2009.

MARTINS, E. F. *Robótica na sala de aula de matemática:* os estudantes aprendem matemática? 2012. Dissertação (Mestrado em Ensino de Matemática)-Universidade Federal do Rio Grande do Sul, Porto Alegre, 2012.

MESQUITA, J. S. N. *A prática docente e a robótica educacional:* caminhos para uma estreita relação entre tecnologia e o ensino de ciências. 2015. Dissertação (Mestrado em Ensino e História das Ciências e da Matemática)-Universidade Federal do ABC, Santo André, 2015.

MIRANDA, L. C. *RoboFácil:* especificação e implementação de artefatos de hardware e software de baixo custo para um kit de robótica educacional. 2006. Dissertação (Mestrado em Informática)- Universidade Federal do Rio de Janeiro, Rio de Janeiro, 2006.

MORAES, M. C. *Robótica educacional:* socializando e produzindo conhecimentos matemáticos. 2010. Dissertação (Mestrado em Educação em Ciências)-Universidade Federal do Rio Grande, Rio Grande, 2010.

MOREIRA, A. F. *Desenvolvimento de um ambiente presencial de baixo custo aplicado ao ensino e à pesquisa em robótica educacional*. 2008. Dissertação (Mestrado em Computação Aplicada)-Universidade Estadual do Ceará, Fortaleza, 2008.

MOREIRA, L. R. *Robótica educacional:* uma perspectiva de ensino e aprendizagem baseada no modelo construcionista. 2016. Dissertação (Mestrado em Informática Aplicada)-Universidade de Fortaleza, Fortaleza, 2016.

NACIM, M. F. J. *Diálogos da robótica educacional com a sala de aula:* um estudo de caso. 2009. 99 f. Dissertação (Mestrado em Educação) - Universidade do Sul de Santa Catarina, Tubarão. 2009.

NASCIMENTO, G. M. *Uso da robótica no ensino de proporção aos alunos do ensino fundamental II*. 2012. Dissertação (Mestrado em Educação Matemática)-Universidade Bandeirante de São Paulo, São Paulo, 2012.

NEVES JÚNIOR, O. R. *Desenvolvimento da fluência tecnológica em programa educacional de robótica pedagógica*. 2011. Dissertação (Mestrado em Engenharia e Gestão do Conhecimento)-Universidade Federal de Santa Catarina, Florianópolis, 2011.

OLIVEIRA, E. S. *Robótica educacional e raciocínio proporcional:* uma discussão à luz da teoria da relação com o saber. 2015. Dissertação (Mestrado em Ensino de Ciências e Matemática)-Universidade Estadual da Paraíba, Campina Grande, 2015.

OLIVEIRA, J. A. C. *Robótica como interface da tomada de consciência da ação e do conhecimento do objeto, através da metacognição como propulsora da produção do conhecimento*. 2007. Tese (Doutorado em Informática na Educação)-Universidade Federal do Rio Grande do Sul, Porto Alegre, 2007.

ORTOLAN, I. T. *Robótica educacional:* uma experiência construtiva. 2003. Dissertação (Mestrado em Ciência da Computação)-Universidade Federal de Santa Catarina, Florianópolis, 2003.

PEREIRA JÚNIOR, C A. *Robótica educacional aplicada ao ensino de química:* colaboração e aprendizagem. 2014. Dissertação (Mestrado em Ensino de Ciências e Matemática)-Universidade Federal de Goiás, Goiânia, 2014.

PEREIRA, M. L. D. *Projeto de robótica educacional como apoio ao ensino e aprendizagem de matemática e física:* criando um robô controlado por sensor de luminosidade. 2015. Dissertação (Mestrado em Ensino de Ciências e Matemática)-Universidade Cruzeiro do Sul, São Paulo, 2015.

PEREIRA, W. R. F. *Altas habilidades/superdotação e robótica:* relato de uma experiência de aprendizagem a partir de Vygotsky. 2016. Dissertação (Mestrado em Educação e Novas Tecnologias)-Centro Universitário Internacional Uninter, Curitiba, 2016.

PETRY, P. P. *Processos cognitivos de professores num ambiente construtivista de robótica educacional.* 1996. Dissertação (Mestrado em Psicologia do Desenvolvimento)-Universidade Federal do Rio Grande do Sul, Porto Alegre, 1996.

PINTO, A. H. M. *Um sistema de reconhecimento de objetos incorporado a um robô humanoide com aplicação na educação.* 2015. Dissertação (Mestrado em Ciências da Computação e Matemática Computacional)-Universidade de São Paulo, São Carlos, 2015.

PINTO, M. C. *Aplicação de arquitetura pedagógica em curso de robótica educacional com hardware livre.* 2011. Dissertação (Mestrado em Informática)-Universidade Federal do Rio de Janeiro, Rio de Janeiro, 2011.

RABELO, A. P. S. *Robótica educacional no ensino de física.* 2016. Dissertação (Mestrado em Ensino de Física)-Universidade Federal de Goiás, Catalão, 2016.

ROCHA, R. *Utilização da robótica pedagógica no processo de ensino-aprendizagem de programação de computadores.* 2006. Dissertação (Mestrado em Educação Tecnológica)-Centro Federal de Educação Tecnológica de Minas Gerais, Belo Horizonte, 2006.

RODRIGUES, R. M. L. S. *Duinoblocks:* desenho e implementação de um ambiente de programação visual para robótica educacional. 112 f. Dissertação (Mestrado em Informática)–Universidade Federal do Rio de Janeiro, Rio de Janeiro, 2016.

RODRIGUES, W. S. *Atividades com robótica educacional para as aulas de matemática do 6º ao 9º ano do ensino fundamental:* utilização da metodologia LEGO® Zoom Education. 2015. Dissertação (Mestrado em Matemática)-Universidade Estadual Paulista Júlio de Mesquita Filho, Ilha Solteira, 2015.

SÁ, T. T. L. *W-Educ:* um ambiente web, completo e dinâmico para robótica educacional. 2016. Tese (Doutorado em Engenharia Elétrica)-Universidade Federal do Rio Grande do Norte, Natal, 2016.

SANTANA, M. R. P. *Em busca de novas possibilidades pedagógicas:* a introdução da robótica no currículo escolar. 2003. Dissertação (Mestrado em Educação)-Universidade Federal da Bahia, Salvador, 2003.

SANTANA, M. R. P. *Em busca de outras possibilidades pedagógicas:* "trabalhando" com ciência e tecnologia. 2009. Tese (Doutorado em Educação)-Universidade Federal da Bahia, Salvador, 2009.

SANTIN, M. M. *Desenvolvimento do pensamento computacional através da robótica:* fluidez digital no ensino fundamental. 2014. Tese (Doutorado em Educação em Ciências)-Universidade Federal do Rio Grande, Rio Grande, 2014.

SANTOS, C. F. *Um estudo sobre robótica educacional usando Lego mindstorm.* 2005. Dissertação (Mestrado em Informática)-Universidade Federal do Espírito Santo, Vitória, 2005.

SANTOS, F. F. *A robótica educacional como ambiente para a produção de significados no ensino médio.* 2004. Dissertação (Mestrado em Educação)-Universidade Estácio de Sá, Rio de Janeiro, 2004.

SANTOS, J. P. S. *Utilizando o ciclo da experiência de Kelly para analisar visões de ciência e tecnologia de licenciandos em física quando utilizam a robótica educacional.* 2016. Dissertação (Mestrado em Ensino de Ciências)-Universidade Federal Rural de Pernambuco, Recife, 2016.

SANTOS, M. E. *Ensino das relações métricas do triângulo retângulo com robótica educacional.* 2016. Dissertação (Mestrado em Ensino Tecnológico)-Instituto Federal de Educação, Ciência e Tecnologia do Amazonas, Manaus, 2016.

SANTOS, M. F. *A robótica educacional e suas relações com o ludismo:* por uma aprendizagem colaborativa. 2010. Dissertação (Mestrado em Educação em Ensino de Ciências e Matemática)-Universidade Federal de Goiás, Goiânia, 2010.

SCHIVANI, M. *Contextualização no ensino de física à luz da teoria antropológica do didático:* o caso da robótica educacional. 2014. Tese (Doutorado em educação)-Universidade de São Paulo, São Paulo, 2014.

SILVA, A. F. *RoboEduc:* uma metodologia de aprendizado com robótica educacional. 2009. Tese (Doutorado em Ciências)-Universidade Federal do Rio Grande do Norte, Natal, 2009.

SILVA, A. F. *Uma proposta de sequência didática para o ensino da cinemática através da robótica educacional.* 2015. Dissertação (Mestrado em Ensino de Física)-Universidade Federal de Goiás, Catalão, 2015.

SILVA, R. B. *Abordagem crítica de robótica educacional:* Álvaro Vieira Pinto e estudos de ciência, tecnologia e sociedade. 2012. Dissertação (Mestrado em Tecnologia)-Universidade Federal do Paraná, Curitiba, 2012.

SILVA, S. R. X. *Protótipo de um robô móvel de baixo custo para uso educacional em cursos superiores de engenharia e computação.* 2011. Dissertação (Mestrado em Mecatrônica)-Universidade Federal da Bahia, Salvador, 2011.

SOUZA, M. B. *Arcabouço de um ambiente telerobótico baseado em sistemas multiagente.* 2011. Dissertação (Mestrado em Informática)-Universidade Federal do Amazonas, Manaus, 2011.

SOUZA, P. R. A. *Labvad:* desenho e implementação do laboratório virtual de atividades didáticas com robótica. 2015. Dissertação (Mestrado em Informática)-Universidade Federal do Rio de Janeiro, Rio de Janeiro, 2015.

STEFFEN, H. H. *Robótica pedagógica na educação:* um recurso de comunicação, regulagem e cognição. 2002. Dissertação (Mestrado)-Universidade de São Paulo, São Paulo, 2002.

STROEYMEYTE, T. S. L. *Currículo, tecnologias e alfabetização científica:* uma análise da contribuição da robótica na formação de professores. 2015. Dissertação (Mestrado em Educação)-Pontifícia Universidade Católica de São Paulo, São Paulo, 2015.

WILDNER, M. C. S. *Robótica educativa:* um recurso para o estudo de geometria plana no 9º ano do ensino fundamental. 2015. Dissertação (Mestrado em Ensino de Ciências Exatas)-Centro Universitário Univates, Lajeado, 2015.

ZANATTA, R. P. P. *A robótica educacional como ferramenta metodológica no processo ensino-aprendizagem:* uma experiência com a segunda lei de Newton na série final do ensino fundamental. 2013. Dissertação (Mestrado em Ciências)-Universidade Tecnológica Federal do Paraná, Curitiba, 2013.

ZANETTI, H. A. P. *Análise semiótica do uso de robótica pedagógica no ensino de programação de computadores.* 2014. Dissertação (Mestrado em Ciência da Computação)-Faculdade Campo Limpo Paulista, Campo Limpo Paulista, 2014.

ZILLI, S. R. *A robótica educacional no ensino fundamental:* perspectivas e prática. 2004. Dissertação (Mestrado em Engenharia da Produção)-Universidade Federal de Santa Catarina, Florianópolis, 2004.

UMA EXPERIÊNCIA DE IMPLEMENTAÇÃO DE ROBÓTICA E COMPUTAÇÃO FÍSICA NO BRASIL

João Vilhete Viegas d'Abreu | Josué J. G. Ramos
Anderson Pires Rocha | Guilherme Bezzon
Simone Xavier | José Luis de Souza

A robótica pedagógica (RP) é uma área de conhecimento que vem sendo desenvolvida em muitas instituições educacionais em diferentes países do mundo, sobretudo naqueles preocupados em inserir a tecnologia na educação (HIRSCH et al., 2009). No contexto brasileiro, com enfoque educacional, a RP é utilizada junto a escolas de ensino regular ou não, universidades, empresas, ambientes formais ou não de aprendizagem, entre outros espaços nos quais situações específicas de aprendizagem podem ser criadas a partir do uso de dispositivos robóticos integrados a outros recursos digitais. Nesses locais, a RP tem sido empregada como ferramenta auxiliar para enriquecer e diversificar a forma como se ensinam conceitos científicos tanto no contexto de sala de aula como no aprendizado interdisciplinar de conteúdos curriculares (D'ABREU; GARCIA, 2010).

A área de RP faz parte do campo de pesquisa e desenvolvimento de recursos educacionais em universidades ou instituições específicas de pesquisa e pode ser dividida em duas categorias. A primeira, mais antiga, preocupa-se em desenvolver ambientes de ensino e aprendizagem utilizando exclusivamente conjuntos de montar (*kits*) prontos, de padrão comercial. A segunda categoria tem como foco desenvolver ambientes de ensino e aprendizagem mesclando a utilização de *kits* de padrão comercial com materiais alternativos de padrão não comercial do tipo "sucata".

Com a popularização e a difusão do uso de recursos de *hardware* e *software* livre, a segunda categoria vem se firmando fortemente em escolas de ensino fundamental e médio. Nesse sentido, têm sido conduzidas pesquisas no Brasil com o objetivo de criar ambientes de robótica pedagógica de baixo custo (RPBC) (D'ABREU; MIRISIOLA; RAMOS, 2011). A RPBC tem possibilitado desenvolver, por um lado, atividades de cunho estritamente pedagógico em escolas.

O Núcleo de Informática Aplicada à Educação (Nied) da Universidade de Campinas (Unicamp) tem uma experiência de aproximadamente 30 anos no desenvolvimento de atividades na área de RP. Esse trabalho envolve pesquisa, difusão, formação de professores e experiência na implantação da RP em escolas públicas de ensino fundamental I e II e será discutido neste capítulo.

Será apresentado a seguir um breve histórico do desenvolvimento da RP no Brasil. Também serão discutidas a RP e a computação física como ferramentas interessantes para a educação. Do ponto de vista do desenvolvimento de recursos de *hardware* e *software*, o capítulo apresenta a experiência do Centro de Tecnologia da Informação Renato Archer (CTI), instituição de pesquisa que, ao longo de mais de uma década, vem fazendo esforços no sentido de criar a Br-GoGo, uma alternativa brasileira para a computação física. Serão apresentados a Br-GoGo, seus componentes e exemplos de uso – em específico, a vivência na implantação da robótica desenvolvida no Nied/Unicamp, a experiência-piloto de desenvolvimento de atividades de RP em uma escola particular de ensino fundamental I e II (Photon) e a experiência-piloto de desenvolvimento de atividades de RP em uma escola pública de ensino médio (Cotuca).

BREVE HISTÓRICO SOBRE O DESENVOLVIMENTO DA ROBÓTICA PEDAGÓGICA

Para D'Abreu (2014), o estudo da RP começou nos Estados Unidos, no início dos anos de 1980, com a pesquisa sobre a linguagem de programação Logo (PAPERT, 1985). No Brasil, a RP teve seus primeiros estudos desenvolvidos em universidades como a Unicamp, a Universidade Federal do Rio Grande do Sul (UFRGS) e a Universidade Federal do Rio de Janeiro (UFRJ) (D'ABREU, 2014). A seguir, é apresentado esse processo de forma cronológica, a partir da década de 1980.

Década de 1980

Nessa década, mais precisamente em 1987, junto com o aprendizado da linguagem de programação Logo, iniciam-se, no Nied, os primeiros projetos voltados para o uso do computador para controlar dispositivos robóticos, os quais eram o traçador gráfico e a tartaruga mecânica de solo, que, dotados de uma caneta, reproduziam, no papel ou no chão, respectivamente, os movimentos da tartaruga de tela do computador. Com o surgimento dos primeiros *kits* de brinquedo Lego, importados dos Estados Unidos, que possuíam componentes elétricos (motor, sensor e luz) capazes de ser controlados pelo computador, foi desenvolvido o ambiente Lego-Logo. O ambiente Lego-Logo consistia em um conjunto de peças Lego para a montagem de robôs (máquinas e animais) e de um conjunto de comandos da linguagem de programação Logo. Nesse percurso, em 1989, o Nied realizou a primeira oficina de robótica pedagógica, ministrada por um pesquisador do Massachusetts Institute of Technology (MIT) com o objetivo de formar os pesquisadores do núcleo para a utilização de robótica no contexto pedagógico.

Década de 1990

No início da década de 1990, o Nied havia desenvolvido uma interface eletrônica para ser utilizada com computadores MSX, de 8bits. Com esse computador, juntamente com o Logo e os *kits* Lego, eram realizadas atividades de robótica no então chamado ambiente Lego-Logo. Uma vez já formados os pesquisadores do Nied, a partir de 1993, coube ao núcleo desenvolver atividades de formação dos professores dos centros de informática na educação (CIEds) ao longo do país. Nessa ocasião, por meio de convênio firmado com a empresa Lego dinamarquesa, o núcleo tinha a responsabilidade de desenvolver ações que possibilitassem a implantação de RP em algumas regiões estratégicas do Brasil. Com o surgimento dos computadores pessoais (PC, do inglês *personal computers*) e a utilização do *software* TcLogo*(uma versão do Logo para PC), por volta de 1997, passou-se a desenvolver robótica com o uso desse ambiente em algumas instituições no Brasil, em países da América Latina e nos Estados Unidos, e o Nied utilizou o TcLogo em uma situação não formal de apren-

---

*LUKAZI. *LEGO - LEGO's first programmable product*. 2014. Disponível em: <http://lukazi.blogspot.com.br/2014/07/lego-legos-first-programmable-product.html>. Acesso em: 19 out. 2018.

dizagem para ensinar conceitos de automação para operários de uma fábrica.

Década de 2000

O grande destaque da década de 2000 na área de RP foi a criação da Olimpíada Brasileira de Robótica (OBR). Apoiada pelo Ministério da Ciência e Tecnologia (MCT), pelo Conselho Nacional de Desenvolvimento Científico e Tecnológico (CNPq) e pelo Ministério da Educação, em parceria com a Fundação Nacional de Desenvolvimento da Educação (FNDE/MEC), a OBR* tem por objetivo divulgar a robótica, suas aplicações, possibilidades, produtos e tendências com o objetivo de estimular a formação de uma cultura associada ao tema. Nessa década, a partir de 2008, foi criado o Workshop de Robótica Pedagógica (WRE),** um fórum científico com os seguintes propósitos:

- Em 2008: capacitar professores dos ensinos fundamental e médio para inserir a RP nos conteúdos das disciplinas de matemática e física.
- Entre 2010 e 2012: expor resultados de pesquisas e possibilitar a troca de experiências acerca da utilização da RP como uma ferramenta interdisciplinar.
- Entre 2013 e 2014: discutir aspectos técnicos e educacionais do uso da robótica, como formação de professores; competições; plataformas de RP; robótica na educação não formal (extraclasse); estudos de casos; metodologias e materiais para o ensino; robótica baseada na *web*; simulação de RP; robótica em currículos de educa-

ção; projetos de robôs educacionais de baixo custo, resultados e estudos de caso.

Percebe-se, portanto, que, desde sua origem, o WRE vem evoluindo e cumprindo seu papel de ser um fórum que discute aspectos técnicos e educacionais e a inclusão social, entre outros, com os quais o uso da robótica pode contribuir para o desenvolvimento científico e tecnológico do Brasil e do mundo.

A seguir, será discutida a experiência da implantação da RP em escolas públicas, uma atividade que incluiu não apenas a aquisição de material de robótica e a formação dos professores, mas também o envolvimento dos gestores da escola, dos pais e de toda a comunidade escolar.

EXPERIÊNCIA DO NÚCLEO DE INFORMÁTICA APLICADA À EDUCAÇÃO NA IMPLANTAÇÃO DA ROBÓTICA PEDAGÓGICA EM ESCOLAS PÚBLICAS DE ENSINO FUNDAMENTAL I E II

A RP tem como objetivo o aprendizado de ciências de forma lúdica e, dessa maneira, o despertar do interesse dos alunos nas áreas tecnológicas. Para uma escola desenvolver atividades de RP, é preciso que se criem as condições para que isso ocorra. Basicamente, isso implica a formação de professores, além da criação de um espaço na escola no qual essa atividade possa ser desenvolvida e a aquisição de material, *kits* de montar, componentes eletroeletrônicos e *software* específico da área de RP, entre outros insumos.

Entre essas condições, vale ressaltar o processo de formação de professores, por este se constituir em uma ação importantíssima e indispensável. No contexto do projeto de RP desenvolvido pelo Nied, esse processo se inicia com a realização de palestras para os alunos, para os professores e para a direção es-

---
*OLIMPÍADA BRASILEIRA DE ROBÓTICA. c2018. Disponível em: <http://www.obr.org.br>. Acesso em: 19 out. 2018.
**WORKSHOP DE ROBÓTICA PEDAGÓGICA, 5., 2014, São Carlos: CETEPE, 2014. Disponível em: <http://www.natalnet.br/wre2014/>

colar. Em seguida, são ministradas oficinas-piloto para os alunos e professores interessados em trabalhar com a RP. Estas têm, em média, uma duração de 30 horas, possibilitam o aprendizado dos conceitos e princípios básicos para o desenvolvimento de projetos de robótica do ponto de vista de *hardware*, *software* e construção de dispositivos robóticos com propósitos pedagógicos. Terminadas as oficinas-piloto, os professores iniciam o desenvolvimento de atividades com seus alunos. Nessa fase, em geral, os professores são assessorados pelos pesquisadores da universidade, o que se dá por meio de encontros esporádicos com esses pesquisadores na escola e discussões a distância, com a utilização de recursos de internet. Terminada essa fase, passa-se à etapa de consolidação da RP na escola, na qual o professor e a direção escolar desenvolvem as atividades visando à sustentabilidade do projeto e à implantação da robótica no currículo, isto é, ao desenvolvimento de ações que permitam que a escola desenvolva por conta própria suas atividades, sem a presença de pesquisadores da universidade.

Durante o processo de formação, os professores desenvolvem tarefas com vistas ao aprendizado de conceitos científicos de um ambiente de RP envolvendo:

- **Concepção e *design* do dispositivo robótico:** discussão e troca de ideias sobre o desenvolvimento de um robô. Nesta oportunidade, com base na proposta da tarefa a ser executada, o grupo discute e decide que tipo de robô deve ser desenvolvido.
- **Construção e implementação:** montagem do robô, implementação do sistema mecânico do dispositivo robótico. Por exemplo, um carro, um elevador, um androide, etc.
- **Automação:** elaboração de programas para automação e controle do robô. Desenvolvimento de programas em uma determinada linguagem de programação que, ao ser executada, possibilita que o robô realize uma determinada tarefa (por exemplo, permitir que um robô androide entre e saia de um labirinto).

Portanto, trata-se de uma atividade de construção de conhecimento que pode pelo menos possibilitar o desenvolvimento das inteligências corporal-cinestésica, musical, lógico-matemática, linguística, espacial, intrapessoal e interpessoal. Além disso, a RP é uma atividade que propicia criar situações de ensino e aprendizagem interdisciplinar que possibilitem entender outras culturas e outros modos de compreender a realidade. Ou seja, do ponto de vista científico-tecnológico, a RP permite compreender os princípios básicos de funcionamento de muitas tecnologias que fazem parte do cotidiano. Em um ambiente de RP, espera-se que tanto o professor quanto os alunos tenham condições de desenvolver um trabalho mais amplo, que perpasse a sala de aula e vá além dos limites de uma única disciplina. Nesse ambiente, o professor deve ser **autônomo** (preparado para diagnosticar problemas de seus alunos e necessidades do seu contexto); **competente** (com sólida cultura geral, que lhe possibilite uma prática interdisciplinar e contextualizada); **reflexivo/crítico** (apto a exercer a docência e a realizar atividades de investigação); **sensível** (capaz de desenvolver sua própria sensibilidade e capacidade de convivência, conquistando espaço junto ao aluno, em uma relação de reciprocidade e cooperação que provoque mudanças em si mesmo e no aluno); **comprometido** com as transformações sociais e políticas, com o projeto político-pedagógico assumido com a escola e por ela.

É com base nessas ideias que a RP tem sido desenvolvida no Nied, desde 1987, buscando sempre outro caminho, a partir da realidade da escola e com base no currículo desta, com vistas a produzir conhecimentos científicos que auxiliem o aprendizado de conceitos que, na maioria das vezes, são somente anunciados e nunca trabalhados de forma contextualizada.

No contexto de desenvolvimento de estudos e pesquisas de implantação e uso da RP, discutido anteriormente, alguns exemplos de projetos serão descritos a seguir.

Uso da robótica pedagógica na escola

Nesta seção, apresenta-se resumidamente a experiência desenvolvida na Escola Municipal de Ensino Fundamental Elza Maria Pelegrini de Aguiar, de Campinas (SP), parceira do Nied (D'ABREU; BASTOS, 2015). Nessa escola foi desenvolvido o projeto Um computador por aluno (UCA) (BRASIL, 2017), do Governo Federal/MEC, entre 2010 e 2013. Além disso, serão descritos outros exemplos de projetos que vêm sendo desenvolvidos, tanto como experiência de preparação de material para introdução e implantação da RP na escola, como na formação de alunos no âmbito do Programa de Bolsas de Iniciação Científica para o Ensino Médio (Pibic-EM) e do Programa de Iniciação Cientifica Junior (PICJr), para a utilização desse recurso em seus processos de formação.

Com relação ao trabalho na escola Elza Maria Pelegrini de Aguiar, o objetivo foi oferecer subsídios práticos e conceituais relacionados com a utilização da RP como mediadora da transposição didática de conceitos científicos, com vistas à construção de saberes escolares em convergência interdisciplinar no contexto curricular. Os conceitos científicos trabalhados na RP foram transpostos das áreas de engenharias e robótica industrial e contextualizados para serem ensinados no ensino fundamental, articulando-se o concreto, o abstrato e aspectos cognitivos e lúdicos para criar situações de aprendizagem e resolução de problemas (D'ABREU; GARCIA, 2016).

Ainda no âmbito do projeto UCA, foi desenvolvido nessa escola um guindaste, cuja função era detectar um determinado objeto, recolhê-lo e transportá-lo de um local para outro. Também foi desenvolvido um projeto de discoteca dotada de sensores que detectam quando o carro entra e disparam sons.

Experiência de robótica pedagógica na aprendizagem de conceitos científicos

A proposta desse trabalho foi apresentar aos professores de ensino fundamental I e II diversas possibilidades de utilização da RP para diversificar a forma de se trabalhar, de maneira interdisciplinar, o aprendizado de conceitos científicos. Para isso, estão sendo desenvolvidos dispositivos robóticos cujos princípios de construção, automação e controle na sala de aula envolvem a interação com os conteúdos curriculares.

A **Figura 3.1** representa alguns desses dispositivos, a partir dos quais foram apresentados para professores e alunos de ensino fundamental II de uma escola pública conceitos como redução de velocidade, atrito e peso, entre outros princípios mecânicos presentes nas máquinas, que fazem parte do cotidiano e normalmente só são estudados de forma teórica, sem nenhuma atividade expe-

Figura 3.1 Dispositivos para aprendizagem de conceitos de física e matemática e de alguns princípios mecânicos.
Fonte: João Vilhete Viegas d'Abreu.

rimental que possa servir de aporte para sua compreensão.

O exemplo a seguir, de um elevador de carga, também foi utilizado para o aprendizado de conceitos científicos. A experiência se originou a partir da seguinte problematização: "Como funciona um elevador de carga?". Ou, "O que é necessário para programar um elevador de carga nos moldes convencionais utilizados socialmente?". Utilizando tijolos Lego, os alunos montaram uma estrutura que funcionava empregando um RCX (módulo programável da Lego), um motor e algumas engrenagens, como mostra a **Figura 3.2**. Além disso, adicionaram um sistema mecânico de transporte de carga, conforme apresentado na **Figura 3.3**.

O sistema mecânico de transporte de carga permitia que a caixa de carga do elevador subisse ou descesse, parando nos andares. Ao todo, foram projetados três andares.

Figura 3.3 Sistema mecânico de transporte de carga com módulo redutor de velocidade.
Fonte: João Vilhete Viegas d'Abreu.

Foi desenvolvido um módulo redutor de velocidade, que possibilitava que a velocidade de rotação do eixo do motor fosse reduzida ao ser transmitida para o eixo do sistema da caixa de carga, e a força nesse eixo, aumentada, para permitir que a caixa de carga subisse e descesse em uma velocidade compatível com o peso do que estava sendo transportado. Para demarcar os pontos em que a caixa de carga deveria parar (os três andares), foi programado o tempo que esta levaria para se deslocar de um andar a outro. Quando chegasse ao último, o elevador realizaria a ação inversa, descendo, parando ou não, nos andares. Para construir o sistema mecânico de transporte de carga, foram utilizadas peças mecânicas, como eixos, motor, roldanas, polias, jogos de engrenagens, etc. Essas peças foram montadas usando princípios mecânicos inspirados em máquinas reais, como, por exemplo, escadas rolantes, betoneiras e guindastes, entre outras, presentes no dia a dia dos alunos. Com isso, no contexto de uso da RP como tecnologias da informação e comunicação (TIC), foi possível criar situa-

Figura 3.2 Resultado final do elevador de carga: estrutura, engrenagens e motores.
Fonte: João Vilhete Viegas d'Abreu.

ções diferenciadas de ensino e aprendizagem e vivenciou-se como a RP pode possibilitar a transposição didática dos conceitos das ciências de referência e das engenharias para o currículo escolar. Ou seja, ocorreu a transposição didática de conceitos inerentes ao currículo do ensino médio, que deixaram de ser simplesmente anunciados ou colocados/copiados da lousa e passaram a ser vivenciados por meio do processo de concepção, construção e automação de um dispositivo robótico.

Quanto à automação do elevador de carga, sua programação foi realizada no *software* RoboLab. Na **Figura 3.4** é possível ver a programação elaborada pelos alunos na linguagem RoboLab.

O elevador construído pelos alunos conseguiu realizar as tarefas necessárias de subir e descer parando nos andares. As dificuldades encontradas foram basicamente de construção do sistema mecânico como um todo e de programação/automação do elevador com o *software* Robolab. Entretanto, ao longo do desenvolvimento do projeto, essas dificuldades foram sanadas.

Exemplo de projetos com a utilização da robótica pedagógica junto aos alunos de ensino médio de Bolsas de Iniciação Científica para o Ensino Médio

O Pibic-EM é um programa do CNPq que tem por objetivo fortalecer o processo de disseminação das informações e conhecimentos científicos e tecnológicos básicos e desenvolver atitudes, habilidades e valores necessários à educação científica e tecnológica dos estudantes. Os alunos de ensino médio desse programa que atuam no Nied desenvolvem atividades de RP. Duas vezes por semana, esses alunos se deslocam para o Nied/Unicamp e, junto a seus orientadores e monitores, desenvolvem projetos na área de robótica, em uma abordagem interdisciplinar que contribui com sua formação. Eles recebem, durante um ano, uma bolsa do CNPq, e a eles é atribuído um perfil de pesquisador júnior, com a obrigação de apresentar e ter aprovados os relatórios parcial e final de suas pesquisas. As atividades desenvolvidas por esses alunos podem ser caracterizadas como uma ação de educação integral em escola de tempo integral, em função da ampliação do tempo da jornada escolar realizada nos territórios da Unicamp. A seguir, serão apresentados alguns projetos desenvolvidos por esses alunos.

Projeto *Display* aéreo

O *Display* aéreo, apresentado na **Figura 3.5**, é um dispositivo no qual diodos emissores de luz (LEDs, do inglês, *light emitting diode*) vermelhos foram acoplados a uma placa que funcionava como hélice, que, ao executar uma programação, piscavam de forma sequencial. A ideia era explorar a persistência da visão e

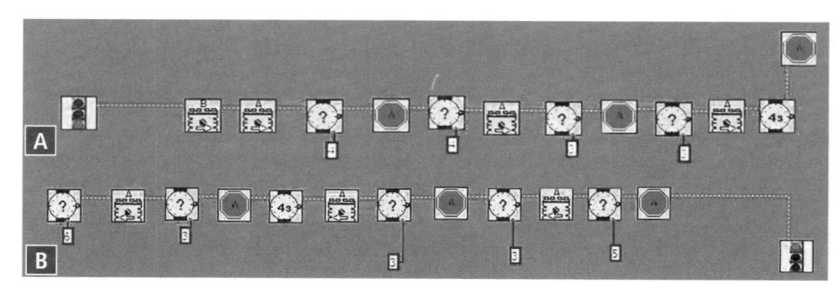

Figura 3.4 Programação do elevador. **(A)** Parte 1. **(B)** Parte 2.
Fonte: João Vilhete Viegas d'Abreu.

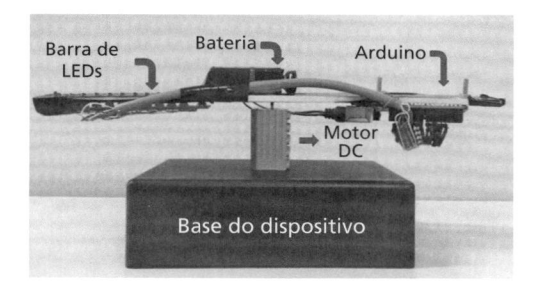

Figura 3.5 *Display* aéreo.
Fonte: João Vilhete Viegas d'Abreu.

que, por meio do giro da hélice e da programação elaborada no Arduino, se formasse uma figura para o espectador.

Projeto Dançarino de *break*

A ideia inicial era programar um dançarino de *break* em Scratch, com uma interface Arduino, para o controle de LEDs interativos, os quais podiam ser acionados um de cada vez, conforme a intensidade da luz do ambiente. A intensidade luminosa do ambiente era percebida em função dos movimentos realizados pelo gato do Scratch na tela do computador. A evolução dessa ideia foi a substituição da imagem do gato por personagens animados, dançarinos de *break*, que também se movimentavam de acordo com a intensidade luminosa do ambiente, como apresenta a **Figura 3.6**. Nesse projeto, também foi inserida uma música de fundo, no estilo *break music*.

EXPERIÊNCIA DO CENTRO DE TECNOLOGIA DA INFORMAÇÃO RENATO ARCHER NO DESENVOLVIMENTO DO BR-GOGO

A participação do CTI na implementação da robótica e da computação física no Brasil se deu pelo desenvolvimento do sistema Br-GoGo, com base na GoGo Board (SIPITAKIAT; BLIKSTEIN; CAVALLO, 2004), em particular pela disponibilização de um ambiente de programação visual em Logo (RAMOS et al., 2009), fundamentado no LogoBlocks (BEGEL, 1996), e com a criação da versão da família GoGo Board com interface *universal serial bus* (USB).

Um dos componentes do sistema é a placa controladora, mostrada na **Figura 3.7**, que possui conectores de entrada e saída para que o usuário consiga conectar sensores analógicos, motores de corrente contínua e servomotores. Possui também conectores para comunicação utilizando o protocolo I²C, que será detalhado

Figura 3.6 Dançarinos de *break*.
Fonte: João Vilhete Viegas d'Abreu.

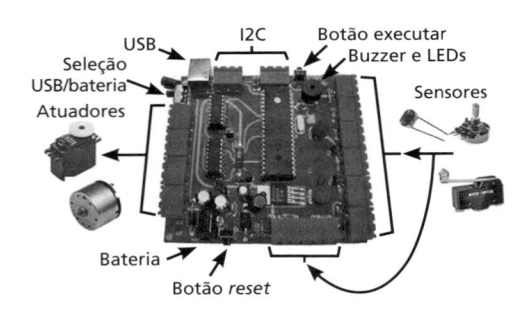

Figura 3.7 Placa programável Br-GoGo.
Fonte: Josué J. G. Ramos.

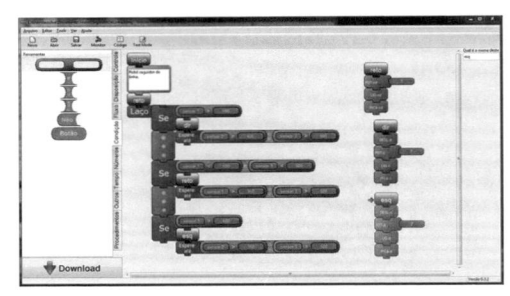

Figura 3.8 *Software* Blocos.
Fonte: Josué J. G. Ramos.

mais adiante. Para o controle dos dispositivos conectados à placa, existe um microcontrolador PIC 18F4550, da empresa Microchip, responsável pelo processamento das informações lidas nos sensores e pela interface com motores eletromecânicos. A fusão desses elementos fornece o substrato necessário para a criação de um dispositivo robótico, ou seja, algum mecanismo programável que realize uma tarefa determinada pela programação do usuário.

O desenvolvimento do *software* do projeto Br-GoGo é composto por duas frentes principais: uma é a que se refere ao *software* embarcado da placa; a outra é a interface de programação. O *software* embarcado é responsável por executar o programa de usuário. Já a interface de programação é um *software* que roda tanto em computadores com base no Windows quanto no Linux e é uma ferramenta que possibilita ao usuário implementar sua lógica de programação e transferir seu programa para a placa. Esse *software* se chama Blocos, e está mostrado na **Figura 3.8**. O usuário tem a possibilidade de programar na linguagem Logo textual ou em sua versão iconográfica, que permite a conexão de blocos. Com isso, ele experimenta a programação sem passar por barreiras como erro de sintaxe ou dificuldade de interpretação de um programa em texto. Adicionalmente, o *software* permite que o usuário realize leituras e intervenha nos atuadores e sensores em tempo real, também podendo recuperar dados gravados na memória do microcontrolador. Tal funcionalidade está incorporada ao módulo do *software* Blocos chamado Monitor (**Fig. 3.9**), que apresenta um comportamento mais próximo ao *hardware* da Br-GoGo. Assim, trata-se de uma ferramenta de ensino de programação que facilita a transposição de barreiras de aprendizagem e permite a criação de um programa de forma lúdica.

O processo para o desenvolvimento desse *software* se baseou no envolvimento de estudantes de graduação que utilizavam o sistema na formação de professores em escolas, como o Colégio Photon, de Campinas (SP). Essas atividades propiciaram o aprimoramento das soluções desenvolvidas, em uma troca de experiências enriquecedora, tanto para o grupo de desenvolvimento quanto para o de usuários. O grupo de desenvolvimento tinha

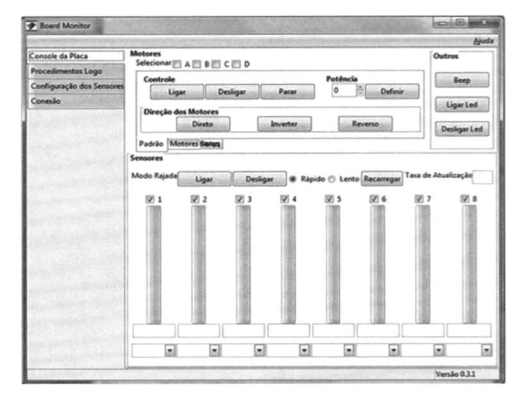

Figura 3.9 Componente monitor.
Fonte: Josué J. G. Ramos.

como foco a disponibilização de uma ferramenta aberta que pudesse potencializar o uso da RP de baixo custo como instrumento de computação física no Brasil (RAMOS et al., 2007). A seguir, destacam-se alguns aspectos dessa experiência.

Perfil dos estudantes de graduação

Os estudantes que participaram desse desenvolvimento, via de regra, tinham interesse em computação ou eletrônica. Em sua maioria, estavam no primeiro ano de cursos de computação (ciência ou engenharia de computação) ou de engenharia de controle e automação. Entretanto, alguns já sabiam programar, e o desafio para esses estudantes era envolver-se em projetos que colocassem à prova sua capacidade de realização, pois já haviam participado de eventos como a Olimpíada de Programação.

Aprendizado do processo de desenvolvimento em sistemas abertos

O Br-GoGo constitui um sistema de código aberto e, assim como sistemas similares, tem um processo de desenvolvimento que inclui o uso de mecanismos de controle de versão de código. Entretanto, como se tratava da implementação de uma ferramenta a ser usada em contexto educacional, esse mecanismo de controle teria de ser implementado de maneira que o usuário (professor ou aluno) pudesse reportar os problemas ocorridos no sistema e ligar isso a ações corretivas no sistema embarcado.

Essas características obrigaram os estudantes a se familiarizar com o registro e controle de versões do sistema que eram disponibilizadas para o uso na escola. Isso se aproxima ao desenvolvimento de sistemas de uso comercial, no qual os usuários demandam funcionalidade e padrões de qualidade e de atendimento, levando o fornecedor (os estudantes) a produzir registros e documentação de intervenções com vistas à preservação da integridade do sistema, o que não é comum no ensino de programação em escolas.

Primeiro contato com um sistema embarcado de uso real para a computação física

Os sistemas computação envolvem o controle de um dispositivo físico concreto, o que, do ponto de vista da automação, apresenta um fator enriquecedor, relacionado com o processo de depuração do que foi implementado, que se amplia. É preciso depurar o código elaborado para as conexões da interface eletrônica de interação com o dispositivo físico (robô) e para a tarefa que o robô vai executar, pois o erro pode estar nesses três elementos (código, conexão e tarefa). Nesse caso, os estudantes, além de ter de levar em consideração os elementos citados, precisavam avaliar se a fonte do erro não estava no sistema embarcado.

Em síntese, o envolvimento com os requisitos do sistema de computação física abrange a resolução de problemas em múltiplas dimensões: lógica (*software*), eletrônica (*hardware*) e espacial (a execução da tarefa do robô).

No projeto em questão, o contato com o desenvolvimento de um sistema embarcado e com a computação física constituiu-se em um aprendizado significativo para os alunos quando estes puderam construir algo para usuários de outras áreas – nesse caso, professores e alunos do ensino fundamental e médio.

Interação dos estudantes de graduação com os professores de robótica da escola

Nas duas escolas, existiam professores que exerciam o duplo papel de oferecer suporte técnico na realização de atividades de robótica e orientar o uso pedagógico da Br-GoGo. A interação com o suporte técnico consistia em atender demandas de funcionalidades adicionais ou em realizar medidas corretivas no funcionamento dos sistemas.

A interação dos estudantes de graduação com os professores responsáveis pela área pedagógica das escolas consistia em mapear a situação de aprendizagem, criar experimentos que abordassem determinados conteúdos de física, química, matemática e eletrônica, entre outros, com vistas ao ensino de conceitos científicos que possibilitassem alcançar os objetivos pedagógicos de disciplinas dos ensinos fundamental e médio (D'ABREU; MIRISOLA; RAMOS, 2011).

O sucesso obtido nesse trabalho e as vivências de situações de fracasso e descoberta de caminhos para superá-los propiciaram o crescimento da equipe desenvolvedora.

EXPERIÊNCIA NO DESENVOLVIMENTO DE ATIVIDADES DE ROBÓTICA PEDAGÓGICA EM UMA ESCOLA PARTICULAR DE ENSINO FUNDAMENTAL I E II

Há algum tempo o Colégio Photon vem sofrendo uma mudança de paradigma, deixando de ser um instrumento de instrução formal para ser um espaço de educação integral. Hoje, além do currículo obrigatório, a escola deve dar conta do bem-estar físico e mental do educando, do gerenciamento de conflitos internos e familiares e de uma série de atribuições que, no século passado, eram impensáveis. Ainda que com passos curtos, essa instituição vem tentando se equilibrar entre as várias tarefas que lhe são atribuídas diante das novas concepções de família e de valores morais da sociedade. A família atual tem várias estruturas muito distintas daquela chamada tradicional. O conceito de sucesso foi alterado, assim como o papel dos estudos, dos vestibulares, da faculdade, do trabalho, e a visão de futuro também. As crianças e jovens aparentemente crescem com ausência de objetivos e modelos claros de como crescer e do que ser quando crescerem. A escola de hoje tem um novo tipo de estudante, que nasceu em uma era digital, não se acostumou a apertar botões e nem aprendeu a usar um teclado físico. Para a direção da escola, essa geração tem a informação na ponta dos dedos, deslizando-os de um lado para outro, mas aparentemente não tem objetivo, nem orientação, nem motivo, nem interesse para buscá-la e transformá-la em conhecimento.

O Colégio Photon, inserido nesse contexto, implementa há vários anos novas ferramentas que dão sentido à busca do conhecimento com significado, e não apenas da informação. O uso da robótica como uma dessas ferramentas surgiu em 2010, a partir de uma aula de laboratório e do interesse de um grupo de alunos que desejava entender a diferença entre reciclagem e reutilização e buscava uma maneira de utilizar sucata eletrônica. Esse interesse gerou uma necessidade de mudança. Mesmo antes de sua implantação de modo sistemático, a robótica já despertava o interesse de um grupo cada vez maior de pequenos adeptos.

Projetos desenvolvidos na escola

A sistematização e o uso da robótica educacional deram-se a partir da parceria com o CTI, utilizando-se placas Br-GoGo e o programa Blocos. As aulas semanais, de uma hora e meia, com alunos do 5º ano, tinham estrutura simples: inicialmente, eram fornecidas noções de lógica, elétrica e mecânica simples e, posteriormente, eram apresentados a placa, o programa e o treinamento na programação. Após quatro meses, em média, o grupo era estimulado a desenvolver um projeto dirigido a partir de um tema proposto pelo professor titular da classe. Alguns projetos serão exemplificados a seguir.

Projeto Articulações e movimentos do corpo humano

Um modelo de esqueleto humano, como mostrado na **Figura 3.10**, com dimensões de uma criança, foi mecanizado; fios de algodão representavam os músculos e os tendões foram representados por pequenos ganchos de metal. O controle dos movimentos de flexão e estiramento era feito a partir da programação de dois motores com redução de velocidade.

Além da relação com a aprendizagem da estrutura anatômica do sistema esquelético/muscular, os movimentos de flexão e distensão foram claramente aprendidos, pois os estudantes encontraram significado e motivo para fazer as pesquisas relacionadas com o assunto proposto em sala de aula pelos professores. Nesse contexto, utiliza-se com segurança o termo "aprendido", porque foi verificada a permanência da informação da turma no ano seguinte ao do trabalho realizado, portanto, a informação foi transformada em conhecimento.

Projeto Água

Com o Projeto Água, conforme mostrado na **Figura 3.11**, os alunos utilizaram os recursos da robótica para simular vários usos da água em benefício da sociedade, como geração de energia, irrigação, tratamento de água e esgoto e distribuição.

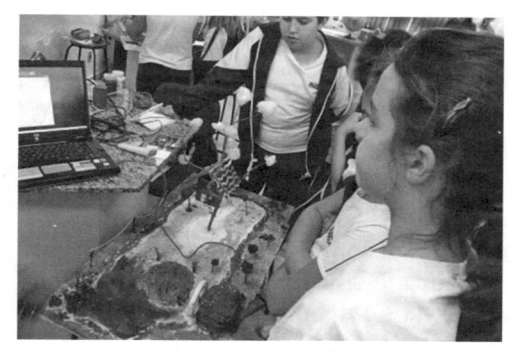

Figura 3.11 Alunos desenvolvendo o projeto Água.
Fonte: Colégio Photon.

Projeto A importância e o valor de um abraço

A partir do tema "Resgatando virtudes, valorizando sentimentos", conforme mostrado na **Figura 3.12**, os próprios alunos propuseram a construção de um robô que fosse capaz de abraçar quem se aproximasse dele. O trabalho foi feito com isopor, papelão, fio de algodão e motores com redução de velocidade. Duas barreiras de trabalho puderam ser derrubadas nesse caso. A primeira foi a dificuldade de estimular a leitura de livros paradidáticos por alunos a partir dos 10 anos de idade. A outra foi o relacionamento conturbado entre os alunos da sala. A proposta do tema, o interesse, estimulado pela robótica, e a necessidade do trabalho em grupo fizeram com que os problemas fossem discutidos e, em alguns casos, melhorados.

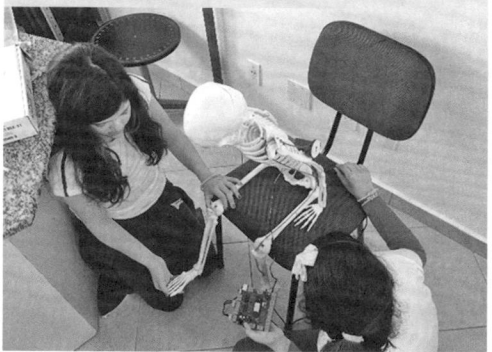

Figura 3.10 Alunos desenvolvendo o projeto Articulações e movimentos do corpo humano.
Fonte: Colégio Photon.

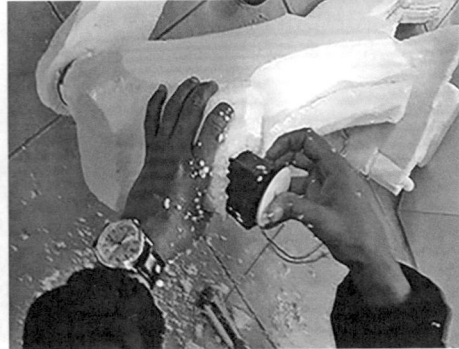

Figura 3.12 Alunos desenvolvendo o projeto A importância e o valor de um abraço.
Fonte: Colégio Photon.

Projeto O limpador de placas

O trabalho foi desenvolvido a partir da leitura de um livro paradidático, cujo personagem principal era um homem que limpava placas de ruas com nomes de pessoas historicamente influentes. Dois trabalhos físicos foram montados (**Fig. 3.13**): um ciclista de isopor em tamanho natural que pedalava ao estímulo de um sensor de luz e um boneco que subia o degrau de uma escada usando o mesmo recurso. Esse trabalho apresentou uma grande riqueza de detalhes artísticos, técnicos, históricos e literários. Ao mesmo tempo em que a leitura fluía na sala de aula, eram observados detalhes nas figuras, para que estas fossem reproduzidas no laboratório de robótica. Da articulação de pernas (abordando intuitivamente os assuntos sobre alavancas e roldanas) à colocação e dimensionamento de pêndulos, o trabalho foi desenvolvido sem grande esforço por parte dos professores, e o estímulo e a organização dos alunos despertaram naturalmente.

Considerações sobre a experiência no Colégio Photon

Com relação à experiência do colégio Photon, ilustrada pelos quatro projetos apresentados, com temas diferentes e em anos distintos, pode-se destacar que:

Figura 3.13 Alunos desenvolvendo o projeto Limpador de placas.
Fonte: Colégio Photon.

- O relato dos professores titulares das turmas aponta que o interesse e o aproveitamento do conteúdo relacionado com os temas tiveram um incremento significativo em relação aos anos anteriores.
- A aprendizagem de conteúdos extracurriculares, como alavancas, circuitos, pêndulos, polias e interruptores, ocorreu de forma satisfatória, mesmo tratando-se de conteúdos que são formalizados apenas no 9º ano.
- Os alunos que permaneceram na escola após os cursos de robótica no 5º ano foram acompanhados pelo professor na disciplina de ciências até o 9º ano. Verificou-se que, apesar de apresentar alguma volatilidade, aqueles assuntos aprendidos permaneceram, em grande parte, sendo facilmente resgatados quando solicitados para o desenvolvimento de projetos no contexto escolar dos estudantes.
- Apesar de não ter sido feita uma análise quantitativa, observou-se um crescimento maior nas habilidades e competências de alunos que frequentaram ativamente o curso no 5° ano, se comparados com aqueles que não se interessavam ou não estavam no colégio.
- Há uma imensa flexibilidade no que tange aos assuntos a serem trabalhados; a abordagem poderá ser mais ou menos direcionada, dependendo dos objetivos iniciais propostos. Na prática, não existe limite pedagógico para o alcance da robótica educacional na escola; essa fronteira se restringe aos campos funcional e organizacional.

Com relação ao alcance emocional e comportamental da experiência com robótica por parte dos estudantes, pode-se citar como exemplo o caso de um integrante do curso que apresentava déficit de atenção e dificuldades importantes de relacionamento. Atualmente, esse aluno está participando pela segunda vez do curso de robótica, oferecido no contraperíodo das aulas. Ele se encontra em um nível tecnicamente mais avançado e, além de apresentar melhoria em relação aos problemas descritos, interage com frequência, prestando auxílio e tutoria aos integrantes mais novos.

Os resultados obtidos com a robótica educacional até o momento permitem projetar um alcance maior desse recurso, abrangendo, de maneira mais incisiva e sistematizada, os conteúdos e componentes curriculares a serem trabalhados nos anos finais do ensino fundamental, pois essa ferramenta se mostra eficaz tanto no aspecto motivacional como no técnico/pedagógico.

EXPERIÊNCIA NO DESENVOLVIMENTO DE ATIVIDADES DE ROBÓTICA PEDAGÓGICA EM UMA ESCOLA PÚBLICA DE ENSINO MÉDIO

A mecatrônica é uma formação profissional híbrida que envolve eletrônica, mecânica e informática. Atualmente é requerida pelas indústrias para a atuação nas mais diversas áreas, como processos produtivos, instalação de sistemas elétricos e de segurança, pneumáticos e hidráulicos e na comunicação por meio de sistemas, entre outras atividades. A mecatrônica integra diversas áreas que envolvem engenharia de produtos e processos e possibilita novas formas de gestão, objetivando a redução de custos, a melhoria na qualidade e o aumento da satisfação do cliente, além da garantia de posicionamento em um mercado extremamente competitivo e globalizado.

Conforme o *site* do Colégio Técnico de Campinas (Cotuca):

> O técnico em mecatrônica executa tarefas de caráter técnico referentes ao projeto, produção, aperfeiçoamento de instalações e reparos de máquinas, aparelhos e outros equipamentos mecânicos. Aplica conceitos da mecânica clássica, controle de sistemas automatizados de manufatura, automação industrial, instrumentação, controle de processos e comandos eletropneumáticos, as-

sim como ferramentas da informática para elaboração de projeto assistido por computador e os princípios da qualidade e gestão de processos. Atua no setor industrial e de serviços. Participa da elaboração de projetos de máquinas automatizadas, componentes e dispositivos mecânicos utilizando técnicas da mecatrônica; efetua o monitoramento e controle de sistemas de manufatura automatizados; atua junto a sistemas automatizados de produção, que envolvem aspectos operacionais e de programação de máquinas, assim como em centros complexos de manufaturas (CNCs), robôs e manipuladores industriais, sistemas servo-controlados (controlador lógico programável [CLP], servo-controlados e outros), sistemas CAD/CAM, sistemas automatizados de medição e controle e outras atividades. (COLÉGIO TÉCNICO DE CAMPINAS, 2015, p. 1)

Nesse contexto, trata-se de uma área com forte aderência à robótica.

No Cotuca, as disciplinas técnicas associadas ao módulo I para o certificado de Qualificação Profissional em Assistente de Projetos e Processos Industriais Mecânicos, são: Introdução a projetos mecatrônicos I, Desenho técnico e projeto de máquinas I, Mecânica aplicada, Eletricidade, informática aplicada; Fabricação mecânica e metrologia aplicada, Introdução a projetos mecatrônicos II, Tecnologia dos materiais I, Máquinas e comandos elétricos, Desenho técnico e projeto de máquinas II, Eletrônica básica 5, Tecnologia mecânica e metrologia, Montagem e ensaios eletroeletrônicos, Tecnologia dos materiais II, Órgãos de máquinas, Resistência dos materiais, Sistemas digitais e microprocessadores.

No Cotuca, as disciplinas técnicas associadas ao Módulo II para o recebimento do diploma de Técnico em Mecatrônica são: Aquisitores de sinais e microcontroladores, Ensaios com componentes estado sólido, Controle e automação industrial, Eletrônica industrial, Gestão e administração da produção, Sistemas e projetos pneumáticos, Sistemas pneumáticos aplicados, Sociedade e sistema produtivo, Sistemas e projetos hidráulicos, Projeto de automação I, Tópicos em automação industrial, Instrumentação e controle de processos, Gestão empresarial e segurança do trabalho, Sistemas hidráulicos aplicados, Tópicos em mecatrônica e robótica, Robótica aplicada, Projeto de automação, Tecnologia e ambiente, Gestão da qualidade, Fabricação mecânica CNC, Células flexíveis de automação FMS.

Considerando que um técnico em mecatrônica deve ter noção de sistemas compostos por sensores e atuadores que são integrados por meio de programas de computador que atuam no ambiente por intermédio de um sistema mecânico, é requerida uma infraestrutura que proporcione ao estudante a possibilidade de familiarização e aprofundamento de conhecimentos nessas áreas. Conforme se apresenta a seguir, no Cotuca, a Br-GoGo constituiu a base para o desenvolvimento desses conhecimentos.

Conteúdo das disciplinas que utilizam a Br-GoGo

De início, até final de 2015, a plataforma era utilizada nas disciplinas Introdução a projetos mecatrônicos I e Introdução a projetos mecatrônicos II. Mais adiante, a partir de 2016, foram criadas as disciplinas Introdução aos algoritmos e programação e Algoritmos e programação, as quais abordam todo o conteúdo anteriormente proposto para a elaboração e desenvolvimento de projetos, com bases mais aprofundadas para o desenvolvimento de algoritmos.

O conteúdo da disciplina Introdução aos algoritmos e programação, com carga horária de 51 horas, aborda os seguintes conteúdos: introdução à lógica de programação; estrutura e fases de um algoritmo; formação e conteúdo variáveis; tipos de dados; operadores matemáticos; operadores lógicos; estrutura de decisão e repetição, subrotinas; aplicações práticas com placas de controles e introdução; desenvolvimento de projetos.

O conteúdo da disciplina Algoritmos e programação, com carga horária de 34 horas, que tem como pré-requisito a disciplina Introdução aos algoritmos e programação, inclui: lógica de programação; desenvolvimento sistemático e implementação de programas em linguagem operacional; depuração, testes e documentação de programas; microcontroladores; aplicações práticas com placas de controles; desenvolvimento de projetos mecatrônicos.

Assim, a disciplina Introdução aos algoritmos e programação usa a programação em blocos lógicos para o desenvolvimento de projetos, o que facilita a aprendizagem de conceitos de programação. Já a disciplina Algoritmos e programação tem ênfase em aspectos relacionados com o desenvolvimento de programas em linguagem C em sistemas embarcados, utilizando como base a plataforma Br-GoGo, em uma abordagem que emprega como base o código-fonte em C da Br-GoGo e modificações dos módulos específicos deste. A facilidade no aprendizado de conceitos de programação usando blocos permitiu, posteriormente, que os estudantes trabalhassem com sistemas embarcados complexos, como o próprio *firmware* da Br-GoGo, o que, para um aluno de nível médio e técnico, se constitui na aquisição de um conhecimento ensinado com muita dificuldade nesse nível.

Br-GoGo como plataforma para aprendizado e desenvolvimento de projetos

Como plataforma para aprendizado, do ponto de vista pedagógico, a Br-GoGo consiste em uma ferramenta para o aprendizado de conceitos de mecatrônica que, conforme anteriormente apresentado, possui componentes de sensoriamento e de programação e atuação, requeridos para a familiarização e realização de sistemas automatizados. Assim, esta pode ser utilizada em projetos relacionados com a formação acadêmica dos alunos, desde os anos inicias dos cursos de mecatrônica, visto ser facilmente assimilável, bem como em projetos relacionados com feiras, eventos científicos, ou, ainda, em trabalhos de conclusão de curso. Mesmo diante de diversas opções e tecnologias existentes hoje em dia para o ensino de automação, utilizar apenas uma plataforma, explorar seu potencial e aprimorar alguns conceitos constitui-se em uma alternativa interessante pela integração de diferentes disciplinas. Nesse contexto, o aprendizado das disciplinas pode ser dividido em duas etapas, conforme apresentado a seguir.

- **Primeira etapa:** familiarização com os conceitos de automação programável via Br-GoGo no ambiente Blocos, conforme mostra a **Figura 3.14**, como forma de introdução de estruturas e conceitos de programação, pois, posteriormente, do mesmo modo em que os projetos foram desenvolvidos com base na programação Blocos, eles poderão utilizar a linguagem C, sem prejuízos a suas funcionalidades.
- **Segunda etapa**: um dos propósitos desta etapa é desenvolver sistemas embarcados utilizando microcontroladores para possibilitar a implementação de dispositivos robóticos autônomos. Nesta parte, a Br-GoGo é utilizada como ferramenta base para o desenvolvimento de sistemas de controle automatizado, com o emprego de seu *firmware* e com modificações específicas em alguns módulos, realizadas pelos alunos, de forma a propiciar a eles o conhecimento de um sistema embarcado completo e o desenvolvimento de algum módulo desse sistema.

Uma vez familiarizados com a programação e com o desenvolvimento de projetos, criou-se uma etapa intermediária, para o desenvolvimento de algoritmos por meio da linguagem C. Ela contempla a simulação dos programas desenvolvidos pelos alunos antes da execução definitiva dessa programação, em

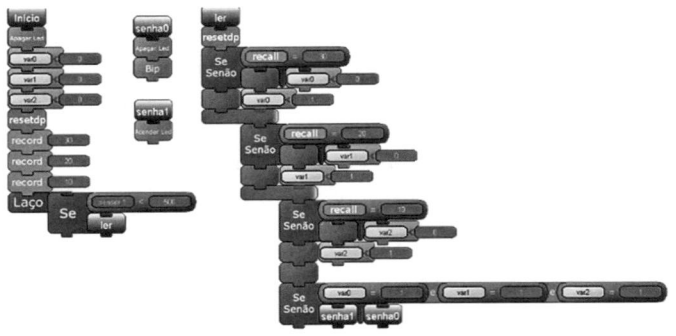

Figura 3.14 Ambiente Blocos.
Fonte: Robótica Criativa (c2018, documento *on-line*).

um protótipo, e está baseada no uso do sistema PicSimLab* (**Fig. 3.15**).

Assim, a infraestrutura utilizada pelo Cotuca consiste na placa Br-GoGo e no sistema Blocos (RAMOS et al., 2009). Para a implantação da plataforma de programação Blocos, é necessário instalar *drivers* de comunicação com o sistema operacional e o ambiente da linguagem Python. Visando à facilidade da instalação nos laboratórios ou nos computadores particulares dos alunos, foi criada uma versão portátil do *software*.**

Em síntese, a Br-GoGo se constitui em uma ferramenta que possibilita o aprendizado do que é um sistema embarcado, uma estrutura de programação e a programação em linguagem C.

Projetos realizados com a Br-GoGo

O *site**** Projetos Departamento de Mecânica mostra os vários projetos desenvolvidos desde 2010. A maioria dos projetos objetivou desenvolver automatismos com temas restritos ou livres, com vistas à aprendizagem por projetos.

Em 2015, foram apresentados cerca de 18 projetos na V Mostra de Trabalhos de Cursos Técnicos, os quais foram desenvolvidos nas disciplinas Introdução a projetos mecatrônicos I e Introdução a projetos mecatrônicos II, tais como:

- Desenvolvimento de um robô autônomo para coleta de latas e garrafas.
- Desenvolvimento de um protótipo de casa autônoma para segurança domiciliar.

Figura 3.15 Sistema PicSimLab.
Fonte: Luis Claudio Gambôa Lopes.

---

*PICSIMLAB - PIC SIMULATOR LABORATORY. 2018. Disponível em: <https://sourceforge.net/projects/picsim/>. Acesso em: 19 out. 2018.

**Versão portátil do *software* está disponível em: <http://bit.ly/sw-Br-GoGo>.

***PROJETOS DEPARTAMENTO DE MECÂNICA. c2018. Disponível em: <https://projetosdmec.wordpress.com/>. Acesso em: 19 out. 2018.

- Automação de um berço infantil.
- Automação de um aquário.
- Criação de um transportador de órgãos mecânicos e industriais (Tomi).
- Movimentação de um robô *flex-picker* por meio de uma interface cérebro/computador.
- Irrigação por controle de umidade da terra
- Painel solar com base giratória e sistema de limpeza residencial.
- Criação de um elevador para cadeirantes.
- Desenvolvimento de um dispositivo de captura ("ratoeira") automático.
- Desenvolvimento de um alimentador de tornos industriais (CNC).
- Automação de um guarda-roupa residencial.

Cada protótipo foi construído pelos próprios alunos, envolvendo práticas em mecânica, eletrônica e programação, bem como uma descrição do projeto desenvolvido.

A **Figura 3.16** apresenta alguns experimentos, como os realizados em domótica (implementação de automação de um banheiro, de um guarda-roupa e de uma cozinha residenciais). Em robótica, entre os projetos desenvolvidos, destacam-se um braço mecânico, um mecanismo de controle de vagas em estacio-

Figura 3.16 Alguns experimentos realizados pelo Cotuca.
Fonte: Anderson Pires Rocha.

namento, um elevador acionado por presença, uma empilhadeira e um estacionamento vertical com elevador.

REFERÊNCIAS

BEGEL, A. *LogoBlocks:* a graphical programming language for interactin with the world. [S. l.]: MIT, 1996. Disponível em: <http://andrewbegel.com/mit/begel-aup.pdf>. Acesso em: 4 set. 2018.

BRASIL. Ministério da Educação. *Fundo Nacional de Desenvolvimento da Educação:* programas. Brasília: MEC, c2017. Disponível em: <http://www.fnde.gov.br/programas/programa-nacional-de-tecnologia-educacional-proinfo/proinfo-projeto-um-computador-por-aluno-uca>. Acesso em: 10 set. 2018.

CENTRO DE TECNOLOGIA DA INFORMAÇÃO RENATO ARCHER. c2018. Disponível em: <http://www.cti.gov.br>. Acesso em: 19 out. 2018.

COLÉGIO PHOTON. c2018. Disponível em: <http://colegiophoton.com.br>. Acesso em: 19 out. 2018.

COLÉGIO TÉCNICO DE CAMPINAS. *Cursos técnicos.* c2018. Disponível em: <http://cotuca.unicamp.br/cursos-tecnicos/mecatronica>. Acesso em: 19 out. 2018.

COLÉGIO TÉCNICO DE CAMPINAS. *Departamento de Mecânica.* Campinas: Cotuca, 2015. p. 1-13. Disponível em: <http://cotuca.unicamp.br/cotuca/wp-content/uploads/2015/08/MECATR%C3%94NICA.pdf>. Acesso em: 10 set. 2018.

D'ABREU, J. V. V.; GARCIA, M. F. Robótica pedagógica e currículo. In: WORKSHOP DE ROBÓTICA EDUCACIONAL-WRE, 2010, São Bernardo do Campo. *Anais de Joint Conference 2010 - SBIA-SBRN-JRI Workshops.* São Bernardo do Campo: [s. n.], 2010. p. 1-6.

D'ABREU, J. V. V.; GARCIA, M. F. Robótica pedagógica no currículo escolar: uma experiência de transposição didática. In: CONFERÊNCIA IBÉRICA EM INOVAÇÃO NA EDUCAÇÃO COM TIC, 5., 2016, Bragança. *Livro de Atas...* Bragança: De Facto Editores, 2016. p. 83-97.

D'ABREU, J. V. V.; MIRISOLA, L. G. B.; RAMOS, J. J. G. Ambiente de robótica pedagógica com Br_GOGO e computadores de baixo custo: uma contribuição para o ensino médio. In: SIMPÓSIO BRASILEIRO DE INFORMÁTICA NA EDUCAÇÃO, 22., 2011, Aracajú. *Anais...* Porto Alegre: Sociedade Brasileira de Computação, 2011. p. 100-109.

D'ABREU, J. V. V. Robótica pedagógica: percurso e perspectivas In: WORKSHOP DE ROBÓTICA EDUCACIONAL-WRE, 5., 2014, São Carlos. *Anais...* Porto Alegre: Sociedade Brasileira de Computação, 2014. p. 79-84.

D'ABREU, J. V. V.; BASTOS, B. L. Robótica pedagógica e currículo do ensino fundamental: atuação em uma escola municipal do Projeto UCA. *Revista Brasileira de Informática na Educação,* v. 23, n. 3, p. 56 - 67, 2015.

HIRSCH, L. et al. AC 2009-193: the impact of introducing robotics in middle- and high-school science and mathematics classrooms. [S. l.]: American Society for Engineering Education,

2009. Disponível em: <https://peer.asee.org/the-impact-of-introducing-robotics-in-middle-and-high-school-science-and-mathematics-classrooms.pdf>. Acesso em: 4 set. 2018.

LUKAZI. *LEGO - LEGO's first programmable product.* 2014. Disponível em: <http://lukazi.blogspot.com.br/2014/07/lego-legos-first-programmable-product.html>. Acesso em: 19 out. 2018.

OLIMPÍADA BRASILEIRA DE ROBÓTICA. c2018. Disponível em: <http://www.obr.org.br>. Acesso em: 19 out. 2018.

PAPERT, S. *Logo:* computadores e educação. São Paulo: Brasiliense, 1985.

PICSIMLAB - PIC SIMULATOR LABORATORY. 2018. Disponível em: <https://sourceforge.net/projects/picsim/>. Acesso em: 19 out. 2018.

PROJETOS DEPARTAMENTO DE MECÂNICA. c2018. Disponível em: <https://projetosdmec.wordpress.com/>. Acesso em: 19 out. 2018.

RAMOS, J. J. G. et al. Desenvolvimento de componentes de hardware e software abertos para programas de robótica pedagógica de baixo custo. In: SIMPÓSIO BRASILEIRO DE AUTOMAÇÃO INTELIGENTE, 9., 2009, Brasilia. *Anais...* Brasília: SBA, 2009.

RAMOS, J. J. G. et al. Iniciativa para robótica pedagógica aberta e de baixo custo para inclusão social e digital no Brasil. In: SIMPÓSIO BRASILEIRO DE AUTOMAÇÃO INTELIGENTE, 8., 2007, Florianópolis.

ROBÓTICA CRIATIVA. *Ambiente Blocos.* c2018. Disponível em: <https://roboticacriativa.wordpress.com/>. Acesso em: 19 out. 2018.

SIPITAKIAT, A.; BLIKSTEIN, P.; CAVALLO, D. P. GoGo board: augmenting programmable bricks for economically challenged audiences. In: INTERNATIONAL CONFERENCE ON LEARNING SCIENCES, 6., 2004, Santa Mônica. ICLS '04 *Proceedings...* Los Angeles: ICLS, 2004. p. 481-488.

UNICAMP. *Nied.* c2018.Disponível em: <http://www.nied.unicamp.br>. Acesso em: 19 out. 2018.

WORKSHOP DE ROBÓTICA PEDAGÓGICA, 5., 2014, São Carlos: CETEPE, 2014. Disponível em: <http://www.natalnet.br/wre2014/>. Acesso em: 19 out. 2018.

LEITURAS RECOMENDADAS

D'ABREU, J. V. V.; BASTOS, B. L. Robótica pedagógica: uma reflexão sobre a apropriação de professores da escola Elza Maria Pellegrini de Aguiar. In: CONGRESSO BRASILEIRO DE INFORMÁTICA NA EDUCAÇÃO, 2., 2013, Limeira. *Anais do Workshop de Informática na Escola.* Porto Alegre: Sociedade Brasileira de Computação, 2013. p. 280-289.

D'ABREU, J. V. V. et al. Robótica educativa/pedagógica na era digital. In: CONGRESSO INTERNACIONAL TIC E EDUCAÇÃO, 2., 2012, Lisboa. *Atas...* Lisboa: Instituto de Educação da Universidade de Lisboa, 2012. p. 2449-2465.

ESCOLA PROFESSORA ELZA MARIA PELLEGRINI DE AGUIAR. Campinas: EMS, [2018]. Disponível em: <http://www.escol.as/196376-elza-maria-pellegrini-de-aguiar-professora>. Acesso em: 11 set. 2018.

Agradecimentos

Os autores agradecem ao programa Pibic/CNPq do CTI e da Unicamp, ao programa de bolsa auxílio-social da Unicamp (BAS), à Pró-reitoria de Pesquisa da Unicamp (PRP/Unicamp), ao Colégio Técnico de Campinas (Cotuca) e ao Colégio Photon.

UMA REVISÃO SISTEMÁTICA DO USO DE BRINQUEDOS DE PROGRAMAR E *KITS* ROBÓTICOS:
pensamento computacional com crianças de 3 a 6 anos

André Luiz Maciel Santana | André Raabe

A criança inicia na educação infantil um processo de socialização, por meio do relacionamento com outras crianças da mesma faixa etária e com seus educadores. Sua inserção nesse espaço também propicia a aquisição de estratégias diferenciadas, que possibilitam novas formas de socialização e construção de conhecimentos.

Ao brincar, os envolvidos manuseiam objetos e, sem perceber, desenvolvem habilidades que são propiciadas por essa interação. Nesse contexto, brinquedos programáveis e *kits* robóticos podem ser utilizados como objetos de apoio para a resolução de problemas de forma lúdica, pois a criança se diverte e, ao mesmo tempo, desenvolve sua cognição. A relação entre a criança e a tecnologia e o resultado dessa interação vem sendo chamado de pensamento computacional (CT, do inglês *computational thinking*), expressão cunhada por Janette Wing em 2006. CT é comumente referido como um conjunto de habilidades e competências comuns à área de ciência da computação. Tais competências podem ser utilizadas para estimular a capacidade de resolver problemas, em diferentes níveis de abstração, em qualquer área do conhecimento e em qualquer fase da vida, explorando a criatividade e a construção do saber ao longo do tempo (WING, 2006).

Segundo Silva (2008), as crianças começam a desenvolver habilidades cognitivas, sociais, morais, comportamentais e emocionais assim que iniciam sua vivência escolar, que as expõe a novos desafios e problemáticas. O uso de tecnologias com o objetivo de desenvolver o CT possibilita o aprendizado por meio de erros e acertos e consiste em ampliar a capacidade de resolver problemas em diversos níveis de dificuldade no público-alvo (BERS et al., 2014). Isso retoma o construcionismo proposto por Papert (2008), o qual implica a construção do conhecimento com base na efetivação de uma ação concreta, que tem como resultado um produto palpável, desenvolvido com o uso de tecnologia, e que precisa ser do interesse de quem o produz.

A construção do conhecimento e de habilidades em resolver problemas está relacionada com o domínio de conceitos básicos de matemática e de percepção lógica. Portanto, a inserção do CT no ciclo de aprendizado em fases iniciais possibilita ao aprendiz interagir com estratégias que estimulam o desenvolvimento cognitivo e social desde sua formação inicial (BARCELOS; SILVEIRA, 2012).

A utilização do pensamento lógico durante a vida proporciona aos sujeitos envolvidos nessas atividades um melhor aproveitamento no processo de construção do conhecimento, uma vez que partem das temáticas e desafios abordados durante a evolução do aprendizado e podem ser representadas por meio de raciocínio lógico com o uso de conceitos básicos de programação (ROCHA et al., 2010)

Os brinquedos de programar desenvolvem conceitos de programação e algoritmos de forma divertida. Podem ser utilizados também como *kits* robóticos, os quais se diferenciam dos brinquedos por permitirem sua construção e reconstrução (BENITTI, 2009), como, por exemplo, o Lego Mindstorm.

Os pesquisadores italianos Caci, Chiazzese e D'Amico (2013) utilizam *kits* robóticos para estimular o desenvolvimento de habilidades cognitivas, de atenção seletiva e de foco na resolução de problemas. Os resultados da pesquisa realizada por esses autores, em faixa etária diferente do escopo deste capítulo, indicaram que o uso de robôs programáveis e montáveis também tornam possível aprimorar o raciocínio lógico, a memória visuoespacial e a compreensão de ambientes tridimensionais.

Nesse contexto, buscou-se investigar as possibilidades de exploração do CT com crianças de 3 a 6 anos de idade. A principal motivação foi buscar maneiras de combinar o processo criativo e o desenvolvimento da resolução de problemas com enfoque no CT, tendo como objetivo geral apresentar uma revisão sistemática sobre o estado atual do uso de brinquedos de programar e *kits* robóticos com crianças dessa faixa etária.

Para alcançar esse objetivo, foi realizada uma revisão sistemática, reunindo evidências empíricas que se encaixassem em critérios de elegibilidade pré-especificados. A revisão foi pautada nos critérios estabelecidos por Antman e colaboradores (1992) e Oxman e Guyatt (1993), com o intuito de adotar métodos explícitos e sistemáticos, de minimizar erros e de proporcionar resultados mais confiáveis.

O texto foi organizado em quatro seções, abordando: (i) os conceitos que fundamentam a pesquisa; (ii) os passos realizados para alcançar os objetivos da revisão sistemática, no qual foram definidos o escopo e a metodologia; (iii) resultados e discussões dos dados analisados; e (iv) considerações finais sobre as pesquisas revisadas.

O PENSAMENTO COMPUTACIONAL

A expressão pensamento computacional (CT) é abordada na literatura sem uma definição exata. Em 2010, em Washington (Estados Unidos), o National Research Council fez uma compilação de um conjunto de abordagens e perspectivas acerca do CT, que serão apresentadas ao longo desta seção.

Wing (2006) conceitua o CT como "uma maneira de resolver os problemas; a concepção de sistemas e a compreensão do comportamento humano que se baseia em conceitos fundamentais da ciência da computação".

Segundo Moursund (2010, apud NRC, 2010), o CT está estreitamente relacionado com as noções originais do pensamento processual desenvolvido por Seymour Papert em Mindstorms. Lee (2010, apud NRC, 2010) define o CT como algo que fundamentalmente trata da expansão da capacidade mental humana. Com o uso de ferramentas e tecnologia, o ser humano torna-se capaz de automatizar tarefas de seu cotidiano e aplicar o pensamento algorítmico em atividades de outras áreas.

Conforme a Computer Science Teachers Association (2015), o CT trata dos seguintes aspectos:

- Formulação de problemas de forma que computadores e outras ferramentas possam auxiliar em sua resolução.
- Organização lógica e análise de dados.
- Representação de dados por meio de abstrações, como modelos e simulações;

- Automatização de soluções por meio do pensamento algorítmico.
- Identificação, análise e implementação de soluções visando à combinação mais eficiente e eficaz de etapas e recursos.
- Generalização e transferência de soluções para uma ampla gama de problemas.

Blikstein (2008) define CT como um conjunto de habilidades necessárias a todo ser humano para exercer seu papel como cidadão, as quais estão relacionadas com o uso da tecnologia como instrumento de aumento do poder cognitivo humano. O indivíduo que desenvolve o CT utiliza a tecnologia para aumentar sua produtividade, inventividade e criatividade.

Outras definições de CT podem ser conferidas no **Quadro 4.1**, no qual são apresentadas definições de outros autores que também participaram do Workshop on The Scope and Nature of Computational Thinking, compilado e referenciado como NRC (2010).

Ao analisar as definições apresentadas, é possível compreender que o CT não pode ser definido como um conceito computacional ou uma técnica de aprendizado mensurável e com características específicas e que não existe uma carga horária mínima para se aprender o CT. Percebe-se, no entanto, que, independentemente do segmento, os autores identificam-no como o desenvolvimento de habilidades que favoreçam a resolução de problemas e que, por meio da organização do modo de pensar, é possível expandir a capacidade mental, permitindo resolver os mais diversos níveis de desafio.

REVISÃO SISTEMÁTICA

Nesta seção, estão descritos de forma resumida os passos utilizados no processo de busca

QUADRO 4.1 Definições apresentadas pelo NRC (2010)

Autor	Definição
Bill Wulf	Trata-se originalmente de um processo e dos fatores que permitem completar uma ação.
Peter Denning	Trata-se do estudo de um processo da informação, que consiste em uma subárea da computação.
Dor Abrahamson	Trata-se do uso de símbolos ou codificações computacionais para representar um conhecimento.
Geral Sussman	Refere-se a formular um método preciso para realizar tarefas.
Janett Wing e Geral Sussman	Trata-se de uma ponte entre a ciência e a engenharia, uma metaciência que estuda procedimentos e formas de pensar, que pode ser aplicada em diferentes áreas de conhecimento.
Brian Blake	Consiste em formalizar representações, por meio do uso de modelos, para definir um procedimento capaz de resolver um problema.
Janet Kolodner	É uma forma de resolver problemas utilizando *softwares* como ferramentas de suporte.
Robert Constable	Trata-se da automação do processo intelectual por meio de um conjunto de habilidades estimuladas pelo uso da tecnologia.
Uri Wilensky	Refere-se a uma mudança na forma de organizar o conhecimento por meio de representações computacionais.

> (Robotics OR "programmable toys" OR "Bee Bot" OR "Pro Bot" OR "Primo" OR Roamer OR "Constructa-Bot" OR Pixie OR Thymio)
> AND (programming OR "Computational Thinking" OR "Tangible Programming")
> AND (kindergarten)

Figura 4.1 *String* de busca.

e na leitura de trabalhos acadêmicos. Foram aplicados dois processos de filtragem, levando em consideração características pertinentes ao escopo da revisão sistemática, que teve como objetivo de estudo identificar pesquisas elaboradas a partir de 2004 que tenham utilizado *kits* robóticos e/ou brinquedos programáveis (programação tangível) em atividades com crianças da faixa etária de 3 a 6 anos.

Definições e direcionamentos

De modo geral, os trabalhos desenvolvidos na área da informática na educação são fundamentados em teorias como a construcionista, proposta por Papert (2008). Essas pesquisas buscam identificar formas de promover o aprendizado e o desenvolvimento de habilidades pelos estudantes por meio do uso de tecnologia.

Diante desse contexto, foram definidas as seguintes perguntas:

- Que habilidades são comumente observadas em pesquisas com brinquedos programáveis?
- Que procedimentos de pesquisa são geralmente utilizados nesse tipo de atividade?
- Que brinquedos são geralmente utilizados em atividades com crianças de 3 a 6 anos de idade?
- Qual é a duração dessas atividades?

Para responder a essas perguntas, foi elaborada uma *string* de busca, que pode ser visualizada na **Figura 4.1**. A construção dos termos utilizados foi gerada a partir de uma pesquisa exploratória e estão separadas em três diferentes níveis.

Na primeira linha da *string*, são utilizados termos que tratam de brinquedos de programar de forma genérica ou termos específicos que definem brinquedos listados por trabalhos encontrados na literatura. A segunda linha apresenta termos que corresponde à programação tangível* ou ao CT. A terceira linha refere-se ao público-alvo desejado.

Metodologia de busca

Antes de executar a *string* de busca, foi definido como regra inicial que os trabalhos identificados deveriam tratar de pelo menos um destes temas: CT; resolução de problemas com computação; uso de robótica na educação; atividades computacionais em séries iniciais e uso de brinquedos ou jogos para melhorar o desempenho de estudo. Como critérios de exclusão, adotou-se o descarte de trabalhos que não estivessem escritos em português, inglês ou espanhol e que tivessem sido publicados antes de 2004 ou após 2014.

Ao executar a *string*, foram retornados os trabalhos quantificados na **Tabela 4.1** – Resultado 1. Após aplicar os critérios explícitos no parágrafo anterior, foram registradas as quantidades representadas na **Tabela 4.1** – Resultado 2.

Na terceira etapa de filtragem, foram incluídos como critérios de exclusão: resumos expandidos; atividades aplicadas com crianças fora do intervalo de 3 a 6 anos de idade; trabalhos sem resultados ou que não apresentaram a metodologia de forma clara. Os resultados dessa etapa estão identificados na **Tabela 4.1** – Resultado final. Todos os trabalhos identificados nesta etapa foram ana-

---

*Refere-se ao uso de materiais e métodos que permitam tornar a compreensão de conceitos de programação de forma menos abstrata, ou seja, mais tangível.

TABELA 4.1 Quantidade de trabalhos encontrados em cada uma das etapas de pesquisa

Base de dados	Resultado 1	Resultado 2	Resultado final
Science Direct	40	26	1
IEEE Xplore Digital Library	2	2	0
ERIC	8	6	3
Google Scholar*	100	19	4
Total de trabalhos analisados	150	60	8

*Na base de dados do Google Scholar, foram verificados somente os cem primeiros trabalhos com maior indicação de impacto. Para as demais bases, todos os trabalhos com acesso aos resumos foram analisados.

lisados com o intuito de responder aos questionamentos da revisão.

Resultados

Uma versão detalhada do processo inicial de busca, contendo o título do trabalho, o ano de publicação, a o público-alvo, a faixa etária e o ISSN do total de artigos está disponível em http://goo.gl/zdaZ1M (na aba "Trabalhos" – Busca 1). No mesmo *link*, na aba "Artigos Revisão Sistemática", estão disponíveis informações sobre os oito trabalhos analisados na revisão.

As atividades investigadas trataram com maior destaque a averiguação de habilidades de: (i) engenharia e compreensão de processo de engenharia, como planejar, refazer, agir e verificar; e (ii) matemática, lógica e programação. Em duas das atividades foram pesquisados (iii) interação social, letramento e robótica. Com menor ênfase foram tratados (iv) habilidades comportamentais, estratégias para resolução de problemas, criatividade, processos de ordenação e habilidades motoras.

De acordo com os autores das pesquisas analisadas, as atividades dos programas de introdução à robótica com crianças de 3 a 6 anos de idade tiveram um período médio de duração de no máximo 20 horas, devido às características da faixa etária. Sete das pesquisas foram realizadas na própria sala de aula, e apenas uma em outro ambiente. No que se refere à avaliação dos resultados e sua metodologia, três dos trabalhos foram qualitativos e três, quantitativos, sendo somente duas das pesquisas do tipo misto. Quanto aos instrumentos utilizados nas pesquisas, três foram realizadas com entrevistas e observações, duas somente com observações, uma somente com entrevistas, uma com *checklist* e uma utilizando pré e pós-teste.

As pesquisas abordam o uso de dois tipos de interface para o desenvolvimento de programas: *tangible user interface* (TUI) e *graphical user interface* (GUI). Nesse contexto, as ferramentas apresentadas como TUI podem ser observadas sob a forma dos bloquinhos de madeira. Esses blocos representam a linguagem simbólica denominada *creative hybrid environment for robotic programming* (CHERP) e foi utilizada em quatro pesquisas. As interfaces híbridas permitem pré-definir as instruções pelos bloquinhos de madeira (TUI) e posteriormente transcrever no *software* do computador (GUI), presente em apenas um artigo. As interfaces tangíveis demonstram-se mais eficientes para o público-alvo investigado, pois tratam de uma abstração física, real e palpável.

Duas atividades foram conduzidas com a utilização do brinquedo Bee-Bot, que possui a forma de uma abelha, no qual a linguagem de programação baseia-se na linguagem

Logo. Uma das pesquisas utilizou a interface de programação digital (puramente GUI) denominada de RoboGan.

As atividades com interface GUI não contam com uma interação palpável, mas tratam do uso de ícones e representações que valorizam a compreensão das ações e instruções utilizadas por meio de imagens com destaque para a execução das interações.

De modo geral, as pesquisas indicam que trabalhos relacionados com o uso de robótica com crianças de 3 a 6 anos de idade utilizam uma carga horária máxima de 20 horas. Tais pesquisas tendem a avaliar os resultados por meio de observações e podem ser dos tipos quantitativa, qualitativa ou mista.

Os resultados detalhados de cada um dos trabalhos foram compilados no **Quadro 4.2**.

Além dos brinquedos apresentados nas pesquisas detalhadas no **Quadro 4.2**, alguns estudos utilizaram componentes mecânicos, sensores e atuadores para a construção dos robôs, sendo que, em um deles, foi utilizada uma câmera digital para a filmagem e gravação das experiências desenvolvidas. Os resultados de cada um dos artigos tratados nesta revisão podem ser verificados no **Quadro 4.3**.

Com relação às crianças, foram identificados os seguintes resultados:

- As crianças da pré-escola conseguem projetar, construir e programar um robô, indicando a presença das quatro habilidades presentes na engenharia – planejar, fazer, agir e verificar.
- Meninos e meninas apresentaram resultados muito próximos quanto à resolução das atividades propostas no programa de robótica TangibleK Robotics e, apesar de os meninos apresentarem uma maior média nas pontuações com o uso de desvios condicionais, é possível afirmar que as meninas foram tão bem-sucedidas nas atividades quanto os meninos.
- As crianças são capazes de identificar que os robôs são máquinas, que não pensam por si mesmos, que obedecem às ações por meio da execução de uma lista de comandos chamada programa, podem usar sensores para obter informações de seu ambiente e não são seres vivos. Em algumas atividades, as crianças executaram somente uma instrução de programação, apresentaram resultados positivos durante as atividades de sequenciamento, e todas demonstraram entusiasmo nas atividades, mas nem todas as compreenderam com a mesma facilidade.

Com relação aos professores, estes são capazes de integrar as atividades com *kits* robóticos dentro da sala de aula, incluindo conceitos da matemática e letramento, e engajam crianças em atividades de artes.

De modo geral, os resultados indicam que existem duas perspectivas para alcançar os objetivos nas atividades: a tecnológica, que é dominante nas atividades mais fáceis, e a psicológica, presente nas atividades com maior complexidade. As estratégias utilizadas nos trabalhos podem ser replicadas em outros contextos e os procedimentos podem ser utilizados com número superior a nove crianças. Além disso, encontram-se limitações dos conceitos educacionais construtivistas no espaço do jardim de infância, sessões de robótica podem colaborar no processo de leitura para projetar jogos na pré-escola, a sala de aula é um lugar propício a encontrar resultados relacionados com o uso de robótica na educação e interfaces tangíveis são apropriadas para uso com crianças de 5 a 6 anos de idade

CONSIDERAÇÕES FINAIS

A revisão sistemática apresentada permitiu a identificação de respostas para todas as ques-

Robótica Educacional

QUADRO 4.2 Principais resultados da revisão

Artigos	Duração das atividades	Ambiente	Tipo de pesquisa	Instrumentos de avaliação	Brinquedo utilizado	Habilidades avaliadas
The wheels on the bot o ound and ound: Robotics curriculum in pre-Kindergarten (SULLIVAN; KAZAKOFF; BERS, 2013)	Atividades durante cinco dias, com duas horas de atividade por dia.	Sala de aula	Quantitativa	Entrevistas e observações	Lego	Interação social, letramento e engenharia.
Gender differences in kindergarteners' robotics and programming achievement (SULLIVAN; BERS, 2003)	Atividades divididas em seis lições com carga horária mínima de 20 horas.		Quantitativa		Lego	Lógica, engenharia e programação.
Does it "want" or "was it programmed to..."? Kindergarten children's explanations of an autonomous robot's adaptive functioning (LEVY; MIODUSER, 2008)	Atividades de 30 a 45 minutos, uma vez por semana durante cinco semanas.		Mista		Lego	Engenharia e psicologia.
Tangible interaction and learning: The case for a hybrid approach (HORN; CROUSER; BERS, 2012)	Atividades divididas em dois turnos com um total de 8 horas.	Sala de ciências	Qualitativa	Observações	Lego	Matemática, criatividade e interação social.
Kindergarten children programming robots: a first attempt (STOECKELMAYR; TESAR; HOFMANN, 2011)	Atividades divididas em 10 unidades de 50 minutos cada.	Sala de aula	Qualitativa	Entrevistas	Bee-Bot	Interação social, engenharia, lógica e matemática.
The effect of a classroom-based intensive robotics and programming workshop on sequencing ability in early childhood (KAZAKOFF; SULLIVAN; BERS, 2012)	Uma semana de atividades.		Mista	Pré e pós-teste	Lego	Ordenação, matemática e letramento.
Using a programmable toy at preschool age: Why and how? (JANKA, 2008)	Atividades divididas em quatro sessões de 30 a 60 minutos cada.		Qualitativa	*Checklist*	Bee-Bot	Lógica e matemática.
Computational thinking and tinkering: Exploration of an early childhood robotics curriculum (BERS et al. 2014)	Atividades realizadas em 20 horas, divididas em orientações e seis lições de 60 a 90 minutos.		Quantitativa	Observações	Lego	Motoras, matemática, letramento.

QUADRO 4.3 Resultados dos trabalhos analisados na revisão sistemática

Título de artigo/Referência	Resultados
The wheels on the bot go round and round: Robotics curriculum in pre-Kindergarten (SULLIVAN; KAZAKOFF; BERS, 2013)	• As crianças da pré-escola conseguem projetar, construir e programar um robô. • Os professores são capazes de integrar as atividades com *kits* robóticos dentro da sala de aula, incluindo conceitos de matemática e letramento e engajam crianças em atividades de artes.
Gender differences in kindergarteners' robotics and programming achievement (SULLIVAN; BERS, 2003)	• Tanto os meninos quanto as meninas conseguiram concluir de forma satisfatória todas as tarefas, entretanto, pode-se afirmar que a pontuação média dos meninos foi maior no uso de desvios condicionais e na manipulação das peças dos robôs.
Does it "want" or "was it programmed to..."? Kindergarten children's explanations of an autonomous robot's adaptive functioning (LEVY; MIODUSER, 2008)	• Os autores apresentam dois tipos de perspectivas para alcançar os objetivos nas atividades: a tecnológica, dominante nas atividades mais fáceis, e a psicológica, mais frequente nas atividades com maior complexidade.
Tangible interaction and learning: the case for a hybrid approach (HORN; CROUSER; BERS, 2012)	• Os autores concluíram que, ao final do projeto, as crianças são capazes de identificar que robôs são máquinas; não pensam por eles mesmos; obedecem às ações por meio da execução de uma lista de comandos chamada programa; podem usar sensores para obter informações de seu ambiente; não são seres vivos. • Algumas crianças executaram somente um tipo de comando nas atividades.
Kindergarten children programming robots: A first attempt (STOECKELMAYR; TESAR; HOFMANN, 2011)	• Os procedimentos devem ser realizados com mais de nove crianças. • Existem várias limitações dos conceitos educacionais construtivistas no jardim de infância.
The effect of a classroom-based intensive robotics and programming workshop on sequencing ability in early childhood (KAZAKOFF; SULLIVAN; BERS, 2012)	• Durante as atividades de sequencialidade, evidenciou-se uma melhoria nas decisões do grupo de estudantes que participou das atividades de robótica.
Using a programmable toy at preschool age: Why and how? (JANKA, 2008)	• As sessões de robótica podem auxiliar na leitura. • Todas as crianças demonstraram entusiasmo nas atividades, porém nem todas as compreenderam com a mesma facilidade.
Computational thinking and tinkering: Exploration of an early childhood robotics curriculum (BERS et al. 2014)	• A sala de aula é um lugar comum para encontrar resultados relacionados com a robótica. • As atividades que utilizam interface tangível são apropriadas para esta faixa etária. • Estudantes são engajados no ato de construir brinquedos. • Professores estão aptos a auxiliar nas atividades.

tões de pesquisa propostas no início deste capítulo. Após a leitura dos resultados, é possível identificar que as principais habilidades investigadas em pesquisas que utilizam brinquedos programáveis com crianças de 3 a 6 anos de idade são, em ordem de maior frequência: habilidades de engenharia e matemática; interação social, letramento e lógica; programação, ordenação e habilidades psicológicas.

Por tratar de pesquisas realizadas com crianças ainda não alfabetizadas, os resultados não evidenciaram o uso de ferramentas que exijam muita interação com os sujeitos envolvidos. Desse modo, as principais estratégias encontradas na literatura comprovam que a utilização de entrevistas e a observação das crianças durante as atividades consiste em uma boa estratégia para a coleta de informações.

Com exceção de duas pesquisas que utilizaram o Bee-Bot, todos os demais pesquisadores utilizaram alguma variação do Lego para montar o brinquedo. O uso de peças encaixáveis permite que as crianças sejam criativas durante o processo de montagem de seu brinquedo e proporciona que interajam e, ao mesmo tempo, compartilhem conhecimento.

A duração das atividades tratadas nas pesquisas analisadas por esta revisão não ultrapassou quatro horas diárias, o que pode estar relacionado com a idade do público-alvo, uma vez que os autores preferiram trabalhar com atividades curtas, mas com vários encontros.

Mesmo tratando-se de uma faixa etária diferente da dos sujeitos envolvidos nos experimentos do estudo aqui apresentado, a revisão permitiu identificar alguns aspectos quanto à complexidade da montagem dos brinquedos e quanto ao tipo de tarefa que pode ser utilizado para evidenciar a evolução das habilidades de engenharia em crianças.

Existem diversas tecnologias e iniciativas que podem ser utilizadas desde a formação inicial das crianças, as quais são capazes de desenvolver habilidades cognitivas, sociais e criativas, entre outras, que, muitas vezes, não seriam desenvolvidas sem a interação com os brinquedos de programar e os *kits* robóticos.

As pesquisas que envolvem o CT promovem o desenvolvimento e potencializam os sujeitos ao permitirem criar, discutir e interagir sobre aspectos tecnológicos com maior naturalidade, e a cultura que envolve essas estratégias demonstra que são eficazes para o processo de ensino-aprendizagem.

REFERÊNCIAS

ANTMAN, E. M. et al. A comparison of results of meta-analyses of randomized control trials and recommendations of clinical experts. Treatments for myocardial infarction. *JAMA*, v. 268, n. 2, p. 240-248, 1992.

BARCELOS, T. S.; SILVEIRA, I. F. Pensamento computacional e educação matemática: relações para o ensino de computação na educação básica. In: WORKSHOP SOBRE EDUCAÇÃO EM COMPUTAÇÃO, 20., 2012, Curitiba. Anais... Porto Alegre: Sociedade Brasileira de Computação, 2012.

BENITTI, F. B. V. et al. Experimentação com robótica educativa no ensino médio: ambiente, atividades e resultados. In: Workshop de Informática na Escola, 15., 2009, Bento Gonçalves. Anais... Porto Alegre: Sociedade Brasileira de Computação, 2009.

BERS, M. U. et al. Computational thinking and tinkering: exploration of an early childhood robotics curriculum. *Computer & Education*, v. 72, p.145-157, 2014.BERS, M.; FLANNERY, L.; KAZAKOFF, E.; SULLIVAN, A. Computational thinking and tinkering: Exploration of an early childhood robotics curriculum. *Computers & Education*. 72. P.145–157, 2014.

BLIKSTEIN, P. O pensamento computacional e a reinvenção do computador na educação. 2008. Disponível em: <http://www.blikstein.com/paulo/documents/online /ol_pensamento_computacional.html>. Acesso em: 06 jul. 2015.

CACI, B.; CHIAZZESE, G.; D'AMICO, A. Robotic and virtual world programming labs to stimulate reasoning and visual-spatial abilities. *Procedia: Social and Behavioral Sciences*, v. 93, n. 1, p. 1493-1497, 2013.

CSTA. Computational Thinking Task Force, Computational Think Flyer. Disponível em: <http://csta.acm.org/Curriculum/sub/CompThinking.htmlFlyer.pdf>. Acessado em: Abril/2015.

HORN, M. S.; CROUSER, R. J.; BERS, M. U. Tangible interaction and learning: the case for a hybrid approach. *Personal and Ubiquitous Computing*, v. 16, n. 4, p. 379-389, 2012.

JANKA, P. Using a programmable toy at preschool age: why and how? In: INTERNATIONAL CONFERENCE ON SIMULATION, MODELING AND PROGRAMMING FOR AUTONOMOUS ROBOTS, 2008, Venice. *Workshop Proceedings of SIMPAR 2008*. [S. l.]: [S.n.], 2008. p. 112-121.

KAZAKOFF, E. R.; SULLIVAN, A.; BERS, M. U. The effect of a classroom-based intensive robotics and programming workshop on sequencing ability in early childhood. *Early Childhood Education Journal*, v. 41, n. 4, p. 245-255, 2013.

LEVY, S. T.; MIODUSER, D. Does it "want" or "was it programmed to..."? Kindergarten children's explanations of an autonomous robot's adaptive functioning. *International Journal of Technology and Design Education*, v. 18, n. 4, p. 337-359, 2008.

NATIONAL RESEARCH COUNCIL (NRC). Report of a workshop on the scope and nature of computational thinking. Washington: National Academies Press, 2010.

OXMAN, A. D.; GUYATT, G. H. The science of reviewing research. *Annals of the New York Academy of Sciences*, v. 703, n. 1, p. 125-134, 1993.

PAPERT, Seymour. A máquina das crianças: repensando a escola na era da informática. Porto Alegre: ARTMED, 2008.

ROCHA, P. S. et al. Ensino e aprendizagem de programação: análise da aplicação de proposta metodológica baseada no sistema personalizado de ensino. *RENOTE*, v. 8, n. 3, 2010.

SILVA, F. S. G. *Autonomia comportamental das crianças antes de ingressarem na escola primária: comportamentos de autonomia e perturbação emocional e comportamental*. 2008. Dissertação (Mestrado em Psicologia Clínica e da Saúde)-Universidade de Lisboa, Lisboa, 2008.

STOECKELMAYR, K.; TESAR, M.; HOFMANN, A. Kindergarten children programming robots: a first attempt. In: INTERNATIONAL CONFERENCE ON ROBOTICS IN EDUCATION, 2., 2011, Wien. Proceedings... Wien: Austrian Society for Innovative Computer Sciences, p. 185-192, 2011.

STOECKELMAYR, K.; TESAR, M.; HOFMANN, A. Kindergarten children programming robots: a first attempt, Proc. Robotics in Education, p.185–192, 2011.

SULLIVAN, A.; BERS, M. U. Gender differences in kindergarteners' robotics and programming achievement. *International Journal of Technology and Design Education*, v. 23, n. 3, p. 691--702, 2013.

SULLIVAN, A.; KAZAKOFF, E. R.; BERS, M. U. The wheels on the bot go round and round: robotics curriculum in pre-kindergarten. *Journal of Information Technology Education*, v. 12, p. 203-219, 2013.

WANG, D., WANG, T., LIU, Z. A tangible programming tool for children to cultivate computational thinking. *The Scientific World Journal*, 2014. Disponível em: <https://www.hindawi.com/journals/tswj/2014/428080/>. Acesso em: 15 out. 2018.

WING, J. M. Computational thinking. *Communications of the ACM*, v. 49, n. 3, p. 33-35, 2006.

Agradecimentos

Este trabalho foi apoiado por bolsa de estudos concedida pelo Programa Capes/Prosup. Os autores agradecem também ao programa de Mestrado em Computação Aplicada e aos integrantes do Laboratório de Inovação Tecnológica na Educação (LITE) da Universidade do Vale do Itajaí, Univali.

PARTE II

ROBÓTICA LIVRE

JABUTI EDU:
uma plataforma livre de acesso à robótica educacional

Eloir José Rockenbach | Daniele da Rocha Schneider
Enoque Alves | Léa Fagundes | Patrícia Fernanda da Silva

APRENDIZAGEM MÃO NA MASSA

A robótica vem ganhando espaço em sala de aula como uma estratégia pedagógica inovadora. Caracteriza-se por ambientes de aprendizagem enriquecidos por dispositivos robóticos que permitem aos alunos explorarem e criarem suas teorias e hipóteses por meio de observações e da própria prática.

Isso envolve um processo de construção e reconstrução do próprio conhecimento por meio da motivação, dando sentido ao processo de aprendizagem, no qual "[...] o tempo e o espaço são o da experimentação e da ousadia em busca de caminhos e de alternativas possíveis [...]" (KENSKI, 2003, p.47), permitindo ao aluno a análise, a comparação e a exploração de forma autônoma.

Por meio do fazer, colocar a "mão na massa", o aluno tem a oportunidade de criar soluções por conta própria, facilitando, assim, o desenvolvimento do conhecimento. Para Piaget (1976), esse conhecimento não está no sujeito nem no objeto, mas na interação do sujeito com o objeto – na medida em que o aluno estabelece relações com o objeto, vai construindo seu próprio conhecimento.

A inserção da robótica no contexto educacional viabiliza essa configuração do processo didático e metodológico, visando à construção do conhecimento e ao desenvolvimento cognitivo. O aluno precisa compreender e refletir a partir do acesso, da manipulação e da análise das informações disponibilizadas pelo *software*.

Esse processo contínuo de modificações de ações e pensamentos vai aperfeiçoando o conhecimento do aluno sobre as potencialidades imbricadas em cada interface explorada no objeto (Jabuti Edu), o qual ocorre por meio de um duplo movimento de assimilação às estruturas e acomodação destas ao real (PIAGET, 1996).

A experiência do aprender programando é essencial para que o aluno utilize essas interfaces como potencializadoras de problematizações, questionamentos, confronto de ideias e soluções.

Ao interagir com o objeto, em determinadas situações, o aluno passa por desequilíbrios, que são provocados pelo desconhecido. Esse fato se desencadeia porque os esquemas que estão disponíveis no sujeito demonstram-se insuficientes, a assimilação ocasiona perturbações que desequilibram suas certezas provisórias (FAGUNDES, SATO, MAÇADA, 1999) determinando que modificações internas aconteçam, por meio da acomodação, buscando uma "reequilibração majorante" (PIAGET, 1976).

Para Piaget (1976), esse processo leva à construção do conhecimento. A interação com a Jabuti Edu provoca sucessivas transformações no pensar e agir (transformações de esquemas), e essas reelaborações de pensamentos resultam de processos de equilibração majorante, que vão tentar estabilizar os desequilíbrios provocados pelo objeto.

O reequilíbrio não é necessariamente o retorno ao estado anterior, mas um avanço para um estado mais elaborado, que enriquece o processo. Quando o aluno incorpora as peculiaridades da interface do objeto a seus esquemas, estes se ajustam às características do objeto e transformam-se, caracterizando o progresso do aluno no entendimento de determinada situação, a partir de um conflito cognitivo por ele anteriormente desenvolvido.

O processo de construção do conhecimento é único e ocorre de maneira diferente em cada sujeito. Conforme Damásio, quando um sujeito interage com o objeto, seu organismo (corpo e cérebro) reage a essa interação, e o cérebro realiza registros das consequências dessas interações.

> O que memorizamos de nosso encontro com determinado objeto não é só sua estrutura visual mapeada nas imagens ópticas da retina. Os aspectos a seguir também são necessários: primeiro, os padrões sensitivo-motores associados à visão do objeto (como os movimentos dos olhos e pescoço ou o movimento do corpo inteiro, quando for o caso); segundo, o padrão sensitivo-motor associado a tocar e manipular o objeto (se for o caso); terceiro, os padrões sensitivo-motor resultante da evocação de memórias previamente adquiridas relacionadas ao objeto; quarto, os padrões sensitivo-motores relacionados ao desencadeamento de emoções e sentimentos associados ao objeto (DAMÁSIO, 2011, p. 169)

Cada cérebro é único, possui bilhões de neurônios que fazem trilhões de conexões entre si, as quais sofrem alterações devido a diversos fatores ambientais. As experiências individuais em ambientes únicos sofrem modificações, e, com isso, as conexões do cérebro podem ser fortalecidas, enfraquecidas, engrossadas ou afinadas, tudo conforme as atividades que são desenvolvidas pelo ser humano.

> Aprender e criar memórias é simplesmente o processo de esculpir, modelar, ajustar, fazer e refazer nossos diagramas de conexões cerebrais individuais. O processo que começa quando nascemos continua até que a morte nos separe da vida, ou algum tempo antes se for interrompido pela doença de Alzheimer (DAMÁSIO, 2011, p. 364).

Ao proporcionar ao aluno atividades utilizando a plataforma Jabuti Edu, observa-se que o desenvolvimento do conhecimento ocorre a partir do engajamento e também da exploração das possibilidades de *software* que a Jabuti Edu apresenta, retirando informações desse objeto (abstração empírica) e aplicando as próprias conclusões sobre sua ação (abstração reflexiva) a diferentes etapas do processo de aprendizagem, ou seja, o conhecimento é construído de forma ativa pelo aluno (PAPERT, 1986).

A plataforma Jabuti Edu viabiliza que os alunos explorem e explicitem suas ideias e conhecimentos, desenvolvendo registros, e oportuniza que posteriormente eles os utilizem para a construção de novas programações e conhecimentos. Além disso, mobiliza os alunos e oferece possibilidades de aprender de forma crítica, criativa e desafiadora, diferentemente dos modelos educacionais vivenciados anteriormente, segundo os quais se acreditava que a aprendizagem acontecia por meio da transmissão direta de conhecimentos.

JABUTI EDU

A Jabuti Edu (**Fig. 5.1**) é uma plataforma livre de robótica educacional que utiliza ferramentas controladas por computador para produzir um robô com o objetivo de ensinar programação e robótica para crianças e adolescentes.

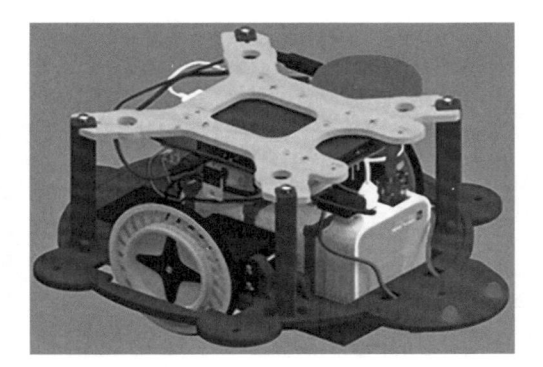

Figura 5.1 Jabuti Edu.

A Jabuti Edu é produzida em uma impressora 3D (versão de plástico) ou em uma fresa CNC* (versão MDF), embarca um microcomputador Raspberry Pi®** e disponibiliza uma interface *web* de programação e administração por meio de uma rede Wi-Fi gerada pelo próprio robô.

Desenvolvida usando tecnologias livres, todo seu código está licenciado sob a Affero General Public License (AGPL) e o *hardware* sobre a licença de *hardware* aberto do CERN V1.2L,*** o que permite que qualquer pessoa possa reproduzi-la.

A Jabuti Edu utiliza a Logo como linguagem de programação. A linguagem Logo é muito empregada para introduzir crianças e adolescentes e adultos iniciantes na programação de computadores. Desenvolvida por um grupo de pesquisadores do Massachusetts Institute of Technology (MIT), liderados por Seymour Papert, implementa aspectos importantes da teoria construcionista.

---

*Fresa CNC é uma ferramenta controlada por computador utilizada para usinagem e corte de materiais.
**RASPBERRY PI. c2018. Disponível em: <http://www.raspberrypi.org>. Acesso em: 19 out. 2018.
*** Pesquisa Nuclear (Organisation Européenne pour la Recherche Nucléaire, em francês), conhecida como CERN (antigo acrônimo para Conseil Européen pour la Recherche Nucléaire) opera o maior laboratório de física de partículas do mundo, o qual também é conhecido pela sigla CERN. A licença V1.2L pode ser acessada por meio do link <https://home.cern/news/press-release/cern/cern-launches-open-hardware-initiative>

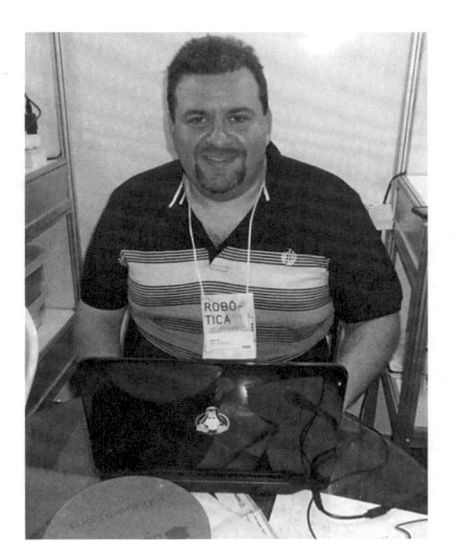

Figura 5.2 Eloir José Rockenbach, idealizador do Projeto Jabuti Edu.

Histórico

O Projeto Jabuti Edu foi idealizado por Eloir José Rockenbach (**Fig. 5.2**), que, por muito tempo, trabalhou nos laboratórios de tecnologias de uma rede de ensino com robótica educacional. Sempre buscando diversas soluções, Rockenbach trabalhou com uma ferramenta chamada Roamer, projeto inglês de uma tartaruga robô programada em linguagem Logo. Na época, havia apenas uma unidade por escola, o que limitava o trabalho simultâneo com várias crianças.

Eloir Rockenbach decidiu então tentar desenvolver uma solução que oferecesse as mesmas possibilidades de uso, mas que pudesse ser produzida dentro da própria rede de ensino. Em 2011, surgiu o primeiro protótipo, um robô construído com a plataforma Arduino**** e programado via Scratch S4A.***** O robô era montado em uma vasilha quadrada de plásti-

---

****ARDUINO. c2015. Disponível em: <http://www.arduino.cc>. Acesso em: 19 out. 2018.
*****S4A. c2015. Disponível em: <http://s4a.cat>. Acesso em: 19 out. 2018.

co, comprada em lojas de R$ 1,99,* onde se colocavam todos os componentes, tais como o Arduino, a *shield* e os motores.

Em 2012, na Campus Party, em São Paulo, com a colaboração de vários colegas da robótica livre de todo o país, o protótipo ganhou a possibilidade de programação remota, com a adição de comunicação sem fio por meio da tecnologia zigbee.

Em setembro de 2012, com a aquisição de uma impressora 3D, abriu-se a possibilidade de reformulação do protótipo, com a remodelagem de todo o chassi do robô, rodas e outras peças.

Com a aplicação dessa tecnologia, testes em sala de aula e em laboratórios de tecnologias, percebeu-se a necessidade de uma ferramenta que pudesse proporcionar o envolvimento de mais usuários simultaneamente, ou seja, que mais crianças pudessem programar concomitantemente, pois, como acontecia com a Roamer, apenas uma criança podia programar e controlar o robô em um dado momento.

Começou a crescer o desejo de desenvolver uma plataforma aberta que pudesse amenizar esse problema e também gerar uma comunidade de colaboradores no Brasil. Ainda em 2012, com a chegada do projeto Raspberry Pi, um computador do tamanho de um cartão de crédito que poderia ser embarcado em projetos de *hardware*, surgiu a ideia de desenvolver um novo robô com base nessa plataforma (**Fig. 5.3**).

Com o auxílio de um amigo analista de sistemas, chamado Maurício Witzgall, foi realizada a análise de um projeto de *software* que pudesse rodar na plataforma Raspberry e que permitisse a programação e o controle do robô remotamente. Imediatamente, pensou-se em abrir esse projeto para que as pessoas tivessem a oportunidade de se envolver e colaborar com seu desenvolvimento.

---

*Conhecidas também como lojas de preço único, surgiram nos Estados Unidos com as lojas US$ 1,00 ou US$ 0,99, e se popularizaram no Brasil com as lojas de R$ 1,99, após a abertura do mercado brasileiro à importação de mercadorias originárias de diversas partes do mundo.

Figura 5.3 Protótipo da Jabuti Edu com Raspberry Pi.

A primeira pessoa a ser convidada para fazer parte da comunidade foi Pedro Henrique Kopper, um aluno de robótica que, na época, tinha 13 anos, mas que já programava em Python. Como a GPIO do Raspberry era programada em Python, o estudante aceitou o desafio de programar o interpretador que faria a ponte entre a interface que seria desenvolvida em PHP e a Gpio.

Após conversar com diversas pessoas da área da educação, ficou claro que a linguagem Logo deveria ser adotada para ser utilizada pelas crianças para programar o robô. Uma vez escolhida a linguagem, o nome Jabuti Edu foi dado pela similaridade da tartaruga da linguagem Logo com o jabuti, réptil da ordem dos quelônios, muito comum nas matas brasileiras.

Outras pessoas foram aderindo à comunidade. Diego Henrique de Oliveira, um *maker* que havia montado sua própria CNC a partir de material reciclado, aceitou participar da comunidade e rapidamente dominou a modelagem 3D, passando a fazer a modelagem do chassi (**Fig. 5.4**). Em seguida, um colega da robótica livre, Daniel Basconcello Filho, também se interessou pelo projeto e passou a colaborar com a comunidade no desenvolvimento de parte da interface da plataforma em PHP.

Com o crescimento da comunidade, houve a necessidade de organizar melhor as infor-

Figura 5.4 Modelagem 3D do chassi da Jabuti Edu foi realizada por Diego Henrique de Oliveira.

mações relativas à Jabuti Edu e disponibilizá-la em um *site*. Além disso, a comunidade foi estruturada em núcleos, para facilitar o apoio nas várias regiões brasileiras.

A comunidade Jabuti Edu

A comunidade Jabuti Edu (**Fig. 5.5**)* surgiu como um espaço para congregar as pessoas que se envolvem com o projeto. Tem o objetivo de compartilhar informações, coordenar as ações, alinhar os esforços de desenvolvimento e garantir a representatividade e a aplicação da tecnologia em nível regional.

A comunidade é organizada em núcleos, que congregam pessoas de um mesmo local que são responsáveis pela articulação e apoio ao projeto em sua comunidade (estado, cidade, região, instituição, etc.).

O primeiro núcleo foi formado em Dois Irmãos, região do Vale do Sinos, no Rio Grande do Sul. Atualmente, é a sede do projeto Jabuti Edu, coordenado por Eloir José Rockenbach. Outros núcleos que fazem parte do projeto são apresentados a seguir.

O Núcleo de Santa Maria, sediado em Santa Maria (RS), colabora com o projeto desde o início, como núcleo de aplicação e testes do projeto. É coordenado por Leandro Luiz Schneider e Daniele da Rocha Schneider.

O Núcleo UFRGS**, sediado em Porto Alegre (RS), na Universidade Federal do Rio Grande do Sul (**Fig. 5.6**), também colabora como núcleo de aplicação e testes do projeto. É coordenado pela professora doutora Léa Fagundes, com o auxílio da doutoranda Patrícia Fernanda da Silva. Tem-se destacado pela participação de alunos de doutorado na realização de pesquisa de aplicação da robótica educacional com a Jabuti Edu nas escolas do Rio Grande do Sul.

O Núcleo Pernambuco, sediado em Recife (PE), colabora com o projeto como núcleo de desenvolvimento, aplicação e teste. Coordenado por Marcos Antônio Rufino do Egito e Martha Santos, tem colaborado com a aplicação em escolas da região e com o desenvolvimento de um novo chassi em MDF.

O Núcleo Pará, sediado em Santarém (PA), colabora com o projeto como nú-

Figura 5.5 Alguns integrantes da comunidade Jabuti Edu.

Figura 5.6 Núcleo UFRGS da comunidade Jabuti Edu, sediado em Porto Alegre (RS).

---

*JABUTI EDU. c2017. Disponível em: <www.jabutiedu.org>. Acesso em: 19 out. 2018.

**Núcleo da Universidade Federal do Rio Grande do Sul.

cleo de desenvolvimento, aplicação e teste. Coordenado pelo professor Enoque Alves, da Universidade Federal do Oeste do Pará, tem contribuído com o desenvolvimento de uma tampa com uma placa solar para carregar a bateria, permitindo que a Jabuti Edu possa ser utilizada em comunidades remotas que não dispõem de energia elétrica regular.

Componentes de *hardware* da Jabuti Edu

Vários componentes são utilizados na construção da Jabuti Edu. A seguir, são listados os componentes mais comuns utilizados atualmente pelos membros da comunidade Jabuti Edu. Em alguns deles, faz-se referência ao fabricante e ao modelo da peça, mas não existe nenhuma relação comercial com a marca citada e nem a obrigatoriedade de sua utilização – qualquer produto similar pode ser utilizado hoje e no futuro na montagem da Jabuti Edu.

Chassi

Desenvolvido originalmente por Diego Henrique, o chassi da Jabuti Edu apresenta atualmente duas versões oficiais (**Fig. 5.7**): a primeira, em plástico (PLA ou ABS), impressa em uma impressora 3D, e a segunda, em MDF, que pode ser construída com o uso de uma máquina de corte a lêiser, fresadora CNC ou até mesmo com ferramentas manuais, como serra tico-tico e furadeira.

Atualmente, Marcos Egito tem trabalhado também em uma versão MDF encaixável, que não leva nenhum parafuso em sua montagem, permitindo que seja facilmente montada por qualquer pessoa, inclusive pelas crianças.

Roteador Wi-Fi

O acesso remoto à Jabuti Edu é feito por meio de uma rede Wi-Fi gerada pelo próprio robô. Inicialmente, usava-se um adaptador de rede USB para gerar uma rede *ad hoc*, mas, por questões de *performance*, ele foi substituído por um minirroteador. Hoje, utiliza-se o roteador TP-LINK Tl-wr702n (**Fig. 5.8**).

Figura 5.8 Minirroteador atualmente utilizado na Jabuti Edu.

Raspberry Pi

O cérebro da Jabuti Edu é um computador Raspberry Pi (**Fig. 5.9**), rodando o sistema operacional Raspbian (uma adaptação do Linux Debian para o Raspberry). Por se tratar de um computador completo, a Jabuti Edu pode ser usada como uma estação de trabalho, bastando, para isso, conectar a ela um teclado, um *mouse* e um monitor HDMI.

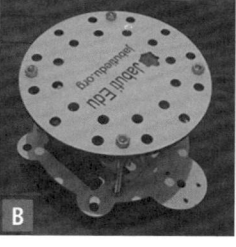

Figura 5.7 Chassi da Jabuti Edu. **(A)** Versão em plástico. **(B)** Versão em MDF.

Figura 5.9 Raspberry Pi.

Shield

A *shield* da Jabuti Edu (**Fig. 5.10**) é uma placa de expansão desenvolvida especialmente para prover uma interface entre os pinos de entrada e saída do Raspberry e o *hardware* do robô. Essa placa possui toda a eletrônica necessária para controlar os motores, *leds* e demais componentes.

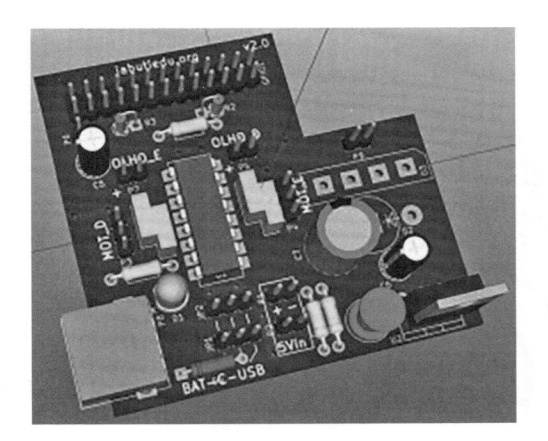

Figura 5.10 Nova *shield* da Jabuti Edu.

Servos motores

Os servos motores (**Fig. 5.11**) são responsáveis pela locomoção da Jabuti Edu. Atualmente, utilizam-se servos (padrão Futaba s3003) modificados para a rotação contínua. Então, é necessária a alteração do motor original, retirando-se uma trava, permitindo que ele possa fazer giros de 360 graus.

Figura 5.11 Servos motores Futaba s3003.

Mini caixa de som

A Jabuti Edu tem a capacidade de falar. Para isso, utiliza-se uma minicaixa de som simples (**Fig. 5.12**), facilmente encontrada em lojas, como as de acessórios para celulares. O truque é fazer o robô falar, transformando texto em voz, por meio de um *software text to speech* (TTS), muito comum em sistemas Linux.

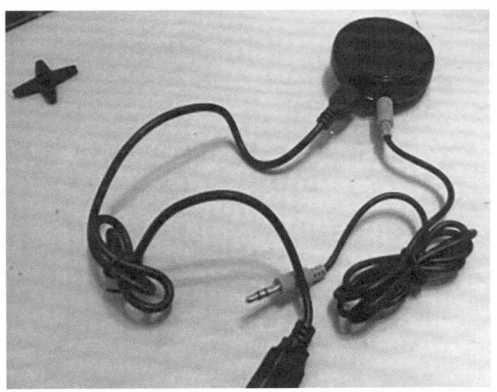

Figura 5.12 Minicaixa de som.

Bateria

Como fonte de alimentação para a Jabuti Edu, utilizam-se carregadores portáteis para celulares, também conhecidos como *power packs*. Quanto maior a amperagem fornecida pelo carregador, melhor. Atualmente, utiliza-se o carregador portátil TP-LINK TL-PB10400 com duas portas USB com corrente máxima de 1A e 2A, respectivamente (**Fig. 5.13**).

Arquitetura

A arquitetura da Jabuti Edu (**Fig. 5.14**) é organizada em camadas, que são responsáveis por funções distintas. Essa separação visa à independência entre o *software* e o *hardware* do robô.

Camada de apresentação

A camada de apresentação é responsável pela interação entre os usuários e o robô, contendo todos os componentes utilizados para programar e controlar a Jabuti Edu. Envolve tanto as interfaces (como objetos gráficos responsáveis por receber dados e comandos do usuário) quanto o controle da interação, cadastro e autenticação de usuários, administração do sistema, etc.

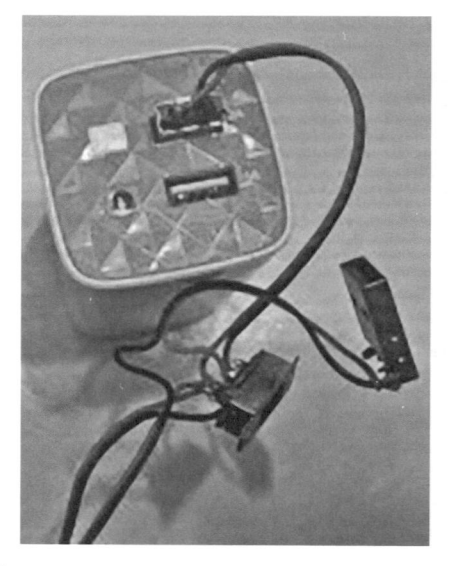

Figura 5.13 Carregador portátil TL-PB10400.

A camada de apresentação foi programada em PHP, rodando sob um servidor *web*. Assim, o usuário pode acessar a Jabuti Edu de qualquer dispositivo, seja ele um *desktop*, um *notebook*, um *tablet* ou um celular, bastando, para isso, a utilização de um navega-

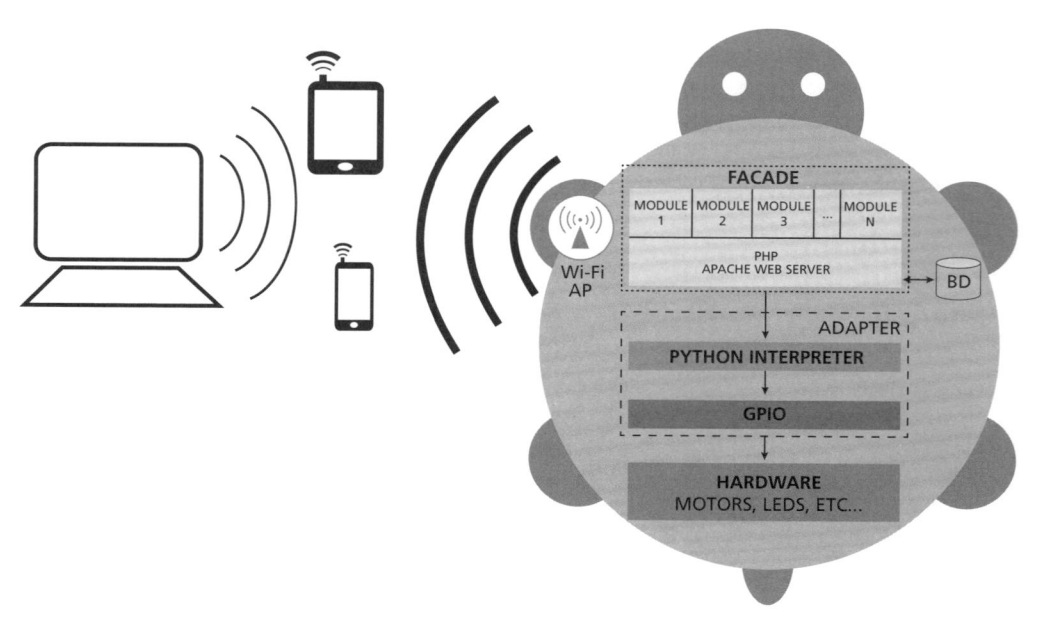

Figura 5.14 Arquitetura da Jabuti Edu.

dor *web* padrão. Um banco de dados é utilizado para armazenar os dados de cadastro dos usuários do sistema.

Toda a interação com o usuário foi implementada em módulos, e cada módulo oferece uma forma de controlar ou programar o robô. Por exemplo, no Módulo 1, no qual não há o uso de comandos escritos, as crianças podem controlar a Jabuti Edu diretamente, pressionando botões de comandos gráficos.

A partir do Módulo 2, a Jabuti Edu permite que vários usuários programem ao mesmo tempo. Todo o processo é acompanhado pelo professor por meio de uma interface de administração da tarefa – assim que o aluno conclui sua programação, o professor recebe um indicativo em sua tela. Uma vez concluída a programação, o professor pode analisar o código desenvolvido pelo aluno ou selecionar o que vai rodar na Jabuti Edu selecionando o aluno na interface e disparando a execução do programa. Assim, uma única Jabuti Edu pode ser utilizada por uma turma de estudantes, sendo mediada pela ação do professor na administração da tarefa e na execução dos programas desenvolvidos.

Um novo módulo está sendo desenvolvido e testado para a integração do ambiente de programação Blockly, uma ferramenta criada para ensinar a lógica de programação para crianças, na qual os comandos são apresentados como blocos que podem ser conectados e combinados para a criação dos programas.

Camada de adaptação

A camada intermediária é responsável pela lógica de execução dos comandos da linguagem Logo e pela tradução para os comandos de baixo nível que acionam o *hardware* do robô. Para isso, foi criado um interpretador de comandos em Python que recebe os comandos gerados pela camada de apresentação e os converte para os comandos direcionados à *general purpose input/output* (GPIO).

As GPIOs são portas programáveis de entrada e saída de dados que são utilizadas para prover uma interface entre os periféricos e o microprocessador do Raspberry PI.

Se outro minicomputador for utilizado no futuro, em vez do Raspberry, para controlar a Jabuti Edu, apenas essa camada precisará ser reescrita. Assim, garante-se a independência entre a camada de apresentação, responsável pela interface com o usuário, e a camada de *hardware*, responsável pelas ações do robô no mundo físico.

Camada de *hardware*

A camada física é formada pelos componentes de *hardware* envolvidos com a atuação do robô no mundo real. Composta por circuitos eletrônicos, sensores e atuadores, é responsável pela movimentação do robô e por todas as suas interações com o mundo físico.

Nesta camada, encontram-se os servos motores, responsáveis pela movimentação da Jabuti Edu, os *leds*, que representam seus olhos, e a caixa de som, que permite que o robô possa emitir sons e até falar. Todos esses componentes são controlados por uma placa de circuitos desenvolvida especialmente para a Jabuti Edu.

ROBÓTICA LIVRE, IMPRESSORAS 3D E OUTROS DISPOSITIVOS DO MUNDO *MAKER*

Como já afirmado, a robótica permite a construção de um espaço motivacional e criativo, enriquecido por dispositivos que incentivam o aluno à criação de suas próprias soluções e à construção de seu próprio conhecimento. Nesse contexto, a liberdade é um componente importantíssimo para a apropriação do conhecimento, visto que, para haver conhecimento pleno do funcionamento das coisas, é preciso desmontar, montar, construir, destruir e reconstruir.

Danilo César (2013) define a robótica livre como o conjunto de processos e procedimentos envolvidos em propostas de ensino e aprendizagem que utilizam os *kits* pedagógicos e os artefatos cognitivos fundamentados em soluções livres e em sucatas como tecnologia de mediação para a construção do conhecimento.

A robótica livre traz a proposta de apresentar *kits* de robótica construídos com o objetivo de garantir a liberdade de apropriação da tecnologia em detrimento das restrições muitas vezes presentes nos *kits* tradicionais, relacionadas ao custo elevado da construção de protótipos robóticos e da aquisição de *softwares*. Outras restrições ocorrem quando um *hardware* não permite a utilização de materiais alternativos e quando recursos de *hardware* e *software* não são adaptáveis a fabricantes diferentes. Então, ao introduzir o uso de sucata na construção das soluções desenvolvidas pelos alunos, viabiliza-se o desenvolvimento de *kits* mais acessíveis e contribui-se para democratizar e popularizar a robótica.

É um engano comum imaginar que a robótica livre é apenas a utilização de sucatas para a construção de robôs. Isso até era uma realidade no início, quando os meios de produção e de desenvolvimento de produtos eram escassos, mas tem-se presenciado, nos últimos anos, uma revolução na forma de produção. A popularização de equipamentos controlados por computadores, como as impressoras 3D e fresadoras CNC, permitem a criação, o compartilhamento e a experimentação de novos produtos.

A diferença agora é que essas máquinas estão nas mãos das pessoas, e não somente da indústria. O movimento *maker* ou "faça você mesmo" (DIY, do inglês *do it yourself*) traz a ideia que pessoas comuns podem se apropriar dos meios de produção e fabricação das coisas. São inúmeros os *sites* que permitem aprender algo e compartilhar as próprias experiências com outras pessoas no mundo inteiro.

Cada vez mais conhecimentos considerados inalcançáveis no passado, como a robótica, estão presentes no cotidiano popular. Pessoas têm construído seu próprio robô ou mesmo sua própria impressora 3D, e o prognóstico do mercado mundial é de que muito em breve as impressoras 3D serão tão comuns como os fornos de micro-ondas.

Nesse cenário, as pessoas construirão seus próprios objetos e utensílios, em muitos casos buscando em comunidades *on-line* que oferecem o conhecimento para construir coisas. As crianças crescerão em um meio no qual construir será algo comum, construirão sua própria caneca, colher, prato e até seu próprio robô!

A robótica livre é essencial para a apropriação da "fabricação" de artefatos robóticos, visto que é necessária a liberdade de acesso ao *software* e ao *hardware*, não somente para o conhecimento de como funciona ou se constrói algo, mas, principalmente, pela possibilidade de reúso ou de incorporação de materiais em novos projetos. *Hardwares* protegidos por patentes não podem ser reproduzidos ou reutilizados em outras estruturas sem a expressa permissão do detentor do direito.

A Jabuti Edu é um robô livre, criado, em primeiro lugar, para ser reproduzido por qualquer pessoa. Mesmo seus componentes de *hardware* podem ser substituídos por conveniência, disponibilidade ou avanço tecnológico. Seu *software* pode ser modificado, e contribuições são bem recebidas pela comunidade.

JABUTI EDU NA SALA DE AULA

Com o advento da cultura digital, pensar em uma sala de aula conectada, com situações interessantes e instigantes, passou a ser uma tarefa desafiante para o professor. Afinal, a sociedade está utilizando as tecnologias digitais cada vez mais, e mais cedo, apropriando-se diariamente de seus inúmeros benefícios, e a sala de aula não poderia ficar para trás.

Até pouco tempo, a escola tinha por tarefas fundamentais ensinar seus alunos a ler, escrever e fazer operações básicas. Atualmente, essas simples tarefas estão bem longe de ser o suficiente para alunos que vivem em uma sociedade conectada e com inúmeras informações sendo produzidas todos os dias.

Conforme Prensky (2001), com a rápida difusão da tecnologia digital nas últimas décadas do século XX, os alunos que hoje frequentam desde a pré-escola até a universidade representam uma geração que cresceu cercada por diferentes recursos tecnológicos (computador, *videogame*, *tablet*, *smartphone* e diferentes brinquedos eletrônicos) e que certamente pensam e processam informações de forma distinta dos alunos de gerações anteriores.

Desse modo, a comunidade Jabuti Edu vem pensando e desenvolvendo ações em que a robótica educacional possa ser levada para os diferentes níveis de ensino (**Fig. 5.15**), utilizando a programação como base para a construção de conhecimento de crianças, adolescentes, jovens e adultos.

Figura 5.15 Jabuti Edu sendo utilizada em uma escola pública em Dois Irmãos (RS).

A Jabuti Edu na educação infantil

Pensar em atividades de programação voltadas para crianças da faixa etária de 4 a 5 anos tem sido um grande desafio para a comunidade Jabuti Edu, tendo em vista a precariedade de trabalhos e práticas que são desenvolvidas utilizando as tecnologias digitais com crianças na educação infantil.

De acordo com o Referencial Curricular Nacional da Educação Infantil (BRASIL, 1998), as crianças de 3 a 5 anos de idade devem ter disponível um ambiente físico onde atividades diversificadas, motivadoras e desafiadoras sejam ofertadas para que seus conhecimentos possam ser ampliados.

Enquanto brinca, joga e realiza suas atividades, a criança tem a oportunidade de desenvolver diferentes capacidades motoras e cognitivas. A partir do momento em que começa a crescer, o auxílio do adulto aos poucos vai sendo substituído pela sua autonomia, e esta é conquistada por meio do aprimoramento de movimentos, do desenvolvimento da motricidade e da forma de agir com o meio.

Na escola de educação infantil, espera-se que a criança tenha condições plenas de estimulação e desenvolvimento, aprimorando suas capacidades motoras, o desenvolvimento da linguagem oral e escrita e também do raciocínio lógico-matemático.

Diante desses objetivos, e por experiências já realizadas com crianças da faixa etária de 4 e 5 anos, a comunidade Jabuti Edu sugere o desenvolvimento de atividades de iniciação à programação, nas quais a criança tenha a oportunidade de utilizar o Módulo 1, apropriando-se das primeiras noções de lateralidade, direção, sentido e ângulos. A seguir, apresenta-se uma breve descrição de atividades realizadas com uma turma de nível IV, em uma escola da rede particular no município de Lajeado (RS).

Ao chegar à sala de aula, as crianças aguardavam ansiosas para saber um pouco mais sobre a Jabuti Edu, tendo em vista que estavam trabalhando desde o início do ano com um projeto cujo tema era a vida das tartarugas e já haviam visto e passado uma manhã inteira com um jabuti de 18 anos de idade.

Iniciaram observando a movimentação da Jabuti Edu (**Fig. 5.16**), e logo compararam o andar do robô com o do jabuti que estivera com elas: "Ela anda bem devagarinho, como o jabuti de verdade!" Ao se aproximarem, encostaram nela e sentiram sua textura, observaram que ela era feita de plástico e, também, que tinha "olhos piscantes".

Ao serem questionados sobre do que a Jabuti Edu se alimentava, uma das crianças disse: "Ela tem pilhas na barriga!". Outra afirmação feita pelas crianças foi que, para ela andar, era preciso "apertar no *tablet*, e o *tablet* diz para ela fazer". Logo após essa conversa inicial, foram realizados alguns combinados sobre o uso da Jabuti Edu, pois a turma era composta de 22 crianças, e havia somente uma Jabuti e um *tablet*. Então, foi estipulado que a exploração iria acontecer sempre no dia do brinquedo, a cada 15 dias, e, enquanto algumas crianças utilizavam a Jabuti, outras poderiam brincar com os brinquedos trazidos de casa. Para utilizá-la, era necessário aguardar a vez, e não se podia correr com o *tablet* nas mãos.

Após a estipulação dos combinados, as crianças já iniciaram a exploração, primeiro para frente e para trás, depois para a esquerda e a direita, e, por fim, a partir da noção de ângulos (90º, 180º, 270º e 360º).

Para que pudessem direcionar o ângulo de rotação, iniciou-se questionando-as: "Quanto você quer que a Jabuti Edu gire? Um pouco, meia-volta, um pouco mais que meia-volta ou uma volta inteira?" Assim, aos poucos, as crianças já começaram a fazer as primeiras rotações e a utilizar os comandos com maior propriedade.

No segundo encontro, as crianças estavam aguardando, sentadas em círculo, para o manuseio, e foi combinado que elas deveriam conduzir a Jabuti Edu até o colega que iria continuar realizando a exploração, até que todos pudessem explorá-la pelo menos uma vez.

Para o terceiro encontro, foi desenhado com giz, no chão da sala de aula, um caminho por onde a Jabuti Edu deveria passar e também foram espalhados alguns "filhotes de tartaruga" que foram confeccionados com fundos de garrafas PET. Nessa atividade, as crianças deveriam passar entre as tartarugas de garrafa PET observando o espaço delimitado.

A quarta exploração foi um momento muito aguardado pela turma do nível IV: as crianças ficaram sabendo que a Jabuti Edu estava falando (os comandos escritos eram reproduzidos por meio de um pequeno alto-falante que foi instalado)!

A turma aguardava muito ansiosa para ver a Jabuti Edu falando, questionava se ela poderia mesmo falar alguma coisa, e então, ao entrar na sala, a Jabuti entrou saudando a todos. As crianças ficaram encantadas e logo questionaram se seria possível criar uma história para ela contar.

Foi combinado com a turma que cada um deveria conduzir a Jabuti Edu até um colega e, posteriormente, dizer "oi" e o nome do colega escolhido. Como as crianças desse nível ainda não eram alfabetizadas, foi necessário o auxílio da professora para completar algumas letras e verificar a ortografia, aproveitando o momento para comparar as letras do nome da criança que eram semelhantes às dos colegas.

Ao fim do semestre, as crianças organizaram um espaço para apresentar a Jabuti Edu para seus pais, pois muitos queriam saber como ela funcionava e quem era a "Jabuti robô" que as crianças tanto falavam em casa.

Diante dessas simples explorações, foi possível proporcionar à turma uma série de vivên-

Figura 5.16 Primeiro contato de alunos de uma turma de nível IV de uma escola da rede particular de Lajeado (RS) com a Jabuti Edu.

cias, conhecimentos e habilidades, entre as quais destacam-se a socialização e a cooperação no trabalho do grupo, possibilitando que as crianças soubessem aguardar até sua vez de realizar a atividade, socializar, colaborar com seus colegas e respeitar as regras e combinados estipulados no início da atividade, preceitos fundamentais para que se possa ter um bom relacionamento de grupo (ZUFFO; BEHRENZ, 2009).

Essas atividades de exploração com o *tablet* e a Jabuti Edu proporcionaram que as crianças fizessem uso de uma ferramenta tecnológica que, para a maioria, já era bastante conhecida, mas antes era utilizada simplesmente para assistir a vídeos ou jogar.

Ao proporcionar o uso da lógica de programação à turma do nível IV, foi oportunizado que as crianças pensassem antes de executar os comandos, passando a prever o que poderia acontecer. Favoreceu-se que diferentes conhecimentos pudessem ser construídos, o que pôde ser verificado pelo acompanhamento da evolução dos alunos em relação à desenvoltura dos movimentos que eram programados, pela possibilidade de estimar a distância em que a Jabuti Edu deveria se deslocar e qual o melhor caminho a ser percorrido. Também houve espaço para que se abordassem questões referentes a espaço, direção, sentido e lateralidade.

Ao realizar os comandos e observar a Jabuti Edu se deslocando, as crianças puderam verificar se realmente estavam conduzindo a Jabuti Edu pelo melhor caminho, conferindo se seria possível passar pelo espaço delimitado, sendo desafiadas a contornar e desviar de obstáculos e a andar em um lugar determinado.

Durante o desenvolvimento das situações, a maioria das ações era relatada pelas crianças, fazendo com que a oralidade também fosse desenvolvida.

A Jabuti Edu no ensino fundamental

Conforme os Parâmetros Curriculares Nacionais (BRASIL, 1998), o ensino fundamental deve se comprometer com a formação de cidadãos críticos, autônomos e atuantes. Assim, promover situações que envolvam a resolução de situações problemas por meio da programação parece ser um bom desafio.

As atividades descritas nesta seção foram desenvolvidas em um projeto de inclusão digital desenvolvido na periferia do município de Santa Maria (RS), em 2015, com crianças dos 2º, 3º e 4º anos. Com idades entre 8 e 9 anos, os 40 participantes foram escolhidos por estarem em situação de vulnerabilidade social. Eles foram divididos em duas turmas de 20 alunos e trabalhavam cerca de 90 minutos por semana.

Para dar início às atividades, o professor iniciou a aula apresentando uma caixa fechada na qual estava a Jabuti Edu e solicitando que adivinhassem o que havia ali dentro. Os alunos citaram vários objetos e, então, o professor deu um comando de voz usando um celular, e a Jabuti cumprimentou as crianças.

As crianças gritaram que era um robô. Quando o professor tirou a Jabuti Edu da caixa, todos disseram ser uma tartaruga, pela sua fisionomia, e alguns disseram ser o KTurtle*, pois já tinham noção do *software*. Após colocar no chão a Jabuti (**Fig. 5.17**), o professor

Figura 5.17 Crianças conhecendo e observando a Jabuti Edu.

---

*Ambiente de programação educacional. KTURTLE. c2018. Disponível em: <https://edu.kde.org/kturtle/>. Acesso em: 08 nov. 2018.

começou a questionar: será que ela caminha? Uns concordavam, outros não, mas ainda não compreendiam bem a relação do aparelho de celular com a Jabuti. Depois disso, o professor mostrou o *software* no celular, fazendo brincadeiras com a Jabuti, e, posteriormente, entregou o celular para as crianças brincarem o restante da aula, deixando combinado com elas que, na aula seguinte, todas iriam interagir com a Jabuti.

Na segunda aula, o professor iniciou deixando que os alunos se conectassem livremente com a Jabuti Edu para que todos pudessem controlá-la ao mesmo tempo. O objetivo do professor foi mostrar aos alunos que não seria possível cada um dar um comando diferente e era preciso se organizarem para o desenvolvimento da atividade.

Ao final, foi realizada uma discussão, a partir da qual os próprios alunos chegaram à conclusão de que os comandos ao mesmo tempo não resultavam em ações satisfatórias, que era preciso maior organização e também havia a necessidade de se aprender a programar.

A terceira aula foi destinada a implementar ações de programação, e iniciou-se problematizando a lógica de programação (passo a passo, sem equência, como se fosse uma receita).

A partir de uma brincadeira, um dos alunos representava a Jabuti Edu, e os outros realizavam os comandos para frente, para trás e para a direita. Além de explorar o número de passos, também foi explorada a noção de ângulos. A partir dessa brincadeira, as crianças começaram a brincar no pátio da escola durante o recreio, realizando atividades semelhantes, sem a orientação de nenhum professor.

Na quarta aula, foi usado o Módulo 1 da Jabuti Edu. Em um primeiro momento, cada aluno realizava uma programação livre em um computador individual e encaminhava os códigos para o servidor do sistema da Jabuti. Na sequência, o professor convidou toda a turma para assistir à programação individual de cada colega, executando, assim, todas as programações com os movimentos da Jabuti.

Depois de realizada essa atividade, percebeu-se que os alunos ainda não tinham noção do número de passos que a Jabuti podia dar em um espaço físico específico e não conseguiam mensurar o tamanho do espaço físico necessário nem quantos passos deveriam programar. Em uma dada situação, uma das crianças chegou a colocar 200 passos, quando a Jabuti Edu poderia dar, no máximo, cinco.

Para a quinta atividade, o espaço foi delimitado com um desenho no chão. Assim, os alunos precisavam estimar quantos passos deveriam ser dados até a marcação. Posteriormente, foi realizada uma nova atividade, dessa vez, com resultados positivos, se comparados aos anteriores. As crianças começaram a perceber que era necessário ter um limite, que não poderiam colocar qualquer número de passos. Até esse momento, a Jabuti Edu estava realizando pequenos trajetos.

Na sexta aula, foram realizados desafios matemáticos nos quais os alunos precisavam resolver operações de adição e subtração. O professor organizou um círculo com diversos números e sinais de adição e subtração, com a Jabuti posicionada no centro do círculo (**Fig. 5.18**).

Os alunos visualizavam a disposição dos números e sinais e, individualmente, realizavam a programação para uma determina-

Figura 5.18 Imagem ilustrando o círculo de números organizado no chão da sala de aula.

da operação. Depois, os alunos foram convidados a fazer um círculo ao redor do círculo de números e sinais, e o professor gerenciava os comandos para que os estudantes realizassem as operações.

Inicialmente, os alunos estavam com dificuldades, e, muitas vezes, erravam os resultados, mas, diante de nova chance, conseguiam resolver as operações corretamente. Várias aulas aconteceram com essa mesma metodologia, mas o grau de dificuldade era aumentado a cada uma.

Na semana seguinte, uma atividade semelhante foi proporcionada, mas, em vez de números e sinais de adição e subtração, foram utilizadas sílabas, e as crianças deveriam comandar a Jabuti Edu até elas para que determinadas palavras fossem formadas.

Durante essa atividade, os alunos aproveitaram para identificar e corrigir os erros de programação de seus colegas, e também para aperfeiçoar as programações a serem realizadas.

Em atividades simples, utilizando o módulo mais acessível para programar a Jabuti Edu, foi possível desenvolver atividades em que as operações e constituição de palavras foram trabalhadas, de forma lúdica e visando que os alunos solucionassem um problema, o que parece ser muito mais intuitivo do que desenvolver essas mesmas atividades a partir de uma lista de exercícios.

A Jabuti Edu no ensino médio

Oferecer aulas diferenciadas, interdisciplinares, contextualizadas, instigantes e que possibilitem a construção do conhecimento para alunos do ensino médio tem sido um grande desafio. Afinal, esses estudantes, em sua maioria, já estão com preocupações relacionadas ao ingresso na universidade ou no mercado de trabalho, buscando encontrar-se em uma profissão ou até mesmo utilizar-se de conhecimentos para se aperfeiçoar profissionalmente.

Durante algum tempo, o ensino médio, seguindo os princípios da Lei de Diretrizes e Bases da Educação (LDB), foi visto como descontextualizado, compartimentado e com vistas ao acúmulo de conteúdos e informações. Com o objetivo de mudar essa perspectiva, a Base Nacional Comum Curricular (BNCC) (BRASIL, 2017), apresenta as aprendizagens essenciais a serem desenvolvidas durante o ensino médio, almejando garantir as aprendizagens permanentes e futuras dos estudantes, considerando a dinâmica social e as rápidas transformações decorrentes do desenvolvimento tecnológico.

Além dessas competências, os PCNs complementam que a formação dos alunos também deve ser voltada para a preparação científica e para a capacidade de utilizar diferentes tecnologias.

As práticas utilizadas no ensino médio com o uso da Jabuti Edu ainda são recentes, mas as possibilidades de trabalho já estão sendo discutidas, principalmente nas aulas de matemática e física, durante o trabalho com situações envolvendo os conteúdos de área, volume, cinemática (movimento retilíneo uniforme [MRU]) e movimento circular uniforme [MCU]), dinâmica (força, impulso e quantidade de movimento), termologia (estudo da impressão 3D, filamento aquecido) e eletricidade (circuitos elétricos).

Com o objetivo de que os alunos desenvolvessem a função horária da posição (S) em função do tempo (t) de um movimento uniforme, foi proposto a eles, na aula de física, que solucionassem a seguinte situação problema: "Usando a plataforma Jabuti Edu como móvel, determine sua velocidade em um deslocamento próximo a uma trena. Conhecendo a posição inicial (So) do móvel e sua velocidade (V), como fica a função horária da posição (S) em relação ao tempo (t)"?

Nessa atividade, os alunos tiveram que usar a Jabuti Edu para desenvolver uma situação problema que em geral é trabalhada a partir de exercícios no livro didático adotado, sem que os alunos possam visualizar, manusear e observar o deslocamento, a velocidade, o tempo e a posição, o que, para muitos adolescentes, pode ser bastante abstrato.

Essas atividades, mesmo parecendo ser de simples resolução, auxiliam o aluno a estimar valores e, posteriormente, a verificar e comprovar, por meio da construção da função, se realmente ela se aplica à situação. Observa-se que os estudantes, na maior parte das vezes, resolvem as equações, porém, em determinados momentos, não conseguem perceber se o resultado encontrado se aplica àquela situação problema.

Assim, acredita-se que, para que o ensino seja contextualizado e que se utilizem recursos tecnológicos, conforme sugerem os PCNs (2000), programar a plataforma Jabuti Edu pode significar oportunizar um ambiente favorável para aulas interdisciplinares, contextualizadas, significativas e voltadas para a preparação científica e para o uso de diferentes recursos tecnológicos.

A Jabuti Edu no ensino superior

Visando a direcionar e determinar os princípios para nortear os currículos desenvolvidos nas instituições com cursos de graduação, o Plano Nacional de Graduação (FORGRAD, 1999) pretende também qualificar as diretrizes curriculares, servindo como um instrumento para a orientação docente, discentes e de gestores.

Para tanto, as instituições de ensino superior tiveram de reformular suas políticas de graduação, visando superar currículos rígidos, carga horária e disciplinas excessivas que levam a pré-requisitos rígidos, com foco em uma visão cooperativa das profissões mais do que no contexto histórico e nas demandas da sociedade.

Atualmente, as dificuldades no processo de ensino e aprendizagem em aulas de cálculo têm sido investigadas por pesquisas nacionais e internacionais, devido ao alto nível de reprovação, evasão e trancamento da disciplina, muitas vezes pelo fato de que o professor ensina mostrando e o aluno aprende vendo, sem ter contato com materiais e situações-problemas que façam parte de seu contexto ou sem poder manipulá-los (SENA; SOUZA, 2015).

A fim de proporcionar essas mudanças, que se mostram necessárias para o aprimoramento acadêmico e desenvolvimento de profissionais críticos e criativos e que tenham respostas para resolver os problemas contemporâneos, professores do curso de graduação em cálculo integral têm oportunizado situações-problema utilizando a Jabuti Edu em suas aulas, oferecendo o contato com uma metodologia diferenciada e concreta e com possibilidade de verificar a aplicação do cálculo realizado.

Durante uma aula de cálculo diferencial, a professora apresentou a plataforma Jabuti Edu, mostrou-a aos alunos e, posteriormente, os desafiou a resolver uma situação-problema envolvendo área e volume. Foi dado aos alunos o seguinte problema: "Quanto de filamento é necessário para imprimir uma Jabuti Edu?". A partir de suas ideias e conhecimentos prévios, os alunos tiveram um momento para a resolução e socialização da atividade.

Para o trabalho com álgebra, a professora lançou a seguinte situação-problema: "Sabendo que a Jabuti Edu está inicialmente parada, e que, após 5 segundos, deslocou-se 30 cm, então:

- Se a Jabuti Edu se deslocar 48 cm, implica ter andado quanto tempo?
- Se a Jabuti Edu andar por 1 minuto, irá deslocar-se quantos centímetros?
- Qual é a velocidade alcançada? E percorrida?".

Por meio dessas atividades, os alunos puderam novamente estimar os valores e depois comprová-los com o auxílio de um material concreto. Essa experiência proporcionou a construção de conhecimentos e de aprendizagens com maior significado do que se as mesmas situações-problema tivessem sido resolvidas por meio de cálculos no caderno, como é de costume na maioria das turmas de cursos de graduação.

Outra possibilidade para o uso da plataforma Jabuti Edu é na aprendizagem de lógica, na qual, por meio de uma atividade instigante e diferenciada, o aluno é desafiado a pensar de forma objetiva e lógica.

A lógica proposicional constitui um dos principais elementos do pensamento formal. Para que este aconteça, é necessário que o sujeito consiga operar com base em abstrações, as quais são essenciais para a elaboração de modelos que permitem testar hipóteses. E, a partir daí, o conhecimento vai sendo construído, contribuindo para a ciência e também para a inovação.

O que se espera ao proporcionar o uso da plataforma Jabuti Edu é que as atividades possam ser inseridas conforme a curiosidade e o interesse dos alunos. Não se quer, de forma alguma, provar que o uso da plataforma irá produzir mais conhecimento, mas, sim, oportunizar novas ideias e compartilhar algumas práticas que já foram desenvolvidas, que deram certo e com as quais se atingiram os objetivos que haviam sido propostos.

Espera-se que, caso o leitor tenha alguma prática já desenvolvida com alguma turma, seja em qualquer nível de ensino, que possa compartilhar com a comunidade Jabuti Edu*.

CONSIDERAÇÕES FINAIS

A robótica, assim como as demais tecnologias educacionais, por si só não produz conhecimento, mas pode se tornar uma estratégia pedagógica com grande potencial para a construção de conhecimento.

Nesse sentido, a plataforma Jabuti Edu constitui um importante recurso educacional, que propicia situações de aprendizagem por meio da experimentação e da prática, podendo ser implementada em diferentes níveis de ensino. Desenvolvida usando tecnologias livres, seu código aberto permite que qualquer pessoa possa reproduzi-la.

A opção pelo uso de tecnologias livres relaciona-se com questões como liberdade, segurança, estabilidade e custos – liberdade atrelada a autonomia; diversidade e não monodependência e subordinação. Ao oferecer a liberdade ao sujeito para utilizar, modificar e distribuir colaborativamente, a plataforma Jabuti Edu torna-se uma alternativa de popularização e democratização da robótica livre em diferentes contextos, sem a necessidade de vínculo com licenças limitadoras.

Sendo o código fonte disponível, o sujeito tem a possibilidade de adaptar o programa conforme determinadas necessidades, detectando erros, traduzindo e sugerindo novas funcionalidades. Da mesma forma, o desenvolvimento a partir de uma dinâmica de trabalho colaborativa permitiu aos participantes da comunidade a argumentação, a contra-argumentação e a troca de ideias e experiências, valorizando a liberdade de pensamento e a disseminação do conhecimento.

O compartilhamento do conhecimento tecnológico, que constitui um bem social da humanidade, contribui para o desenvolvimento da ciência e o avanço de uma sociedade democrática (SILVEIRA, 2005).

Por meio do aprender fazendo, o conhecimento passa a ser construído a partir da criação de hipóteses, da observação e da experimentação prática, de forma lúdica e motivadora. Como agente ativo do processo, o aluno é desafiado a descobrir caminhos possíveis para a resolução de problemas de forma ativa e criativa.

---

*JABUTI EDU. c2017. Disponível em: <www.jabutiedu.org>. Acesso em: 19 out. 2018.

Novos conceitos podem ser trabalhados utilizando-se as diversas atividades que podem ser realizadas por meio dessa plataforma. Situações-problema podem surgir naturalmente ou ser instigadas pela mediação do professor, levando o aluno a encontrar soluções por conta própria, o que facilita o processo de desenvolvimento cognitivo.

Aprender programando proporciona ao aluno confrontar constantemente ideias e soluções, provocando diversas transformações em sua maneira de pensar e agir sobre o objeto. A cada programação, um novo desafio e uma nova forma de resolver uma situação-problema, e o conhecimento construído anteriormente servirá de base para a construção de novos conhecimentos.

Portanto, a partir das experiências descritas, verifica-se a viabilidade de expansão da plataforma como ferramenta educacional inovadora para diferentes contextos, visando a desenvolver a aprendizagem por meio do aprender fazendo e de forma interdisciplinar.

REFERÊNCIAS

ARDUINO. c2015. Disponível em: <http://www.arduino.cc>. Acesso em: 19 out. 2018.

BRASIL. Lei nº 9.394, de 20 de dezembro de 1996. Estabelece as diretrizes e bases da educação nacional. *Diário Oficial da União*. Brasília, DF, 23 dez. 1996. Disponível em: < http://www.planalto.gov.br/ccivil_03/leis/L9394.htm>. Acesso em: 8 set. 2018.

BRASIL. Resolução CNE/CP nº 2, de 22 de dezembro de 2017. Institui e orienta a implantação da Base Nacional Comum Curricular, a ser respeitada obrigatoriamente ao longo das etapas e respectivas modalidades no âmbito da Educação Básica. Diário Oficial da União, Brasília, 22 de dezembro de 2017, Seção 1, p. 41-44. Disponível em: <http://basenacionalcomum.mec.gov.br/wp-content/uploads/2018/04/RESOLUCAOCNE_CP222DE-DEZEMBRODE2017.pdf>. Acesso em: 18 dez. 2018.

BRASIL. *Parâmetros curriculares nacionais (Ensino Médio)* – Linguagens, Códigos e suas Tecnologias. Brasília: MEC, 2000. Disponível em: <http://portal.mec.gov.br/seb/arquivos/pdf/CienciasNatureza.pdf >. Acesso em: 22 out. 2018.

BRASIL. *Referencial curricular nacional para a educação infantil*. Brasília: MEC/SEF, 1998. 3v.

CÉSAR, D. R. *Robótica pedagógica livre:* uma alternativa metodológica para emancipação sociodigital e a democratização do conhecimento. 2013. Tese (Doutorado em Difusão do Conhecimento)-Universidade Federal da Bahia, Salvador, 2013.

DAMÁSIO, A. R. *E o cérebro criou o homem*. São Paulo: Companhia das Letras, 2011.

FAGUNDES, L. C.; SATO L. S.; MAÇADA, D. L. *Aprendizes do futuro:* as inovações começaram! Brasília: MEC, 1999.

FORGRAD. Plano Nacional de Graduação: um projeto em construção. In: FÓRUM NACIONAL DE PRÓ-REITORES DE GRADUAÇÃO DAS UNIVERSIDADES BRASILEIRAS, 12., Ilhéus, 1999. Disponível em: <http://portal.mec.gov.br/sesu/arquivos/pdf/png.pdf>. Acesso em: 8 out. 2018.

KTURTLE. c2018. Disponível em: <https://edu.kde.org/kturtle/>. Acesso em: 08 nov. 2018.

KENSKI, V. M. *Tecnologias e ensino presencial e a distância*. 6. ed. Campinas: Papirus, 2003.

PAPERT, S. *Logo:* computadores e educação. São Paulo: Brasiliense, 1986.

PIAGET, J. *A equilibração das estruturas cognitivas:* problema central do desenvolvimento. Rio de Janeiro: Zahar, 1976.

PIAGET, J. *Biologia e conhecimento:* ensaio sobre as relações entre as regulações organicas e os processos cognoscitivos. 2. ed. Petrópolis: Vozes, 1996.

PRENSKY, M. Digital natives, digital immigrants. *On the Horizon*, v. 9, n. 5, p. 1-6, 2001.

RASPBERRY PI. c2018. Disponível em: <http://www.raspberrypi.org>. Acesso em: 19 out. 2018.

SENA, T. T. O.; SOUZA, A. A. Causas de dificuldades no ensino-aprendizagem de cálculo diferencial e integral na perspectiva dos alunos e dos professores do curso de matemática da UFAL – Campus de Arapiraca. *Proceeding Series of the Brazilian Society of Computational and Applied Mathematics*, v. 3, n. 1, 2015.

SILVEIRA, S. A. Inclusão digital, software livre e globalização contra-hegemônica. In: CONFERÊNCIA NACIONAL DE CIÊNCIA,TECNOLOGIA E INOVAÇÃO, 3., 2005, Brasília. *Parcerias Estratégicas*, n. 20, parte 1, p. 459-484, 2005. Disponível em: <http://cdi.mecon.gov.ar/bases/doc/parceriasest/20.pdf>. Acesso em: 11 set. 2018.

S4A. c2015. Disponível em: <http://s4a.cat>. Acesso em: 19 out. 2018.

ZUFFO, D.; BEHRENZ, M. A. Paradigmas educacionais: desafios e oportunidades para o século XXI. In: CONGRESSO NACIONAL DE EDUCAÇÃO, EDUCERE, 9., 2009, Curitiba. Anais... Curitiba: PUCPR, 2009. Disponível em: <http://educere.bruc.com.br/arquivo/pdf2009/3488_2050.pdf>. Acesso em: 11 set. 2018.

ROBÓTICA PEDAGÓGICA LIVRE E ARTEFATOS COGNITIVOS NA/PARA A CONSTRUÇÃO DO CONHECIMENTO

Danilo Rodrigues César

A robótica, parte da ciência que se dedica a estudar os robôs, ou autômatos, tem muito a contribuir para o processo pedagógico de construção do conhecimento.

As propostas educacionais baseadas em projetos de robótica pedagógica recebem várias nomenclaturas diferentes entre os educadores e pesquisadores: robótica educativa, robótica cognitiva, robótica na escola, robótica na educação e/ou robótica pedagógica ou educacional. "[...]. Porém, questiona-se: o que realmente importa são as ações envolvidas no processo de aprendizagem? Ou as expressões e seus conceitos? [...]" (CÉSAR, 2013, p. 54-55). Neste capítulo, será usada a expressão robótica pedagógica (RP) ou educacional, na perspectiva de que os atos educativos e educacionais se complementam. Para mais detalhes sobre a robótica educativa e/ou pedagógica ou educacional, ver César (2013, p. 54-55).

Em uma primeira análise, é perceptível que a proposta de RP está em consonância com os princípios do construtivismo. Educadores e pensadores como Seymour Papert (1985) e Pierre Lévy (1987) buscam, desde muito tempo, essa conciliação entre dispositivos mecânicos e eletrônicos e os processos de ensino e de aprendizagem. A construção de um ambiente em que educadores e educandos desenvolvam sua criatividade, seu conhecimento, sua inteligência e seu potencial para lidar com situações adversas do cotidiano tem sido um dos principais motivadores para as tentativas de integração da robótica nas práticas e práxis educacionais.

Podendo ser considerada como os "[...] sistemas que interagem com o mundo real, com pouca ou mesmo nenhuma intervenção humana [...], a robótica é hoje uma área científica em expansão e altamente multidisciplinar" (MARTINS, 2007, p. 12-13), pois, nela, é agrupado e aplicado o conhecimento de microeletrônica (peças eletrônicas do robô), de engenharia mecânica (projeto de peças mecânicas do robô), de física (movimento do robô), de matemática (operações quantitativas), de inteligência artificial (operação com proposições) e de outras ciências. Além desses conhecimentos, que compõem o desenvolvimento de atividades de robótica, outras áreas das ciências humanas, como a pedagogia, também podem agregar valores e ser aplicadas.

As aplicações da robótica crescem cada vez que surgem novos artefatos, como sensores, motores e ligas especiais de metal, entre outros. São inúmeros os benefícios proporcionados pela presença de artefatos robóticos nas diversas áreas de conhecimento. O trabalho robótico é requisitado, por exemplo, em espaços que representam riscos para a vida humana: robôs podem tolerar elevadas ou baixíssimas temperaturas (CÉSAR, 2013, p. 45).

Há muito tempo que os seres humanos tentam (re)criar o comportamento e os movimentos e sentidos dos seres vivos (homens, mulheres, insetos e plantas, entre outros). Um dos exemplos de "brincar de Deus" está nas criações de artefatos robóticos que reproduzem os movimentos de braços, pernas, cabeça, etc. e/ou os cinco sentidos (audição, olfato, paladar, tato e visão) dos seres humanos. Esses artefatos atualmente podem ser conectados/integrados às partes biológicas/físicas dos humanos para suprir a necessidade de parte(s) do corpo degenerada(s) e/ou destruída(s) por problema(s) genético(s) e/ou por algum acidente (automobilístico, natural ou de trabalho, por exemplo).

Este capítulo tem o objetivo de refletir sobre as formas de desenvolvimento cognitivo a partir da construção de artefatos cognitivos na/para a construção do conhecimento. Especificamente, será abordado o processo de desenvolvimento cognitivo dos estudantes participantes de uma oficina de robótica pedagógica livre (RPL), desenvolvida na Universidade do Estado da Bahia (Uneb) de abril a julho de 2010, na qual foi construído um protótipo de roda gigante.

O QUE É O ARTEFATO?

O artefato é o "objeto produzido, no todo ou em parte, pela arte ou por qualquer atividade humana, na medida em que se distingue do objeto **natural**, produzido por acaso" (ABBAGNANO, 2007, p. 93). A construção de um "arte-fato" (feito com arte) consiste em uma atividade humana cujo processo de produção é auxiliado por algum conhecimento aprendido e que se utiliza da técnica e/ou da tecnologia para a concepção e desenvolvimento do objeto. A partir da técnica e/ou tecnologia, o artefato pode ser (re)criado com o objetivo de sistematizar os processos de produção.

Para o desenvolvimento do artefato, supõe-se que os conhecimentos/informações estão disponíveis para a utilização da técnica e/ou da tecnologia.

Mas o que é técnica e o que é tecnologia? Os termos são similares, mas apresentam diferenças. Esses termos são comumente utilizados pelas pessoas de forma indistinta ao mencionar máquinas e demais artefatos tecnológicos. Pode-se entender técnica como uma habilidade ou instrumento específico, como um conjunto dessas habilidades, instrumentos, procedimentos ou como um gênero de conhecimento, em oposição ao religioso, científico e artístico (OLIVEIRA, 2002). Apesar da variedade de significados atribuídos à palavra "técnica", ela está intimamente relacionada com a forma como é utilizado o termo "tecnologia" e também sua dimensão humana. Enquanto a técnica utiliza-se dos saberes tradicionais/populares (senso comum) – às vezes saberes científicos que não foram legitimados como tal –, a tecnologia "bebe na fonte" dos saberes científicos reconhecidos (princípios, métodos, conceitos, leis, informações/dados, teorias).

Segundo Lima Junior (2005, p. 15), a

> [...] técnica tem a ver com arte, criação, intervenção humana e com transformação. Tecnologia, em decorrência, refere-se a esse processo produtivo, criativo e transformativo. Como já o afirmara Marx (1978), sobre o trabalho humano, o ser humano ao criar artifícios materiais e imateriais para atuar no seu meio, transformando-o, transforma a si mesmo, ressignificando seu contexto e se ressignificando com ele.

Nesse sentido, pode-se inferir que a técnica informada pelo conhecimento científico tende a se desenvolver em direção a uma tecnologia; o pensar e o fazer são (re)construídos em um movimento de mutação constante. Esse processo de mudança transforma os artefatos, a natureza e, em consequência, os seres humanos. Então, a tecnologia é todo processo reflexivo, produtivo e criativo que envolve o conhecimento científico e sua aplicação no desenvolvimento de artefatos materiais e/ou imateriais que transforma (no sentido amplo) os seres humanos (o seu modo de pensar, fazer e os contextos social, econômico, político e cultural) e o meio em que estão inseridos esses seres.

Diante do exposto, será utilizada a expressão "artefato robótico" como produto do processo tecnológico – que se utiliza de suportes técnicos no processo de mutação das coisas e da natureza humana. Tal conceito foi desenvolvido a partir da criatividade humana, envolvendo o uso e a constante atualização de conhecimentos científicos, tendo como objetivo auxiliar nas situações-problema que envolvam os seres humanos e/ou seu cotidiano. Podem ser citados como exemplo as pernas e braços mecânicos que são incorporados ao organismo biológico/físico de um ser humano para auxiliá-lo em seus movimentos.

O progresso acelerado das pesquisas relacionadas com o uso de artefatos robóticos em seres humanos tem provocado discussões sobre as transformações que podem acontecer (ou acontecem) com a natureza humana. More (1994 apud RÜDIGER, 2008, p. 141) acredita que:

> Nos próximos 50 anos, a inteligência artificial, a nanotecnologia, a engenharia genética e outras tecnologias permitirão aos seres humanos transcender as limitações do corpo. O ciclo da vida ultrapassará um século. Nossos sentidos e cognição serão ampliados. Ganharemos maior controle sobre nossas emoções e memória. Nossos corpos e cérebro serão envolvidos e se fundirão com o poderio computacional. Usaremos essas tecnologias para redesenhar a nós e nossos filhos em diversas formas de pós-humanidade.

Tal previsão parece ainda distante e um tanto utópica. Algumas pessoas podem concordar, outras não, com as ideias citadas, mas o certo é que já existem diversos estudos destinados a fazer dos seres humanos objetos de experimentação das novas tecnologias.

Há, ainda, quem acredite em uma pós-humanidade baseada no contínuo aprimoramento das capacidades do ser humano:

> Conforme postulam os próprios defensores do movimento, a "pessoa" possuidora de capacidades físicas e intelectuais sem precedentes, a entidade possuidora dos princípios de sua autoformação e um caráter transcendente, porque potencialmente imortal, é pós-humana, seja ciborgue ou máquina de inteligência artificial. Quem atinge esse ponto não mais pode ser chamado de humano, e é para se chegar até o mesmo converter-se em pós-humanos que muitos crentes na tecnologia vêm se organizando desde o final do século XX (RÜDIGER, 2008, p. 142)

Discussões como essas, sobre o futuro da natureza humana – destaque para o pós-humano –, a partir do surgimento de novas circunstâncias/contextos do adiantamento técnico-científico-tecnológico, têm influenciado os seres humanos em suas formas de pensar e agir.

Nem sempre a tecnologia, e os impactos, previstos ou não, vêm sem riscos à sociedade; é, pois, preciso investir em formas de antecipação e solução dos problemas que ela pode trazer, conforme adverte Alfred North Whitehead (1861-1947), em *A ciência e o mundo moderno*, de 1953 (Whitehead, 2006, p. 254):

> A ciência moderna impôs à humanidade a necessidade de locomoção. O seu pensamento e a sua tecnologia progressivos fazem a transição através do tempo de geração a geração, uma verdadeira migração em ignotas praias de aventura. O verdadeiro benefício da locomoção é ser perigosa e necessitar de habilidades para advertir dos males. É de esperar, portanto, que o futuro revele perigos. É próprio do futuro ser perigoso. E está entre os méritos da ciência equipar o futuro para os seus deveres.

Já se passaram mais de 60 anos da publicação do livro, e as palavras do autor ainda influenciam as reflexões sobre os perigos, limitações, potencialidades, benefícios e deveres que a ciência pode proporcionar.

Diante do exposto, é necessário fazer algumas indagações e considerações. Vale salientar que os questionamentos a seguir não foram construídos necessariamente para serem respondidos neste texto, pois dependem de uma série de variáveis que ainda estão em processo de configuração na contemporaneidade:

- Um robô será capaz de "sentir" a tristeza da perda de um ente querido (um pai, uma mãe, por exemplo, se é que ele os terá)? Ou será que ele simplesmente irá reproduzir emoções?
- Até que ponto um ser humano torna-se "diferente" dos demais por ter incorporado a seu organismo biológico/físico um ou mais artefatos robóticos?
- O que diferencia atualmente – e o que pode diferenciar no futuro – um robô de um pós-humano?
- Quanto tempo um robô e um pós-humano irão (sobre)viver? Será possível que eles tenham uma data prévia para suas mortes? Estarão eles dependentes dos "prazos/datas de validade" do(s) artefato(s) robótico(s) incorporado(s) a suas estruturas físicas e/ou biológicas?

Por fim, e não menos importante, é oportuno ressaltar que a realidade vai além das certezas de hoje.

Acredita-se na robótica como um recurso pedagógico que pode colaborar com as diversas áreas do conhecimento e que pode servir, também, como uma ferramenta de auxílio aos seres humanos na resolução de tarefas simples ou complicadas do cotidiano ou mesmo em integração com partes biológicas/físicas, como, por exemplo, pernas, braços, coração e pulmões, entre outros.

DOS OBJETOS TÉCNICOS AOS ARTEFATOS COGNITIVOS

A robótica, por meio de (re)criações tecnológicas, é um dos caminhos em que o ser humano busca desenvolver e expressar sua sensibilidade e razão. Por todos os cantos, os seres humanos estão rodeados de artefatos tecnológicos, criações que agregam conhecimentos, elaboradas por eles próprios. Com o passar do tempo, esses artefatos são descartados, por serem considerados inapropriados para o uso, sem valor ou sentido. No entanto, com o uso pedagógico desses equipamentos, o que antes havia perdido seu significado técnico é transformado em um novo artefato robótico, que renasce a partir do trabalho coletivo dos educadores e educandos. Devido a essas características, a robótica se apresenta como uma importante área de conhecimento a ser mais bem explorada nas práxis e práticas pedagógicas.

Na RP, o ímpeto pela construção estimula a capacidade de criar, resultante de um desejo natural do ser humano. A inspiração está na própria natureza, como "metáfora fundadora" (LE BRETON, 2003) e modelo para o ser humano que renasce e se transforma na produção-criação de objetos técnicos. Portanto, a técnica é o motor do mundo na medida em que garante a sobrevivência dos seres humanos e os acompanha desde as primeiras criações, dos objetos mais rudimentares aos mais complexos. A robótica é o resultado da necessidade de produzir máquinas capazes de desempenhar funções, tais como as próteses que ocupam o lugar de membros e órgãos para restituir, substituir e ampliar a capacidade orgânica limitada do corpo humano.

Na proposta educacional que utiliza a RP, está a relação entre vários conhecimentos, para assim efetuar a concretização do objeto técnico. A ideia de concretização permite desenvolver e aprofundar a intuição original de seus criadores, não existindo mais a dicotomia entre seres humanos e objetos técnicos, pois os objetos são a expressão do interior desses seres.

A concretização do objeto é a tradução do sistema intelectual de seu criador. Assim, o objeto perde seu caráter artificial, não como uma característica proporcionada pela origem fabricada do objeto, mas pelo interior artificializante do ser humano, quer essa ação intervenha sobre um objeto natural ou sobre um objeto inteiramente fabricado. Portanto, quanto mais concreto se torna o objeto técnico, mais próximo do natural ele poderá ser considerado (SIMONDON, 2007).

Como proposta didática, a RP pode ser utilizada como estímulo à aprendizagem tecnológica, que passa a agregar novos significados a partir de uma vertente transdisciplinar, como será visto a seguir. Enquanto se transporta esse pensamento, os educandos e educadores projetam a essência de seus corpos nos movimentos dos artefatos robóticos desenvolvidos nas oficinas, fazendo de sua criação a expressão de sua sensibilidade humana. Nesse relacionamento entre os pares, o mais importante são as trocas de energia e de informação em um objeto técnico ou entre o objeto técnico e seu meio, como explica Simondon (2007).

Para tal produção, a RP pode proporcionar mudanças por meio da valorização da prática hipertextual, o que rompe, a partir de novas práxis educacionais, com a perspectiva linear, ainda predominante entre os educadores. Dessa forma, a criação passa a refletir a imagem de seu criador, como uma forma de dar ao objeto uma característica que lhe é peculiar, como sua alma definidora (SANTAELLA, 2004).

Nesse sentido, a relação entre ser humano e artefato é algo singular e de **características cognitivas**. Em outras palavras, o modo como o ser humano percebe e interpreta a si mesmo a partir da interação subjetiva com o artefato é sua maneira pessoal de vivenciar as experiências de aprendizagem e desenvolver a "cognição" – ato ou processo de conhecer, que envolve o conhecimento e seus processos por meio da percepção, emoção, sentimento, paixão, atenção, memória, raciocínio, pensamento, linguagem, juízo, imaginação, inteligência e razão, entre outros "processos neuropsicológicos" (BRANDÃO, 2004).

Um exemplo de como vivenciar as experiências de aprendizagem e desenvolver a cognição é a maneira como o ser humano interage com os artefatos do cotidiano. Ao utilizar óculos pela primeira vez para auxiliá-lo em seu problema de visão, o ator social, ao comprá-los, escolhe, entre vários fatores (preço, estilo, qualidade), o modelo que melhor atende às suas necessidades. A cognição (percepção, emoção e atenção, entre outros), na relação artefato e ser humano, inicia-se na escolha do objeto técnico (os óculos), perpassa a experiência/adaptação (tê-lo no rosto) e está em permanente processo de transformação de aprendizado e cognição (as trocas das lentes dos óculos, as manutenções, etc.).

Dessa forma, chama-se de **artefato cognitivo** o objeto técnico que possibilita e auxilia as/nas experiências vivenciadas no processo de aprendizagem e desenvolvimento cognitivo a partir de sua interação subjetiva e singular com os seres humanos.

Assim, os educandos e educadores assumem a posição de autores que produzem e (res)significam suas experiências de aprendizagem – experiências vivenciadas – e desenvolvem a cognição a partir da interação subjetiva com os artefatos cognitivos.

PROJETOS DE ROBÓTICA PEDAGÓGICA LIVRE NA/PARA A CONSTRUÇÃO DO CONHECIMENTO

Os projetos de robótica como proposta pedagógica são de grande valia para a aprendizagem, pois o mesmo projeto pode ser (re)criado, (re)construído em diversas instâncias educacionais, indo desde o ensino fundamental ao ensino superior e os "espaços multirreferenciais de aprendizagem" (BURNHAM, 2012; CÉSAR, 2013) não escolares. Vale ressaltar que, para cada proposta desenvolvida, o respeito à diversidade e à multiculturalidade dos educandos é fundamental para o processo de aprendizagem.

As propostas pedagógicas de RP rompem com a perspectiva fragmentada e compartimentalizada do currículo escolar, pois trazem para a discussão temas que transversalizam diferentes áreas do conhecimento, como, por exemplo, meio ambiente.

Uma ação pedagógica dessa ordem requer a colaboração dos educadores responsáveis por áreas diversas, possibilitando a construção e a experimentação de modelos. Além disso, essa ação possibilita o desenvolvimento de investigações de situações simples ou mais complicadas, as quais despertam a curiosidade e impulsionam os educandos a formular suas próprias conclusões acerca das questões da vida, o que Barrel (2007) chama de Aprendizagem Baseada em Problemas (ABP).

Diante do exposto, será usada a expressão **robótica pedagógica ou educacional** para referir-se ao conjunto de processos e procedimentos envolvidos em propostas de ensino e aprendizagem que utilizam os dispositivos robóticos como tecnologia de mediação para a construção do conhecimento. Dessa forma, as discussões sobre RP não se restringem às tecnologias ou aos artefatos robóticos e cognitivos em si, nem ao ambiente físico onde as atividades são desenvolvidas, e sim às possibilidades pedagógicas e metodológicas de uso e reflexão sobre tecnologias informáticas e robóticas nos processos de ensino e aprendizagem (CÉSAR, 2013).

Atualmente, a inserção dos fundamentos da robótica no cenário educacional objetiva, basicamente, o "treinamento" dos educandos para o uso de *kits* pedagógicos padronizados, comercialmente adquiridos, constituídos principalmente por *softwares* e *hardwares* não livres – aqueles cuja cópia, (re)distribuição ou modificação são restritas a seu criador/desenvolvedor e/ou distribuidor –, que servem para o controle e acionamento de dispositivos eletromecânicos.

Diferentemente disso, propõe-se uma robótica pedagógica livre (RPL) ou, robótica livre (RL). Compreende-se, com essa designação, o conjunto de processos e procedimentos envolvidos em propostas de ensino e aprendizagem que utilizam os *kits* pedagógicos e os artefatos cognitivos com base em soluções livres e em sucatas como tecnologia de mediação para a construção do conhecimento (CÉSAR, 2013).

As soluções livres – desenhos da placa de circuito impresso, especificações técnicas, desenho lógico do circuito eletrônico, *softwares* livres (utilizados e/ou embarcados na construção do artefato) e o processo de montagem – dão origem aos chamados *hardwares* livres, que constituem a RPL.

Os *hardwares* livres são produtos construídos a partir de soluções livres e que seguem as quatro liberdades – liberdade de uso; de estudo e modificação; de distribuição e de redistribuição das melhorias – da filosofia do *software* livre. Assim, o *hardware* livre também está protegido por licenças que garantem as liberdades e lhe dão a cobertura legal, como por exemplo, *Affero General Public License* (GPL) e *Copyleft*).

Vale salientar que um *hardware*, para ser totalmente livre, deve ter os projetos dos componentes eletroeletrônicos (como, por exemplo, os transistores, circuitos integrados, capacitores e resistores, entre outros) que compõem sua estrutura também desenvolvidos seguindo as quatro liberdades da filosofia do *software* livre. Entretanto, isso, em muitos casos, ainda não é possível, pois muitas empresas que desenvolvem *hardware* livre não possuem condições tecnológicas e financeiras para produzir e desenvolver seus próprios componentes eletroeletrônicos.

Diante do exposto, a RL propõe o uso de *softwares* livres* (Linux e seus aplicativos) como

---

*Para mais informações sobre aspectos relacionados à Licença Pública Geral do GNU (GPL), bem como ao *software* livre, sugere-se o livro *Software livre: a luta pela liberdade do conhecimento*, de Sérgio Amadeu da Silveira (2004).

base para a programação e utiliza-se da sucata de equipamentos eletroeletrônicos e *hardwares* livres para a construção de *kits* alternativos de RP e protótipos de artefatos cognitivos (robôs, braços mecânicos e elevadores, entre outros).

Na RPL, definir os objetivos de ensino e aprendizagem significa planejar o processo educacional de modo a oportunizar mudanças de pensamentos, ações e condutas. O planejamento é construído a partir de propostas pedagógicas que incluem as seguintes etapas: sensibilização, temas geradores, formação, experimentações, planejamento dos projetos, montagem da interface de *hardware* livre e do artefato cognitivo, multiplicação e avaliação (CÉSAR, 2013). Destaca-se esta última etapa, que é cíclica, ou seja, o tempo todo devem ser avaliadas as atividades, os projetos desenvolvidos, os processos envolvidos e o produto final. Vale ressaltar que essas etapas não têm uma ordem de progressão – elas não possuem uma sequência ordenada a ser desenvolvida. As etapas demandam procedimentos e estratégias de ensino e aprendizagem (BORDENAVE; PEREIRA, 1998); disponibilização de recursos – materiais recicláveis e lixo eletrônico e tecnológico, entre outros – para o planejamento e desenvolvimento dos projetos; instrumentos de avaliação – observação, questionários e outros; e metodologia a ser adotada que auxilie a prática pedagógica (CÉSAR, 2013).

Durante as oficinas de RPL, protótipos de artefatos cognitivos são construídos a partir das propostas pedagógicas. Os educandos discutem, por meio de temas geradores, qual artefato será desenvolvido. Aspectos cognitivos são desenvolvidos na construção do protótipo do artefato de acordo com o nível de abstração do conhecimento a ser utilizado. Pode acontecer de os educandos construírem um protótipo de artefato cognitivo que necessite de um nível de maturidade de conhecimento que depende, muitas vezes, de um alto grau de abstração. Ou seja, a construção do artefato começa a partir de conceitos científicos mais complexos. Por outro lado, há educandos que, para atingir altos níveis de abstração de conhecimento, necessitam de estímulo cognitivo a partir de conceitos científicos mais simples – estratégia indutivo-dedutiva – para desenvolverem o artefato cognitivo.

Vale ressaltar que, em geral, os educandos começam o desenvolvimento do artefato com algo bruto, e, aos poucos, esse artefato vai sendo lapidado. Nesse processo, parte dos recursos/materiais e/ou informações deixam de ser utilizados, enquanto outros são agregados. Normalmente, para a construção do artefato cognitivo, são usados como exemplo e temas geradores artefatos pertencentes à realidade sociocultural dos educandos, demonstrando respeito por seu contexto sociocultural.

Para contextualizar esse processo cognitivo de construção de um artefato, será utilizado o exemplo do desenvolvimento de um protótipo de roda gigante (Anexo A).

ÁREAS DE SIGNIFICAÇÃO E DESENVOLVIMENTO COGNITIVO A PARTIR DA CONSTRUÇÃO DE UM PROTÓTIPO DE RODA GIGANTE

O projeto mencionado a seguir foi realizado durante uma oficina de RPL na Universidade do Estado da Bahia (Uneb), de abril a julho de 2010. Nessa oficina de RPL, participaram 24 estudantes, de idades entre 18 e 50 anos, inscritos em duas áreas de conhecimento: um de ciências sociais aplicadas, 17 de ciências humanas e 6 não relatadas. É importante salientar que a oficina foi articulada para ser um dos cursos de extensão da Uneb. Diante da proposta de construção de um protótipo de roda-gigante, alguns educandos manifestaram seus processos de desenvolvimento cognitivo e afetivo. Dessa forma, excertos do diário de campo dos estudantes, contendo os registros das atividades/projetos produzidos na oficina de RPL a partir de suas experiências de aprendizagem, foram utilizados para análise. Ao lançar luz sobre essas impressões dos educandos, busca-se relatar "áreas de significação" (CÉSAR, 2013) que possam demonstrar o processo de desenvolvimento cognitivo desses estudantes.

O processo de construção desse artefato pode ser dividido em quatro momentos: no primeiro, foi construída uma roda gigante movida por uma manivela; no segundo, foi inserido um motor elétrico contínuo para movimentar a roda gigante, sem o controle automatizado de velocidade e direção; no terceiro, o controle de direção e velocidade da roda gigante foi automatizado, a partir de um *software* e de um *hardware*, e o artefato recebeu a intervenção humana para se movimentar; no quarto momento, a roda gigante foi automatizada e não recebeu a intervenção humana para se movimentar.

No dia 24 de abril, os educandos manifestaram curiosidade diante da proposta: "Como construir uma roda gigante?" (Educando 78M*) e imaginação: "Como?" (Educando 80L).

Em 5 de maio, encontra-se angústia nos relatos escritos: "Não conseguimos cumprir a tarefa proposta, pois não conseguimos encontrar o material necessário para confeccionar um artefato robótico" (Educando 77R). Alguns alunos manifestam seus sentimentos e os dos que estavam à sua volta: "Houve aborrecimento por parte do professor pesquisador" (Educando 77R) e "Culpa. Por não ter me comprometido mais" (Educando 80L).

Em 12 de maio, surgem relatos das primeiras conquistas, apesar das dificuldades: "Conseguimos construir as laterais de uma roda gigante, utilizando palitos de madeira, mas não foi possível colocar as hastes que ligam uma à outra, o eixo e a engrenagem ou polia que irá ligá-la ao motor através de uma correia" (Educando 77R). Alguns sentimentos manifestados: "Incapacidade, frustração, falta de criatividade" (Educando 77R); "falta de criatividade, já que consegui colaborar pouco na construção material da mesma" (Educando 78M); "Impaciência para recomeçar e descobrir outras alternativas de construção" (Educando 80L).

Em 29 de maio, os educandos relatam vários contratempos que atrapalharam essa aula e as outras do início de junho: dificuldades em encontrar material para a confecção da base da roda gigante foi uma delas. As duas rodas que compõem os artefatos empenaram e não se conseguia encontrar uma maneira de resolver o problema, pois o empeno impedia o giro uniforme da roda. Os sentimentos manifestados foram: "A nossa falta de criatividade me incomodou bastante, cheguei a pensar em abandonar o projeto e partir para uma coisa menos complicada, mas terminamos por encontrar uma solução, que não foi a mais adequada, como veremos a seguir" (Educando 77R).

Em 3 de julho, a roda gigante foi construída, mas a base ficou muito flexível e se movia quando o motor era tracionado com a correia. Os estudantes notaram que era preciso encontrar madeira para refazê-la. Devido à flexibilidade da base, o artefato funcionou de maneira não autônoma, por meio de uma manivela. Os sentimentos: "Novidade. Foi muito bom ver a roda funcionando!" (Educando 78E) e "Saudade da infância alicerçada na construção de brinquedos" (Educando 80L).

A partir desses relatos e sentimentos, pode-se perceber, para além do aprendizado de um determinado fazer, materializado nos artefatos, um conjunto de valores de ordem abstrata que podem ressignificar a prática pedagógica.

É importante destacar que a novidade, a curiosidade e a imaginação instigaram os educandos a construir um protótipo de roda gigante, mas dois fatos interessantes relacionados com as dificuldades vivenciadas auxiliaram no processo do desenvolvimento cognitivo:

1. No processo de construção do protótipo, os educandos se equivocaram várias vezes na montagem da estrutura da roda gigante (ten-

---

*Os nomes foram substituídos por códigos para proteger a identidade dos alunos pesquisados. Os trechos aqui citados foram coletados e utilizados no âmbito da pesquisa de doutorado do autor deste capítulo (CÉSAR, 2013).

tativa e erro) e quase desistiram do projeto; entretanto, a aprendizagem ocorreu a partir dos erros, levando-os a (re)começar "e descobrir outras alternativas de construção" (Educando 80L). Esse momento foi determinado por "impaciência, incapacidade, frustração e falta de criatividade" (Educandos 80L, 77R, 78M) por parte dos educandos.

2. No momento de entenderem o sentido de rotação do motor (sentido horário e anti-horário), o educador teve de fazer, em primeiro lugar, a rotação manualmente, antes de automatizá-la, ou seja, foi utilizada uma manivela para fazer o movimento de rotação do protótipo da roda gigante e, depois, foi utilizado um motor elétrico, para demonstrar que a rotação se inverte com a inversão dos polos da bateria no motor (o positivo da bateria com o positivo do motor o faz girar em um sentido; o positivo da bateria com o negativo do motor, em outro sentido). A estratégia de ensino de mostrar o funcionamento da roda gigante do modo mais simples (com a manivela) antes de demonstrá-la em funcionamento com peças complexas motivou os educandos a saírem do "espaço de acomodação" (CÉSAR, 2013) e superarem suas emoções. A partir de reflexões, o artefato cognitivo foi terminado, o que despertou o sentimento de satisfação, conforme relatou o educando 78M: "Foi muito bom ver a roda funcionando!".

CONSIDERAÇÕES FINAIS

Diante do exposto, acredita-se que a reflexão e o diálogo sobre as formas de desenvolvimento cognitivo a partir da criação de artefatos cognitivos na/para a construção do conhecimento podem auxiliar na concepção de ações pedagógicas significativas para os educandos. Pelas observações feitas na oficina de RPL, foi possível perceber que as atividades de construção do protótipo da roda gigante provocaram nos educandos experiências emancipatórias, na medida em que, diante das dificuldades vivenciadas, eles superaram seus medos, angústias e inseguranças, entre outras emoções que dificultavam sua saída do espaço de acomodação. Esses fatores, que prejudicavam seu desenvolvimento cognitivo e de aprendizagem, foram importantes para que fossem identificadas estratégias de ensino e aprendizagem a serem adotadas no processo de formação, como, por exemplo, a ABP.

As emoções interferem no processo de aprendizagem e podem acelerar ou atrasar o desenvolvimento cognitivo. Dessa forma, é importante usar os equívocos identificados nas atividades desenvolvidas para auxiliar os estudantes a superar o espaço de acomodação e seguirem aprendendo. Aprender com os erros faz parte do processo de aprendizagem, pois, ao vencer os obstáculos, os alunos rompem com o espaço de acomodação em busca do conhecimento. Assim, são instigados a ser criativos, reflexivos e autônomos, e isso acontece quando os projetos e atividades nas oficinas de RPL são planejados para serem agentes de transformação.

Por fim, mas não menos importante, observou-se que a novidade foi recorrente na maioria dos registros analisados no desenvolvimento do protótipo da roda gigante. Essa área de significação marca sua importância no incentivo à curiosidade como elemento motivador no desenvolvimento cognitivo e na apropriação de informações compartilhadas nas atividades da oficina, embora não seja suficiente no processo criador, como bem lembra Kneller (1978, p. 18):

> A novidade por si só, entretanto, não torna criador um ato ou uma ideia; a relevância também constitui um fator. Como o ato criador é resposta a uma situação particular, ele deve resolver, ou ao menos clarear, a situação que o fez surgir. [...] Em suma, um ato ou uma ideia é criador não apenas por ser novo, mas também porque consegue algo adequado a uma dada situação.

A novidade nas atividades desenvolvidas na oficina auxilia os educandos na superação de seus medos, inseguranças, resistências, impaciências e ansiedades, emoções que os mantinham no espaço de acomodação. Além disso, ela pode se associar à resistência, já que o ser humano habitualmente tem resistência a tudo que é novo. A resposta está em tentar compreender o desconhecido, o novo, adequando-o ao contexto de uso com propriedade, conforme destaca Kneller (1978).

TENDÊNCIAS E TRABALHOS FUTUROS COM A ROBÓTICA PEDAGÓGICA LIVRE

Cada vez mais as tecnologias da informação e comunicação (TIC) estão permitindo que informações/conhecimentos das diversas áreas estejam ao alcance das pessoas. Vale ressaltar que, no Brasil, ainda existe um grande número de pessoas excluídas digitalmente.

Com as informações/conhecimentos compartilhados na *internet*, educadores e estudantes que possuem acesso à rede e são emancipados digitalmente podem, hoje em dia, copiar, modificar e disponibilizar novamente seus projetos, não só de RPL, mas também de outras áreas de conhecimento. Esse fato tem contribuído para o fortalecimento do movimento *Maker*, que envolve metarreciclagem, cultura *maker*, bricolagem, aprendizagem mão na massa e FabLearn.

O movimento *Maker* tem como proposta a cultura do "faça-você-mesmo" (DIY, do inglês, *do-it-yourself*), ou seja, as pessoas podem desenvolver, criar, construir, consertar e modificar artefatos tecnológicos, robóticos e cognitivos.

É importante destacar que avanços tecnológicos, difusão de tecnologias sofisticadas, como, por exemplo, impressão 3D, microcontroladores/microprocessadores avançados – que são os cérebros de placas como Raspberry Pi, Intel Edison e Arduino) –, *hardware* e *software* livres vêm contribuindo para que o movimento *Maker* seja o precursor da nova revolução industrial.

Nas escolas, a partir de informações e conhecimentos compartilhados na *internet*, estudantes e educadores podem fazer seus próprios artefatos de ensino e aprendizagem de baixo custo, como, por exemplo, telescópios e microscópios. Além disso, é possível encontrar outros tipos de aparatos que podem auxiliar o educador em sala de aula, como é o caso dos projetores para celular.

Na área da RL, podem ser encontrados projetos completos de artefatos que são desenvolvidos em impressora 3D, como, por exemplo, o Projeto Jabuti Edu (ver Capítulos 5 e 8), que é compartilhado no *site* https://jabutiedu.org.

Além do projeto Jabuti Edu, outros materiais, projetos e metodologias sobre/para RL podem ser encontrados nos seguintes *sites*:

- http://www.roboticalivre.org/
- http://www.roboliv.re/
- http://www.robotizando.com.br/pt-br/
- http://tecnicolinux.blogspot.com.br/2013/08/ampliacao-do-projeto-robotica.html
- http://www.roboticaeducacional.com.br/
- http://www.iearobotics.com/wiki/index.php?title=P%C3%A1gina_principal
- http://www.3dcloner.com.br/manuais_e_procedimentos.html
- https://www.institutoclaro.org.br/infograficos/dicas-para-criar-projetos-escolares-utilizando-robotica-livre/

Está sendo discutida a disponibilização de todos esses projetos, materiais e casos de sucesso em um mesmo *site*, pois, ao serem centralizadas, essas informações auxiliariam diversas pessoas, como estudantes e educadores, no compartilhamento e difusão do conhecimento.

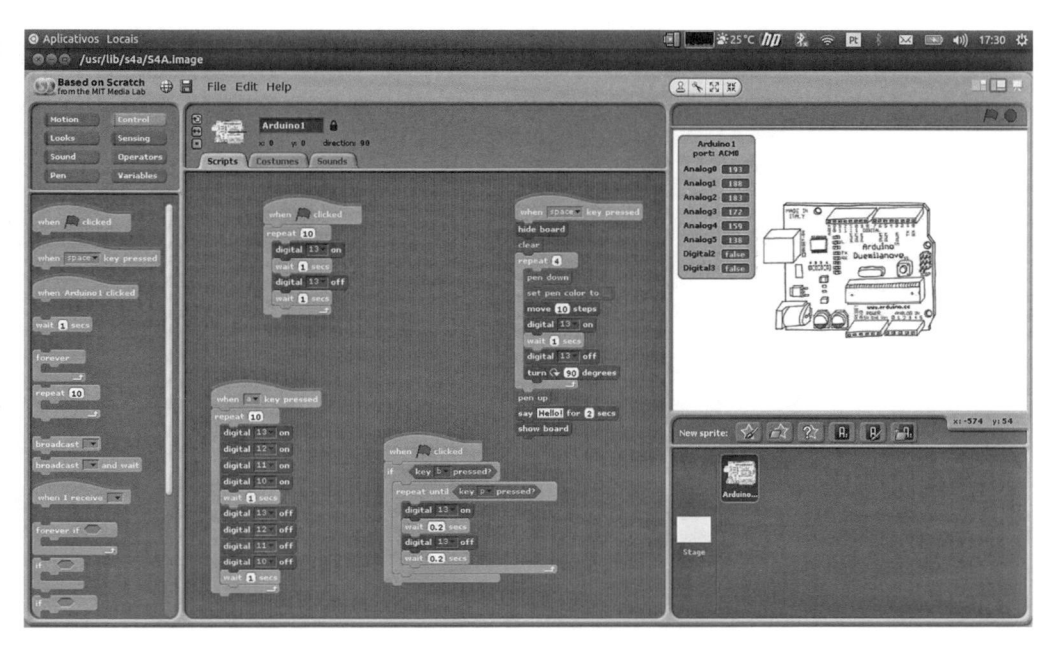

Figura 6.1 Scratch para Arduino.

Por fim, destacam-se dois ambientes de desenvolvimento para a programação da RL e um sistema operacional bastante utilizados:

- **Scratch para Arduino (S4A):** é um ambiente gráfico que permite a programação com a plataforma de *hardware* livre Arduino (**Fig. 6.1**). Sua programação é feita em blocos de arraste, para o gerenciamento de sensores e atuadores ligados a Arduino. É recomendado para iniciantes na área da RL.
- **Logo:** é um ambiente para o ensino de geometria e princípios básicos de programação e pensamento computacional (processo cognitivo utilizado pelos seres humanos para encontrar algoritmos para resolver problemas). Na RL, é utilizado o KLogo-Turtle, uma versão do ambiente Logo para GNU/Linux, que também executa comandos para programar artefatos de robótica. É importante lembrar que está sendo desenvolvida uma versão KLogo-Turtle Mobile* para *smartphone*.
- **O Robot Operating System (ROS):** esse sistema operacional de robôs (acredita-se que seja o futuro) disponibiliza bibliotecas e recursos para os desenvolvedores (*software/hardware*) criarem aplicações – ROS.org.**

---

*KLOGO-TURTLE MOBILE. c2018. Disponível em: <https://github.com/xmarcusv/klogo-turtle-mobile>. Acesso em: 24 set. 2018.
**ROS.ORG. c2018. Disponível em: <http://wiki.ros.org/pt_BR>. Acesso em: 24 set. 2018.

REFERÊNCIAS

ABBAGNANO, N. *Dicionário de filosofia*. 5. ed. São Paulo: Martins Fontes, 2007.

BARELL, J. *El aprendizaje basado en problemas:* un enfoque investigativo. Buenos Aires: Manantial, 2007.

BORDENAVE, J. D.; PEREIRA, A. M. *Estratégias de ensino-aprendizagem*. 19. ed. Petrópolis: Vozes, 1998.

BRANDÃO, M. L. *As bases biológicas do comportamento:* introdução à neurociência. São Paulo: EPU, 2004.

BURNHAM, T. F. et al. *Análise cognitiva e espaços multirreferenciais de aprendizagem:* currículo, educação à distância e gestão/difusão do conhecimento. Salvador: Edufba, 2012.

CÉSAR, D. R. *Robótica pedagógica livre: uma alternativa metodológica para emancipação sociodigital e a democratização do conhecimento*. 2013. Tese (Doutorado em Difusão do Conhecimento)-Universidade Federal da Bahia, Salvador, 2013.

KNELLER, G. F. *Arte e ciência da criatividade*. 5. ed. São Paulo: IBRASA, 1978.

LE BRETON, D. *Adeus ao corpo:* antropologia e sociedade. São Paulo: Papirus, 2003.

LÉVY, P. *A máquina universo:* criação, cognição e cultura informática. Lisboa: Instituto Piaget, 1987.

LIMA JUNIOR, A. S. *Tecnologias inteligentes e educação:* currículo hipertextual. Rio de Janeiro: Quartet, 2005.

MARTINS, A. *O que é robótica*. 2. ed. São Paulo: Brasiliense, 2007.

OLIVEIRA, B. J. *Francis Bacon e a fundamentação da ciência como tecnologia*. Belo Horizonte: UFMG, 2002.

PAPERT, S. *Logo:* computadores e educação. São Paulo: Brasiliense, 1985.

RÜDIGER, F. *Cibercultura e pós-humanismo: exercícios de arqueologia e criticismo*. Porto Alegre: EDIPURS, 2008.

SANTAELLA, L. *Corpo e comunicação:* sintoma da cultura. São Paulo: Paulus, 2004.

SIMONDON, G. *El modo de existencia de los objetos técnicos*. Buenos Aires: Prometeo, 2007.

WHITEHEAD, A. N. *A ciência e o mundo moderno*. São Paulo: Paulus, 2006.

LEITURAS RECOMENDADAS

ASIMOV, I. *Eu robô*. Rio de Janeiro: Expressão e Cultura, 1972.

ASIMOV, I. *Os robôs do amanhecer*. Rio de Janeiro: Record, 1996.

SILVEIRA, S. A. *Software livre:* a luta pela liberdade do conhecimento. São Paulo: Fundação Perseu Abramo, 2004.

ANEXO A
PROJETO ROBÓTICA PEDAGÓGICA LIVRE: CONSTRUINDO O PROTÓTIPO DA RODA GIGANTE

Cursistas: Educando 77R, Educando 78E, Educando 78M e Educando 80L

Identificação

Robótica pedagógica livre (RPL).

Tema

Meio ambiente e lixo eletrônico: dimensão e possibilidades da RPL.

Objetivo

Construir uma roda gigante, autônoma ou não, utilizando sucatas de lixo comum e lixo eletrônico, explorando as possibilidades pedagógicas possíveis.

Possibilidades pedagógicas

- Trabalho com coordenação motora e ludicidade.
- Apresentação e reconhecimento das cores.
- Figuras geométricas/geometria.
- Sistemas de medida.
- Apresentação e utilização dos instrumentos de medida, como régua, compasso, esquadro e transferidor.
- Composição química dos materiais utilizados na construção da roda gigante.
- Educação ambiental – lixo eletrônico, tempo de degradação dos materiais na natureza, entre outros.
- Trabalho com linguagem e escrita utilizando o lixo como tema.
- Estudos em física, química e matemática para níveis mais avançados.
- (Re)construção de conceitos científico-tecnológicos.

Público-alvo

Existe a possibilidade de se trabalhar em todos os níveis de ensino com a construção do artefato. Fica a critério da instituição definir quais níveis farão parte do projeto. Na construção do artefato não autônomo, pode-se trabalhar com alunos da educação infantil ao ensino fundamental I. Já para o artefato autônomo, é recomendável trabalhar com alunos a partir do ensino fundamental II, devido à utilização de materiais que colocam em risco a integridade física de alunos menores.

CONSTRUINDO A RODA GIGANTE

Material necessário:*

- Palitos de madeira do tipo usado para picolé e para churrasco.
- Cola branca.
- Cartolina ou papelão colorido.
- Embalagem plástica de margarina.

---

*Os materiais sugeridos podem ser substituídos por outros, a critério dos envolvidos no processo de criação.

- Fita adesiva.
- Miolo de carretel de linha ou outro tipo de tubo de diâmetro semelhante.
- Bisnaga de silicone.
- Estojo vazio de caneta esferográfica.
- Linha de náilon.
- Tesoura ou estilete para cortar papel.
- Compasso.
- Transferidor.
- Régua de 30cm.
- Esquadro 90º.
- Ferro de soldar.
- Solda.
- Lápis.
- Motor de impressora (sucata).
- Engrenagens (encontradas em sucatas de impressora), ou polia revestida com lixa para ferro – a lixa aumenta o atrito e, consequentemente, a tração da correia com a polia, evitando que uma deslize sobre a outra.
- Correia dentada de impressora (sucata).
- Bateria de 9V (preferencialmente recarregável).
- Conexão para bateria de 9V.
- Carregador de bateria.
- Fio de cobre (sucata).

Como construir o artefato:*

- Construir um conjunto de triângulos (**Fig. A6.1**), de modo que, quando colocados lado a lado, formem duas figuras geométricas hexagonais (**Fig. A6.2**). Ter o cuidado de deixar um espaço no centro das figuras, onde deverá ser colocado o miolo de carretel ou similar, que deverá servir de suporte para o eixo do artefato.
- Recortar o fundo das embalagens de margarina em um formato circular, com raio igual a 2,5cm, que servirá como limitador de deslocamento lateral do eixo central.
- Perfurar o cento do limitador de deslocamento lateral com diâmetro de tamanho igual ao eixo que será utilizado.
- Colar os hexágonos sobre um papelão ou cartolina e, depois de secar, recortar as bordas e a parte da cartolina que corresponde ao interior dos triângulos (**Fig. A6.3**).

Figura A6.1 Triângulos formados com os palitos.

Figura A6.2 Triângulos dispostos em forma de hexágono.

---

*É apenas uma sugestão, pois a construção de artefatos robóticos/cognitivos depende da capacidade criativa e inventiva dos sujeitos envolvidos no processo de construção e dos materiais disponíveis para tal.

Figura A6.3 Cada hexágono é colado sobre papelão.

Importante: não colocar para secar ao sol, devido à possibilidade de, durante o processo, ocorrer empeno das hastes de madeira, em função da presença de água na cola.

- Fazer um furo na base de cada triângulo (**Figs. A6.4 e A6.5**), onde serão fixados os palitos cilíndricos que servirão de suporte para as cadeiras da roda gigante. Para tal, colocar uma parte sobre a outra e prendê-las com fita adesiva, de modo que os furos das duas partes sejam feitos de uma só vez. Tomar cuidado para que os orifícios não fiquem com o diâmetro muito maior que o das hastes a serem colocadas. Para furar, pode ser usado o ferro de soldar aquecido. Executar essa tarefa com cuidado, pois existe o risco de queimaduras.

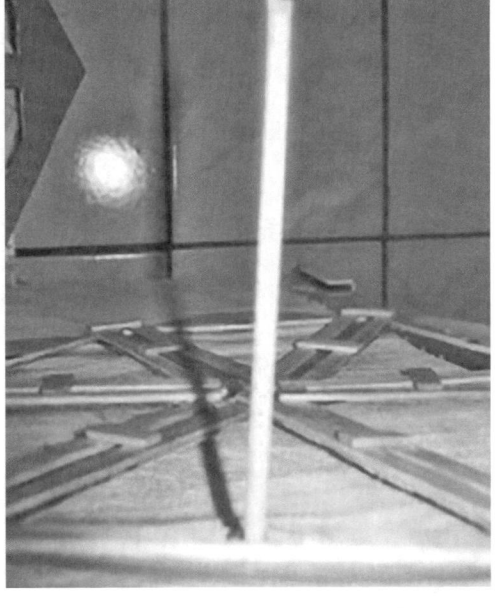

Figura A6.5 Inserção de palitos cilíndricos nos furos realizados.

- Importante: Quando os triângulos são colados sobre o papelão, é possível notar que o centro do objeto (**Fig. A6.6**) possui apenas papelão, que não é suficientemente forte para suportar o eixo

Figura A6.4 Um furo é feito na base de cada triângulo.

Figura A6.6 Reforço da área central do objeto com pequenos pedaços de madeira colados.

do artefato. Portanto, é necessário reforçar esse local com pequenos pedaços de madeira e cola.
- Usando compasso e régua, marcar e furar o local onde será instalado o eixo do artefato.
- Tampar com papelão o lado de fora dos orifícios para facilitar a instalação das hastes em seus respectivos lugares.
- Colocar um hexágono com os orifícios voltados para cima em um local alinhado, passar cola nos orifícios e instalar as hastes que foram antecipadamente cortadas no tamanho desejado. As hastes devem ser alinhadas usando o esquadro de 90º.
- Quando as hastes já estiverem definitivamente fixadas, instalar o segundo hexágono.
- Colocar o eixo, já com a engrenagem e os limitadores de deslocamento lateral, onde será encaixada a estrutura na qual o artefato será fixado (**Fig. A6.7**).
- Fixar o motor e a correia dentada.
- Conectar a bateria de 9v ao motor. Caso o motor não possua fio, fazer a devida correção utilizando sucata.

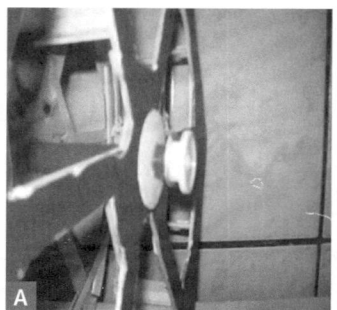

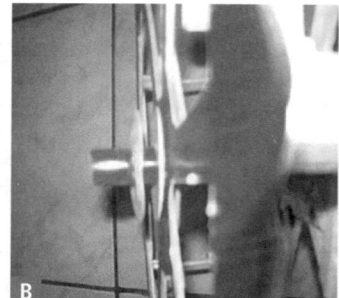

Figura A6.7 **(A-B)** Engrenagem com os limitadores de deslocamento aplicada. **(C)** Base onde será encaixada a roda gigante.

PARTE III

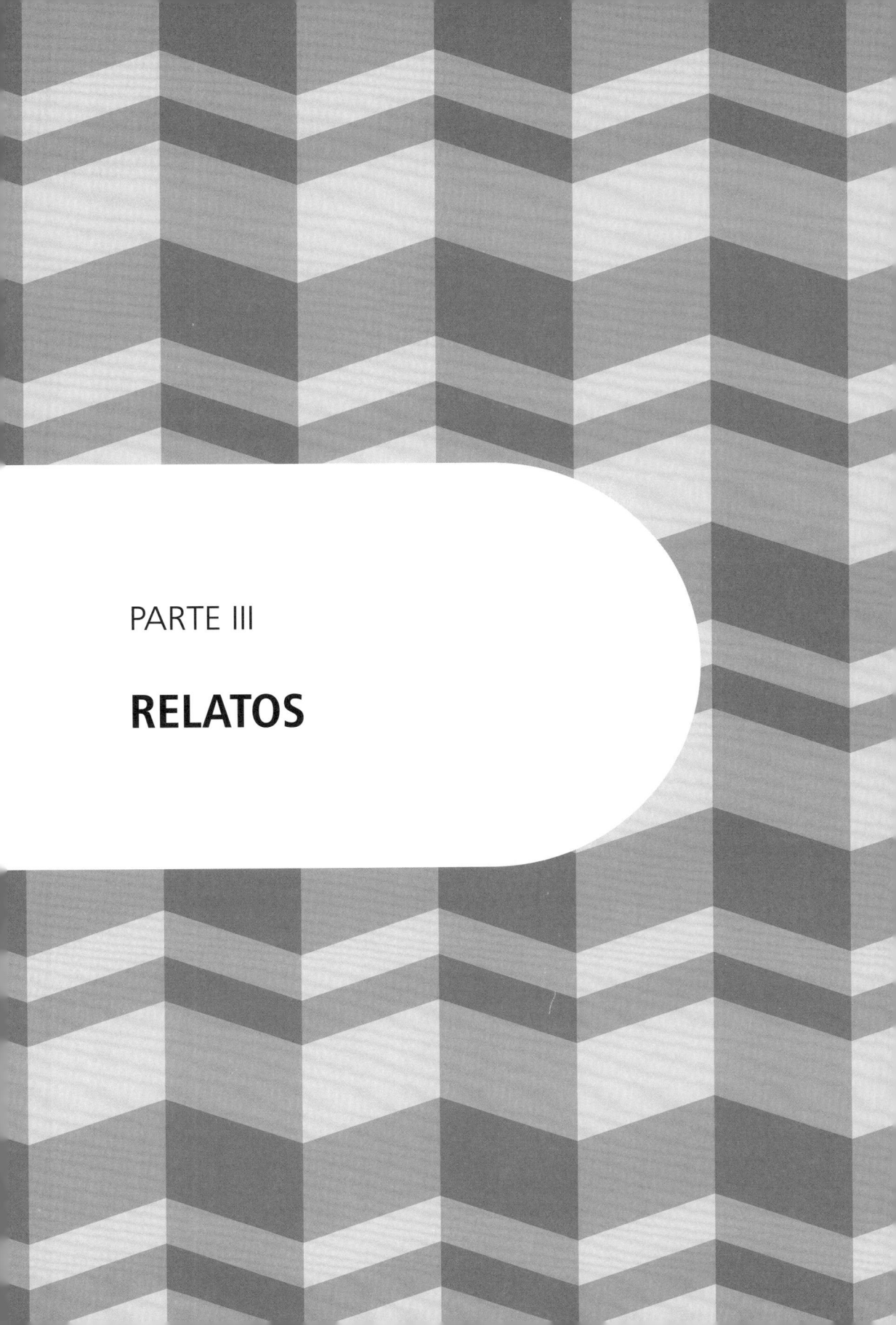

RELATOS

RELATO DE EXPERIÊNCIA SOBRE A IMPLEMENTAÇÃO DO PROJETO ROBÓTICA EDUCACIONAL EM UMA ESCOLA RURAL

Anderson Szeuczuk

Este capítulo aborda o processo de implementação do projeto Robótica Educacional em uma escola rural no município de Guarapuava (PR). Relatarei a seguir a prática que realizei como orientador do projeto. Serão descritas impressões acerca do projeto e as dificuldades e desafios encontrados pelos estudantes durante o trabalho.

CONTEXTO DA ESCOLA

No primeiro semestre de 2009, as atividades com o projeto Robótica Educacional foram iniciadas em uma escola localizada a mais de 30 quilômetros do centro de Guarapuava. Grande parte dos alunos não residia no entorno da escola e dependia exclusivamente do transporte escolar para chegar a seu destino.

A escola municipal dividia seu espaço físico, inclusive o laboratório de informática, com uma escola estadual. As aulas de robótica educacional eram ministradas uma vez por semana nas turmas da 3ª série (atual 4º ano) e da 4ª série (atual 5º ano) do ensino fundamental. Cada aula tinha aproximadamente duas horas, divididas entre o trabalho conceitual em sala de aula e a prática no laboratório de informática, com a programação em linguagem Logo.

O laboratório inicialmente utilizado para as aulas de princípios básicos de programação em linguagem Logo era cedido pelo colégio estadual, pois a escola municipal não tinha um local próprio para essa finalidade. Os computadores utilizados eram equipados com o sistema operacional Linux, e o programa utilizado e disponível era o xLogo.

No entanto, para as aulas de programação com a plataforma GoGo Board, eram utilizados três computadores sem uso pela direção da escola, os quais eram equipados com Windows XP. Assim, a partir da insuficiência de computadores, a realização das aulas com a turma toda era algo inviável.

CONTEXTO SOCIAL

Quando o projeto Robótica Educacional foi apresentado aos alunos, percebi algumas dificuldades na compreensão da explicação dos conceitos básicos de robótica educacional. Nesse distrito, os recursos tecnológicos eram muito limitados, as pessoas não tinham acesso à internet nem computadores em suas residências. A maioria das crianças tinham contato com essa tecnologia pela primeira vez na escola. Ainda há casos de inexistência de energia elétrica nas residências desses alunos.

Tendo uma origem semelhante à daqueles alunos, eu podia compreender suas dificuldades. Durante a maior parte da minha infância, estudei naquela mesma escola, e meus pais trabalhavam no mesmo campo que os pais da maioria daquelas crianças – minha mãe, com gado leiteiro e meu pai, com extrativismo de madeira. Tive meu primeiro contato com o computador em 2004, aos 16 anos, quando tive a oportunidade de me matricular no curso técnico em informática integrado ao ensino médio.

Desde muito cedo, comecei a apreciar a eletrônica. Tinha muito interesse em descobrir como as coisas funcionavam, e, quando tinha oportunidade, desmontava os equipamentos elétricos danificados em casa para entender seu funcionamento. Quando trabalhava como estagiário na escola, tive a oportunidade de ser indicado pela direção para fazer o curso e participar do projeto de robótica, no qual pude colocar em prática o ensino de meus conhecimentos para os alunos.

Ao iniciar o projeto, percebi o distanciamento de alguns alunos durante o diálogo em sala de aula. Com isso, optei por iniciar as aulas com a explicação dos conceitos básicos da robótica, procurando, por meio de exemplos do cotidiano das crianças, relacionar tais conceitos com a prática.

Os alunos imediatamente relacionaram a robótica com a tecnologia, no entanto, para eles, os recursos tecnológicos eram sinônimo de desemprego na área rural. Nesse local, a maior fonte de renda é o extrativismo madeireiro, e as crianças apontavam como as máquinas atrapalhavam e causavam desemprego na região. Afirmavam que, antes desses recursos, um determinado trabalho poderia ser executado por vários operários, que, com a chegada das máquinas, acabaram sendo substituídos.

Era perceptível que as crianças consideravam a tecnologia uma inimiga, por isso, no decorrer das explicações, procurei apresentar exemplos que demonstravam o quanto a tecnologia é importante no cotidiano, por meio de recursos como motocicletas, automóveis, tratores e telefones celulares rurais, utilizados para a comunicação. A partir disso, expliquei que, devido a esses novos recursos, foi possível que um maior número de pessoas tivesse acesso a novos produtos, disponíveis na sociedade moderna.

ATIVIDADES PRÁTICAS

Foi identificado que os alunos, em sua maioria, tinham grande dificuldade em geometria básica, especialmente na compressão sobre ângulos, o que já fora mencionado pela professora regente da turma quando conversamos sobre o projeto. Era fundamental que eles compreendessem os conceitos básicos de ângulos para a prática no laboratório com o programa xLogo.

Outra dificuldade perceptível nos alunos era a distinção entre direita e esquerda. Após algumas aulas, e depois de ter implantado ângulos de diversas formas durante as atividades, quando foram utilizadas diferentes práticas didáticas, constatou-se que eles tinham maior facilidade de compressão quando os ângulos eram subdivididos em 30°. Em sala de aula, após algumas atividades no papel, os alunos conseguiram compreender com facilidade essa questão. Porém, no laboratório de informática, sempre encontravam um problema na utilização do computador, principalmente quando a tartaruga virava de cabeça para baixo na tela. Ficou claro que algumas crianças tinham muita dificuldade com essa questão, embora o problema fosse simples de ser resolvido, com a execução do comando contrário ao erro. Os alunos foram então instruídos a realizar corretamente essa atividade, para que não fossem executados comandos aleatórios e sem um raciocínio lógico.

Com o objetivo de reduzir as dificuldades de alguns alunos, solicitou-se a construção de pequenas tartarugas, com material de espuma vinílica acetinada (EVA) e palitos de sorvete, usando-se as letra "D" para identificar a direita e "E", para a esquerda. Com isso, no laboratório de informática, os alunos que tinham dificuldade eram instruídos a utilizar essa tartaruga, e percebeu-se que, aos poucos, as dificuldades com a compreensão de direita e esquerda e de ângulos foram ultrapassadas.

As primeiras atividades com a linguagem Logo foram executadas com objetivos simples, como, por exemplo, desenhar linhas e formas geométricas, como quadrados, triângulos e círculos. Posteriormente, os alunos começaram a desenvolver desenhos mais complexos, como casa, estrela, flor, sol e a bandeira do Brasil.

O *software* educacional xLogo, utilizado nas aulas, apresenta algumas vantagens e desvantagens com relação ao Superlogo. No entanto, nessa situação, a única opção era utilizar o *software* de programação xLogo, pois o sistema operacional Linux, utilizado no laboratório, não permitia a instalação de outros *softwares*. Uma das vantagens do xLogo é seu ambiente colorido e a possibilidade de personalizar as cores. Além disso, a forma de tartaruga estimula a aprendizagem. No entanto, o processo de salvar cada projeto era um pouco mais difícil. Outra questão era a impossibilidade de seu uso com a GoGo Board nesse laboratório, pelo fato de a configuração dos computadores estar ligada a um sistema de multiterminais conectados por uma rede a um servidor local.

AULAS PRÁTICAS

Após o trabalho em sala de aula e no laboratório de informática, foram apresentados princípios básicos em eletrônica. Em sala de aula, todos os alunos executaram projetos simples, com baterias, motores e alguns tipos de sensores.

Os alunos frequentavam a escola pela manhã, e, no decorrer do projeto, percebeu-se a necessidade de continuar o trabalho no contraturno para o desenvolvimento das demais atividades de robótica educacional. Como era inviável que todos fossem à escola à tarde, por questões de transporte, almoço e espaço para as atividades, os alunos que moravam nas proximidades ou que poderiam ficar na casa de algum amigo foram convidados a participar do projeto à tarde. Assim, 14 alunos que estudavam regularmente no período matutino frequentavam o projeto no período vespertino.

As aulas práticas com a utilização de sucatas e interface de comunicação GoGo Board (**Fig. 7.1**) foram desenvolvidas após meses de treinamento no laboratório de informática com a linguagem Logo. Como os alunos tinham liberdade para criar os projetos, surgiram alguns inusitados. Por exemplo, uma aluna questionou a possibilidade de executar os comandos da tartaruga na tela do computador utilizando um teclado externo. Com isso, surgiu o projeto da plataforma de controle com sensores (**Fig. 7.2**).

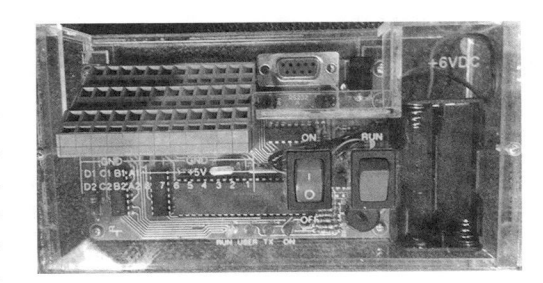

Figura 7.1 GoGo Board.

Figura 7.2 Plataforma de controle com sensores.

A aluna que desenvolveu a plataforma tinha 9 anos e estava matriculada na 4º série do ensino fundamental. Sua ideia surgiu a partir de uma inquietação sobre a possibilidade de utilizar os sensores por ela criados, em princípio, para acender e apagar uma lâmpada LED e para controlar os movimentos da tartaruga na tela do computador.

Cada sensor de toque criado pela aluna com papelão e papel alumínio foi ligado às entradas dos sensores da GoGo Board, em suas oito portas disponíveis. Após a elaboração da estrutura física (ver **Figura 7.1**), a aluna criou um programa para movimentar a tartaruga com os seguintes comandos: "para frente 100, para trás 100, para direita 30, para esquerda 30, use nada, use borracha, use lápis e Tat". Com isso, era possível fazer desenhos na tela do computador sem a utilização do teclado ou do *mouse*.

No desenvolvimento do projeto Robótica Educacional, percebeu-se que os alunos começaram a se questionar sobre o funcionamento de alguns dispositivos. Uma das questões que surgiu durante as aulas foi sobre o funcionamento de um elevador. Assim, surgiu o projeto Elevador, a princípio, uma estrutura controlada unicamente com baterias de 9 volts e, posteriormente, com a utilização de sensores com ligação na GoGo Board (**Fig. 7.3**).

Embora o projeto fosse limitado ao subir e descer de uma estrutura a partir de dois sensores magnéticos, um no topo e outro na base, pôde-se perceber que os alunos conseguiram compreender o funcionamento desses dispositivos.

Durante a execução do projeto Elevador, os alunos passaram por diversos problemas, os quais, a partir da colaboração do grupo, foram, aos poucos, solucionados. O primeiro, já perceptível durante o trabalho com as baterias, foi o fato de o dispositivo (elevador) chegar até o topo e despencar, porque não conseguiram colocar um dispositivo de freio ou trava no motor. Esse problema foi solucio-

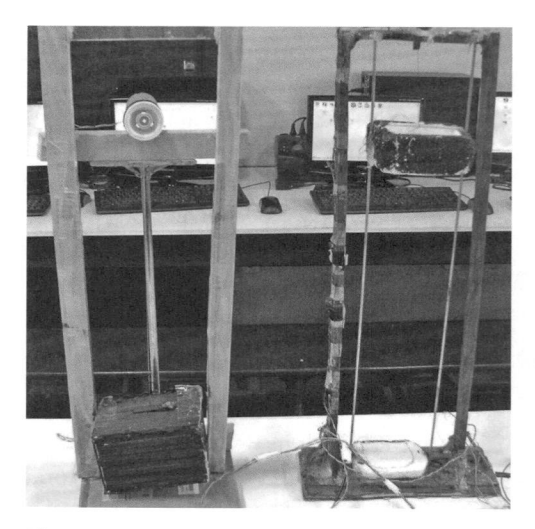

Figura 7.3 Projeto Elevador.

nado com a utilização de elevadores mais leves e motores maiores, com um poder de indução superior aos utilizados anteriormente.

Outra dificuldade nesse projeto foi com relação ao cabo de suporte do elevador, que, se era muito fino, acabava cedendo, e, caso fosse mais grosso, não desenrolava. Esse problema foi solucionado com a utilização de polias superiores maiores e linha de pesca fina.

Durante as aulas, um grupo de três alunos mostrou curiosidade sobre o funcionamento de um *joystick* de carrinhos de controle remoto. O projeto Carrinho já havia sido desenvolvido por eles, sendo o carrinho operado com a inversão de polaridade manual no contato entre os fios e a bateria. Após a compreensão dos conceitos básicos de eletricidade, os estudantes produziram um *joystick* (**Fig. 7.4**) com o qual era possível realizar as ações de li-

Figura 7.4 Projeto *Joystick*.

gar/desligar, mudar de direção para a esquerda ou a direita e fazer a inversão para trás e para a frente.

O projeto *Joystick* foi executado em um período cerca de dois meses de trabalho em sala de aula, e os alunos passaram por muitas dificuldades até sua conclusão, com o funcionamento definitivo e adequado controle do dispositivo. Todo o controle foi construído com sucata de computadores – a base central e o *led,* com a parte frontal de um drive de *CD*; os dois botões centrais, com partes de um teclado de computador; os botões das extremidades foram reaproveitados de uma fonte de computador; e os fios, de sobras de cabo de rede.

CONSIDERAÇÕES FINAIS

Com o distanciamento necessário para avaliar toda a história de um momento importante da comunidade rural em que nasci e fiz parte como docente, destaco, na sequência, alguns aprendizados da experiência vivida.

Naquela época, eu era estagiário do curso de História e trabalhava com tecnologias em uma comunidade que até hoje é vítima do chamado *digital divide* (fosso digital), a divisão entre quem tem acesso a tecnologias, que são importantes para a atualidade, e quem não tem. Hoje, após mais uma graduação – em sociologia –, um mestrado em educação e o aprofundamento da minha vivência docente com tecnologias, percebo que é nos locais mais distantes, mais necessitados, que experiências como a relatada devem acontecer, embora a divisão digital também seja perceptível nas regiões urbanizadas. No entanto, enquanto no meio urbano as crianças estão expostas mais frequentemente às tecnologias, em regiões rurais, até mesmo o simples acesso à internet é um desafio.

Outro ponto a ser destacado é que políticas públicas de tecnologias, especialmente em regiões carentes, precisam de tempo para serem implantadas e desenvolvidas. É preciso que o poder público invista em projetos além de uma gestão, com perspectiva de trabalhar quatro ou cinco anos. Em regiões distantes no Brasil, projetos educacionais que incluam tecnologias devem ser políticas de estado, não de governo. Também é necessário que as equipes pedagógicas das secretarias e das escolas trabalhem por atividades que ofereçam fundamentos para diversas ciências, profissões e atividades. Desde aquela época, e hoje mais ainda, programação e construção de tecnologias são fundamentais para o momento atual da sociedade.

Com todas as dificuldades de se oferecer inovações na rede pública, sinto-me feliz porque diversas crianças tiveram oportunidade de explorar e vivenciar o que a situação social negava a elas. Esse é um significado da educação: diminuir o fosso entre as camadas populacionais que têm tudo e as que pouco têm. Por um tempo, eu e as crianças experimentamos o que Freire nos ensinou: a educação como prática da liberdade!

UMA APLICAÇÃO DA PLATAFORMA ROBÓTICA JABUTI EDU COMO RECURSO PEDAGÓGICO NA APRENDIZAGEM DE FÍSICA NO ENSINO MÉDIO

Maria Inês Castilho | Léa Fagundes

Apesar dos incentivos à escolarização de crianças e adolescentes no Brasil e no mundo, há um despreparo da população em relação a fazer da escola um local de produção do conhecimento. O tratamento escolar dado aos brasileiros que frequentam os ensinos fundamental e médio não está sendo eficiente, de forma que as universidades estão recebendo alunos cada vez menos preparados para uma educação formal. Conforme Kandlhofer e Steinbauer (2015), nos últimos anos, pôde ser observado um desinteresse crescente dos jovens pela ciência e tecnologia. Cada vez menos alunos decidem frequentar cursos técnicos de nível universitário ou exercer uma profissão técnica. Nesse contexto, a robótica educacional ganhou maior atenção nas últimas décadas.

As atividades de robótica na escola podem ser realizadas de diferentes maneiras. Nas escolas brasileiras, são mais utilizadas as oficinas extraclasse, onde se fornecem instruções de uso do material existente e se desenvolvem projetos com vistas a resolução de problemas, levantamento de hipóteses, testagem e implementação daquelas que foram validadas. Essas estratégias são muito bem-vindas como introdução às atividades de robótica e ao desenvolvimento de projetos com embasamento científico e, se possível, deveriam ser oportunizadas a todos os estudantes. Porém, normalmente, não atingem todos os alunos, mas apenas aqueles inscritos nas oficinas.

Segundo Gaël e Léopold (2016), a robótica tem muito a oferecer para a ciência comportamental e para o desenvolvimento cognitivo, porque oportuniza alcançar operações autônomas, a partir de um mínimo de conhecimento *a priori*. Dessa forma, a escola deve considerar sempre as potencialidades oferecidas pelo desenvolvimento tecnológico, em especial a robótica, para o desenvolvimento da autonomia e independência do estudante, frente às diferentes situações no contexto escolar.

A robótica educacional, se permitido seu uso com o intuito de fazer o aluno desenvolver um raciocínio lógico sobre o que está a experienciar, não só oportuniza a busca do conhecimento, como também forma cidadãos para uma vida melhor. Segundo Piaget (1973, p. 32), "o ideal da educação não é aprender ao máximo, maximizando os resultados, mas é antes de tudo 'aprender a aprender'; é aprender a se desenvolver e aprender a continuar a se desenvolver depois da escola".

Com base nessas premissas, apresenta-se uma atividade de aprendizagem de física com a utilização da plataforma robótica Jabuti Edu, desenvolvida sob a perspectiva de *hardware* aberto e livre, com o objetivo de oportunizar aprendizagens em física e despertar a curiosidade sobre a robótica e suas implicações.

A PLATAFORMA ROBÓTICA JABUTI EDU EM UM CONTEXTO DE CIÊNCIA E EDUCAÇÃO ABERTA

Considerando que a busca de informações para a produção de conhecimentos é a essência na educação, quanto mais essas informações estiverem disponíveis e com liberdade de uso, mais benefícios terá o sistema educacional. *Hardwares* disponíveis sob licença permissiva para que qualquer pessoa possa usá-los, copiá-los, alterá-los e disponibilizá-los sem ferir os direitos de propriedade, como é o caso da plataforma robótica Jabuti Edu, podem contribuir para que professores possam realizar práticas educacionais relevantes. Os objetos que possuem essas características são chamados de hiperobjetos, e, segundo Pezzi, "no caso científico e educacional, o interesse reside em hiperobjetos cujos *links* apontam para informações como modelos teóricos, digitais ou matemáticos do objeto, instruções de uso e manutenção, aplicações, códigos e programas de computador e *firmware* (programas embarcados no próprio objeto)" (PEZZI, 2015, p. 176).

A plataforma robótica Jabuti Edu é considerada um hiperobjeto porque, além de ter sido desenvolvida priorizando as tecnologias livres, tem seu *hardware* disponível sob a licença de *hardware* aberto (LHA) V1.2 da Organização Europeia para a Pesquisa Nuclear (Organisation Européenne pour la Recherche Nucléaire, em francês), conhecida como CERN (antigo acrônimo para Conseil Européen pour la Recherche Nucléaire), que apresenta diretrizes cujo objetivo principal é "fornecer uma ferramenta para promover a colaboração e partilha entre projetistas de *hardware*" (SERRANO, 2013, p. 1) e tem toda a documentação que permite sua análise, reprodução, alterações e compartilhamento disponível no *site* da comunidade Jabuti Edu.

A referida plataforma robótica é facilmente utilizada porque pode ser programada por diferentes *softwares*, entre eles, Scratch, Blockly e o próprio *software* embarcado desenvolvido para comandos básicos "para frente", "para trás", "gire *x* graus à direita ou à esquerda", "fale o que for digitado em uma caixa de texto" e "pisque os olhos". Essa configuração consiste no Módulo 1 e está disponível a qualquer usuário que tenha acesso a um computador, *notebook*, *tablet*, ou celular com Wi-Fi. Também os *softwares* utilizados estão licenciados sob a Affero General Public License (AGPL), que tem como fundamento a concessão de quatro liberdades: de executar o programa; de estudar como o programa funciona e adaptá-lo conforme achar necessário; de distribuir cópias; e de aperfeiçoar o sistema e disponibilizar os aperfeiçoamentos de forma que todos possam usufruir deles se assim o desejarem. A **Figura 8.1** apresenta a plataforma Jabuti Edu.

FÍSICA – UMA CIÊNCIA EXPERIMENTAL

A física é uma ciência com considerável abrangência de experimentos que melhoram a com-

Figura 8.1 Plataforma robótica Jabuti Edu, vistas superior e frontal.

preensão do fenômeno físico em análise. Em algumas escolas, existem laboratórios bem equipados, mas, na maioria delas, os custos dos equipamentos inviabilizam que se estabeleça uma estrutura adequada para que sejam desenvolvidas as práticas de ensino de física.

Assim, o uso de hiperobjetos, como a plataforma robótica Jabuti Edu, torna um pouco mais fácil implementar práticas pedagógicas importantes, visto que os hiperobjetos podem ser construídos até mesmo pelos alunos da escola, pois qualquer pessoa pode ter acesso a todas as informações necessárias para a construção e programação dos mesmos.

Para estudar o movimento uniforme, é adequado usar aparelhos como colchões de ar, que servem de apoio ao deslocamento de um carrinho, ou trilhos de madeira, metal ou vidro, por onde se desloca um volante ou bolinha. No entanto, a velocidade do móvel nem sempre se mantém constante em toda a trajetória, e, mesmo assim, o experimento é válido, se considerada a velocidade média no percurso.

Dessa forma, o uso de um robô como móvel em movimento uniforme oferece mais uma possibilidade de análise desse movimento, que, às vezes, os alunos têm dificuldade de compreender. No caso relatado a seguir, um robô foi usado em uma atividade com todos os alunos do 1º ano do ensino médio de uma escola, não se restringindo apenas àqueles que frequentavam as oficinas extraclasse.

UM EXPERIMENTO DE MOVIMENTO UNIFORME USANDO A PLATAFORMA JABUTI EDU COMO MÓVEL

O experimento apresentado a seguir foi aplicado com 92 alunos do 1º ano do ensino médio de uma escola pública de Porto Alegre (RS). Separados em grupos, os alunos fizeram a plataforma robótica se deslocar em diferentes trajetórias e superfícies, escolhendo as posições inicial e final do móvel em cada trajetória. Calcularam a velocidade do móvel em cada caso e escreveram a função horária do movimento da Jabuti Edu em dois movimentos sugeridos na prática. Após o experimento ser realizado em grupos, os alunos sentaram-se separadamente, responderam a perguntas e resolveram cálculos a partir de dados coletados durante a experimentação. Na **Figura 8.2** são apresentadas as instruções da prática de física usando a plataforma Jabuti Edu e a **Figura 8.3** mostra os alunos durante a atividade prática.

Dados obtidos e análise dos resultados

Uma análise qualitativa foi feita enquanto os alunos realizavam a prática para averiguar o interesse e a dedicação na realização da tarefa. Durante esse período, todos demonstraram interesse pelo experimento e o relacionaram perfeitamente com o conteúdo de física que estava sendo analisado, ou seja, o movimento uniforme de um móvel.

Todos os alunos realizaram a prática com acerto, identificando quando o móvel deveria ser considerado um corpo extenso, as posições iniciais e finais de cada movimento, os módulos dos deslocamentos, os intervalos de tempo decorridos e os módulos das velocidades em cada caso. As unidades de medidas foram usadas corretamente quando se tratava do deslocamento da Jabuti Edu. Quando fizeram a atividade que exigia um pensamento formal e abstrato, para resolver problemas propostos a partir dos dados obtidos na prática, o acerto foi de 82%, percentual obtido pela soma das notas de todos os alunos divididos pelo número de alunos. É importante ressaltar que nenhum aluno obteve nota inferior a 50%, e 56 dos 92 alunos que realizaram a prática acertaram todas as questões.

Alguns dias após o desenvolvimento da prática, foi disponibilizado um formulário via Google Drive que questionava a validade do uso de uma plataforma robótica como móvel

CINEMÁTICA - PRÁTICA Nº _____

Função horária da posição em relação ao tempo no Movimento Uniforme

1. MATERIAIS
- 1 plataforma robótica Jabuti Edu
- 1 celular ou tablet
- 1 trena
- 1 cronômetro

2. INSTRUÇÕES INICIAIS
a. Ligue a plataforma robótica.
b. Faça a conexão *wireless* do celular (ou *tablet*) com a Jabuti Edu, procurando a rede Wi-Fi da plataforma robótica.
c. Abra o navegador *web* do celular (ou *tablet*) e acesse o programa que monitora a plataforma, digitando o endereço 192.168.0.123
d. A Jabuti Edu será comandada por essa interface. O grupo deve operar a plataforma por uns 15 minutos, no máximo, para se familiarizar com o robô e os comandos da interface.

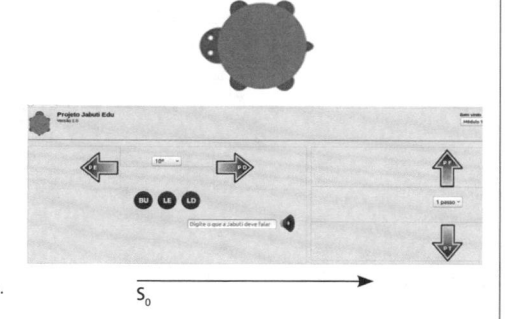

3. DESENVOLVIMENTO

Atividade 1
a. Meça o comprimento e a largura da Jabuti Edu.
b. Meça o comprimento da trajetória.
c. Posicione a plataforma robótica no início da trajetória, sendo que a parte frontal deva estar na posição inicial (S_0).
d. Realize comandos PF (para frente) ao mesmo tempo que inicia a contagem do tempo de percurso.
e. Determine a velocidade média da Jabuti Edu em m/s e em km/h.
f. Determine a função horária da posição em relação ao tempo desse movimento, completando a Tabela 1.

Tabela 1

Jabuti Edu	Dimensões do Robô		Trajetória	Deslocamento Total ΔS (m)	Intervalo de tempo Δt (s)	Velocidade média v (m/s)	Velocidade média v (km/h)	Função horária $S = S_0 + vt$
	Comprimento	Largura	Comprimento					
Atividade 1								

Atividades 2 e 3
a. Escolha, livremente, a posição inicial (S_0) e a posição final (S). No entanto, a Jabuti Edu deve se deslocar no sentido da trajetória na atividade 2 e no sentido contrário na atividade 3.
b. Meça o intervalo de tempo de cada deslocamento, desenvolva os cálculos e preencha a Tabela 2.

Tabela 2

	Posição inicial (S_0)	Posição final (S)	Variação de posição ΔS (m)	Intervalo de tempo no percurso Δt (s)	Velocidade média v (m/s)	Velocidade média v (km/h)	Função horária $S = S_0 + vt$
Atividade 2							
Atividade 3							

4. EXERCÍCIOS REFERENTES À PRÁTICA REALIZADA
a. Na atividade 1 (Tabela 1), a plataforma robótica foi considerada um ponto material ou um corpo extenso? Justifique.

b. Imagine a Jabuti Edu, da atividade 2, se deslocando na trajetória esquematizada abaixo e responda, apresentando cálculos:

ΔS = 3 km (A → B)
ΔS = 7 km (B → C)

b.1) Qual a velocidade média no percurso A → B → C? (Consulte a Tabela 2 – Atividade 2)
b.2) Qual o tempo que o robô leva para percorrer a trajetória A → B → C?
b.3) Qual o tempo que o robô levaria para percorrer a trajetória de A até C, em linha reta, sem passar por B?

c. Com os dados da atividade 3, determine a posição da plataforma robótica Jabuti Edu, no instante 2 h de movimento.

Figura 8.2 Instruções da prática de física usando a plataforma robótica Jabuti Edu.

Figura 8.3 Alunos realizam a atividade prática utilizando as plataformas robóticas.

no estudo do movimento uniforme. Dos 92 alunos que realizaram a prática, 43 responderam ao questionário. Suas idades variavam de 14 a 17 anos, sendo 23 alunos com 15 anos, 11 com 16 anos, 7 com 14 anos e 2 com 17 anos de idade. A maioria dos alunos que respondeu ao questionário considerou válida a realização de práticas de física para melhor compreender o conteúdo e, quando solicitados a responder à pergunta "Você considera que práticas de ensino de física envolvendo robótica contribuem para a aprendizagem do conteúdo?", a maioria dos alunos foram favoráveis ao uso da robótica na aprendizagem de física, conforme apresentado na **Figura 8.4**.

Uma das perguntas formuladas, "Você considera que mecanismos robóticos, como, por exemplo, a Jabuti Edu, podem levar o aluno a ter mais interesse pela física?", teve resposta afirmativa em percentual bem elevado, conforme mostra a **Figura 8.5**.

Quando foi questionado "Você concorda que o uso de robótica em experimentos envolvendo conteúdos interdisciplinares pode ampliar o conhecimento das disciplinas, não se limitando ao que se é comentado em sala de aula?", 74,4% dos alunos responderam que concordavam plenamente, 20,9 % disseram que concordavam parcialmente, e apenas dois alunos responderam que não concordavam que a robótica envolvendo conteúdos interdisciplinares pode ampliar o conhecimento nas disciplinas inter-relacionadas, conforme apresentado na **Figura 8.6**.

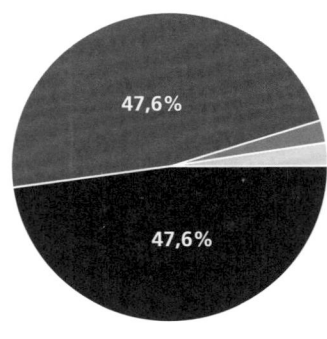

47,6%

47,6%

● Sim, sempre.
● Sim, às vezes.
● Sim, raramente.
○ Outras.

Figura 8.4 Percentual de alunos favoráveis ao uso da robótica na aprendizagem.

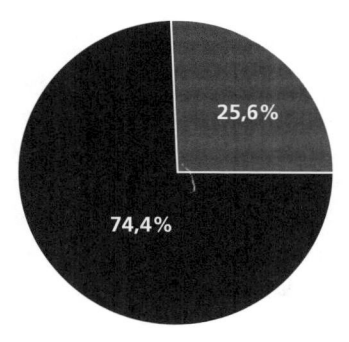

Figura 8.5 Percentual de alunos que consideram que a robótica pode despertar, ou não, interesse pela disciplina de física na escola.

- Sim, certamente.
- Não necessariamente.

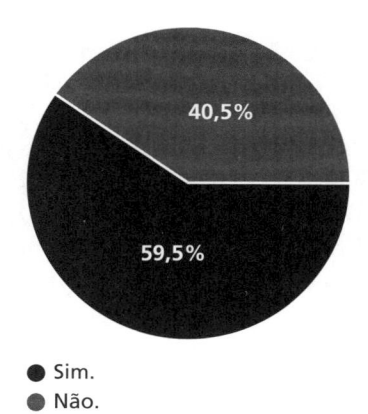

Figura 8.7 Percentual de alunos que consideram a robótica como uma ferramenta de aprendizagem que desperta, ou não, interesse além do estudo em questão.

- Sim.
- Não.

Em relação à pergunta "Você considera que a plataforma robótica desperta curiosidades, além do conteúdo que está estudando no momento?", cerca de 60% dos entrevistados responderam que sim, conforme demonstrado na **Figura 8.7**.

Os alunos que responderam "sim" a essa última pergunta foram convidados a relatar de uma a três curiosidades neles despertadas pelo trabalho. As curiosidades variaram bastante, mas o maior número de alunos demonstrou curiosidade em saber como a plataforma robótica foi construída e programada e cinco alunos disseram ter ficado curiosos em saber como ela poderia ser programada para executar um movimento uniformemente variado (MUV), ou seja, com aceleração. E uma das respostas foi "Me despertou interesse a possibilidade de outras formas da robótica ser utilizada no âmbito escolar, com demonstrações de conteúdos tratados em sala de aula, em atividades práticas" (Aluno A).

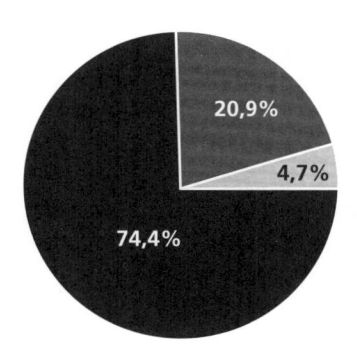

Quando foi solicitado que expressassem sua opinião geral sobre a prática realizada, as respostas foram motivadoras. Entre elas, destaca-se: "É positiva a mudança de aula de quadro e professor falando; na prática, os alunos interagem bem mais, criando mais dúvidas e tirando mais dúvidas, de uma maneira diferente. Quando se tem uma matéria muito teórica, é muito bom poder ver ela acontecendo na realidade como o movimento uniforme" (Aluno B).

Ao analisar os resultados obtidos em sua totalidade, pode-se dizer que os alunos, em grande percentual, sentem-se motivados a aprender física quando são realizadas práticas a partir do uso de robótica. Quanto ao interesse que a pla-

- Concordo plenamente.
- Concordo parcialmente.
- Não concordo.

Figura 8.6 Percentual de alunos que concordam com a utilização da robótica em projetos interdisciplinares.

taforma robótica desperta, além de usá-la como móvel durante o experimento, os alunos ficaram curiosos sobre a maneira como a plataforma foi construída e programada, como recebia comandos a partir de um celular, se poderiam mesmo construir uma igual ou a partir dela e se poderiam desenvolver outro mecanismo robótico. O fato de ser um hiperobjeto os deixou bastante motivados a procurar saber mais sobre robótica livre e as licenças permissivas.

CONSIDERAÇÕES FINAIS

Alunos motivados são a base para um ambiente de aprendizagem adequado, e a plataforma robótica despertou a motivação necessária para a compreensão de conceitos do movimento uniforme, que dão base à cinemática. A aprendizagem não constitui acúmulo de conhecimento, mas, sim, o desenvolvimento das capacidades cognitivas. Dessa forma, a educação, quando voltada ao desenvolvimento dessas capacidades, está desenvolvendo o aluno em toda sua potencialidade e preparando-o para a continuidade de seus estudos e para a vida.

Durante o desenvolvimento da atividade, todos os alunos de 1º ano do ensino médio tiveram a oportunidade de vivenciar uma prática na qual um robô executa um movimento uniforme, o que despertou curiosidades e interesse, de forma que novas buscas de conhecimento se originaram desse primeiro contato com a plataforma robótica Jabuti Edu. As curiosidades demonstradas revelam que os alunos pensaram além do que estava sendo proposto, e essa é uma das razões que levam à produção de conhecimentos. Essa nova forma de relação com o saber promove renovação e ampliação de conhecimentos, tão necessárias ao desenvolvimento da educação de um país.

Em trabalhos futuros, sugere-se que se descrevam outras práticas envolvendo a plataforma Jabuti Edu, principalmente em relação a sua estrutura e funcionamento, que apresentem a aplicação de princípios da física.

REFERÊNCIAS

GAËL, V.; LÉOPOLD, G. Introduction à l'apprendtissage développemental. In: BAILLY, G.; PESTY, S. *Cognition, affects et interaction*. Grenoble: Université de Grenoble-Alpes, 2016. p. 53-59. Disponível em: <https://hal.archives-ouvertes.fr/cel-01258860/document#page=61>. Acesso em: 10 set. 2018.

KANDLHOFER, M.; STEINBAUER, G. Evaluating the impact of educational robotics on pupils' technical- and social-skills and science related attitudes. *Robotics and Autonomous Systems*, v. 75, Parte B, p. 679-685, 2016.

PEZZI, R. P. Ciência aberta: dos hipertextos aos hiperobjetos. In: ALBAGLI, S. (Org.) et al. *Ciência aberta, questões abertas*. Brasília: IBICT, 2015. p. 169-200.

PIAGET J. *Problemas de psicologia genética*. Rio de Janeiro: Forense, 1973.

SERRANO, J. CERN Open Hardware Licence v1.2. In: OPEN HARDWARE WIKI REPOSITORY. 2013. Disponível em: <http://www.ohwr.org/attachments/2388/cern_ohl_v_1_2.txt>. Acesso em: 1 maio 2016.

DA ROCA À MÁQUINA DE COSTURA:
formação de professores, robótica livre e implantação de FabLearn em uma escola de ensino médio do Sesi-RS

Joice Welter Ramos | Sônia Elizabeth Bier | Danielle Schio Rockenbach

O Serviço Social da Indústria (Sesi) é uma organização de direito privado, sem fins lucrativos, fundada em 1º de julho de 1946. Conforme previsto no artigo 1º de seu regulamento, tem por finalidade "estudar, planejar e executar medidas que contribuam diretamente para o bem-estar social dos trabalhadores na indústria e nas atividades assemelhadas, concorrendo para a melhoria do padrão de vida no país". Nesse sentido, tem por atribuição a prestação de serviços nas áreas de educação e qualidade de vida, principais focos estratégicos da organização. O Sesi-RS, cuja sede está em Porto Alegre, faz parte de um sistema federativo formado pelo Departamento Nacional e por 27 Departamentos Regionais. Na gerência de educação do RS, um dos programas são as escolas de ensino médio, nas quais analistas coordenam as atividades junto com as equipes diretivas de cada escola.

A ROCA, OU UM INÍCIO...

A primeira Escola de Ensino Médio Sesi-RS foi inaugurada na cidade de Pelotas, no Sul do Estado, e iniciou suas atividades em 2014. Para o Sesi-RS, a criação de uma escola que atendesse jovens, preponderantemente filhos ou dependentes de trabalhadores da indústria, foi motivo de muitas comemorações. Em relação à indústria, nessa região do Estado há um polo significativo, e a primeira indústria têxtil gaúcha foi criada em 1873, em Rio Grande, cidade vizinha a Pelotas.

Até 2017 o Sesi-RS mantinha quatro escolas de ensino médio, e em breve serão seis. Desde o início, o sistema assegurou seu papel de contribuir com a educação no Rio Grande do Sul. Focada no desenvolvimento de competências voltadas para o mundo do trabalho e para a excelência acadêmica, a busca pela equidade e pela ampliação de oportunidades de aprendizagem, expressa em sua proposta, tem por princípio mobilizar diferentes formas de convidar o aluno a experimentar o prazer de aprender.

Reconhecendo que seus jovens alunos são seres humanos protagonistas de suas vidas e, ao mesmo tempo, dos processos de sua sociedade, cultura e história, o modelo de escola do Sesi-RS optou por metodologias ativas, nas quais a contextualização, a interdisciplinaridade e o desenvolvimento de projetos se fazem presentes. Alterando o modo como o aluno se relaciona com o conhecimento/aprendizagem, a instituição propõe o alargamento de seu repertório e o aprofundamento de seus recursos de ação, tendo em vista um sujeito voltado para a sustentabilidade de si, do outro e do mundo.

Os encontros em sala de aula, por meio de atividades variadas, procuram oportunizar também reflexões sobre o que pensam os jovens em relação à diversidade. Há sempre o cuidado para que os professores tenham continuamente uma formação aprofundada nos temas que sustentam o projeto político-pedagógico (PPP) da escola. São desenvolvidas, anualmente, em torno de 200 horas de formação pedagógica para as equipes escolares, considerando os seguintes princípios:

- A aprendizagem é um processo que tem melhor desenvolvimento se for coletiva; assim, os encontros são organizados para toda a equipe escolar, de modo que as diferentes visões e experiências contribuam para a construção do objeto a ser aprendido.
- O conhecimento é interdisciplinar; logo, a segmentação de abordagens por áreas faz pouco sentido nesses momentos.
- A contextualização é necessária para dar sentido e significado ao objeto/conceito que deverá ser explorado. Sem ela, o entendimento do porquê e para que ficam esvaziados.

A Escola de Ensino Médio Sesi-RS funciona com turno integral e, a partir do 2º ano, os alunos começam a fazer parte do Programa Educação Básica Articulada com Educação Profissional (Ebep). O mundo do trabalho, entretanto, é concebido como algo maior que a educação profissional e apresenta-se contextualizado nas atividades de sala de aula, a fim de instaurar discussões complexas.

A MÁQUINA DE COSTURA E A IMPLANTAÇÃO DE FABLEARN EM ESCOLAS DE ENSINO MÉDIO DO SESI-RS

Desde seu surgimento, em 2014, a Escola Sesi-RS de ensino médio considerou como processo fundamental para a qualificação da aprendizagem dos alunos a formação de professores. São garantidas duas semanas pedagógicas por ano – uma antes do início do ano letivo e outra no período de recesso escolar dos alunos (em julho) –, nas quais temas específicos e comuns são tratados em todas as escolas de ensino médio Sesi-RS.

Além desses momentos mais extensos, são previstos encontros de duas horas, no mínimo trimestrais, para a formação continuada, em que assuntos comuns, ou de acordo com a necessidade de cada escola, são planejados junto com a gerência de educação do Sesi-RS, com a participação de todos os professores de cada escola. Cabe destacar que, semanalmente, há reuniões pedagógicas de duas horas e de área, com no mínimo 1 hora e 30 minutos para cada área do conhecimento, quando são analisados e discutidos projetos e a aprendizagem dos alunos, bem como estratégias de qualificação e aprimoramento do ensino.

A TESSITURA COMEÇA A INCORPORAR CENÁRIOS

A prática docente na Escola de Ensino Médio Sesi-RS sempre considerou o desenvolvimento de projetos, atividades interdisciplinares e o uso de tecnologias. Até 2016, nas duas escolas então existentes, em Pelotas e Sapucaia do Sul, as atividades de robótica estavam mais vinculadas às áreas de ciências da natureza e de matemática, embora linguagens, principalmente teatro e música, desafiassem os alunos a incorporar em suas práticas o uso das tecnologias. Entretanto, a linguagem de programação ficava restrita às aulas de robótica, com o uso dos *kits* da Lego.

Em outubro de 2016, a gerente de educação do Sesi-RS, Sônia Bier, participou de uma oficina sobre movimento *Maker* e *FabLearn*. Assim, os fios começam a ser tecidos. Rompeu-se com a perspectiva de que a robótica deveria ficar mais próxima apenas de algumas áreas e, em 2017, organizou-se uma capacitação para todos os professores e equipes das escolas, que então já eram quatro.

Uma formação continuada em robótica livre para todos os professores e equipes das quatro escolas Sesi-RS, durante oito sábados do 1º semestre de 2017, exigiu investimento e créditos a vários profissionais da gerência de educação e das equipes das escolas, bem como disposição de todos os participantes. O fato de os professores trabalharem a semana inteira com seus alunos e, no mínimo em um sábado por mês, terem atividades no turno da manhã ou da tarde, conforme a escala de seu grupo, poderia ser um tanto desmotivador; as atividades ocorrerem na Grande Porto Alegre e os professores e a equipe da escola de Pelotas levarem mais de quatro horas de viagem para participar dos encontros, ainda mais. No entanto, os registros fotográficos e os experimentos criados atestam que valeu a pena.

A organização dos grupos considerou a participação de todos os professores e da equipe diretiva e pedagógica das atuais quatro escolas, cuidando para que a constituição dos grupos não ficasse restrita a uma escola, tampouco a uma área do conhecimento. Tal como na proposta desenvolvida com os alunos, a diversidade do grupo, a aceitação de conhecimentos prévios distintos e de reflexões plurais sobre um mesmo assunto possibilitaram que as atividades desenvolvidas apresentassem riqueza e amplitude nas abordagens.

Com a orientação do consultor Rodrigo Barbosa e Silva, que falou sobre robótica livre, foram apresentados desde os conceitos básicos, definindo o que significa robótica livre, até o passo a passo sobre programação com GoGo Board. Esse movimento de aprender fazendo e de refletir sobre as possibilidades de transformação do contexto escolar possibilitou aos participantes – professores e equipes – um outro olhar para o processo de aprendizagem.

A formação dos professores foi permeada por desafios, tal como deve ser a construção do processo de conhecimento, respeitando ritmos e valorizando o processo de descoberta, tendo em vista a história e o contexto de cada Escola Sesi. A dedicação à nova proposição – criação de FabLearn – e o deslumbramento com os desmembramentos – proximidade com os princípios da Escola Sesi-RS e descobertas a partir de situações-problema – tornaram as dificuldades menos intensas, apesar da existência de desafios perceptíveis.

Avaliou-se, primeiramente, que talvez alguns grupos precisassem de mais tempo de capacitação do que outros, mas foram garantidas a todos os grupos no mínimo 15 horas. Mais adiante, considerou-se que o fato de alguns professores já terem certa experiência com computação não se revelou como diferenciador para propostas com novas concepções. Em geral, comprovou-se a riqueza de possibilidades quando se sai de um lugar de consumidor de tecnologia e passa-se a refletir sobre processos e programação em robótica livre e aberta.

É importante salientar que todo o material apresentado por Rodrigo Barbosa e Silva, incluindo o projeto da GoGo Board, um *open hardware*, foi disponibilizado em página de comum acesso por todos os participantes. Nesse local, foi possível também compartilhar projetos, dúvidas, informações novas, constatações, alegrias.

Além das capacitações presenciais, o consultor disponibilizava horários ao longo da semana para encontros *on-line*, nos quais alguns professores apresentaram algumas experiências que estavam desenvolvendo ou, ao menos, tentando desenvolver com seus alunos.

Mesmo com o espaço FabLearn não completamente constituído, experiências interessantes começam a aparecer. É evidente a necessidade de maior apropriação da linguagem de programação e maior rigor na metodologia em relação à prototipagem e ao acompanhamento do processo em si. Há muito ainda para se chegar à máquina de costura com tela LCD e controle eletrônico de velocidade. Novas capacitações, experiências e muito estudo serão necessários. A seguir, apresentam-se os exemplos de algumas práticas realizadas.

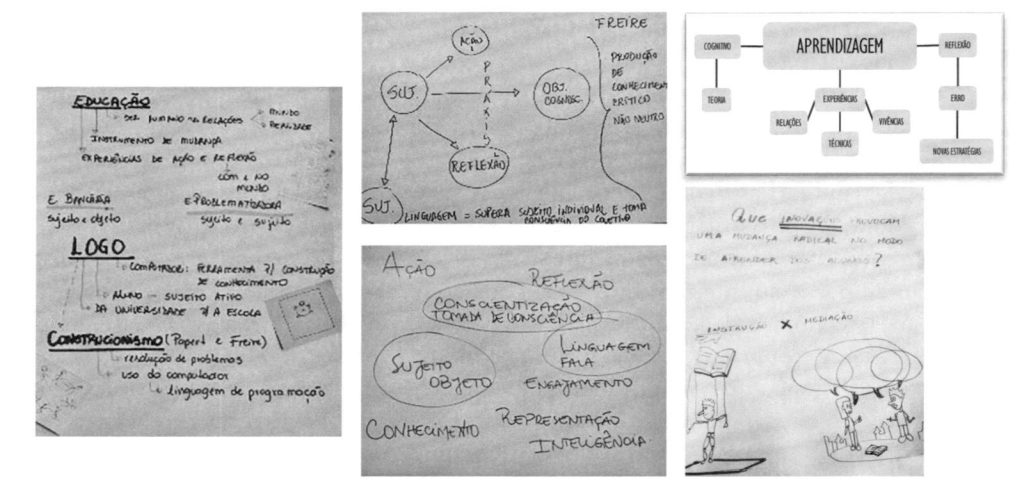

Figura 9.1 Sínteses dos textos lidos produzidas pelos grupos.

A SEMANA PEDAGÓGICA E A IMPLEMENTAÇÃO DE FABLEARN

Os dias 17 e 18 de julho de 2017, durante a 2ª Semana Pedagógica/2017 das escolas de ensino médio Sesi-RS Albino Marques Gomes, de Gravataí, e Arthur Aluizio Daudt, de Sapucaia do Sul, foram dedicados a ler e organizar os conceitos apresentados por autores que fundamentam o construtivismo e o construcionismo, estabelecendo comparativos entre esses conceitos e os princípios da Escola de Ensino Médio Sesi-RS. Considera-se essa apropriação uma condição para a implantação de FabLearn na escola, tendo-a como continuidade de um processo previsto nos princípios da escola, com o propósito de ampliar o escopo e a qualidade das experiências dos alunos, preponderantemente filhos ou dependentes de trabalhadores da indústria gaúcha, contribuindo para que estes tenham uma participação intensa, significativa e qualificada na sociedade em que atuam.

Assim, professores e equipes das duas escolas Sesi-RS organizaram-se em grupos escolhidos por eles com componentes de ambas as unidades. Foram apresentados quatro textos para oito grupos. Embora dois grupos recebessem o mesmo texto, havia propósitos diferentes de leitura: um deveria organizar um mapa conceitual referente às ideias do autor; o outro, a partir do mesmo texto, estabeleceria a relação entre as ideias e conceitos apresentados e os princípios da Escola de Ensino Médio Sesi-RS, conforme apresenta o **Quadro 9.1**.

A **Figura 9.1** revela algumas dessas sínteses sobre os textos lidos (aprendizagem, sujeito cognoscente, experiência, tomada de consciência, educação libertadora, linguagem de programação) que estiveram em profunda interlocução com os princípios estruturantes da Escola de Ensino Médio Sesi-RS, apresentados na **Figura 9.2**.

Coube aos dois diretores, os quais são os responsáveis diretos pela implantação e continuidade do FabLearn em suas escolas, a apresentação da síntese de *Viagens em Troia com Freire: a tecnologia como um agente de emancipação*,* artigo de Paulo Blikstein (2016), conforme **Figura 9.3**.

Assim, conforme Blikstein (2016, p. 839), de acordo com o artigo citado:

> [...] o sonho freireano pode se tornar realidade: a rápida penetração de novas tecnologias nos ambientes de aprendizagem constitui uma oportunidade sem precedentes para a dissemi-

---

*Texto publicado originalmente em Blikstein (2008).

QUADRO 9.1 Atividade da Semana Pedagógica de julho de 2017 das Escolas de Ensino Médio Sesi-RS

Referência do texto	Composição do grupo	Propósito da leitura	Comentário
Capítulo XI: *Experiencia y pensamiento*, John Dewey In: DEWEY, J. *Democracia y Educación*. 3. ed. Madrid: Morata, 1998.	Professora de história (Escola Albino Marques Gomes). Monitora de pátio e professoras de matemática, biologia e química (Escola Arthur Aluizio Daudt).	Organizar um mapa conceitual.	Conforme os grupos apresentavam suas considerações acerca dos textos, a mediadora instigava os participantes a situarem a data de publicação dos textos, o período histórico e o contexto social dos autores, a fim de se reconhecer uma essência comum sobre a concepção de aprendizagem e de sociedade, respeito às diferenças e acesso à tecnologia a todos, em uma perspectiva além do consumo.
	Professoras de língua portuguesa e física (Escola Arthur Aluizio Daudt). Professor de música e professoras de geografia e matemática (Escola Albino Marques Gomes).	Relacionar os conceitos apresentados no capítulo com os princípios da Escola de Ensino Médio Sesi-RS.	
Trechos do capítulo A operação como ação "significante" (!) In: BECKER, F. *Da ação à operação - o caminho da aprendizagem em J. Piaget e P. Freire*. Porto Alegre; EST: Palmarinca: 1993. (Educação e Realidade).	Professora de sociologia (Escola Albino Marques Gomes). Bibliotecária, professoras de matemática e educação física e professora de história (Escola Arthur Aluizio Daudt).	Organizar um mapa conceitual.	O consultor Rodrigo Barbosa e Silva asseverava a necessidade de se compreender programação no século XXI e não confundir computação com computador. Destacava a importância de se colocar a "mão-na-massa", em uma perspectiva de também se "abrir a caixa-preta", isto é, de se sair de mero espectador da tecnologia para querer entender como algo funciona. Em relação ao FabLearn, Rodrigo sinalizou a necessidade de imprimir uma influência brasileira, um caminho a ser trilhado, prevendo sempre a equidade, em que todos são sujeitos cognoscentes (meninas, meninos, conhecedores de robótica, iniciantes no processo de descoberta...).
	Bibliotecária, monitor de pátio, professoras de física e química (Escola Albino Marques Gomes). Professor de geografia (Escola Arthur Aluizio Daudt).	Relacionar os conceitos apresentados no capítulo com os princípios da Escola de Ensino Médio Sesi-RS.	
PAPERT, S.; HAREL, I. *Situar el construcionismo*. Alajuela: INCAE, 2002.	Orientadora pedagógica, orientadora educacional e vice-diretor (Escola Arthur Aluizio Daudt). Orientadora pedagógica e vice-diretor (Escola Albino Marques Gomes).	Organizar um mapa conceitual.	
	Professora de música e professor de filosofia (Escola Arthur Aluizio Daudt). Professora de educação física e professor de teatro (Escola Albino Marques Gomes).	Relacionar os conceitos apresentados no capítulo com os princípios da Escola de Ensino Médio Sesi-RS.	
Trechos selecionados de CAMPOS, F. R. *Diálogos entre Paulo Freire e Seymour Papert: a prática educativa e as tecnologias digitais de informação e comunicação*. 2008. Tese (Doutorado em Letras) - Universidade Presbiteriana Mackenzie, São Paulo, 2008.	Professoras de sociologia, língua portuguesa e biologia (Escola Albino Marques Gomes). Professora de língua portuguesa (Escola Arthur Aluizio Daudt).	Organizar um mapa conceitual.	A valorização da pesquisa pedagógica e do trabalho do docente deve, desde cedo, oportunizar que crianças e jovens fiquem expostos ao maior número de ferramentas tecnológicas, a fim de propiciar a discussão e de aprofundar a reflexão.
	Professor de inglês e professoras de filosofia e matemática (Escola Albino Marques Gomes). Professora de inglês e professor de teatro (Escola Arthur Aluizio Daudt).	Relacionar os conceitos apresentados no capítulo com os princípios da Escola de Ensino Médio Sesi-RS, apontando as convergências em forma de desenho.	

Figura 9.2 Princípios da Escola de Ensino Médio Sesi-RS.

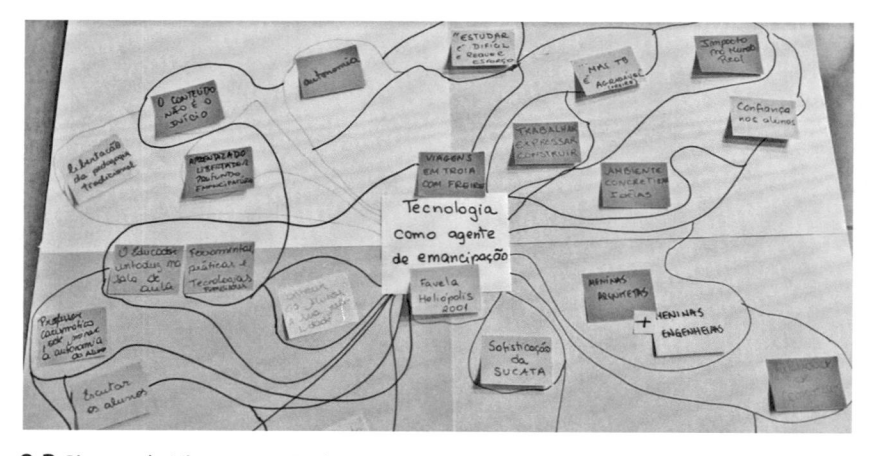

Figura 9.3 Síntese de Viagens em Troia com Freire: a tecnologia como um agente de emancipação.

nação da 'estética freireana' – parafraseando Valente (1993) – nas escolas. As tecnologias digitais oferecem 'máquinas proteanas' (PAPERT, 1980), que possibilitam formas diversas e inovadoras de trabalhar, expressar e construir. Essa adaptabilidade camaleônica da mídia computacional promove a diversidade epistemológica (ABRAHAMSON et al., 2006; TURKLE; PAPERT, 1991), criando um ambiente no qual os alunos, em sua própria voz, podem concretizar suas ideias e projetos com motivação e empenho.

A proposta de leitura dos textos, a apropriação de conceitos e a comparação com os princípios da escola considera a contínua necessidade de, ao solicitar que seus alunos desenvolvam competências cognitivas, propiciar também aos professores o desenvolvimento dessas competências. Para um grupo de professores com idade média de 28 anos, é bastante provável que a tecnologia seja algo mais do que presente no dia a dia, e, por isso, quase uma consequência imediata de estar em uma sala de aula com caráter inovador, em uma escola que investiu muito para romper com alguns paradigmas até então estabelecidos para uma educação de sucesso.

Voltar aos textos-base significa tratar da essência do que se concebe como aprendizagem, discutindo métodos e epistemologia, compreendendo contexto histórico e educação humanista, reconhecendo uma sociedade em que a tecnologia não é ainda acessível a todos. Para os diretores, apropriar-se da reflexão proposta por Blikstein sublinha seu compromisso com a aprendizagem dos alunos, assim como a constatação de que não basta implementar uma sala com uma série de materiais à disposição. Isso converge com as responsabilidades que a escola Sesi-RS atribui a seus gestores: o acompanhamento da participação dos alunos em projetos, a organização em planilhas de como eles estão propondo discussões e soluções mais complexas e o quanto estão transpondo seus conhecimentos para possíveis aplicações no mundo do trabalho.

A segunda parte desse momento de capacitação pressupôs a aplicação dos conhecimentos abordados. Especificamente, utilizou-se a perspectiva freireana, segundo a qual é necessário incentivar também o uso das tecnologias para que este uso possibilite a reconstrução do saber. De Papert, tomou-se que o ato de programar possibilita que o aluno reflita sobre a sua ação, sobre o resultado dessa ação e sobre o seu próprio pensamento. A partir de Piaget, verificou-se que o desenvolvimento cognitivo só será efetivo se for baseado em uma interação entre o sujeito e o objeto, e de Blikstein (2016, p. 840), que:

> [...] a linguagem não é necessariamente o único veículo de articulação do desejo e da ação de mudança [...] um outro meio é permitir que as pessoas projetem dispositivos, invenções, ou soluções, utilizando o conhecimento proveniente da ciência e da tecnologia, e, em seguida, que usem a linguagem para melhorar esses dispositivos por meio da interação crítica com seus companheiros de projeto.

Foram então planejadas atividades entre os grupos em que todos ora estariam no papel de aprendentes, ora no papel de mediadores da aprendizagem de seus colegas. Assim, os professores, divididos em grupos por área do conhecimento, organizaram situações-problema a serem solucionadas por colegas de outra área, a fim de ser colocado em prática o que foi aprendido com as teorias. Nessa atividade, a equipe técnica ficou como grupo de apoio e de observação das aplicações.

O grupo que planejava as atividades já sabia de antemão quais colegas receberiam suas propostas e realizariam as atividades. A prática de se colocar no lugar do colega que estaria em uma situação de aprendizagem sublinhou as necessidades intrínsecas ao processo: conhecimentos prévios, contextualização, protagonismo de quem está aprendendo, diálogo, excelência acadêmica, uso de tecnologias, interdisciplinaridade, empreendedorismo e inovação.

A criatividade e a reflexão estiveram presentes em experimentos no laboratório de ciências da natureza, em problematizadora comparação com os experimentos em laboratórios virtuais; na criação de modelos de estrutura social para uma cidade ideal; na instalação artística sobre a mulher no Brasil a partir da leitura de um clássico da literatura gaúcha – *O tempo e o Vento*, de Erico Verissimo; na descoberta sobre o uso de uma máquina de costura, além de possibilidades de programação com GoGo Board ou Lego.

As relações na Escola Sesi-RS são permeadas por afetividade e cordialidade, respeito mútuo e reconhecimento do papel do outro. Os alunos sentem-se acolhidos em suas dúvidas e estimulados a serem criativos e inovadores, assumindo o protagonismo em seus projetos. Nas avaliações dos participantes, após os planejamentos e aplicações das atividades, destacava-se, por um lado, o lugar de alguém que se dispõe a aprender, e, por outro, o reconhecimento da necessidade de planejamento, de conhecimentos prévios sobre os alunos/aprendentes, sobre o que se vai ensinar, etc., para que se respeitem as construções e os processos de cada sujeito.

A fala de uma professora (da área de linguagens) é bastante reveladora: ela confessou sua angústia ao saber, no dia anterior, que a área de ciências da natureza desenvolveria conceitos de densidade com seu grupo; imaginou a vergonha que passaria ao revelar seu total desconhecimento do assunto. Ao participar da proposta que o grupo apresentou, sentiu-se feliz, pois não imaginava o quanto seria capaz de compreender aqueles conceitos, que, para ela, até então, eram considerados tão áridos. Essa experiência permitiu-lhe rever algumas posturas como docente e perceber o quanto, desse momento em diante, ela teria de estar cada vez mais atenta aos sinais que, porventura, seus alunos fossem dando de resistência a algum conhecimento ou experiência nova.

A **Figura 9.4** apresenta parte do mural-síntese realizado ao final da semana pedagógica de julho de 2017 e alguns registros (falados e escritos) de professores.

ALGUMAS PRÁTICAS

De 2014, quando a primeira escola iniciou suas atividades, até hoje, muitas reflexões sobre possibilitar que cada vez mais jovens possam sentir-se protagonistas de seus processos de aprendizagens estiveram e estão presentes – e, com certeza, haverão muitas outras. Instigar os alunos a descobrir, no sentido mais profundo desse termo, os mecanismos e usos da tecnologia e da programação remete a mais um passo para que a proposta da escola possa ser referência para outras.

Desde 2016, a partir de uma oficina sobre FabLearn, novas concepções sobre a exploração da tecnologia começaram a fazer parte da realidade da gerência de educação para que professores e alunos tivessem acesso à robótica livre.

O primeiro passo foi solicitar uma consultoria externa e constituir um grupo de analistas técnicos da gerência de educação do Sesi-RS para desenhar uma nova organização do que já existia em relação ao desenvolvimento de tecnologias nas escolas. Nesse sentido, já no início do ano de 2017, professores de componentes curriculares que não os de física e matemática começaram a explorar a robótica com os alunos, com *kits* e livros da Lego em número suficiente para uma turma de cada vez.

Com o início da formação em robótica livre, com o consultor Rodrigo Barbosa e Silva, chegaram algumas GoGo Boards, porém, em número ínfimo, considerando-se a totalidade dos alunos. Esse foi o maior impasse: conseguir fornecedores de GoGo Board no Brasil.

Conforme os professores iam se deslumbrando com as possibilidades da robótica livre, alguns começavam a compartilhar suas descobertas com seus alunos. O entrave continuou sendo a aquisição de materiais. Foi necessário um estudo exaustivo para cadastrar todos os produtos para um início de FabLearn, algo que, por se tratar de uma em-

> [...] avaliando a semana que vivemos, podemos dizer que foi muito válida, pois mergulhamos em textos que enriqueceram nosso sentir, olhar, e fazer projetos com nossos alunos.
>
> [...] realmente estamos ampliando nosso jeito de fazer, o FabLearn não é uma moda, mas um passo a mais na nossa busca de dar mais significado a aprendizagem dos alunos.

Figura 9.4 Uma parte do mural-síntese ao final do dia 18 de julho de 2017 e alguns relatos recorrentes dos participantes.

presa paraestatal, levou meses. A fim de registrar todos os passos de construção do FabLearn nas escolas Sesi-RS, foi construído um *blog*.*

O **Quadro 9.2** apresenta um exemplo de projeto elaborado pelos professores e equipes das Escolas de Ensino Médio Sesi-RS na formação de Robótica Livre. Os projetos contaram com o apoio do consultor Rodrigo Barbosa e Silva.

CONSIDERAÇÕES FINAIS

Para as escolas do Sesi-RS, ampliar suas explorações em tecnologias, como também em robótica livre, quando as instruções não seguem um manual restrito, revela considerar o presente com o ensejo para que seus alunos, filhos ou dependentes de trabalhadores da indústria, tenham novas perspectivas para o mundo do trabalho, para a qualificação da indústria e para sua própria vida, em uma sociedade na qual o acesso às inovações tecnológicas ainda não é para todos.

Nossa principal reflexão é que o FabLearn não pode ficar evidenciado como um espaço, tampouco com um tempo delimitado para cada turma, distribuído ao longo da semana; ele tem de ser concebido como uma prática no desenvolvimento dos projetos. Por esse motivo, a continuidade de formações para os professores, em que discussões cada vez mais aprofundadas sobre práticas em FabLearn e construção digital ocorram, é condição prioritária, uma vez que, como assevera Rodrigo Barbosa e Silva (2017), tratar de programação é algo que não pode ficar restrito a um tempo, não há um fim para a história.

Outro aspecto a ser considerado é a garantia de que meninas, meninos, professoras e professores tenham conhecimento e dominem a linguagem de programação, que eles "pensem" tecnologias. Nas escolas Sesi-RS, as atividades propostas para as alunas são as mesmas que as apresentadas para os alunos. Não por acaso, os grupos das formações consideram o protagonismo de professoras e professores de forma equânime. Sabemos, entretanto, que há ainda muitos tabus sobre o acesso de meninas a cursos de engenharia, por exemplo. Nas escolas Sesi-RS, meninas e meninos, indistintamente, realizam o curso Ebep de eletricidade e automação, oferecido pelo Serviço Nacional de Aprendizagem Industrial (Senai). Se, em um primeiro momento, essa situação foi motivo de um certo desconforto para algumas famílias, hoje é motivo de orgulho ver suas filhas tendo autonomia para fazer pequenos consertos elétricos em casa, por exemplo.

A compra de materiais, tendo em vista o custo, exige um planejamento rigoroso. O compartilhamento de informações de FabLearn da Stanford University e as colaborações de Paulo Blikstein, que, com sua experiência, considera, por exemplo, mais apropriado o investimento em uma cortadora a lêiser do que em várias impressoras digitais, possibilitam que a própria implantação do espaço faça parte de um processo, não se traduzindo na entrega de uma imediata sala com os melhores equipamentos do momento.

A fim de garantir a avaliação de todo o processo de construção e manutenção de FabLearn, constata-se a urgência de ampliação, no Brasil, de rigorosas pesquisas científicas e da divulgação de práticas que ocorrem em escolas. O Rio Grande do Sul tem experiência histórica com pesquisas relacionadas com tecnologias – não é possível deixar de registrar o legado do Laboratório de Estudos Cognitivos da Universidade Federal do Rio Grande do Sul (UFRGS), principalmente o nome da sua coordenadora, professora Léa Fagundes. Assim, para as escolas Sesi-RS, estabelecer parcerias de pesquisas com universidades, a fim de investigar desde a concepção que os professores têm a respeito do FabLearn e, consequentemente, de aprendizagem e ensino, bem como o impacto na vida dos alunos, tem de ser uma realidade.

Há muito ainda o que fazer. Embora nem todos os que atuam nas escolas estejam com-

---

*Disponível em: <FabLearnSesiRS.blogspot.com>.

QUADRO 9.2 Atividade de criação de sistema de alerta integrado de enchentes e de horta vertical autônoma

Sistema de alerta integrado de enchentes: empoderamento da sociedade civil de xxx por meio de aplicativo

Problema: É possível aprimorar o sistema de alerta de enchentes utilizado pela empresa xxx em xxx?

Objetivos:
- Geral: Otimizar o sistema de alerta de enchentes das populações ribeirinhas do município de xxx.
- Específicos:
  - Identificar o sistema de alerta de enchente utilizado pela empresa xxx, em xxx.
  - Firmar parcerias com a empresa responsável, com a prefeitura, a defesa civil e associações de bairro.
  - Criar aplicativo e propor melhorias para o sistema de alerta de enchente utilizado atualmente.

Justificativa: Anualmente, o município xxx é atingido por enchentes de grande porte que resultam em um grande transtorno para toda a cidade. Pensando nisso, o projeto visa a identificar o atual sistema de alerta de enchentes, fazendo com que a informação chegue mais rápido para os atingidos.

Materiais e método:
- 2 sensores de proximidade (para medir distância e auxiliar na medição da variação da boia).
- 1 rolo de fita isolante.
- 2 lacres plásticos (para suporte móvel do protótipo de boia).
- 1 pote de plástico de 65 mL (protótipo de boia).
- 1 garrafa PET de 2 L (para simular o aumento do volume de água).
- 1 pote de plástico de 3 L (para simular o volume de água).
- 1 régua de 20 cm (para dar suporte a dois sensores de proximidade).
- 1 régua de 30 cm (para realizar a medição da variação do volume de água).
- 1 placa GoGo Board (para fazer a programação e emissão de alarmes sonoro e textual).

Imagens do protótipo em funcionamento: (Figs. Q9.2.1 a Q9.2.4)

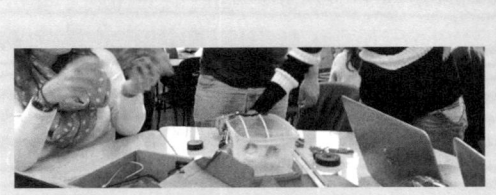

Figura Q9.2.1 Protótipo com duas boias.

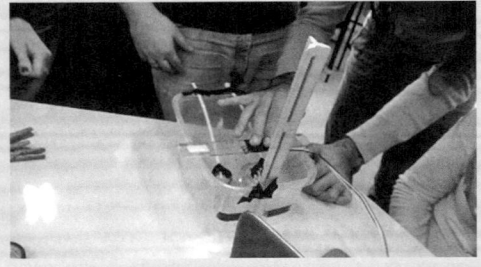

Figura Q9.2.2 Protótipo com duas boias II.

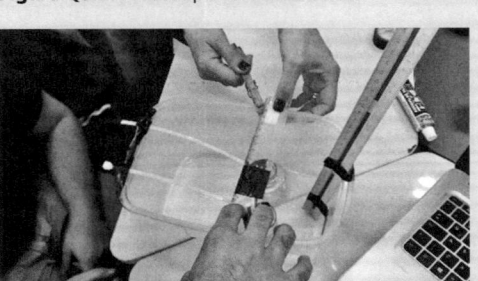

Figura Q9.2.3 Foto superior de protótipo com duas boias.

(Continua)

Robótica Educacional

QUADRO 9.2 Atividade de criação de sistema de alerta integrado de enchentes e de horta vertical autônoma *(Continuação)*

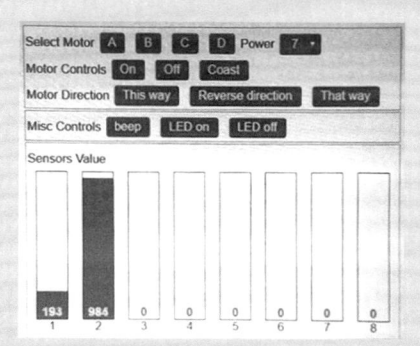

Figura Q9.2.4 Programação realizada pelo grupo.

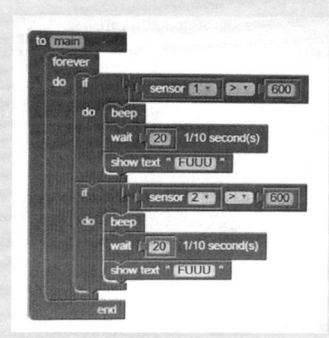

Horta vertical autônoma

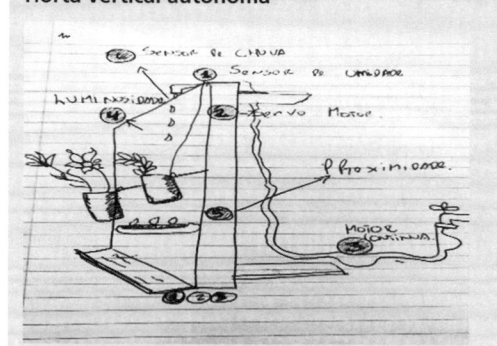

Figura Q9.2.5 Desenho da horta vertical autônoma.

Situação-problema:
Como é possível cultivar alimentos, na escola, de forma a incentivar e colaborar para uma alimentação mais saudável e diversificada?

Sensores utilizados:
- Umidade.
- Servo motor.
- Motor contínuo.
- Luminosidade.
- Proximidade.
- Sensor de chuva.

Materiais	Público-alvo
• Garrafa PET. • Sementes. • Terra. • Mangueiras. • Água. • Sensores.	Alunos da Escola Sesi de Ensino Médio **Culminância** Festa da colheita.

Colocando o projeto em prática (3 de junho); primeira tentativa

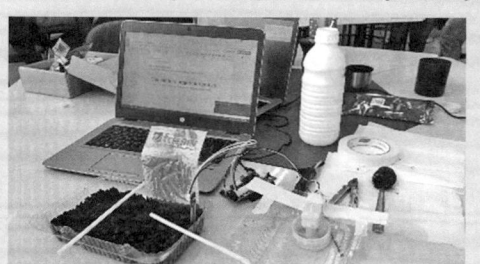

Materiais utilizados
- Embalagem plástica.
- Terra.
- Sensor de umidade de solo.
- Motor de corrente contínua.
- Roda sem a borracha.
- Fita crepe.
- Pedaços de isopor.

Figura Q9.2.6 Materiais utililizados na prática do projeto da horta vertical autônoma.

(Continua)

QUADRO 9.2 – Atividade de criação de sistema de alerta integrado de enchentes e de horta vertical autônoma *(Continuação)*

Resultados:
Descobriu-se que o motor utilizado não seria suficiente para levar a água para a horta. Uma solução em que se pudesse aproveitar o motor seria criar um parafuso de Arquimedes, conforme a **Figura Q9.2.7**.
A programação utilizada (demonstrada na **Figura Q9.2.8**) foi eficiente somente para realizar o funcionamento do motor.

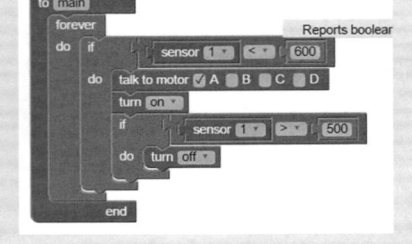

Figura Q9.2.7 Parafuso de Arquimedes.

Figura Q9.2.8 Programação realizada pelo grupo.

pletamente engajados e concebendo a proposta como ela deveria ser constituída, planeja-se sempre que o maior número de professores e de professoras participe de formações sobre os equipamentos novos, tendo o cuidado para que sejam distribuídos equitativamente, considerando, ainda, a expressividade de todas as áreas de conhecimento.

Com certeza, há necessidade constante de planejamento, de revisão do que já foi proposto, de discussões e reflexão para que o FabLearn seja uma realidade do presente, tendo em vista a possibilidade de mudanças na vida de cada um dos sujeitos que têm a oportunidade de explorá-lo. Assim, se, em um primeiro momento, o uso está mais próximo dos alunos, um dos objetivos do Sesi-RS é atingir a própria comunidade escolar e disponibilizar esse recurso para outras escolas também.

REFERÊNCIAS

BECKER, F. *Da ação à operação:* o caminho da aprendizagem em J. Piaget e P. Freire. Porto Alegre: Palmarinca, 1993.

BLIKSTEIN, P. Travels in Troy with Freire: technology as an agent for emancipation. In: NOGUERA, P.; TORRES, C. A. (Ed.). *Social justice education for teachers:* Paulo Freire and the possible dream. Rotterdam: Sense, 2008.

BLIKSTEIN, P. *Viagens em Troia com Freire:* a tecnologia como um agente de emancipação. *Educação e Pesquisa*, v. 42, n. 3, p. 837-856, 2016.

CAMPOS, F. R. *Diálogo entre Paulo Freire e Seymour Papert:* a prática educativa e as tecnologias digitais de informação e comunicação. 2008. Tese (Doutorado em Letras)-Universidade Presbiteriana Makenzie, São Paulo, 2008. Disponível em: <http://www.dominiopublico.gov.br/pesquisa/DetalheObraForm.do?select_action=&co_obra=162898>. Acesso em: 10 set. 2018.

DEWEY, J. *Democracia y educación:* una introducción a la filosofía de la educación. 3. ed. Madrid: Morata, 1998.

FREIRE, P. *Pedagogia da indignação:* cartas pedagógicas e outros escritos. São Paulo: UNESP, 2000.

PAPERT, S.; HAREL, I. *Situar el construcionismo*. Alajuela: INCAE, 2002. Disponível em: <http://web.media.mit.edu/~calla/web_comunidad/Readings/situar_el_construccionismo.pdf>. Acesso em: 10 set. 2018.

SILVA, R. B. *Para além do movimento maker:* um contraste de diferentes tendências em espaços de construção digital na educação. 2017. Tese (Doutorado em Tecnologia e Sociedade)-Universidade Tecnológica Federal do Paraná, Curitiba, 2017.

AVALIAÇÃO DE PROJETOS DE TECNOLOGIAS DIGITAIS NA EDUCAÇÃO PÚBLICA BRASILEIRA:
experiência do programa Escolas Rurais Conectadas

Gustavo Giolo Valentim | Juliano Bittencourt | Mariana Pereira da Silva

A inovação no sistema escolar tem sido um desafio para a comunidade que advoga o potencial transformador da tecnologia nos ambientes de aprendizagem. Na primeira década dos anos de 2000, Papert (2001), ao refletir sobre por que os sistemas educacionais assimilavam as inovações às práticas antigas, em vez de se transformarem frente às novas possibilidades abertas pela tecnologia, aponta para a necessidade de uma estratégia mais sistêmica e desenvolvimentista para a introdução do computador nas escolas.

Cavallo e colaboradores (2004) aprofundam essa reflexão ao apresentar um *framework* para se refletir sobre o processo de inovação em sistemas educacionais, trazendo como ideia central o conceito de que a transformação em escala macro é constituída por inúmeras transformações micro que progressivamente se agregam, chegando a um momento em que colocam o sistema vigente em contradição, tornando a mudança de paradigma inevitável e posicionando novos modelos como alternativas.

Se a tecnologia se insere em um determinado contexto escolar sob a perspectiva da inovação das práticas, os recursos e os conhecimentos que passam a fazer parte do cotidiano dessa escola geram, portanto, transformações nos mais diversos âmbitos e relações já estabelecidas, influenciando todas as etapas do processo educativo. Com a presença cada vez mais marcante das tecnologias no dia a dia das pessoas, a tensão para que elas estejam também na relação do aluno com o conhecimento dentro da sala de aula tem se tornado cada vez maior.

Os questionamentos que essa presença tem produzido são muitos: quais são os usos pedagógicos mais eficientes da tecnologia? Em que medida a tecnologia pode fortalecer a prática dos professores? Em que medida a tecnologia favorece o aprendizado do aluno? Quais são as diferenças entre a inserção de tecnologias da informação e comunicação ou de atividades de programação e robótica para o aprendizado do aluno? Essas e muitas outras abrem campos de estudos preciosos para processos de avaliação dessa interface entre tecnologia e educação. Todavia, até o momento, o conhecimento acumulado pelos trabalhos avaliativos produzidos sobre projetos dessa natureza, majoritariamente, tem como principais valores de julgamento dos resultados ou a equidade de acesso a computadores e internet ou o desempenho dos alunos em testes oficiais (UNESCO, 2014). E, nessa perspectiva, a grande maioria dos estudos aponta para o decréscimo do rendimento dos estudantes em provas oficiais em diferentes países. Seria o caso, então, de frear o impulso de inserir as tecnologias na rotina diária dos alunos? Defende-se aqui que não, mas é preciso mudar os filtros sob os quais esses dados são interpretados.

Para contribuir com esse debate, este artigo lança luz sobre a experiência de uma escola participante do Programa Escolas Rurais Conectadas, da Fundação Telefônica Vivo. Trazem-se aqui elementos do trabalho feito a partir do projeto na escola e também do processo avaliativo estabelecido – como as perguntas de avaliação, aspectos metodológicos e principais resultados encontrados. Espera-se, com isso, contribuir com novas perspectivas para se mirar os efeitos dos processos de inovação por meio da tecnologia na educação e também com novas relações entre a avaliação e a execução do projeto durante seu curso.

CONTEXTUALIZAÇÃO DO PROGRAMA ESCOLAS RURAIS CONECTADAS

A Fundação Telefônica Vivo, criada em 1999, é o braço de investimento social do Grupo Telefônica no mundo. Está presente em 16 países e assumiu como missão contribuir com o desenvolvimento de indivíduos e da sociedade por meio de ações que fomentem a inovação com o uso da tecnologia digital. Sua área de educação no Brasil desenvolve dois projetos diferentes, que, de forma geral, buscam promover usos inovadores das tecnologias digitais para potencializar a aprendizagem e o conhecimento – suas especificidades são marcadas pelos contextos de atuação.

O primeiro deles, denominado Escolas que Inovam, tem como contexto de atuação a escolas municipais de ensino fundamental (EMEFs) Amorim Lima e Campos Salles, duas escolas paulistanas com projetos pedagógicos diferenciados da rede e que, por isso, são reconhecidas como experiências inovadoras no campo da educação pública. O projeto nessas escolas teve como principal característica apoiar a introdução das tecnologias de informação e comunicação (TICs) como parte integrante desses projetos pedagógicos inovadores e entender como esses recursos poderiam aprimorá-los.

Já a segunda iniciativa da fundação, o Programa Escolas Rurais Conectadas, teve como objetivo impulsionar processos educacionais diferenciados em escolas do campo, disponibilizando, além da infraestrutura tecnológica, formação docente, com metodologias e conteúdos pedagógicos diversificados.* Em sua estrutura, conta com duas frentes. A primeira delas oferta formação *on-line* para professores/educadores da zona rural de todo o Brasil, com cursos que abordam desde a multisseriação até a tecnologia em sala de aula. A segunda vertente fomenta a criação de escolas-laboratório em contextos rurais, nas quais são implantadas conexões de alta velocidade e distribuídos *netbooks* e *tablets* (um por aluno), efetuadas as reformas estruturais necessárias para o uso da tecnologia, e, por fim, realizada a formação para a inovação pedagógica com os professores e o corpo diretivo.

A primeira escola-laboratório foi a EMEF Zeferino Lopes de Castro, na cidade de Viamão (RS), que iniciou as atividades do programa em 2013; já o segundo laboratório, a EMEF Manoel Domingos, de Vitória de Santo Antão (PE), começou suas atividades em janeiro de 2016. O caso a ser abordado aqui em maior profundidade é a experiência da escola-laboratório EMEF Zeferino Lopes de Castro.

VISÃO DA AVALIAÇÃO

Buscando se diferenciar da tradição da avaliação de tecnologias na educação apontada na introdução deste artigo, a avaliação realizada filiou-se à necessidade, destacada por Vivancos (2008) e Rosa e Azenha (2015), de ampliar o número de estudos que lançassem luz sobre o contexto das tecnologias na educação e revelassem transformações de processos que não têm impacto necessariamente no curto ou

---

*FUNDAÇÃO TELEFÔNICA BRASIL. c2018.Disponível em: <http://fundacaotelefonica.org.br/projetos/escolas-rurais-conectadas/>. Acesso em: 24 out. 2018.

médio prazo sobre o desempenho dos alunos, mas que modificam o cotidiano, as rotinas, o modo como os atores da educação se relacionam e fazem circular o conhecimento entre si.

Neste projeto, a Move – empresa que trabalha com planejamento e avaliação de projetos com um fim social, sediada em São Paulo (SP) – atuou como parceira executora, realizando a avaliação externa dos laboratórios. A Move partiu da concepção de métodos mistos de avaliação. Essa corrente teórica combina a identificação dos resultados finais de uma intervenção com aqueles da implementação de processos e dinâmicas (cultural, econômico, político e social) que influenciaram os efeitos dessa intervenção. Combina-se, portanto, um debate sobre o processo e os resultados, buscando articular reflexões que ampliem o impacto social das ações.

Partindo do princípio de que fenômenos são, normalmente, imprevisíveis e não explicáveis por mecanismos lineares de causas, foi então elaborada uma combinação de ferramentas de pesquisa quantitativas e qualitativas, a fim de mesclar narrativas sobre os efeitos das presenças das tecnologias digitais, da internet e da formação nas práticas pedagógicas das escolas ao longo do tempo (MERTENS, 2013). A pesquisa desse laboratório foi realizada de modo não experimental, ou seja, a coleta de dados com os métodos mistos buscou mudanças na mesma população ao longo do tempo do projeto na escola.

A seguir, são apresentadas as principais concepções e movimentos do processo e da avaliação (e sua integração) do projeto nessa escola.

EMEF ZEFERINO LOPES DE CASTRO: CAMINHOS TRILHADOS

Primeiros passos na escola

O projeto na EMEF Zeferino Lopes de Castro foi constituído na trajetória de reflexão de como introduzir as tecnologias digitais construtivas em geral, e a robótica em específico, no ambiente formal de ensino de maneira que ele não fosse assimilado às práticas estabelecidas, mas se tornasse um catalisador de mudanças profundas e duradouras no ambiente de aprendizagem. Assim, como projeto para levar tecnologia para uma escola do campo de Viamão (RS) com cerca de 120 alunos,* o projeto define-se fundamentalmente como uma intervenção institucional no currículo e nas práticas pedagógicas.

Para tanto, partiu-se do pressuposto teórico de que a inserção de tecnologias digitais construtivas e a mudança nas práticas pedagógicas são processos entrelaçados que se constituem mutuamente, ou seja, à medida que pequenas transformações nas práticas pedagógicas ocorrem, abrem-se espaços para a exploração de novas tecnologias, que, por sua vez, abrem novas possibilidades pedagógicas e novas práticas, em um movimento cíclico, em uma espiral ascendente. Isso ocorre até que o sistema não consiga suportar suas contradições internas e precise se reorganizar em um novo patamar de estabilidade, dando, assim, um salto macro e reiniciando um novo ciclo de inovações. Esse processo se constitui em transformações no nível micro, que se articulam de forma complexa, em um palco de tensões e conflitos provenientes das incertezas causada pela mudança de valores entre a antiga organização e a nova, que está emergindo do processo de inovação.**

Para navegar tal complexidade, o projeto teve sua identidade constituída em torno de cinco princípios: (1) cocriação, (2) foco no aluno, (3) tecnologia como material para construir, (4) envolvimento do aprendiz na solução de pro-

---

*O número de alunos da EMEF Zeferino Lopes de Castro sofreu variações ao longo dos 4 anos de projeto, flutuando entre 113 e 135 alunos.
**A execução da assessoria na EMEF Zeferino Lopes de Castro é fruto do trabalho e da reflexão de muitas mãos. Em especial, a construção da proposição teórica, dos princípios de atuação e da estratégia de execução foi realizada em parceria com Silvia Kist, Patrícia B. Schaefer e, mais recentemente, Beatriz Corso Magdalena.

blemas pessoalmente significativos e (5) aprendizagem genuína, proveniente do interesse.

De acordo com seu primeiro princípio, o projeto foi constituído como um processo de cocriação entre três principais grupos: um grupo de professores preocupados com o desinteresse de seus alunos pelo processo educativo e com desejo de buscar alternativas para a escola; uma secretaria municipal de Educação (SME) que reconheceu o potencial de um projeto de inovação pedagógica para uma transformação mais ampla em sua rede de ensino e disposta a fazer "o que fosse necessário"; por último, a equipe assessora do Instituto Tear de Inovações,* com experiência em projetos de computação e aprendizagem e em tecnologias construtivas.

O desenho responsivo da avaliação

O foco, portanto, estava mais nas mudanças possíveis nas práticas de todos os atores, e não necessariamente no rendimento – embora este não fosse desconsiderado. Fez-se a necessidade de criar outras expectativas de resultados que contemplassem a complexidade de uma intervenção institucional como esta. Em paralelo a essa entrada no contexto da SME de Viamão e na escola Zeferino, a Move coordenou um conjunto de oficinas com os profissionais da própria fundação, das empresas e organizações não governamentais envolvidas na execução do Escolas Rurais Conectadas e do Escolas que Inovam, das escolas públicas envolvidas para a construção das matrizes de avaliação** e dos planos de avaliação dos programas. Ocorrendo concomitantemente à entrada nas escolas, esse processo permitiu mapear, dar visibilidade e gerar alinhamentos gerais entre os responsáveis pelo projeto sobre as estratégias e resultados almejados em ações dessa natureza, bem como vislumbrar as especificidades de cada escola e contexto local.

Em síntese, foram definidas cinco perguntas avaliativas para o programa Escolas Rurais Conectadas na EMEF Zeferino Lopes de Castro:

1. Em que medida o projeto criou condições suficientes para a apropriação das tecnologias digitais?
2. Em que medida o projeto influenciou a gestão pedagógica da escola?
3. Em que medida o projeto influenciou as práticas pedagógicas dos professores?
4. Em que medida o projeto promoveu o desenvolvimento de competências do século XXI*** em alunos e professores?
5. As ações do projeto foram consideradas relevantes e inspiraram outros contextos?

Para a primeira questão, foram criados quatro indicadores. O primeiro deles teve como foco o nível de articulação do projeto com a SME, com especial atenção à clareza dos papéis das instituições envolvidas e à oficialidade dos acordos em documentos; o segundo visava à qualidade e variedade da infraestrutura ofertada; o terceiro buscava compreender a qualidade, a variedade e a relevância da formação dos professores; e, por fim, o quarto indicador preocupava-se com a existência de debate e consolidação de um plano de sustentabilidade das ações na escola para além do período estipulado para a presença do projeto.

A segunda questão, sobre a gestão pedagógica, teve como indicador a influência na gestão pedagógica escolar e visava, principalmente,

---

*O projeto contou com a contribuição de diversos profissionais e pesquisadores ao longo de seu desenvolvimento, tendo como equipe principal de assessoria Patricia Behling Schafer, Juliano Bittencourt, Silvia de O. Kist, Beatriz Corso Magdalena, Rodrigo Soriano e Tiara Soriano.

**Uma matriz avaliativa é um dispositivo que contribui para que equipes, programas ou organizações expressem claramente os resultados que suas intervenções sociais pretendem gerar, bem como os indicadores associados a tais resultados.

***As competências do século XXI originam-se de pesquisas sobre o que atores de instituições públicas e privadas, políticos, peritos, etc. consideram como competências e habilidades importantes de serem desenvolvidas pelas escolas para atender às necessidades econômicas e sociais da sociedade do século XXI (P21-PARTNERSHIP FOR 21ST CENTURY LEARNING, [s.d.]).

à investigação do fortalecimento do corpo diretivo e docente para serem autores de uma proposta pedagógica própria, com os devidos momentos para debates coletivos de concepção e avaliação das práticas.

Já para a questão de práticas pedagógicas, foram definidos três indicadores. O primeiro, planejamento da ação pedagógica, focava o quanto as tecnologias, seus recursos e novas lógicas foram se inserindo e modificando a preparação das atividades feita pelos professores. O segundo, práticas pedagógicas com tecnologias digitais, visava à prática em sala de aula com as tecnologias, com um olhar para a qualidade e complexidade de seus usos. E o terceiro indicador, desenvolvimento de projetos, pretendeu avaliar se estavam sendo desenvolvidos projetos com os alunos e a complexidade com que era empregada a tecnologia para resolver questões de interesse dos estudantes a partir da realidade local.

A quarta questão abordava as possíveis mudanças de comportamento, principalmente no que tange às competências de comunicação, colaboração, criatividade e fluência digital.

Por fim, a última questão teve como principal preocupação o mapeamento de iniciativas que surgiram tanto na secretaria quanto em outros contextos de ações influenciadas pelas estratégias do Escolas Rurais Conectadas.

Em resumo, o conjunto de resultados estabelecido trouxe o desafio de avaliar as transformações das iniciativas tanto dentro da escola – em sua forma de se organizar, na atuação dos professores junto aos alunos e nas competências dos alunos – quanto fora desta, em sua articulação com a SME e na possível influência em novas iniciativas.

Para isso, foi estabelecida uma avaliação não experimental, com ciclo anual de coleta de dados, como indica a **Figura 10.1**.

Definiu-se, para essas coletas, o envolvimento de profissionais da SME do município de Viamão e do corpo diretivo, além de professores, alunos e pais da comunidade escolar da EMEF Zeferino Lopes de Castro.

Para responder a todas as perguntas, estipulou-se a realização de grupos focais e entrevistas semiestruturadas com todos os atores. Os instrumentos foram criados com o cuidado de permitir a triangulação da informação de diferentes fontes – por exemplo, havia perguntas sobre práticas pedagógicas para a SME, para o corpo diretivo, para professores e alunos, mas o ator principal de aprofundamento da investigação desse tema eram os professores. Para a questão de competências, por conta das poucas referências detalhadas de práticas de avaliação e de instrumentos desse quesito em escolas, permitiu-se um campo de experi-

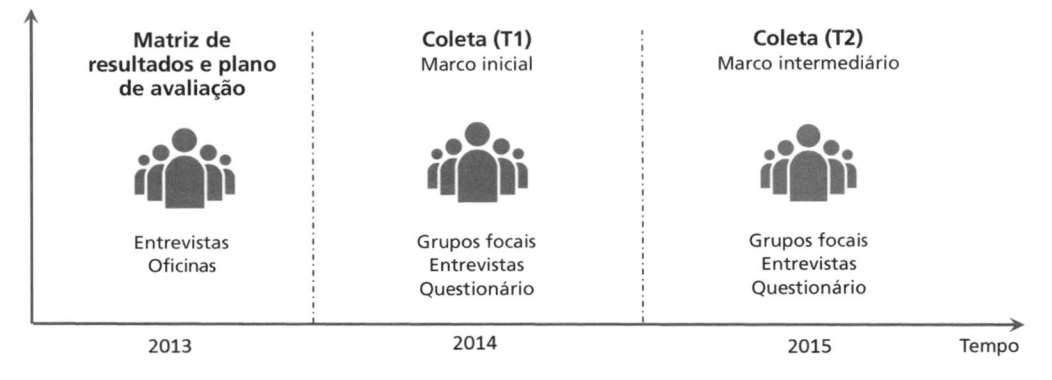

Figura 10.1 Avaliação não experimental do programa Escolas Rurais Conectadas na EMEF Zeferino Lopes de Castro.

mentação de metodologias. Foram desenhados questionários e também grupos focais situacionais com os alunos.*

Chegada do projeto na escola

Nesse momento, organizou-se uma primeira imersão com a equipe da escola (muitas foram realizadas ao longo dos anos subsequentes), com o objetivo de esclarecer a proposta do projeto, na qual lançou-se para os professores o tema gerador "A escola que a gente quer".** Esses primeiros debates levaram a uma tomada de consciência coletiva do projeto como proposta de inovação pedagógica e a um pacto inicial de experimentação com o fazer pedagógico e de exploração de um currículo com base em projetos.

Em um segundo momento, a assessoria promoveu duas ações simultâneas. A primeira, mais simples, foi saturar a escola com tecnologias digitais (*laptops* e *tablets* na modalidade de um *laptop*/dispositivo por criança, projetores, internet de fibra óptica e *kits* de robótica Mindstorms, entre outros). A segunda, mais complexa, foi inspirar os professores com algumas referências de projetos externos e suportá-los em suas experimentações iniciais. Os professores, ansiosos pelas promessas de mudanças, engajaram-se na proposta de experimentar, adotando uma grade de horários pautada quase que unicamente por projetos. Essa intervenção marcou a primeira fase do projeto e durou de agosto a dezembro de 2013.

Foi caracterizada por experiências de aprendizagem pessoalmente significativas para os professores e por experimentações com o currículo ainda sem articulação. Nesse momento, o uso da tecnologia ocorria de forma *ad-hoc* e sem sistematização. A robótica aparecia apenas em momentos pontuais e em geral com recursos disponíveis na própria comunidade – como madeiras, eletrônicos descartados, materiais recicláveis – apesar da disponibilidade de *kits* sofisticados, como o Lego Mindstorms NXT.

Essa fase inicial de explorações levou a uma primeira ruptura, na qual as contradições se acirraram e tornaram o momento do projeto insustentável, alavancando-o a um novo patamar. Nesse momento, tomando como referência a metodologia dos projetos de aprendizagem e o Projeto Amora (MAGDALENA et al., 2000), os tempos e espaços do fazer pedagógico foram reorganizados na escola em quatro grandes momentos semanais:

1. **Momento ensino-conceito (MEC):** aulas seriadas por disciplinas.
2. **Momento de projetos de aprendizagem (PAs):** alunos de diversos anos organizados por interesses de pesquisa trabalhando em projetos pessoalmente significativos.
3. **Momentos ensino-projeto (MEPs):** alunos de vários anos em oficinas relacionadas com os projetos.
4. **Oficinas:** oficinas transversais de proposição dos professores.

Organizou-se o ano da escola em quatro grandes divisões, chamadas rodadas de projetos. Cada rodada compreendeu o ciclo de vida de um projeto, desde seu disparo, levantamento das perguntas de pesquisa dos alunos e agrupamento de questões semelhantes, desenvolvimento do projeto e clímax em uma feira para a comunidade de pais. O foco dessa segunda fase foi a apropriação da estrutura dos projetos de aprendizagem e a consolidação da nova organização escolar.

---

*Foram propostas duas situações diferentes de grupos para os alunos. A primeira foi composta de um problema – como, por exemplo, a criação de uma solução tecnológica para um problema da escola – que deveria ser resolvido em grupo. A avaliação das competências se dava pela forma como os alunos interagiam e pela aparição de seus comportamentos no grupo, a partir dos critérios estabelecidos nas referências da Partnership for 21th Century Skills (P21-PARTNERSHIP FOR 21ST CENTURY LEARNING, [s.d.]). A segunda situação desenhada solicitava que os alunos fotografassem a escola a partir de uma pergunta específica, e o conteúdo da foto era discutido em o grupo de alunos, elucidando suas percepções sobre o contexto e as relações.

**Em referência ao projeto *A cidade que a gente quer* (CAVALLO et al., 2004).

Em relação ao emprego das tecnologias por parte de professores e alunos, essa fase, iniciada no segundo semestre de 2014, apresentou, de início, grande potencial para ações com robótica em três dos quatro momentos pedagógicos da escola (PAs, MEPs e oficinas). Entretanto, surgiu apenas no momento de MEPs uma ação mais sistemática com robótica, por meio de uma oficina de introdução ao Lego Mindstorms. O foco do grupo em organizar os tempos, os espaços e as práticas pedagógicas da escola e em se apropriar da metodologia dos PAs reduziu a intensidade e a diversidade das ações com tecnologia nesse período.

À medida que um novo cotidiano escolar se estabeleceu, diminuindo as incertezas e angústias que marcaram a primeira fase de explorações, surgiu também um saudosismo em relação à fase inicial, intensamente experimental, na qual a tecnologia estava presente em cada projeto. Criou-se, assim, um contexto para uma nova intervenção, em outubro de 2014, por meio de uma proposta de ajuste na metodologia dos PAs: os protótipos. Solicitou-se que cada grupo de alunos prototipasse soluções para as situações investigadas em seus projetos, as quais poderiam ser *low-tech*, *high-tech* ou nem mesmo envolver robótica, como, por exemplo, um questionário. A introdução dos protótipos ainda não marcou uma ruptura, até mesmo porque seu início foi tímido, remetendo às maquetes das mostras de ciências, mas criou-se um instrumento segundo o qual as contradições se tornaram mais observáveis e concretas.

Primeira coleta de dados

O mapeamento inicial feito pela assessoria revelava que, até a chegada do Programa Escolas Rurais Conectadas, a escola possuía uma rotina com professores ministrando aulas expositivas, cada qual em sua disciplina. O momento de planejamento coletivo, de periodicidade mensal, tratava-se de uma reunião entre os professores e a direção para a resolução de questões administrativas. Mesmo na presença de princípios e de um *framework* teórico como guias, foi tamanha a desestabilização do contexto que a complexidade do fenômeno da inovação foi muito grande e de difícil compreensão para quem estava mergulhado nela. Não foram raros os momentos em que a equipe do Tear de Inovações questionou-se sobre os rumos de sua intervenção.

Em outubro de 2014, exatamente nesse contexto de consolidação, ocorreu a primeira coleta de campo da avaliação e posterior devolutiva das observações para a equipe assessora, para a SME e para a escola. Nesse momento do projeto, o processo avaliativo funcionou como interlocução com a execução, auxiliando na validação das estratégias, no levantamento de pontos de atenção e na articulação e expressão de fenômenos que eram observados, mas não totalmente compreendidos.

Como resultados, no que tange às condições criadas para a apropriação das tecnologias digitais, os dados da avaliação revelam que a infraestrutura disponibilizada pelo projeto, desde seu início (acesso à internet, *tablets* e *netbooks* e reforma elétrica), situou essa escola entre o 1% de escolas públicas brasileiras com melhor conexão à internet (INEP, 2014) e entre os 10% de escolas públicas brasileiras com maior quantidade de computadores disponíveis para o uso pedagógico com alunos (CETIC BR, 2014).

Além da infraestrutura, essa primeira coleta de dados mostrou que os principais resultados do projeto ocorreram na dimensão da gestão pedagógica, pois as mudanças começaram nesse âmbito institucional para caminhar, aos poucos, até as práticas pedagógicas em sala de aula. Os dados da avaliação mostram que a primeira fase, experimental e disruptiva em relação ao modelo anterior de escola, acompanhada da instituição de reuniões semanais para debate pedagógico reflexivo entre os professores e a direção, promoveu uma rápida e efetiva inserção da tecnologia digital no debate pedagógico – tanto na concepção de novas práticas quanto na avaliação das que estavam em curso.

Como consequência, os docentes tornaram-se autores de forma conjunta do novo projeto político-pedagógico (PPP) da EMEF Zeferino Lopes de Castro, no qual as tecnologias digitais tornaram-se um dos pilares para o desenvolvimento de ações pedagógicas com os alunos – mesmo a direção e os docentes tendo pouco ou nenhum repertório prévio de práticas dessa natureza. Essa autoria foi um fato inédito no município, cuja tradição era de envio do PPP pré-elaborado para toda a rede. Quando os professores requisitam uma série de condições de trabalho e de organização da escola para desenvolver esse projeto – como carga horária integral na escola, escola em período integral para os alunos, reuniões de equipe semanais, a SME de Viamão concedeu todos os pontos requisitados e buscou caminhos de viabilizar burocraticamente a proposta inovadora da escola.

Já no âmbito das práticas pedagógicas, os dados da avaliação indicaram que esse primeiro ano do projeto consolidou os seguintes usos da tecnologia em sala de aula:

- Produção de material multimídia.
- Sistematização de informações.
- Acesso a redes sociais.
- Aplicação de *softwares* educacionais.

Ou seja, ainda que houvesse iniciativas com robótica e programação, as TICs para acesso, sistematização e produção de informações correlacionadas às pesquisas em sala de aula foram mais rapidamente apropriadas nessa fase preliminar do programa. Esse passo inicial de estreitamento da relação com a informação por meio das tecnologias foi recorrente também nas avaliações das outras escolas-laboratório dos projetos de educação da Fundação Telefônica Vivo citados na introdução deste capítulo.

Como ponto de atenção, a avaliação indicou a presença de muitos conflitos pessoais dentro do próprio corpo docente, e deste com a direção, ocasionados pelas situações de profunda incerteza e inconstâncias recorrentes por conta das experimentações e mudanças diárias. Esse debate foi estabelecido com a própria equipe, problematizando o quão propositiva a assessoria poderia ser ou o quanto as soluções deveriam emergir dos próprios professores. Encontrar o balanço ideal entre esses dois polos é uma tarefa difícil, e, até então, as estratégias empregadas pendiam mais para a segunda opção. Os resultados do processo avaliativo evidenciaram impactos positivos quando a assessoria adotou uma postura mais propositiva (como ao trazer referências para a organização dos tempos e espaços) e apontaram alguns desafios associados à falta de posicionamentos claros dos profissionais da assessoria quando questionados pelos professores. Isso não implicou a adoção de uma postura impositiva e insensível ao contexto, mas sim um ajuste na estratégia, o qual possibilitou à assessoria propor mais alternativas de caminhos aos professores, mesmo que depois fosse necessário lidar com os desdobramentos dessas propostas.

Para a escola, o diálogo sobre os resultados da avaliação com os professores e com a direção foi o estabelecimento de referências sobre o progresso do projeto. Ao se propor um processo de inovação educacional, em geral, perdem-se as referências tradicionais sobre a "qualidade" do trabalho da escola, na medida em que os testes tradicionais não se propõem a capturar os elementos que a inovação pretende desenvolver. Portanto, a instituição inovadora perde as referências sobre seu próprio avanço: "O projeto está dando certo? Estamos melhorando?". A falta de critérios para analisar seu progresso dificulta que a instituição inovadora aprimore suas estratégias e é fonte de ansiedade e conflitos na equipe. A avaliação supriu parcialmente essa necessidade, ao estabelecer e evidenciar critérios externos pelos quais a escola conseguiu se nortear e balizar seu trabalho, retomando o alinhamento da matriz de avaliação com os objetivos pedagógicos da intervenção.

Segundo movimento

A partir de 2015, dois movimentos paralelos começaram a se fortalecer. O primeiro deles emergiu da necessidade pragmática de avaliar os alunos nos PAs e na inadequação dos instrumentos existentes para tal tarefa. O segundo foi uma convergência entre os momentos do uso de robótica em um formato estruturado nas MEPs e a necessidade de criar protótipos nos PAs de forma livre. Cada um dos movimentos constituiu oportunidade para o uso de uma estratégia diferente da equipe assessora.

No primeiro caso, ocorreu a cocriação entre a assessoria e os professores de rubricas de aprendizagem (ANDRADE, 2000) para a avaliação dos projetos, o que exigiu do grupo um olhar focado no aluno. A segunda estratégia foi o exemplo de um trabalho da assessoria junto com os alunos cujo objetivo foi uma intervenção na escola. Como a metodologia dos PAs tem como pressuposto que os estudantes devam investigar questões pessoalmente significativas e que estejam mobilizados para aprender (conceito muitas vezes enfraquecido pelo uso do termo "curiosidade do aluno"), abre-se espaço para o estudante trazer seu mundo para dentro da escola. Por se tratar de uma escola do campo, temas ligados a essa realidade já haviam se tornado rotina na escola, mas ainda muito limitados aos conhecimentos já construídos pelos sujeitos, e não como ponte para novas construções. Nesse período, uma professora solicitou auxílio com um grupo cujo tema era a criação de gado, que estava estagnado, sem que se conseguisse avançar no trabalho. A equipe assessora desafiou o grupo a criar uma solução que "facilitasse a vida do criador de gado". Os alunos criaram o conceito de coxo (bebedouro para animais) que automaticamente se enchia d'água quando "sentisse" que o gado havia bebido. Usando placas Intel Galileo/Arduino, a equipe assessora auxiliou os estudantes a prototiparem sua solução (**Fig. 10.2**).*

Essa ação direta com os alunos teve grande repercussão na forma como a tecnologia estava sendo utilizada na escola e na concepção de projetos de alunos e professores, na medida em que posicionou os estudantes como sujeitos capazes de criarem soluções para problemas como produtores de tecnologia e ressignificou os protótipos, ampliando a percepção de sua potência pela comunidade escolar. Essa intervenção, conjuntamente com outras ações, como MEPs de produções multimídia e ações de programação para alunos dos anos iniciais, com ScratchJr, iniciaram um processo de fortalecimento do sentido da robótica, em específico, e da tecnologia, no geral, como elementos transformadores da relação com o conhecimento, e não como "apenas mais uma ferramenta".

Novamente, o patamar, que já se encontrava estável no uso das tecnologias para o acesso e produção de informação, foi desequilibrado, e novas produções começaram a se acumular, tendo como seu clímax a participação da equipe de robótica da escola em competições e, principalmente, a apresentação da feira final de projetos da escola, em 2015, marcando a transição do projeto para uma fase de manipulação e criação de tecnologia.

Nessa feira (**Fig. 10.3**), a grande parte dos grupos apresentou protótipos funcionais que fugiram da simples ilustração. Nos casos mais simples, tinha-se uma representação do fenômeno investigado no projeto com algum elemento funcional ou uma solução com baixo uso de tecnologia, tal como o que investigava a questão *Por que o universo é escuro se tem estrelas e o sol para brilhar?*,** que criou seu próprio planetário. Já em outros, encontrava-se a solução de um problema concreto por meio da tecnologia.

---

*Projeto desenvolvido pelos alunos Letícia Sanhudo (9º ano em 2015), Richard Diovane, Matheus Maica e Victor Matheus (8º ano em 2015), com orientação das professoras Cláudia Dresser e Camila Bellaver de Souza. Disponível em: <https://sites.google.com/a/escolazeferino.org/gado-de-corte/>. Acesso em: 24 out. 2018.

**Projeto desenvolvido pelos alunos José Vinicius Silva (8º ano em 2015), Luis Fernando Aguiles (4º ano em 2015), Vagner Pereira Martins (4º ano em 2015) e Patrick Vargas dos Santos (4º ano em 2015), com orientação das professoras Cláudia Dresser e Camila Bellaver de Souza. Disponível em: <https://sites.google.com/a/escolazeferino.org/universo>. Acesso em: 24 out. 2018.

Figura 10.2 Alunos trabalhando em projeto para facilitar a vida do produtor de gado.
Fonte: Foto gentilmente cedida pela EMEF Zeferino Lopes de Castro.

Figura 10.3 Imagem de um dos trabalhos apresentados na feira final de projetos da escola.
Fonte: Foto gentilmente cedida pela EMEF Zeferino Lopes de Castro.

As temáticas do campo foram recorrentes: um grupo criou uma solução automatizada para a criação de ovelhas; outro utilizou *tags* de identificação por radiofrequência (RFID) para fazer automaticamente a separação das vacas prenhas das demais.*

Segunda coleta de dados da avaliação

Nesse momento, novamente, ocorreu um processo de coleta e debate da avaliação. O trabalho desenvolvido em 2015 resultou em uma variedade e complexidade de usos das tecnologias digitais que até então não havia sido apresentada em nenhuma das outras escolas-laboratório apoiadas pela Fundação Telefônica Vivo. E essa complexidade residiu justamente na nova prática pedagógica desenvolvida a partir do Escolas Rurais Conectadas: os projetos de aprendizagem.** Segundo os dados da avaliação, esses projetos assumiram um papel central na visão de toda a comunidade escolar do que era a escola, como exemplificam as narrativas a seguir:

―――――――――

*Projeto desenvolvido pelos alunos Elen Rocha, Fabricio Santiago, Gabriel Granosik, João Bonassina, Leonardo Sanhudo e Rafael Brites (8º ano), com orientação do professor João Roxo.
**Em 2015, a escola organizou o ano em rodadas de projetos, com duração de cerca de seis semanas cada, alternando um ciclo de projetos a partir de temas propostos pelos professores e outro de temas propostos pelos alunos.

"A gente escolhe uma dúvida que a gente tem pra fazer um projeto dela e pra descobrir tudo sobre ela. Aí a gente forma perguntas pra pesquisar sobre a mesma dúvida, pra responder e apresentar pros colegas. [...] A dúvida que a gente tem, a gente vai estudar sobre ela, e aí a gente faz um protótipo dela, que é mostrar como funciona"

(Fala de um aluno.)

"Ela chega em casa e fala: "Mãe eu vou fazer tal projeto". Ela se empenha em pesquisar, ela passa pra mim... Eu estou aprendendo junto com ela, as coisas que eu não tive na minha época, eu estou aprendendo junto com ela."

(Fala de uma mãe.)

Ao associar os desejos dos alunos e dos professores e seus saberes locais à produção de um protótipo, o corpo docente e o parceiro executor do projeto na escola criaram a via de passagem para uma relação de criação com a tecnologia – e não só de acesso, como nos outros laboratórios. Com a maturação dessa prática pedagógica, e com o avanço das oficinas de robótica e de programação desenvolvidas na escola, aos poucos, os conhecimentos que eram lecionados nessas oficinas passaram a ser empregados para resolver as questões emergentes dos projetos. Assim, tanto alunos como professores passaram a produzir tecnologias únicas e inéditas.

Essas novas práticas tiveram impacto direto sobre as competências do século XXI de alunos e professores, tanto em termos de desenvolvimento quanto de desafios. De 2014 para 2015, foram observados resultados em todos os aspectos avaliados das competências de comunicação, colaboração, criatividade e competência TIC* – com destaque para a comunicação e para a colaboração entre os alunos (**Fig. 10.4**).

Ao mesmo tempo, para os professores, essas duas competências têm sido um ponto de atenção. As novas instâncias coletivas de tomada de decisão, como a reunião pedagógica semanal, e a nova relação de orientador com os alunos, a partir dos projetos, provocou os professores a exercitar mais aspectos de compartilhamento, de escuta e de negociação. Os resultados em 2015 mostram que, mesmo tendo havido desenvolvimento de 2014 para 2015, nem entre os professores nem na relação destes com os alunos essas competências são consideradas desenvolvidas em nível satisfatório pelos diferentes atores.

Já em criatividade e competência com relação às TIC, para os professores, os resultados de 2015 são expressivos. Esses profissionais passaram a dominar variadas técnicas de criação de ideias, de processos de desenvolvimento e de avaliação da implementação destas no cotidiano escolar, lidando constantemente com a imprevisibilidade de temas e estratégias de abordagem pedagógicas. Suas soluções tecnológicas, como já mencionado, também se tornaram mais complexas com a produção de tecnologia.

---

*Devido ao número pequeno da amostra de alunos acima de 12 anos de idade, foram utilizados grupos focais situacionais para a avaliação de competências dos alunos em 2014 e 2015. Aos grupos de oito alunos, multisseriados do 6º ao 9º ano, foram apresentadas tarefas diversas, que deveriam ser cumpridas de maneira coletiva. Em 2014, os alunos tiveram uma breve conversa inicial sobre a tarefa, mas o resultado final apresentado foi fruto do trabalho individual de um ou dois integrantes da equipe. Já em 2015, os grupos, desde o princípio, debateram coletivamente tanto a tarefa quanto as formas de realização, acordando caminhos e se informando ao longo do processo dos passos dados.

Figura 10.4 "Eu quis representar que as meninas estão fazendo um cartaz pra apresentar amanhã [...] e elas estão se dividindo pra fazer o cartaz e aqui a gente aprende a trabalhar em grupo mesmo, ajudando a pessoa que tem dificuldade pra fazer essas coisas." (*Aluno, autor da foto*)
Fonte: Foto gentilmente cedida pela EMEF Zeferino Lopes de Castro.

Por fim, o acontecimento desse laboratório no município de Viamão, com o constante e próximo acompanhamento da SME, motivou um processo de inovação nas políticas públicas de educação em construção no município. Entre as ações desenvolvidas pelo município a partir da experiência do laboratório, estão: compra de *tablets* e *notebooks* para todos os professores; criação de uma equipe para suportar as ações com tecnologia dentro da secretaria; inclusão da tecnologia como eixo do Plano Municipal de Educação; capacitação de gestores e secretários escolares para o uso da tecnologia; criação de mais oito escolas-laboratório dentro da rede municipal de ensino; e inscrição do município em competições de robótica, tanto para competir como para sediar.

REFLEXÕES SOBRE A EXPERIÊNCIA

Assim como a inserção da tecnologia nos ambientes de aprendizagem é um desafio para a construção de práticas pedagógicas inovadoras, também o é para a avaliação desses processos.

A experiência da escola-laboratório EMEF Zeferino Lopes de Castro revela as complexidades de um caminho no qual a presença da tecnologia digital é disparadora de uma cadeia de transformações que vão além do uso da tecnologia e passam por uma refundação completa da escola, que, aos poucos, passa a integrar a tecnologia de modo complexo, articulando saberes locais e trazendo os alunos para o papel de protagonistas na produção da tecnologia.

Esses caminhos são tortuosos, com avanços e retrocessos constantes, como todo processo disruptivo. Ressalta-se, portanto, a necessidadede se fortalecer processos avaliativos que não restrinjam seus valores somente ao desempenho dos alunos em testes oficiais e que possam estabelecer indagações avaliativas para diferentes âmbitos da cultura escolar. Além disso, nesse processo de idas e vindas, de incertezas e acirramentos de contradições, a avaliação pode servir como uma baliza para a tomada de decisões do coletivo de pessoas envolvidas na transformação.

Para isso, é de fundamental importância que a avaliação consiga envolver os principais atores do projeto e estabelecer com eles, coletivamente, que resultados serão buscados pela intervenção e que perguntas avaliativas devem ser respondidas. Em um segundo momento, é crucial que seja feito um desenho metodológico que consiga responder com rigor e precisão a essas perguntas, trazendo a voz de atores nos diferentes níveis do projeto ouvidos pelos diferentes métodos de pesquisas. Os dados devem ser sistematizados e analisados em respostas claras para as perguntas avaliativas, em um relatório direto e conciso (DAVIDSON, 2012).

A relevância do processo avaliativo pode ser potencializada se o conhecimento que ele produz é posto novamente em debate com os atores envolvidos em todo o processo, como foi feito aqui nas ondas de avaliação dos anos de 2014 e 2015, permitindo pontos de parada para alinhamento entre os resultados encontrados com as expectativas dos envolvidos. Nessa experiência, seguindo esses preceitos avaliativos, ao mesmo tempo em que a avaliação pôde sistematizar e dar visibilidade aos resultados alcançados pelas ações do programa Escolas Rurais Conectadas na escola, também trouxe reflexões sobre esse processo no próprio caminhar de transformação, contribuindo para os saltos na espiral ascendente da relação dialética entre novas tecnologias e práticas pedagógicas.

REFERÊNCIAS

ANDRADE, H. G. Using rubrics to promote thinking and learning. *Educational Leadership*, v. 57, n. 5, p. 13-18, 2000.

CAVALLO, D. et al. The city that we want: generative themes, constructionist technologies, and school/social change. In: IEEE INTERNATIONAL CONFERENCE ON ADVANCED LEARNING TECHNOLOGIES, 2004, Joensuu. Proceedings... New York: IEEE, 2004.

CENTRO REGIONAL DE ESTUDOS PARA O DESENVOLVIMENTO DA SOCIEDADE DA INFORMAÇÃO. (CETIC BR). *TIC EDUCAÇÃO 2013* - Pesquisa sobre o uso das tecnologias da informação e da comunicação no Brasil. São Paulo: Comitê Gestor da Internet no Brasil, 2014. Disponível em <https://www.cetic.br/media/docs/publicacoes/2/tic-educacao-2013.pdf>. Acesso em: 24 out. 2018.

DAVIDSON, E. J. Tornar as avaliações estrategicamente práticas e relevantes. In: FUNDAÇÃO ITAÚ SOCIAL (Org.) et al. *A relevância da avaliação para o investimento social privado*. São Paulo: Fundação Satillana, 2012.

FUNDAÇÃO TELEFÔNICA BRASIL. c2018.Disponível em: <http://fundacaotelefonica.org.br/projetos/escolas-rurais-conectadas/>. Acesso em: 24 out. 2018.

INSTITUTO NACIONAL DE ESTUDOS E PESQUISAS EDUCACIONAIS ANÍSIO TEIXEIRA. (INEP). *Censo escolar*. 2014. Disponível em: <http://www.inep.gov.br/censo/>. Acesso em: 24 out. 2018.

MAGDALENA, B. C. et al. *Projeto Amora 2000*. 1999. Disponível em: <http://mathematikos.mat.ufrgs.br/textos/projamora2000.pdf>. Acesso em: 24 out. 2018.

MERTENS, D. M. Métodos mistos de avaliação: aumentando a efetividade do investimento social privado. In: FUNDAÇÃO ITAÚ SOCIAL (Org.) et al. *Avaliação para o investimento social privado*: metodologias. São Paulo: Fundação Satillana, 2013.

PAPERT, S. Change and resistance to change in education. Taking a deeper look at why school hasn't changed. In: CARVALHO, A. D. et al. *Novo conhecimento, nova aprendizagem*. Lisboa : Fundação Calouste Gulbenkian, 2001. p. 61-70.

P21-PARTNERSHIP FOR 21ST CENTURY LEARNING. *Home*. [S. l.]: P21, [s.d.]. Disponível em: <http://www.p21.org/>. Acesso em: 15 jun. 2018.

ROSA, F. R.; AZENHA, G. S. *Aprendizagem móvel no Brasil*: gestão e implementação das políticas atuais e perspectivas futuras. São Paulo: Zinnerama, 2015.

UNESCO. *Tecnologias para a transformação da educação*: experiências bem-sucedidas e expectativas. [S. l.]: UNESCO, [2014].

VIVANCOS, J. *Tratamento de la información y competencia digital*. Madrid: Alianza, 2008.

PARTE IV

LABORATÓRIOS VIRTUAIS

A CONSTRUÇÃO DE EXPERIMENTOS REMOTOS E A APRENDIZAGEM DE JOVENS

Eduardo Kojy Takahashi | Dayane Carvalho Cardoso

Como é possível utilizar a computação física para estimular a curiosidade dos estudantes da educação básica e levá-los a se envolverem no próprio processo de aprendizagem de forma prazerosa? Este artigo procura mostrar que processos de educação informal, como aqueles que envolvem estudantes em projetos de desenvolvimento de produtos tecnológicos digitais, contribuem para apontar novas experiências de aprendizagem que podem ser integradas ao processo formal de educação, em favor de uma aprendizagem de conhecimentos procedimentais, atitudinais e conceituais mais significativa para os estudantes.

Serão apresentados resultados da participação de estudantes da educação básica na construção de experimentos didáticos reais, que podem ser visualizados, por meio de *webcam*, e controlados a distância, por meio de atuadores, e permitem mensurações remotas com o uso de sensores e *displays*. Tais experimentos, que são alocados, em geral, em laboratórios de instituições de ensino superior e podem ser acessados e manipulados pela internet, são denominados experimentos remotos, e os laboratórios que os disponibilizam são conhecidos como laboratórios de experimentação remota ou *webLabs*.

Há um consenso acerca da importância das atividades experimentais para estimular a formulação de explicações pautadas na observação e no raciocínio, mas, como será abordado a seguir, o cenário da educação brasileira não é favorável à aquisição de conhecimentos inerentes à prática experimental.

O CENÁRIO DA EDUCAÇÃO BÁSICA NO BRASIL

De acordo com o Censo Escolar 2018, publicado pelo Instituto Nacional de Estudos e Pesquisas Educacionais Anísio Teixeira (Inep), do Ministério da Educação (MEC), o Brasil dispõe de 181.939 escolas de educação básica. O número de instituições que ofertam os anos iniciais e finais do ensino fundamental e o ensino médio de maneira não exclusiva está apresentado na **Tabela 11.1**, assim como a porcentagem de recursos tecnológicos. Esses dados apontam, inicialmente, para uma carência de laboratórios de ciências na educação básica. Se for considerado que a declaração de existência desses laboratórios não garante seu uso didático, o cenário da formação experimental nessas etapas do ensino formal pode ser muito pior do que revelam os indicadores da tabela.

Por outro lado, mesmo considerando um provável superdimensionamento dos dados, a porcentagem de laboratórios de informática nos anos finais do ensino fundamental e no ensino médio, com computadores para uso dos estu-

TABELA 11.1 – Indicadores estatísticos do censo escolar da educação básica de 2018 publicados pelo Inep

Etapa de ensino	Número de escolas	Escolas com laboratório de ciências	Escolas com laboratório de informática	Escolas com acesso à internet	Escolas com banda larga
Ens. fundamental – Anos iniciais	112.146	11,5%	44,3%	69,6%	57,6%
Ens. fundamental – Anos finais	62.009				
Ensino médio	28.673	44,1%	78,1%	95,1%	84,9%

Fonte: Brasil (2019, documento *on-line*).

dantes e acesso à internet, indica a possibilidade de utilização desses recursos para buscar suprir a carência de atividades experimentais.

Assim, torna-se pertinente conceber a experimentação remota como uma alternativa promissora para inovar o processo de ensino e aprendizagem em ciências e tecnologia, contribuindo para a extensão do conteúdo de aprendizagem, para a ampliação do ambiente e das oportunidades de aprendizagem e para a promoção de um efeito psicossocial altamente positivo.

EXPERIMENTOS REMOTOS

Os experimentos remotos são recursos didáticos que começaram a se difundir na década de 1990, com o advento da internet, e tiveram seus primeiros usos pedagógicos no ensino de engenharia nas universidades europeias e asiáticas. Com o rápido desenvolvimento das tecnologias digitais de informação e comunicação (TDICs), sua atual arquitetura incorporou novos elementos, que possibilitaram melhorar tanto a interface de comunicação do experimento com o usuário (*front-end*) quanto o processo de comunicação do experimento com o servidor de experimentos e com o servidor *web* (*back-end*).

Na área de ciências ou tecnologia, por exemplo, um experimento remoto pode ser um aparato experimental para estudar a queda livre de objetos, ou um microscópio para observar plantas, ou um sistema para análises de fatores atmosféricos. A característica básica dessa tecnologia é que o equipamento esteja conectado a um servidor e permita sua manipulação a distância, a partir de um computador ou dispositivo móvel (*tablet*, *smartphone*, etc.) conectado à internet, de maneira que o usuário possa realizar ações sobre o equipamento, observar o resultado de suas ações e efetuar medidas, como em uma atividade experimental presencial (*hands-on*).

Com a expansão da educação a distância (EaD) e a oferta de cursos de nível superior nas áreas científicas e tecnológicas, as práticas laboratoriais constituem o grande problema para a formação experimental dos estudantes. Em geral, essas práticas são realizadas de forma presencial nos polos de apoio presencial ou na instituição sede, em momentos específicos do curso. Entretanto, a constituição de laboratórios em cada polo, por exemplo, na área de física, exige um investimento mínimo da ordem de US$ 80 mil para cada laboratório. Além desse fator altamente restritivo, ainda existe a necessidade do deslocamento dos estudantes de suas localidades até o laboratório.

Os laboratórios de experimentação remota, ou *webLabs*, desenvolvidos no Brasil, acessíveis pela internet e voltados para a educação básica ou para o ensino superior ainda são raros e estão localizados em universidades situadas nos estados de Minas Gerais (Núcleo de Pesquisa em Tecnologias Cognitivas da Universidade Federal de Uberlândia [Nutec-UFU]), Santa Catarina (Laboratório de Experimentação Remota da Universidade Federal de Santa Catarina [RexLAb-UFSC]), São Paulo (Pontifícia Universidade Católica de São Paulo [PUC-SP]e Rio de Janeiro (Consórcio de Laboratórios Virtuais de Atividades Didáticas em Ciências e Robótica da Universidade Federal do Rio de Janeiro [LabVad]), conforme apresenta o **Quadro 11.1**.

Existem relatos na literatura de outros projetos de viabilização de experimentos remotos em diversas instituições de ensino superior nacionais, mas os acessos ainda não se encontram disponibilizados publicamente.

As principais diferenças entre a experimentação presencial (*hands-on*), a remota e a simulada computacionalmente estão apresentadas no **Quadro 11.2**.

Deve-se ressaltar que a tendência é a integração da experimentação remota a outras tecnologias digitais, como a experimentação simulada computacionalmente e as realidades aumentada e virtual imersiva, por exemplo, de forma a potencializar mais a aprendizagem.

Mas, como e por que a experimentação remota pode se associar ao processo de ensino e aprendizagem em favor de uma melhor formação técnica e científica dos estudantes da educação básica?

Na próxima seção, serão apresentadas algumas características dos estudantes da educação básica e uma fundamentação teórica que pode ser considerada em propostas metodológicas que sejam condizentes com esse perfil do público escolar.

A BASE CONCEITUAL RELACIONADA COM A APRENDIZAGEM DE JOVENS

Os estudantes que hoje frequentam os ensinos médio ou superior são majoritariamente aqueles cuja infância ocorreu na segunda metade da década de 1990, sociologicamente denominados de nativos digitais, ou geração Z (KÄMPF,

QUADRO 11.1 Laboratórios nacionais de experimentação remota acessíveis pela internet

Laboratório	Experimentos remotos	Tipo de acesso público
Nutec-UFU	• Experimento de Thomson. • Conversão de energia elétrica em térmica e trocas de calor.	Por meio de cadastramento e ilimitado no tempo.
RexLab – UFSC	• Ambiente para desenvolvimento em Arduino. • Banco óptico. • Condução de calor em barras metálicas. • Conversão de energia luminosa em elétrica. • Disco de Newton. • Experimento de Thomson. • Meios para propagação de calor. • Microscópio – animais. • Microscópio remoto. • Painel elétrico CA (corrente alternada). • Painel elétrico CC (corrente contínua). • Plano inclinado.	Sem cadastramento e limitado no tempo.
Webduino – PUC/SP	• Corpo negro com Arduino. • Espectrofotômetro remoto automatizado. • *Ligth analyser*. • Miniestação meteorológica. • *Pull-up and pull-down*. • Voz para experimentos remotos.	Como convidado e limitado no tempo.
LabVad – UFRJ	• Trilho de ar. • Programação Arduino.	Por meio de cadastramento e limitado no tempo.

QUADRO 11.2 Principais diferenças entre a experimentação *hands-on*, a remota e a simulada computacionalmente

Experimentação *hands-on*	Experimentação remota	Experimentação simulada computacionalmente
Os objetos que compõem o aparato experimental são fisicamente reais.	Os objetos que compõem o aparato experimental são fisicamente reais.	Os objetos que compõem o aparato experimental são virtuais.
O usuário manipula diretamente o aparato experimental real.	O usuário manipula o aparato experimental real de forma indireta, por meio de um dispositivo digital conectado à internet.	O usuário manipula diretamente o aparato experimental virtual, por meio de um dispositivo digital.
O grau de interação do usuário com o aparato experimental real (possibilidades de manuseio) é, em princípio, ilimitado.	O grau de interação do usuário com o aparato experimental real (possibilidades de manuseio) é limitado pelo sistema de controle e de comunicação construídos.	O grau de interação do usuário com o aparato experimental virtual (possibilidades de manuseio) é estipulado na programação.
O tempo de interação do usuário com o aparato experimental real é limitado pelo tempo de acesso ao laboratório.	O tempo de interação do usuário com o aparato experimental real é, em princípio, ilimitado.	O tempo de interação do usuário com o aparato experimental virtual é ilimitado.
O acesso ao aparato experimental real é limitado pela possibilidade de acesso ao laboratório.	O acesso ao aparato experimental real é ilimitado.	O acesso ao aparato experimental virtual é ilimitado.
Os resultados de uma ação direta do usuário sobre o aparato experimental não são programados e sempre apresentam incertezas.	Os resultados de uma ação indireta do usuário sobre o artefato real não são programados e sempre apresentam incertezas.	Os resultados de uma ação direta do usuário sobre o artefato podem ser programados para apresentar incertezas.
A integridade do artefato real diante do manuseio pelo usuário não é totalmente preservada.	A integridade do artefato real diante do manuseio pelo usuário é totalmente preservada.	A integridade do artefato virtual diante do manuseio pelo usuário é totalmente preservada.
A integridade do usuário ao manipular o aparato experimental real não é garantida.	A integridade do usuário ao manipular o aparato experimental real é garantida.	A integridade do usuário ao manipular o aparato experimental virtual é garantida.

2011), e que, portanto, cresceram imersos nas tecnologias digitais conectadas em rede.

Esse fato originou um cenário em que os alunos possuem mais conhecimento do que seus professores em assuntos relacionados com as tecnologias digitais em rede. Como afirma Pérez Gómez (2015), há uma inversão de posições, em que os alunos se convertem em especialistas digitais e os adultos, em aprendizes desses jovens peritos digitais. Em função dessa característica, diversos trabalhos de pesquisa apontam para a necessidade da inserção das TDICs nos processos de ensino e aprendizagem (LÉVY, 2011; DANTAS; MACHADO, 2014).

Entretanto, não basta introduzir equipamentos e infraestruturas que permitam o uso das tecnologias digitais e persistir nas práticas educativas tradicionais, de maneira a reforçar o desinteresse dos jovens pela aprendizagem. Para Pérez Gomes (2015, p. 43), o "envolvimento real e entusiasmado do aprendiz é a condição fundamental para que a aprendizagem bem-sucedida floresça", mas considera-se que isso só pode ser conseguido se houver consonância entre os objetivos de aprendizagem e as expectativas de aprendizagem do estudante.

Em relação à aprendizagem, pode-se utilizar a ideia de Díaz (2011) e explicitar que a aprendizagem é um processo no qual o indivíduo adquire informações, conhecimentos, habilidades, atitudes e valores para construir, de modo progressivo e ilimitado, suas representações de seus mundos interior e exterior, em uma constante inter-relação psicológica, biológica e sociológica com seu meio, com o auxílio proporcionado pelas demais pessoas.

Se for considerado que toda criança ou jovem possui algum grau de curiosidade, que é inerente a sua constituição como sujeito em permanente construção social, histórica e psicológica, torna-se pertinente questionar por que não provocar sua curiosidade e desafiá-lo a redescobrir o conhecido, observar, refletir e compreender como o objeto tecnológico foi concebido e construído, no intuito de liberar seu pensamento para novas possibilidades criativas.

Freire (2003, p. 78) destaca a questão da curiosidade no processo de ensinar e aprender. Argumenta que

> [...] não é a curiosidade espontânea que viabiliza a tomada de distância epistemológica. Essa tarefa cabe à curiosidade epistemológica – superando a curiosidade ingênua, ela se faz mais metodicamente rigorosa.

Entretanto, Freire (1996) ressalta que mais importante do que superar essa curiosidade ingênua é considerar se esse processo conduziu a outras curiosidades, se a curiosidade provocou algum conhecimento provisório de algo e se o aprendiz se tornou mais criticamente curioso, mais perseguidor de seu objeto.

Entretanto, o ensino científico essencialmente teórico e com base na memorização e a ausência quase total de atividades práticas investigativas na educação básica estimula que esse nível de ensino pouco ou nada contribua para o desenvolvimento da curiosidade epistemológica, da criatividade, da autonomia e do saber fazer. Poucas são as atividades escolares de aprendizagem que estimulam a observação do concreto, a montagem, a desmontagem ou a construção de objetos, dispositivos ou equipamentos.

Procurando quebrar esse modelo e transpor o estudante da posição de espectador e simples usuário de um artefato tecnológico para a de ator ou produtor desse artefato, foram idealizados dois projetos de disponibilização ou construção de experimentos remotos por estudantes dos ensinos médio e superior, sob a mediação de professores de escolas públicas da educação básica e pesquisadores universitários.

Esses projetos, que serão descritos adiante, estão sendo desenvolvidos desde a segunda metade da década de 2000 e possuem em comum o engajamento espontâneo de estudantes, a partir de suas próprias iniciativas ou do conhecimento das atividades em desenvolvimento no Nutec-UFU.

As atividades desenvolvidas pelos estudantes relacionam-se com o projeto e construção dos sistemas de disponibilização remota dos experimentos e, até mesmo, à própria construção do aparato experimental a ser ofertado para acesso remoto.

Tais atividades colocam o estudante no papel de compreender a necessidade educativa de um experimento real de física – por exemplo, a disponibilização do experimento da determinação da razão carga–massa do elétron, que, historicamente, demarca a comprovação da existência do elétron –, entender como tal aparato experimental pode ser controlado, projetar e construir coletivamente os mecanismos que possibilitem que esse experimento seja visualizado e manipulado a distância, por meio da internet.

Nesse movimento, busca-se proceder como sugere Latour (2011), indo "dos produtos finais à produção", isto é, trabalhar o processo de construção dos experimentos remotos, percorrendo o caminho dos "objetos estáveis e frios" (LATOUR, 2000, p. 39), que, nesse caso, são representados pelo experimento remoto pronto para a utilização, "a objetos instáveis e mais quentes" (LATOUR, 2011, p. 39), que estão representados pelos experimentos remotos ainda em sua constituição, no processo de sua construção. Nesse processo, as ideias de *o que* e *como fazer* provêm de *brainstormings* nos quais as ideias de cada participante do projeto são consideradas, e é a isso que Latour se refere como o lado "mais quente" do trabalho técnico-científico.

Deve-se ressaltar que essa produção, esse saber fazer coletivo, a execução de uma tarefa não denota o processo de aprendizagem em si, mas constitui a última etapa desse processo e configura o desempenho da aprendizagem, seu resultado (DÍAZ, 2011). Assim, ao construir, ao fazer, o autor está materializando sua aprendizagem. Esse saber fazer é um importante componente de aprendizagem que não pode ser desprezado em contextos de educação inovadora.

Neste capítulo, apresenta-se a narrativa da trajetória do desenvolvimento desses projetos que procuraram colocar os jovens como protagonistas do trabalho educativo com essas TDICs.

Os jovens nos projetos de implementação de experimentos remotos

As tarefas de implementação ou construção de um experimento remoto são desenvolvidas em paralelo, e não em uma sequência linear, e requerem uma equipe trabalhando em sintonia de objetivos: enquanto um sujeito modela um braço robótico utilizando um *software* de modelagem 3D, por exemplo, outro estuda os possíveis materiais que podem ser empregados em sua confecção física, em função das exigências em sua utilização. Ao mesmo tempo, outro sujeito cuida da programação da placa microprocessadora, para que os motores executem os movimentos requeridos do braço robótico pelo usuário, e outro, ainda, trabalha na programação *web* que permitirá que o usuário remoto enxergue o braço robótico e o comande por meio da internet.

Essas ações individuais seguem uma lógica de trabalho coletivo em torno de um objetivo comum e devem partir de um consenso e ter uma coordenação, para que se obtenha êxito na consecução desse objetivo, conforme uma meta previamente estipulada. Isso significa saber trabalhar cooperativamente, mas essa aprendizagem é muito pouco estimulada nas atividades escolares.

No Nutec-UFU, o início da participação de estudantes da graduação na implementação ou construção de experimentos remotos ocorreu exatamente na etapa de definição dos experimentos e da arquitetura que seria adotada para o *webLab*.

Em meados de 2011, a parte do núcleo de pesquisa que se envolveu diretamente nessas atividades era composta por um pesquisador (P1), uma especialista em física (EF1) e dois estudantes da licenciatura em física (E1 e E2). Motivado pelo grupo de pesquisa do RexLab-UFSC, o foco das discussões do grupo naquele momento relacionava-se com as possibilidades pedagógicas da experimentação remota para reverter a tradicional aversão dos estudantes pela aprendizagem de física e para minimizar a resistência dos professores da educação básica na adoção de métodos mais motivadores para o ensino dessa disciplina.

Simultaneamente à inclusão da experimentação remota em sala de aula, pensava-se em como viabilizar a realização de práticas experimentais em um formato diferente daquele que preconiza o uso de um roteiro experimental previamente programado pelo professor e seu cumprimento à risca pelo estudante.

As experiências, expectativas e frustrações dos estudantes foram consideradas como prioritárias para o encaminhamento das atividades nesse empreendimento.

Tratava-se, dessa forma, da construção e implantação de uma nova concepção de ensino experimental, que alia tecnologias da informação e comunicação (TICs) aos equipamentos laboratoriais, explora o saber fazer, o trabalho colaborativo e ultrapassa os limites conhecidos dessa prática pedagógica nos espaços formais de educação com algumas vantagens.

O primeiro resultado desse trabalho coletivo foi estipular que o experimento remoto deveria conter um apelo técnico e científico que pudesse promover a curiosidade e o interesse do estudante e que a atividade experimental agregasse, para além da simples tomada de dados, a descoberta dos conhecimentos envolvidos na idealização e confecção do aparato experimental. A especialista EF1 ficou responsável pela elaboração de uma proposta metodológica que contemplasse esses aspectos dentro de uma concepção de aprendizagem investigativa.

Decidiu-se, então, pela disponibilização remota de um experimento para a determinação da razão entre a carga e a massa do elétron, que representou, historicamente, a observação feita pelo físico inglês Joseph John Thomson, em 1897, e consistiu na descoberta dessa partícula elementar.

Esse fato histórico, que desencadeou a revolução científica e tecnológica fundada na eletricidade e que caracteriza as sociedades economicamente desenvolvidas, trata do elemento básico presente nos processos que viabilizaram o salto tecnológico digital que é presenciado hoje. Assim, manipular as recentes tecnologias digitais disponíveis no dia a dia é presenciar a manifestação das propriedades eletrônicas em sua mais moderna plenitude tecnológica. Essa conexão pode e deve ser explorada nas práticas experimentais com o aparato laboratorial remoto escolhido. O aluno deve perceber que o comportamento do elétron na matéria responde pelo comportamento óptico, eletrônico e magnético dos conhecidos dispositivos de uso cotidiano, como celulares, computadores, *laptops*, CD *players*, etc.

O *kit* experimental para a determinação da razão entre a carga e a massa do elétron (**Fig. 11.1**) foi importado, devido a sua grande sofisticação tecnológica, e foi necessário desenvolver todo o sistema de controle e visualização do experimento para torná-lo manipulável por meio da internet.

Nessa etapa, os estudantes de graduação se envolveram na elaboração e no desenvolvimento dos projetos, o que propiciou aquilo que Pa-

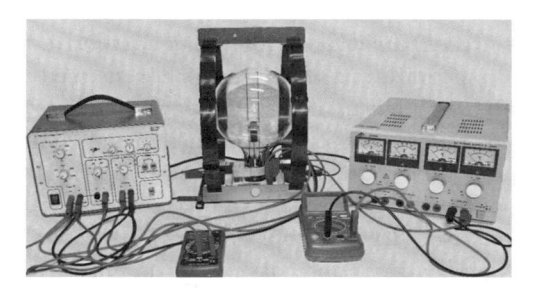

Figura 11.1 Equipamento experimental para a determinação da razão entre a carga e a massa do elétron.

pert (2008) considera como aprendizagem com a tecnologia. A necessidade de controlar os potenciômetros da fonte de tensão, girando-os no sentido horário ou anti-horário, levou à discussão sobre os procedimentos usuais para tal operacionalização e uma decisão se impôs de início: usar motores de passo ou servos motores conectados à placa Arduino?

O embate sobre a melhor solução para essa questão técnica foi trabalhado sob a perspectiva da busca, pelos estudantes, de uma resposta na internet, potencializando o que Ausubel, Novak e Hanesian (1978) definem como aprendizagem orientada para a descoberta.

A procura por uma solução pronta na internet pode parecer um procedimento de simples reprodução ou cópia, mas mesmo a busca por essa solução pronta envolve a compreensão do problema a ser resolvido e da natureza da resposta satisfatória, além da realização de uma seleção, classificação, comparação e, eventualmente, uma adaptação da solução encontrada à desejada. Do ponto de vista pedagógico, pode não ser um ato criativo, mas não deixa de ser um ato reflexivo, analítico. Do ponto de vista tecnológico, não representa uma inovação, mas representa o uso adequado e referenciado de conhecimentos já produzidos.

É preciso considerar que o processo de aprendizagem espontânea é um aspecto significativo da experiência de aprendizagem e geralmente se inicia pela reprodução daquilo que já existe, para, em seguida, e conforme a segurança e estabilidade do conhecimento construído, permitir que se aventure para pensamentos mais originais, criativos. Podem-se citar vários exemplos desse fato: a criança aprende, em primeiro lugar, a pronunciar palavras isoladas, por reprodução das palavras que os adultos falam, para depois compreendê-las e utilizá-las em frases mais elaboradas e próprias; um artista ou artesão primeiro aprende os fundamentos de sua arte ou ofício por reprodução (às vezes exaustivamente), para, posteriormente, desenvolver seu próprio estilo.

A característica da reprodução em um processo que resulta em um produto material é totalmente diferente de uma atividade puramente teórica. Na primeira, não é possível fazer uma transposição direta do tipo *control* + c/*control* + v; é necessária uma ação adicional do sujeito que reproduz, uma reinvenção. E, nesse processo, sempre ocorre a aprendizagem, de algum tipo e em alguma profundidade, além do desenvolvimento da habilidade de sintetizar e reconhecer conexões e padrões.

Após essa etapa exploratória na internet, em busca da resposta ao problema posto, os estudantes E1 e E2 entraram em consenso de que a melhor solução seria o uso de motores de passo conectados aos potenciômetros e comandados por uma placa Arduino Uno. As razões apresentadas pela escolha feita incluíam o fato de que os motores de passo são mais silenciosos do que os servos motores, possuem eixo fixo, o que dispensa a necessidade de serem mantidos ligados para permanecerem em uma certa posição, apresentam boa precisão e representariam um custo menor, pois estavam disponíveis em sucatas de impressoras. Por outro lado, o uso da placa Arduino deveu-se a fatores econômicos (preço menor) e didáticos: aprender a trabalhar com a placa e a realizar sua programação, que é baseada nas linguagens *Wiring* e C/C++.

Percebe-se, na solução apresentada pelos estudantes, a presença de elementos de aprendizagem atitudinal relevantes, como a postura analítica e comparativa e vontade de aprender.

Posteriormente, houve a necessidade de se programar um passo menor na rotação do motor, para um ajuste fino do valor da voltagem de saída de uma das fontes de tensão, imitando um movimento delicado da mão do operador, e uma nova questão se interpôs: como reduzir esse giro de maneira a não torná-lo muito lento, mas satisfazendo as exigências experimentais? Após nova rodada de discussões com os estudantes, chegou-se ao consenso de que eram necessárias duas ações: reduzir o passo por meio da programação Arduino e construir uma caixa redutora para o acoplamento do eixo do motor com o eixo do potenciômetro. O estudante E1 realizou a programação, e o estudante E2 construiu o projeto da caixa redutora, calculando devidamente a relação entre os raios das engrenagens de redução e acompanhando sua fabricação na oficina mecânica do Instituto de Física da UFU.

Durante o desenvolvimento desses trabalhos, dois estudantes do ensino médio (E3 e E4) passaram a integrar o grupo como bolsistas, indicados pelo coordenador de um grupo de pesquisas em educação matemática da Faculdade de Matemática da UFU, denominado Núcleo de Pesquisa em Mídias na Educação (Nupeme). Esse fato produziu duas grandes mudanças nas ações formativas do Nutec: i) uma aproximação efetiva do núcleo com estudantes de escolas públicas da educação básica e a abertura do laboratório para a formação desses estudantes utilizando a estratégia da aprendizagem por projetos e ii) uma colaboração efetiva com o Nupeme, a ponto dos coordenadores de ambos os grupos estabelecerem, desde então, a oferta interdisciplinar de uma disciplina de tecnologias na educação a dois programas de pós-graduação da UFU: o Programa de Pós-graduação em Educação e o Mestrado Profissional em Ensino de Ciências e Matemática.

A questão da integração entre universidade e escola na área educacional tem merecido uma maior preocupação nos últimos anos, tanto pelos órgãos de fomento nacionais e estaduais, quanto por parte das instituições de ensino superior. No caso da UFU, a primeira mudança citada resultou, recentemente, na efetivação de um convênio mais geral entre a UFU e uma escola de educação básica do município para mútua cooperação didático-pedagógica, técnico-científica e cultural. Nessa cooperação, prevê-se a prestação de assessoria aos professores da escola por parte da universidade, sabendo-se das dificuldades que aqueles professores possuem em função da excessiva carga de trabalho. Flexibilizam-se, ainda, o acesso e o uso dos espaços físicos pelos professores e estudantes de ambas as instituições de ensino para a realização de atividades de comum interesse.

A presença de estudantes de escolas públicas da educação básica em trabalhos relacionados com o experimento remoto em implantação criou a oportunidade de estabelecer um grupo colaborativo com representantes de todos os níveis de ensino. E3 e E4 começaram a participar das reuniões regulares do núcleo e iniciaram estudos para desenvolver um simulador que possibilitasse uma montagem virtual das conexões elétricas do aparato experimental, utilizando imagens reais dos equipamentos e de forma que o usuário conseguisse conectá-los com o auxílio do diagrama esquemático do circuito elétrico real. A intenção com esse recurso era prover o usuário de uma habilidade que, em geral, não é exercitada nas aulas laboratoriais presenciais, nas quais os estudantes já encontram os equipamentos todos montados.

Os próprios estudantes do ensino médio ainda não tinham tido contato com o conteúdo de eletrodinâmica no ensino regular e aprenderam o que era necessário para o desenvolvimento de suas tarefas pela interação com os estudantes do ensino superior e a partir de consultas na internet.

A solicitude, paciência e disponibilidade dos estudantes da licenciatura no trato das questões demandadas pelos estudantes do ensino médio também foram fundamentais para o engajamento desses últimos no cotidiano do laboratório e para o estabelecimento de um ambiente prazeroso de trabalho e aprendizagem. Convém mencionar que os encontros de trabalho e de discussões eram diários, não controlados, entretanto, não ocorriam ausências injustificáveis por parte de qualquer integrante do grupo.

Todos os assuntos pertinentes ao desenvolvimento das tarefas no Nutec sempre foram levados na forma de questionamentos para as reuniões do grupo. Esse procedimento estimulava o engajamento dos estudantes, atribuía-lhes responsabilidades e poder de decisão e permitia-lhes maior autonomia na busca de soluções para os problemas que se lhe apresentassem.

O resultado efetivo dessa atitude é que os estudantes permanecem até hoje no Nutec, com exceção de E4, que concluiu o ensino médio e ingressou no mercado de trabalho.

Em 2013, um estudante (E5) de outra instituição de ensino superior da região também procurou o Nutec, interessado em integrar a equipe de experimentação remota.

O estudante E5 ficou responsável pelo desenvolvimento do sistema de visualização e integração do aparato experimental ao servidor de experimento. Com sua experiência de uma formação em sistemas para internet, E5 se engajou rapidamente nos trabalhos em andamento e logo passou a compartilhar seus conhecimentos com o restante do grupo. Estava consolidada uma comunidade de aprendizagem em um contexto tecnológico.

Essa comunidade definiu, então, a arquitetura para o laboratório de experimentação remota do Nutec, cuja representação esquemática encontra-se na **Figura 11.2**.

Cada experimento é conectado a uma interface programável, que, por razões didáticas e econômicas, constitui-se na plataforma de prototipagem eletrônica de *hardware* livre Arduino, a qual se conecta ao servidor de experimentos que contém toda a programação e banco de dados relativos ao experimento. O servidor de experimentos, por sua vez, conecta-se ao servidor *web*, pelo qual se estabe-

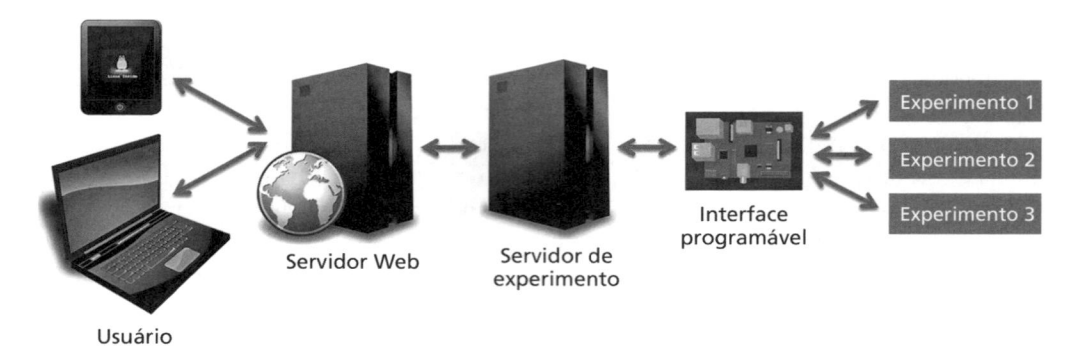

Figura 11.2 Representação esquemática da arquitetura utilizada no laboratório de experimentação remota do Nutec-UFU.
Fonte: Eduardo Kojy Takahashi.

lece a conexão com o usuário. Para se ter acesso ao experimento, deve-se fazer um cadastro em uma página *web* desenvolvida pelo grupo, que consiste no ambiente virtual de aprendizagem do Nutec.

O experimento pode ser acessado simultaneamente por diversos usuários em rede, e a prioridade de manipulação do aparato experimental é dada ao primeiro usuário que efetuar a conexão ao servidor de experimentos; os demais podem apenas acompanhar as ações do usuário em tempo real. A permissão de controle do equipamento pode ser alterada pelo administrador do laboratório remoto ou pelo professor da turma.

Embora todo o sistema esteja sujeito às ações que o usuário realiza no experimento, há a necessidade de tomada de decisões autônomas no caso de condições insuficientes de iluminação ambiente, de um tempo ocioso do aparato experimental (um intervalo de tempo previamente estipulado de inatividade do equipamento) ou diante do desligamento do equipamento experimental em situações diferentes da inicial. No primeiro caso, devem ser acesas luzes apropriadas; no segundo e no terceiro, o sistema deve retornar a suas condições iniciais, eventualmente reposicionando elementos móveis (peças, potenciômetros, etc.), desligando luzes, fontes de energia e instrumentos de medida e zerando os valores de medidas mostrados nos *displays*. Todas essas ações foram discutidas em grupo e programadas pelo estudante E5.

A partir de 2015, iniciou-se um movimento de atração espontânea ao Nutec de estudantes motivados pelo que os colegas desenvolviam ou pela visibilidade que os projetos de experimentação remota adquiriram. Outros sete estudantes de quatro escolas públicas da educação básica (E6 a E12) e mais três do ensino superior (E13, E14 e E15) incorporam-se ao grupo voluntariamente.

Dessa forma, ampliaram-se os projetos na área, e um novo pesquisador integrou-se ao grupo (P2). Iniciou-se, então, uma nova fase de desenvolvimento de experimentos remotos: os experimentos artesanais, os quais foram projetados e construídos integralmente pelo grupo. A construção artesanal permite explorar o que Latour (2011) considera abrir as caixas-pretas da ciência ou da tecnologia, isto é, levar o estudante a conhecer em detalhes os princípios e os embates científicos, tecnológicos e econômicos envolvidos na construção do artefato laboratorial, levando-o a tomar decisões e a reconhecer a tecnologia em sua fase de formação, durante sua constituição, em sua forma inacabada, e não apenas em seu formato final, pronto, utilizável.

Nesse sentido, o núcleo optou pela construção de uma maquete residencial com três cômodos parcialmente visíveis, para o estudo do tema energia (**Fig. 11.3**). A iniciativa de elaboração e construção de todas as etapas desse experimento aguçou a criatividade de todos, de forma que diversas sugestões foram apresentadas, discutidas e implementadas.

Em cada cômodo foram projetados diferentes experimentos relacionados com a transformação e conservação da energia. Em decisão coletiva, optou-se por trabalhar em um dos cômodos com a transformação da energia elétrica em energia térmica e possibilitar o estudo da troca de calor entre o cômodo fechado e o ambiente externo (**Fig. 11.4**). Os estudantes E2 e E5, os mais veteranos do grupo, se responsabilizaram pelo empreendimento, sob a mediação dos pesquisadores P1 e P2.

O papel da mediação, nessa proposta de ensino, é estimular o debate e buscar promover um ambiente de desenvolvimento de esquemas de pensamento, de atitudes e de expressões individuais e coletivas de expectativas, talentos,

Figura 11.4 Vista do cômodo da maquete residencial para o estudo da transformação da energia elétrica em térmica e de trocas de calor entre o cômodo e o meio externo (laboratório).
Fonte: Eduardo Kojy Takahashi.

Figura 11.3 Projeto de construção da maquete residencial para a realização de experimentação remota sobre o tema energia.
Fonte: Eduardo Kojy Takahashi.

perspectivas e sentimentos dos estudantes, além de atuar para preservar a segurança destes no manuseio dos materiais, e orientá-los sobre o uso correto das ferramentas e equipamentos que estão sob a responsabilidade da universidade, alguns deles obtidos a custos que beiram US$ 20 mil.

Esse experimento atraiu a atenção de uma professora do ensino médio (D1), que decidiu desenvolver um projeto de mestrado profissional abordando uma metodologia para trabalhar o tema no ensino médio. Assim, D1 também passou a integrar o Nutec, na qualidade de futura disseminadora do uso dessa tecnologia nas aulas de física.

Outro cômodo da maquete foi projetado para trabalhar a transformação da energia elétrica em energia sonora, e, desta, em energia luminosa. A estudante E10 ficou encarregada de estudar os aspectos teóricos e técnicos relacionados com o tema, com a mediação do estudante E2 e do pesquisador P1.

O terceiro cômodo foi destinado para os estudos da transformação da energia elétrica em energia luminosa e da interação da luz com objetos de diferentes cores. O estudante E6 se incumbiu dessa tarefa.

A modelagem 3D da maquete residencial foi feita pela estudante E9, que, para isso, teve de aprender a utilizar o *software* SketchUp (**Fig. 11.5**). A ideia é que o usuário acesse as funcionalidades da maquete por meio da modelagem 3D.

O mais importante em todo o processo é que, no movimento de elaboração e desenvolvimento dos projetos, são acionados os mecanismos mais complexos do pensamento humano. É nesse momento que se viabilizam as aprendizagens significativas. Se ele for de prazer pela companhia, a descoberta, a criação e a aprendizagem, todo o processo de construção compensa mais do que o resultado final, que é a disponibilização física do experimento remoto em si.

Com o acréscimo de estudantes participando das atividades de criação e montagem, as reuniões maiores tiveram de ser marcadas para os sábados pela manhã. Contrariando as expectativas, a presença dos estudantes nesses encontros é grande, como pode ser observado na **Figura 11.6**.

Discursos sobre o fazer tecnológico colaborativo

Buscando-se compreender esse comportamento de comprometimento dos estudantes, foram realizadas entrevistas semiestruturadas com eles e registradas observações dos pesquisadores em notas de campo.

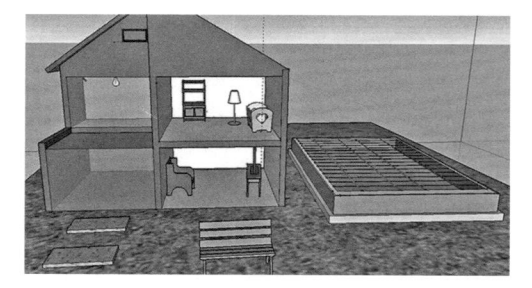

Figura 11.5 Modelagem 3D da maquete da casinha, confeccionada por uma estudante do ensino médio.
Fonte: Eduardo Kojy Takahashi.

Figura 11.6 Reunião de trabalho com a presença de pesquisadores, estudantes do ensino médio e do ensino superior.
Fonte: Eduardo Kojy Takahashi.

Para evitar o constrangimento dos estudantes da educação básica, e aproveitando a relação de amizade estabelecida entre eles e os estudantes mediadores, foi solicitado ao estudante E1 que realizasse entrevistas semiestruturadas e individuais com os estudantes da educação básica abordando quatro questões principais: i) o que os atraía ao Nutec; ii) se estavam gostando do trabalho que desenvolviam e por quê; iii) como eles comparavam aquilo que realizavam no Nutec com o que realizavam na escola e iv) o que gostariam que melhorasse no Nutec.

As entrevistas foram gravadas e transcritas, e os trechos que podem levar às respostas das questões apresentadas no início do capítulo são apresentados a seguir.

Em relação à atração dos estudantes do ensino médio pelos projetos, os termos "oportunidade", "possibilidade", "coisas novas" e "aprender" surgem recorrentemente em suas falas.

O estudante E6, por exemplo, afirmou:

"[...] o que mais me atrai no Nutec é a possibilidade de aprender novas coisas, principalmente coisas que eu só aprenderia na faculdade".

A mesma ideia é apresentada pela estudante E9, ao se expressar:

"O que me atrai no Nutec é a possibilidade de aprender coisas novas".

A estudante E8 enfatiza os aspectos relativos ao conhecimento adquirido, às amizades e às oportunidades:

> Bom, primeiro o que me atrai lá é a quantidade de conhecimento que eu posso adquirir e que eu já adquiri. E também as amizades que eu fiz lá. Só que, principalmente, eu enxergo o Nutec como um caminho de oportunidades pra mim, porque já que eu quero ingressar nesse ramo da física, eu acho que lá é um bom caminho pra mim [sic] conseguir e melhorar minha trajetória.

De acordo com o estudante E12, o que o atrai "[...] é que a gente tem a possibilidade de estar se envolvendo ali com programação, com tecnologias".

Os termos "oportunidade" e "possibilidade" remetem a um sentimento de expectativas não correspondidas no processo formal de ensino. Quais seriam essas expectativas? Alguns indícios aparecem na fala de E12, relacionados com o trabalho com programação e tecnologias. Na seguinte fala, do estudante E7, também se percebem referências ao uso de projetos técnicos e à troca de experiências, viabilizadas pelo trabalho em equipe e por meio de debates:

> O que mais me atrai no Nutec, além da oportunidade que nós temos de desenvolver projetos de área técnica, mesmo estando no ensino médio, é a oportunidade que nós temos de estar ali, trabalhando com pessoas que têm muito mais experiência que a gente e pessoas que já estiveram na mesma situação que a gente. Lá a gente convive com doutores, pós-graduandos e universitários de diferentes cursos e é uma experiência muito boa, que é uma troca de experiência muito grande. Toda hora a gente entra num debate, toda hora a gente compartilha algum conhecimento que fica agregado sempre na nossa história, sempre na nossa vida, tanto acadêmica, quanto profissional.

O estudante E7 considera o desenvolvimento de um projeto técnico como uma dessas oportunidades; outra seria a troca de experiências viabilizadas pelo desenvolvimento coletivo do trabalho, no qual diferentes atores, com diferentes formações, atuam de forma colaborativa. E7 atribui ao compartilhamento de conhecimentos, viabilizado pelos debates em grupo, uma asserção de valor, um sentido para a aprendizagem ("fica agregado sempre na nossa história, sempre na nossa vida"). O valor pedagógico atribuído a essa inter-relação com outras pessoas é consistente com as ideias de Díaz (2011) acerca da importância do meio social na construção da aprendizagem do sujeito.

A estudante E8 complementa essa ideia, afirmando:

> [...] o jeito que trabalhamos no Nutec é dinâmico, e somos incentivados a aprender as coisas para levarmos para a vida toda. Na escola não é bem assim, no meu ponto de vista. Se esse método fosse usado na escola, seria bem mais eficaz, e os alunos iriam ficar curiosos para aprender e saber mais.

Na fala dessa estudante, transparecem a natureza dinâmica da atividade de aprendizagem desenvolvida junto ao núcleo, além de reforçar o valor agregado dessa aprendizagem ("levarmos para a vida toda").

Outras referências à possibilidade de trabalhar com algo mais prático podem ser encontradas nas seguintes falas:

> Na escola nós vemos bastante teoria. Muito complicado nós vermos algum professor passando algo prático. [...] temos pouca oportunidade de ver algo prático nas nossas aulas e algo extracurricular [...]. No Nutec nós já vemos uma coisa muito diferente. Imagino que uma coisa muito boa do Nutec em relação a isso seria essa prática que todos temos. (E7)

> Na escola é basicamente lápis, borracha e um papel, livro e um professor falando. E você presta atenção nele. Ali no Nutec não. Ali você pode ver as coisas acontecendo. Por exemplo, numa

aula de física, o professor falou os movimentos e tudo mais. Então eu creio que os alunos ali na sala de aula vão ter só a ideia do movimento. Ali no Nutec não, você pode desenvolver um projeto que mostre isso na prática. (E12)

O que aprendo na escola não tem prática, não tem diálogo, não tem alguém te orientando, não tem uma meta a não ser tirar nota. Na Nutec tem diálogo, reuniões, tem o objetivo de criar novas técnicas de ensino. Se eu tenho dúvida posso perguntar. (E6)

Assim como o estudante E12, o estudante E10 também reafirma a possibilidade de trabalhar com programação e complementa com a oportunidade de trabalhar com o Arduino: "O que me atrai no Nutec são a programação, mexer com Arduino, as coisas novas que eu aprendo, pois na escola não aprendo a mexer com programação e Arduino como aprendo aí no Nutec." Já a estudante E11 justifica que "na escola não tem tanta tecnologia como tem lá no Nutec".

A estudante E8 corrobora a asserção desses estudantes relativa à programação computacional e amplia a sensação de ganho de conhecimentos, ao especificar a programação em 3D e os conteúdos de física:

> [...] antes de eu entrar no Nutec, eu não tinha um vasto conhecimento sobre determinados assuntos que envolvem física e programação. Aí depois que eu entrei, eu já comecei a ter um conhecimento maior e eu tô aprendendo a programar, a fazer desenhos 3D e eu acho isso muito bacana. (E8)

Sobre o trabalho com programação e dispositivos eletrônicos, o estudante E6 afirma: "O que eu estou mais gostando de desenvolver são programas de Arduino e circuito para Arduino".

Os estudantes E6, E7, E10, E11 e E12 apresentam falas semelhantes relativas à possibilidade de desenvolver trabalhos práticos utilizando tecnologias, Arduino e programação computa-

cional. Nesse sentido, expressam uma expectativa não satisfeita pelas aulas tradicionais na escola; a natureza excessivamente teórica das aulas, já citada anteriormente, abre uma lacuna de formação mais aplicada.

Como as atividades práticas de "mão na massa" constituem a maior expressão dessa natureza ativa, participante, é compreensível a identificação dos alunos com os projetos de experimentação remota.

Outro atributo mencionado é a troca de experiências entre os participantes do grupo, os quais têm diferentes bagagens de conhecimento, e suas vantagens pedagógicas. Esse sentimento de ausência de espaço para se constituírem como elementos relevantes em um coletivo pensante justificam trabalhos em grupo em que ideias, projetos, ponderações, decisões e elaborações sejam reforçadas. E esses elementos estão presentes em atividades coletivas do tipo "mão na massa", como na implementação de experimentos remotos.

A necessidade de um maior espaço para o posicionamento individual, de se fazer escutado e de poder contribuir para a aprendizagem pode ser percebida nas falas já apresentadas do estudante E6 ("na escola [...] não tem diálogo [...] na Nutec tem diálogo [...] Se eu tenho dúvida posso perguntar.") e aparece, também, em outras falas, como as da estudante E9, ao afirmar que "na escola eu aprendo apenas o que é limitado a mim, tipo, não tenho opção de escolha" e "[...] na escola a gente chega, senta e escuta o professor falar. Lá [no Nutec] a gente produz conhecimento", e da estudante E8, que considera que pode "ensinar para outras pessoas, pra elas terem vontade de aprender também".

Ainda em relação às diferenças que os estudantes percebem no que concerne às atividades desenvolvidas na escola e no Nutec é, conforme a estudante E8, que "muitos professores não se preocupam em ensinar ao aluno, só em passar [sic] ele [...] "se esse método fosse usado na escola seria bem mais eficaz e os alunos iriam ficar curiosos para aprender e saber mais".

Um aspecto quase unanimemente citado pelos estudantes acerca do que gostariam que melhorasse no Nutec foi um aumento no espaço físico do laboratório para comportar confortavelmente todos os membros do grupo. Outros apontamentos relevantes foram quanto à necessidade de aumento da quantidade de computadores, menos demora no processo de compra e entrega de materiais e melhor documentação dos trabalhos desenvolvidos e em andamento.

Em relação aos estudantes da graduação, suas atribuições nos projetos foram projetar os sistemas sob a mediação dos professores-pesquisadores, construir os sistemas juntamente com os estudantes do ensino médio e coordenar diretamente o trabalho desses estudantes.

O **Quadro 11.3** apresenta uma síntese das análises das falas dos jovens, registradas nas entrevistas, e de suas ações, registradas nas notas de campo, explicitando os aspectos revelados pela participação desses jovens na implementação ou construção de experimentos remotos e os dados que os sustentam.

Assim, pode-se resumir que as atividades de disponibilização ou construção dos experimentos remotos mencionados neste capítulo ampliaram o ambiente e as oportunidades de aprendizagem dos estudantes, provendo uma maior extensão de conteúdos de aprendizagem, e contribuíram para o desenvolvimento da curiosidade epistemológica, da criatividade, da autonomia e da capacidade de saber fazer desses estudantes, promovendo um efeito psicossocial altamente positivo.

Um evento importante, organizado conjuntamente pelo estudante de graduação E1 e pelo pesquisador P1 no início do ano de 2016, foi a realização de um seminário do grupo, em que os estudantes de graduação e os do ensino médio apresentaram aos pais desses últimos e a alguns de seus professores (convidados por eles mesmos) o que haviam desenvolvido em parceria até aquele momento. Constituiu-se na primeira apresentação pública de trabalhos pela maioria desses estudantes e, muito provavelmente, na primeira participação dos pais em eventos dessa natureza.

O evento teve dois objetivos principais: dar satisfações aos pais e aos professores sobre o que seus filhos e alunos estavam realizando nas atividades extracurriculares em um ambiente universitário e propiciar que os estudantes iniciassem a aprendizagem da comunicação de resultados de trabalhos técnico-científicos para um público familiar e não especialista.

As consequências dessa atividade foram a percepção dos pais e dos professores dos potenciais intelectuais dos estudantes, seu entendimento sobre o conceito de experimentação remota, a compreensão sobre a importância formativa de projetos dessa natureza e a clara demonstração de um emergente empoderamento dos 17 estudantes participantes dos projetos, no sentido atribuído por Paulo Freire a esse termo (VALOURA, 2016).

Como aspectos negativos dos projetos com experimentação remota em desenvolvimento no Nutec, podem ser citados: a impossibilidade de envolver uma quantidade maior de estudantes e, consequentemente, de escolas nesses projetos, tanto pela limitação de recursos humanos para supervisionar os trabalhos quanto de recursos materiais para desenvolver os projetos e de espaço físico para abrigar uma quantidade maior de pessoas no laboratório; e o não envolvimento dos professores da educação básica, de forma geral, nas atividades dos projetos, especialmente dos professores de física, não por qualquer impedimento ou dificuldades impostas pelo núcleo, mas pela impossibilidade desses professores.

CONSIDERAÇÕES FINAIS

A justificativa para o comparecimento de estudantes ao Nutec em um dia que normalmente é dedicado ao descanso, sem receber bolsa, sem controle de frequência, sem cobrança pelo desenvolvimento de suas tarefas, sem receber notas pelos trabalhos que finalizam e sem punição por eventuais lacunas de conhecimento pode

QUADRO 11.3 Síntese dos aspectos revelados pela participação dos jovens na implementação ou construção de experimentos remotos

Aspectos revelados	Dados observados
Desenvolvimento da curiosidade epistemológica (aprendizagem atitudinal)	**E8:** "Se esse método fosse usado na escola, seria bem mais eficaz e os alunos iriam ficar curiosos para aprender e saber mais." **Nota de campo:** participação dos estudantes nas reuniões de trabalho realizadas aos sábados pela manhã para discutir seus projetos.
Desenvolvimento da criatividade	**Nota de campo:** proposições dos estudantes para a definição dos tipos de transformações de energia e dos materiais que seriam utilizados em cada cômodo da maquete residencial. **Nota de campo:** projeto de mão robótica para servir de acabamento do sistema de rotação de potenciômetros de uma fonte de tensão.
Desenvolvimento da autonomia (Aprendizagem atitudinal)	**Nota de campo:** definição pelo uso do *software* de modelagem Skatch up para construir o modelo 3D da maquete residencial pelos estudantes E2 e E9. **Nota de campo:** debate proposto e moderado por um estudante durante um dos eventos de apresentação dos trabalhos.
Desenvolvimento do saber fazer (aprendizagem procedimental)	**E7:** "Temos pouca oportunidade de ver algo prático nas nossas aulas e algo extracurricular." **E12:** "Ali no Nutec não, você pode desenvolver um projeto que mostre isso na prática." **Nota de campo:** desenvolvimento dos projetos pelos estudantes da educação básica e do ensino superior.
Promoção de um efeito psicossocial positivo (aprendizagem atitudinal)	**E8:** "Eu quero ingressar nesse ramo da física, eu acho que lá é um bom caminho pra mim [sic] conseguir e melhorar minha trajetória." **E7:** "Toda hora a gente entra num debate, toda hora a gente compartilha algum conhecimento que fica agregado sempre na nossa história, sempre na nossa vida, tanto acadêmica, quanto profissional." **E8:** "Ensinar para outras pessoas, pra elas terem vontade de aprender também." **E6:** "O que mais me atrai na Nutec é a possibilidade de aprender novas coisas." **E8:** "O que me atrai lá é a quantidade de conhecimento que eu posso adquirir e que eu já adquiri." **E12:** "O que me atrai é que a gente tem a possibilidade de estar se envolvendo ali com programação, com tecnologias."
Extensão do conteúdo de aprendizagem (aprendizagem conceitual)	**E6:** "A possibilidade de aprender novas coisas, principalmente coisas que eu só aprenderia na faculdade." **E9:** "Possibilidade de aprender coisas novas." **E8:** "Antes de eu entrar no Nutec, eu não tinha um vasto conhecimento sobre determinados assuntos que envolvem física e programação. Aí depois que eu entrei, eu já comecei a ter um conhecimento maior e eu tô aprendendo a programar, a fazer desenhos 3D e eu acho isso muito bacana"
Ampliação do ambiente e das oportunidades de aprendizagem	**E7:** "Lá a gente convive com doutores, pós-graduandos e universitários de diferentes cursos e é uma experiência muito boa, que é uma troca de experiência muito grande.." **E12:** "A possibilidade de estar se envolvendo ali com programação, com tecnologias." **E8:** "Eu enxergo o Nutec como um caminho de oportunidades pra mim."

ser resumida em uma só palavra: encantamento. Os estudantes fazem o que fazem pelo encantamento de fazer, de aprender, de estar, de compartilhar, de ser, de querer. Se o encantamento é pela criação alheia ou pela própria criação, isso não é tão importante, desde que desperte o interesse em querer aprender.

Alguns estudantes do grupo demonstraram mais habilidades para programar a plataforma de prototipagem eletrônica Arduino; outros, para realizar modelagem virtual 3D; outros, ainda, para realizar modelagens reais, como um braço mecânico, e alguns, para programar páginas *web*. Entretanto, cada um desenvolvia uma parte importante de um todo, que era o produto tecnológico final, aquele que era a razão dos trabalhos individuais, o experimento remoto. E todos tinham a oportunidade de discutir, conhecer e contribuir com as tarefas alheias.

As falas dos estudantes e as notas de campo apontam aprendizagens complementares àquelas que compõem os objetivos escolares, como: aprender temas que não são conteúdos escolares (aprendizagem conceitual), aprender a aprender sozinho (aprendizagem atitudinal e procedimental), saber-fazer (aprendizagem procedimental) e gerenciar o tempo e a forma de trabalhar (aprendizagem atitudinal e procedimental).

De acordo com as respostas dos estudantes, as maiores contribuições de aprendizagem conceitual foram em eletrônica básica e na programação computacional.

A aprendizagem por meio de um projeto de natureza tecnológica digital respeita os diferentes anseios e perspectivas dos estudantes e, por ter uma relação direta com a internet, no caso desse trabalho, permitiu o exercício da busca de informações nessa rede pelos estudantes, o que foi e continua sendo praticado no grupo como uma estratégia de aprendizagem voltada à construção da autonomia do aprendiz. A aculturação dessa atitude ainda depende de um longo e persistente caminho a ser trilhado.

A participação de estudantes de diferentes escolas no projeto e, consequentemente, de diferentes professores de uma forma direta ou indireta, também propicia a construção de uma rede de conhecimentos em técnicas e conteúdos escolares relacionados com os experimentos remotos, com grandes possibilidades da disseminação dessa tecnologia educacional como recurso didático para o ensino das ciências.

Com o estabelecimento do convênio entre a universidade e a escola, efetiva-se a aproximação entre essas instituições de ensino e torna-se possível a consolidação do uso da pedagogia de projetos (GUEDES et al., 2017), com uma responsabilidade compartilhada entre essas instituições, envolvendo estudantes dos cursos de licenciatura da universidade na assessoria às escolas, de forma a não acarretar sobrecarga de trabalho aos professores da educação básica.

Como o engajamento dos estudantes ocorreu de forma espontânea, crescente e a partir do interesse de cada um, considera-se o fato de se tratarem de projetos envolvendo tecnologias digitais e de estes serem desenvolvidos na universidade alguns dos fatores determinantes para sua atratividade a esses estudantes.

O produto tecnológico trabalhado apresenta grande potencial pedagógico para a educação básica, pois há uma carência muito grande de atividades experimentais no ensino das ciências, o que pode contribuir para um ensino desconectado da realidade, demasiadamente teórico, enfadonho e incompleto.

A desconexão do ensino de física com o cotidiano foi verificada durante uma aplicação do experimento remoto para a determinação da razão carga/massa em uma escola pública do município de Uberaba em 2015. Nas discussões com os estudantes sobre a montagem do aparato experimental, fazendo uso de uma simulação desenvolvida por um dos alunos do ensino médio participante do grupo naquela época, e tendo por base um esquema elétrico, os estudantes reconheceram todas as representações simbólicas e conexões dos elementos presentes no circuito teórico, mas não conseguiram identificar esses mesmos elementos no circuito real do experimento (CARDOSO, 2016).

A mesma aplicação de uma nova metodologia ativa de ensino, com o uso de experimentos remotos em uma concepção de ensino investigativo, evidenciou que a presença dessa tecnologia em sala de aula, integrada à apresentação conceitual da matéria, estimulou os estudantes a participar mais das discussões, tirando-os da posição passiva e contemplativa que as aulas puramente expositivas promovem.

Nesse trabalho, focou-se o olhar nos sujeitos e processos que estes estabelecem como autores de um produto tecnológico e em um processo de aprendizagem. Não há uma preocupação com possíveis inovações metodológicas ou tecnológicas, mas com possíveis ressignificações do sujeito ao participar de atividades no campo da computação física.

Para os estudantes da graduação, as atividades descritas proporcionaram um espaço formativo importante no aprimoramento de seus projetos de formação profissional; para os do ensino médio, oportunizaram novas aprendizagens, convivências e orientações para seus caminhos futuros.

Assim, o presente capítulo mostrou que a experimentação remota, além de contribuir para aulas mais dinâmicas, participativas e investigativas, apresenta, ainda, uma nova possibilidade pedagógica, ao permitir a participação de estudantes (e também de professores) na construção dos experimentos remotos no ambiente da universidade. Essa estratégia de ensino informal pode auxiliar a construir uma comunidade de práticas em ensino de ciências e a aproximar efetivamente a universidade e a escola em prol de um ensino científico e de uma pesquisa com mais qualidade.

Atualmente, o Nutec-UFU possui um acordo de cooperação e intercâmbio técnico-científico e cultural com o RexLab-UFSC, e os experimentos remotos desenvolvidos por essas instituições encontram-se em uma mesma plataforma de acesso.*

Colaborações por parte de outras instituições de ensino superior e de escolas da rede pública na proposição e desenvolvimento de outros experimentos remotos e no melhoramento e consolidação das propostas metodológicas que façam uso de experimentos remotos na educação básica são desejadas e bem-vindas.

Finalmente, o envolvimento espontâneo dos estudantes nas atividades envolvendo a experimentação remota, relatadas neste capítulo, parece um indicativo importante a ser considerado em novas proposições de experiências de aprendizagem integradas ao processo formal de educação.

REFERÊNCIAS

AUSUBEL, D. P.; NOVAK, J. D.; HANESIAN, H. *Educational psychology:* a cognitive view. New York: Holt, Rinehart and Wiston, 1978.

BRASIL. *Notas estatísticas:* Censo escolar 2018. Brasília: INEP, 2019. Disponível em: <http://download.inep.gov.br/educacao_basica/censo_escolar/notas_estatisticas/2018/notas_estatisticas_censo_escolar_2018.pdf>. Acesso em: 24 abr. 2019.

CARDOSO, D. C. *A descoberta do elétron como tema gerador de um ensino de física mediado por experimentação remota.* 2016. Dissertação (Mestrado em Ensino de Ciências)-Universidade Federal de Uberlândia, Uberlândia, 2016.

DANTAS, L. G.; MACHADO, J. M. (Orgs.). *Tecnologias e educação:* perspectivas para gestão, conhecimento e prática docente. São Paulo: FTD, 2014.

DÍAZ, F. *O processo de aprendizagem e seus transtornos.* Salvador: EDUFBA, 2011.

FREIRE, P. *À sombra desta mangueira.* 5. ed. São Paulo: Olho d'Água, 2003.

FREIRE, P. *Pedagogia da autonomia:* saberes necessários à pratica educativa. 25. ed. São Paulo: Paz e Terra, 1996.

GUEDES, J. D. et al. Pedagogia de projetos: uma ferramenta para a aprendizagem. *Id on Line*, v. 10, n. 33, supl. 2, p. 237-253, 2017.

KÄMPF, C. A geração Z e o papel das tecnologias digitais na construção do pensamento. *ComCiência*, n. 131, 2011. Disponível em: <http://comciencia.scielo.br/scielo.php?script=sci_arttext&pid=S1519-76542011000700004&lng=pt&nrm=iso>. Acesso em 12 jul. 2016.

LATOUR, B. *Ciência em ação:* como seguir cientistas e engenheiros sociedade afora. 2. ed. São Paulo: UNESP, 2011.

LÉVY, P. *As tecnologias da inteligência:* o futuro do pensamento na era da informática. 2. ed. Rio de Janeiro: Ed. 34, 2011.

PAPERT, S. *A Máquina das crianças*: repensando a escola na era da informática. Porto Alegre: Penso, 2008.

PÉREZ GÓMEZ, A. I. *Educação na era digital:* a escola educativa. Porto Alegre: Penso, 2015.

VALOURA, L. C. Paulo Freire, o educador brasileiro autor do termo Empoderamento, em seu sentido transformador. Disponível em: <http://www.residenciamultihucff.xpg.com.br/textos/texto3.pdf>. Acesso em: 12 jul. 2018.

LEITURAS RECOMENDADAS

DANTAS, A. C. *Projeto weblab:* laboratório de experimentação remota para ensino de física. 2013. Trabalho de Conclusão de Curso (Curso de Tecnologia em Sistemas para Internet) - Instituto Federal de Educação, Ciência e Tecnologia do Triângulo Mineiro, 2013.

PAPERT, S.; HAREL, I. *Constructionism.* Norwood: Ablex, 1991.

SCHELLER, M.; VIALI, L.; LAHM, R. A. A aprendizagem no contexto das tecnologias: uma reflexão para os dias atuais. *CINTED: Novas Tecnologias na Educação*, v. 12, n. 2, p. 1-11, 2014.

---

*GELLE - Ambiente de Aprendizagem com Experimentos Remotos. Laboratórios. c2018. Disponível em: <http://relle.ufsc.br/labs>. Acesso em: 17 set. 2018.

CONSÓRCIO DE LABORATÓRIOS REMOTOS PARA A PRÁTICA DA ROBÓTICA EDUCACIONAL – LabVAD

Fábio Ferrentini Sampaio | Leonardo Cunha de Miranda | Marcos Elia
Serafim Brandão | Maurício Nunes da Costa Bomfim | Marcos de Castro Pinto
César A. R. Bastos | Rubens Lacerda Queiroz | Paulo Roberto de Azevedo Souza
Murilo de Araújo Bento | Raphael Netto Castello Branco Rocha*

O Grupo de Informática Aplicada à Educação (Ginape) do Instituto Tércio Pacitti de Aplicações e Pesquisas Computacionais (NCE) da Universidade Federal do Rio de Janeiro (UFRJ) é originário de políticas federais implementadas no início dos anos de 1980 com o objetivo de utilizar os computadores como ferramenta pedagógica – Projeto Educom. (ANDRADE; MORAES, 1993; CYSNEIROS et al., 1993)

Na década de 1980, o Projeto Educom/UFRJ produziu cerca de 200 programas de computador "*courseware*" para o ensino de biologia, física, matemática e química no então segundo grau, correspondente ao atual ensino médio, os quais foram aplicados e avaliados em uma escola pública do Rio de Janeiro com enfoque de pesquisa, por meio de um experimento piloto de grande escala, envolvendo todas as turmas do segundo grau da escola. Esses programas, dos quais apenas 144 foram publicados, foram produzidos para o computador MSX da época, mas boa parte deles já foi emulada para uma plataforma Windows e está hoje disponível na *web*.

Em 1989, a nova política do MEC considerou concluída a fase piloto do Educom, iniciada em 1981, institucionalizando, em seu lugar, o Programa Nacional de Informática na Educação (Proninfe) (BRASIL, 1994), cujo foco era a criação de estruturas de suporte à formação de profissionais em informática na educação, em todos os níveis educacionais e em todas as regiões do país: Centro de Informática na Educação (Cied), voltado para a educação de ensino médio; Centro de Informática na Educação Técnica (Niet) e Coordenação/Núcleo de Informática na Educação Superior (Cies/Nies), ligados às universidades, com diferentes graus de institucionalização; e Centro de Excelência de Informática na Educação (Ceie), vinculados, na época, à UFRJ e à Universidade Federal do Rio Grande do Sul (UFRGS).

Para se ajustar a essa nova orientação, o Educom/UFRJ transformou-se em Cies/Educom-UFRJ e colocou a formação de professores em tecnologias da informação aplicada à educação (TIAE) como carro-chefe de suas ações prioritárias.

O interesse pelo uso do computador em atividades didáticas de laboratório por parte de alguns membros do Ginape começou praticamente na mesma época da formação do grupo, embora as dificuldades fossem enormes, devido à falta de uma tecnologia de *hardware*, de *software* e de circuitos lógicos para o interfaceamento do computador com os aparatos experimentais que fosse suficientemente amigável e de baixo custo para fins didáticos. A tecnologia

---

*Os autores deste capítulo são todos vinculados ao Laboratório Virtual de Atividades Didáticas em Ciências e Robótica (LabVAD).

existente nos anos 1980 era adequada apenas para os laboratórios de investigação científica.

Mesmo assim, foram publicados, nas décadas de 1980 e 1990, trabalhos propondo o interfaceamento do microcomputador Sinclair 81, usando uma interface analógico-digital acoplada, de um lado, ao módulo de expansão de memória, e, de outro, a um *photogate*, utilizado para registrar o intervalo de tempo do deslocamento de um carrinho em movimento sobre um trilho de ar (FIGUEIREDO; ELIA, 1984). Proposta semelhante foi realizada posteriormente usando a entrada-saída de jogos do computador MSX como um pseudodispositivo analógico-digital (ELIA; BASTOS, 1989). No final dos anos 1980, foi proposto o Projeto Labor-Conector (SAMPAIO et al., 1990) visando a criar uma plataforma computacional de apoio às atividades laboratoriais, integrando aplicativos disponíveis na época para a realização das atividades práticas, mas que não se comunicavam entre si, como editor de texto Carta Certa, planilha de cálculo Lótus 1-2-3 e editor gráfico, além do módulo de aquisição de dados, denominado "e!", desenvolvido pelo próprio grupo.

Ao longo dos anos 2000, essas iniciativas desembocaram em projetos de pesquisa mais consolidados. Por exemplo, em parceria com o Instituto Alberto Luiz Coimbra de Pós-Graduação e Pesquisa de Engenharia (COPPE), da UFRJ, Alves (2000) publicou a pesquisa de doutoramento *Uma proposta pedagógica para uso de computador em ambientes de ensino experimental de física*, consistindo na especificação e implementação de um modelo de programa para a aquisição e discussão de dados (PADD), com o qual foi realizado estudo piloto para a avaliação de seu funcionamento e grau de interferência no processo de construção do conhecimento.

Enquanto isso, em 2006, Miranda (2006) publicava sua pesquisa de mestrado, na qual foram especificados e implementados artefatos de *hardware* de baixo custo e de *software* embarcado para um *kit* de robótica educacional (RE). Pode-se afirmar que este foi o marco inicial da institucionalização da linha de pesquisa em RE, tendo como desdobramento o atual projeto de criação de um laboratório remoto para o ensino de robótica e ciências.

Victorino e colaboradores (2009) deram continuidade aos estudos de RE, em 2008, quando formularam uma arquitetura para um laboratório virtual didático (LabVAD), sustentada em dois pilares: um, pedagógico, com o desenvolvimento de um modelo para formação docente em RE de características interativas, e outro, tecnológico, com a proposta de utilização de tecnologias de *hardwares* livres, como, por exemplo, o projeto Arduino, com o claro objetivo de facilitar o acesso de instituições públicas de ensino a modernas plataformas de programação em robótica educativa, seja pelo fator custo, seja pela facilidade de programação, por não demandar especialistas em informática e eletrônica, como não o são os professores da educação básica.

Posteriormente, Pinto (2011) apresentou uma proposta para a formação docente em RE constituída por três camadas interativas, hierárquicas e sequenciais (Modelo IH3C): pesquisadores-professores, professores-professores e professores-alunos.

Outro desdobramento veio com Alves (2013), ao especificar e implementar uma linguagem de programação visual (VPL, do inglês *visual programming language*) para robótica, denominada DuinoBlocks, com o objetivo de tornar mais amigável e lúdico o aprendizado de programação de computadores, em particular da linguagem Wiring, do Arduino, para estudantes do ensino médio.

Souza e colaboradores (2014) propuseram e implementaram uma primeira versão de uma plataforma de *hardware* e *software* para gerenciar o acesso remoto de uma aplicação de RE usando o Arduino. Esse projeto foi a semente da atual plataforma do LabVAD, que será descrita mais adiante neste capítulo.

Todas essas pesquisas vêm sendo desenvolvidas desde então pela equipe, com razoável regularidade, por meio de parcerias com algumas agências governamentais de fomento, a saber:

- Fundação de Amparo à Pesquisa do Estado do Rio de Janeiro (Faperj): Edital Nº 06/2008, Programa Apoio à melhoria do ensino de ciências e de matemática em escolas públicas sediadas no Estado do Rio de Janeiro – 2008 (RIO DE JANEIRO, 2008);
- Programa Um Computador por Aluno (Prouca), do Ministério da Educação (MEC), por meio do Edital nº 76/2010, do Conselho Nacional de Desenvolvimento Científico e Tecnológico (CNPq)/Coordenação de Aperfeiçoamento de Pessoal de Nível Superior (Capes)/Secretaria de Educação a Distância (SEED-MEC), que convidava grupos de pesquisa no Brasil a apresentarem propostas contemplando o uso dos laptops adquiridos pelas escolas parceiras do Prouca (CNPq, 2010).

Em 2014, em resposta ao Edital Temático de P&D apresentado pela Rede Nacional de Pesquisa (RNP), o Ginape, em parceria com o Grupo de Pesquisa em Artefatos Físicos de Interação (Pairg), da Universidade Federal do Rio Grande do Norte (UFRN), propôs o desenvolvimento e disponibilização de um novo modelo de arquitetura para o LabVAD, no qual seria possível congregar laboratórios com diferentes propósitos didáticos, acessados remotamente via *web* por professores e alunos em regime de 24 horas, 7 dias por semana e 365 dias por ano.

Neste capítulo serão apresentados os princípios norteadores das escolhas didático-pedagógico-tecnológicas feitas pela equipe, seguidas de uma descrição detalhada da versão atual do ambiente LabVAD. Na sequência são apresentadas as principais ações e subprojetos realizados e em andamento. Por fim, tecem-se as considerações finais do trabalho, incluindo alguns comentários críticos e possíveis desdobramentos futuros no projeto.

O PROJETO LabVAD

A experiência acumulada pelo grupo Ginape, referente ao uso do computador no laboratório didático e em RE, resumida anteriormente, consolidou-se sob a forma de alguns princípios norteadores de ações e projetos do LabVAD nessas áreas. Assim, nesta apresentação do LabVAD são destacados os quatro princípios que conscientemente têm orientado os critérios de escolha didático-pedagógico-tecnológicos e é apresentada a arquitetura tecnológica e pedagógica do projeto.

Princípios norteadores para as escolhas didático-pedagógico-tecnológicas

Indissociabilidade entre "pessoas" e "coisas"

O pensamento do mundo pós-moderno atual apoia-se no princípio de complexidade, que nega a dissociabilidade entre "pessoas" e "coisas". Como justificam Ilya Prigogine e Isabelle Stengers (1984), não há função, propriedade, história ou qualquer outro critério que permita distinguir objetivamente um do outro.

> Como distinguir o homem de ciência moderna dum mago ou dum feiticeiro e, até no ponto mais distante das sociedades, da bactéria, que também ela interroga o mundo e não cessa de pôr à prova a decifração dos sinais químicos em função dos quais se orienta. Como caracterizar o diálogo que a ciência moderna mantém há três séculos? (PRIGOGINE e STENGERS, 1984, p. 2)

> Tanto ao nível macroscópico como ao nível microscópico, as ciências da natureza libertaram-se, portanto, de uma concepção estreita da realidade objetiva que crê dever negar em seus princípios a novidade e a diversidade, em nome de uma lei universal imutável. Libertaram-se de um fascínio que nos representava a racionalidade como coisa fechada, o conhecimento como estando em vias

de acabamento. Doravante elas estão abertas à imprevisibilidade... (PRIGOGINE e STENGERS, 1984, p. 209)

Jacques Monod (c1979) desafia que possa ser construído um programa de computador capaz de fazer essa distinção e ilustra seu argumento contrário ao papel projetivo (teleonômico) que seria exclusivo dos seres vivos (ou dos objetos artificiais criados por estes, incluindo os chamados objetos cibernéticos), fazendo comparações usando diversos critérios, como:

- **Função:** o olho de um animal com a lente ocular de uma câmera fotográfica.
- **Geometria:** um edifício com a estrutura de um cristal, e assim por diante.

Na perspectiva evolutiva do espírito humano de Hegel (2000), publicada no início do século XVIII, os seres humanos estariam apenas cumprindo mais uma etapa de um processo que teria tido seu início com a completa integração homem-natureza ao nível de objeto, passando então por diversas fases de diferenciação, marcadas pelos adventos da consciência, autoconsciência, religião e ciência em suas diferentes formas do pensamento científico: subjetivo aristotélico, objetivo, da mecânica newtoniana, subjetivo *versus* objetivo, das mecânicas quântica e relativista, e subjetivo e objetivo, do pensamento complexo transdisciplinar atual, etc. Ainda segundo Hegel, no fim dessa caminhada, chegar-se-á novamente a uma integração total sujeito-objeto, só que agora em nível espiritual, o que representaria o fim da história humana e sua morte.

Há 25 anos, Francis Fukuyama (1992) lançou uma tese polêmica, provavelmente calcada nessas ideias hegelianas (lhe rendeu muitas críticas, levando-o, mais tarde, a se retratar de algumas de suas conclusões) de que – diante do fim da chamada Guerra Fria e do comunismo, como também dos enormes e rápidos avanços científicos e tecnológicos ocorridos no final do século passado:

Tanto para Hegel quanto para Marx a evolução das sociedades humanas não era ilimitada. Mas terminaria quando a humanidade alcançasse uma forma de sociedade que pudesse satisfazer suas aspirações mais profundas e fundamentais. Desse modo, os dois autores previam o 'fim da História'. Para Hegel seria o estado liberal, enquanto para Marx seria a sociedade comunista. (FUKUYAMA, 1992, p. 12)

Essas considerações de bases complexas e uma perspectiva construtivista da humanidade devem fazer parte do referencial teórico para o desenvolvimento de um projeto de inovações tecnológicas em um contexto educacional. Segundo Elia (2008, p. 8), "[...] compreender o mundo de hoje dentro da perspectiva do pensamento complexo é uma necessidade de qualquer indivíduo em busca de sua cidadania e um dever de todo o educador do século XXI".

Assim, por exemplo, quando se fala, hoje, nas salas de aula de robótica, sobre a "internet das coisas (IoT, do inglês *internet of things*), tem-se de se conscientizar que se está falando tanto de objetos naturais – vivos ou inertes – quanto de artefatos criados pelo homem em suas atividades artísticas, científicas e culturais. Ou seja, tem-se também de discutir a "internet dos sujeitos", porque uma não funciona sem a outra, e ambas estão naturalmente conectadas.

A "internet dos sujeitos" seria a inclusão dessa população na rede mundial de computadores como sujeitos responsivos do processo de comunicação em curso: coisa-coisa, coisa-sujeito ou sujeito-sujeito, em vez de serem "sujeitos" rebocados como meros operadores passivos. E levarão vantagem nessa inclusão aqueles que forem formados segundo um projeto pedagógico centrado nas atividades práticas (laboratoriais ou não) que estimulem a observação disciplinada dos acontecimentos e valorizem mais o *savoir faire* multifuncional, multidisciplinar e, até mesmo, interdisciplinar que a RE tem a proporcionar.

Modulados pela rapidez do fluxo de informações, os dias globalizados de hoje revelam a limitação de um olhar fragmentado das partes em detrimento de uma visão sistêmica do todo. Esse cenário aponta para linhas de trabalho inovadoras de caráter mais interativo e colaborativo entre os diferentes sujeitos envolvidos, seja na escolha dos temas, dos processos ou das aplicações.

Os avanços tecnológicos e as constantes mudanças e descobertas nas áreas de tecnologia, cada vez mais frequentes, criam a exigência de adaptações e ajustes, também constantes, no plano político-pedagógico. A escola, os alunos e os professores precisam estar sintonizados criticamente com as transformações do mundo globalizado, resultantes da tomada de consciência, pelos homens, da complexidade da interação que possuem com os processos naturais. Como afirma Terezinha Rios (2000), a ética do magistério requer a competência técnica do *savoir faire* (ao qual recém nos referimos), mas também uma competência política, para que a escola possa cumprir seu papel crítico e transformador na sociedade na qual está inserida. O tripé ciência-tecnologia-educação constitui-se, portanto, em uma via de mão dupla.

No projeto LabVAD, há uma constante preocupação em gerar essa consciência (i) político-pedagógica da necessidade de uma verdadeira mudança do contrato e das práticas didáticas nas escolas; e (ii) da natureza complexa dos processos naturais, sociais ou econômicos.

Tal preocupação se materializa, primeiramente, por meio da escolha das ações temáticas que vêm sendo empreendidas e da horizontalidade de sua distribuição por conglomerados de áreas, conforme será apresentado no tópico Ações e subprojetos em andamento, que:

- Vão desde a abordagem de conteúdos específicos (LabVAD ciências e LabVAD robótica: linguagem de programação), destacando-se no segundo caso a ênfase no desenvolvimento de uma linguagem de programação visual de placas de prototipagem eletrônica (p. ex.: Arduino) com vistas ao ensino de programação de crianças cursando o ensino fundamental.
- Passam por projetos de ensino não formal voltados para a popularização do conhecimento (Projeto Nave Triagem/Secretaria Municipal de Ciência e Tecnologia do Rio de Janeiro (SMCT-RJ).
- Chegam até ações multidisciplinares de cunho motivacional e cultural, como, por exemplo, o Projeto Ciência e Cultura (Projeto Ferreira Viana).

Em segundo lugar, essa preocupação se reflete no projeto pela decisão de voltar essas ações temáticas a um público-alvo heterogêneo em saberes e competências, formado por aprendizes, instrutores e educadores, envolvidos em atividades formais ou informais de ensino e aprendizagem, como em escolas, museus e praças do conhecimento, apenas para citar alguns.

O potencial didático da robótica educacional

O uso da robótica em ambientes de ensino e aprendizagem como elemento motivador e integrador de diferentes disciplinas não é algo novo. Seymour Papert, no final dos anos 1960, desenvolveu a linguagem Logo*, a qual, em suas primeiras versões, possibilitava ao usuário-aluno programar (dar ordens a) uma tartaruga-robô que se movimentava no chão sobre uma folha de papel e podia desenhar nela.

A escolha de Papert em construir um ambiente em que o aluno pudesse manipular objetos concretos baseia-se fortemente na teoria construtivista de Jean Piaget**. Posteriormente, Papert adicionou à teoria de Piaget a ideia de que a construção do conhecimento acontece de

---

*Logo Foundation. c2015. Disponível em: <http://el.media.mit.edu/logo-foundation/what_is_logo/history.html>. Acesso em: 17 set. 2018.
**Piaget escreveu diversos trabalhos ao longo de sua carreira acadêmica. Disponível em: <https://pt.wikipedia.org/wiki/Jean_Piaget>. Sobre sua teoria construtivista, sugere-se a leitura em português de *Construção do Real na Criança*. (PIAGET, 1970).

maneira mais efetiva quando o aprendiz se engaja, de forma consciente, na construção de objetos, não importando se físicos ou virtuais, desde que possam ser vistos e analisados e façam parte de seu universo de interesses (PEREZ et al., 2013). Esse adendo ao construtivismo piagetiano foi denominado de "construcionismo" pelo próprio Papert.

A partir dos anos de 1990, com o aumento do potencial de processamento dos microcomputadores e com o barateamento dos custos de *hardware* e dos componentes eletrônicos, o interesse por aplicações educacionais utilizando a robótica aumentou significativamente.

Os resultados positivos de pesquisas envolvendo a robótica em ambientes de ensino e aprendizagem têm permitido apontar alguns elementos comuns entre elas:

- Propostas pedagógicas baseadas no construcionismo de Seymour Papert (1986), utilizando fortemente a ideia do "aprender fazendo" via manipulação de artefatos tecnológicos.
- Desenvolvimento de atividades com caráter inter e multidisciplinar.
- Engajamento emocional dos estudantes durante a construção e programação de seus projetos.
- Interesse em trabalhar em equipe durante a realização das atividades práticas.

Ações em parceria: um por todos, todos por um

Como se pode depreender do texto a seguir, retirado da chamada para o painel "Tecnologias da informação e a integração de academia, escolas, governo e empresas para uma educação sustentável", realizado durante o I Congresso Brasileiro de Informática na Educação (CBIE), em 2012, os setores organizados da sociedade brasileira têm empreendido esforços no sentido de melhorar a qualidade do ensino brasileiro, mas, infelizmente, isso não tem produzido os resultados esperados, muito provavelmente, por terem sido esforços isolados, não coordenados entre si*.

Os esforços feitos nas últimas décadas pelo Estado (leis), Governos (políticas públicas), universidades (modelos pedagógicos, formação inicial e continuada de professores), empresas (tecnologias), pelas escolas (práticas de ensino) e pelas famílias dos alunos (engajamento, participação, etc.) não têm produzido resultados satisfatórios no sentido de produzir uma escola de qualidade para todos. Muito pelo contrário, a qualidade da escola brasileira está aquém do esperado, e a profissão docente tem sido desvalorizada, gerando uma carência crônica de professores motivados, competentes, reflexivos e atuantes.

Assim, um terceiro pressuposto no âmbito do projeto LabVAD é que o uso da RE como instrumento didático-pedagógico seja visto como uma grande oportunidade de juntar esforços no estabelecimento de parcerias que contribuam para melhorar as práticas pedagógicas nas escolas.

A instanciação dessa ideia se dá pela concepção do LabVAD com caráter multiplicador e autossustentável, em que o usuário não é apenas um consumidor, mas também um parceiro, autor, criador e empreendedor. Para tanto, vem sendo construída uma arquitetura tecnológica, denominada "Arquitetura em Estrela", que visa estimular profissionais das mais diversas áreas e níveis de formação a implementar novos experimentos de ciências e robótica, de forma independente e descentralizada, a partir de uma plataforma de *software* e *hardware* livres (ver tópico Arquitetura pedagógica e tecnológica).

---

*A Base Nacional Curricular Comum (BNCC) é mais um esforço do Governo Federal, juntamente com as secretarias estaduais de educação e a sociedade civil organizada, no sentido de disponibilizar "[...] ferramenta que vai ajudar a orientar a construção do currículo das mais de 190 mil escolas de educação básica do país, espalhadas de Norte a Sul, públicas ou particulares". Disponível em: <http://basenacionalcomum.mec.gov.br/#/site/inicio>.

O professor como projetista do processo de ensino-aprendizagem

Como ocorre com o uso de qualquer tecnologia, os laboratórios didáticos podem ser utilizados para o bem ou para o mal. Um exemplo deste último seria um laboratório didático de ciências que fosse usado unicamente para ilustrar fenômenos da natureza, colocando os alunos em posição passiva e contemplativa. Já um exemplo do bom uso de uma atividade laboratorial seria oportunizar momentos de reflexão disciplinada do pensamento lógico-indutivo-hipotético-dedutivo.

Infelizmente, os laboratórios didáticos de ciências nas escolas brasileiras, quando existem, são, em sua maioria, do tipo demonstrativo, com pouco protagonismo dos alunos.

Estudos de campo feitos há quase 40 anos (MAGALHÃES, 1979) já mostravam que a má formação experimental dos professores é a principal causa do ensino não experimental no Brasil, facilmente constatada pela pouca ênfase que se dá às disciplinas de cunho experimental nos currículos dos cursos de licenciatura oferecidos pelo país afora, seja nas instituições privadas ou mesmo públicas de ensino superior. Não tendo sido bem preparados, os professores sentem sua autoridade professoral ameaçada em um cenário de aula prática, tanto no ambiente de laboratório quanto no de sala de aula.

Dessa forma, um pressuposto muito caro à equipe do projeto LabVAD tem sido a valorização do professor. Por certo, como se ouve falar com frequência, é o aluno o centro de todo e qualquer processo de ensino e aprendizagem. Contudo, esse alvo só é atingido corretamente se houver, por trás, um bom professor, capaz de planejar e executar, ele próprio, as ações necessárias, transformando o processo em algo intencionalmente engendrado por ele, ou seja, da mesma forma que cabe à escola estabelecer um projeto pedagógico que atenda às leis educacionais e aos parâmetros curriculares nacionais (PCNs), cabe ao professor, em sala de aula, atuar como um professor-projetista, que transforme o processo de ensino-aprendizagem em um projeto de sua autoria.

Não adianta prover tecnologias educacionais de ponta, como o acesso presencial ou a distância a laboratórios didáticos, se o professor não estiver bem preparado para fazer bom uso delas. Nesse sentido, o primeiro passo é apoiar os professores em sua luta política pelo resgate da valorização do fazer docente, pois as políticas públicas das últimas décadas vêm dando sinais controversos: por um lado, tentam transformar os professores em meros mediadores, por meio do uso, em grande escala, da educação a distância; por outro, há iniciativas como os PCNs e a BNCC, que, se executadas contínua e corretamente, podem empoderar a docência a ponto de torná-la realmente autora.

Com essas preocupações em mente, o projeto LabVAD vem dando uma atenção especial à formação de professores no uso da RE. Essas ações objetivam a formação inicial e continuada de formadores por meio de cursos organizados e geridos com currículos e metodologias ajustados à situação em que os formadores atuam. No caso da formação continuada, também são oferecidos estágios no NCE/UFRJ aos formadores após algum tempo em serviço, por exemplo, referentes a estudos e pesquisas de avaliação por melhores atividades em busca de uma constante inovação.

O tópico Modelo hierárquico interativo em três camadas (MHI-3C) para a formação de professores em robótica educacional, apresenta-se como uma das principais ações do projeto o modelo preconizado em 2008 (PINTO, 2011) para a formação docente, constituído por três camadas interativas, hierárquicas e sequenciais (Modelo IH3C): pesquisadores-professores, professores-professores e professores-alunos.

Arquitetura tecnológica e pedagógica

Arquitetura tecnológica

A **Figura 12.1** ilustra a arquitetura tecnológica do projeto atual, na qual se pode notar dois

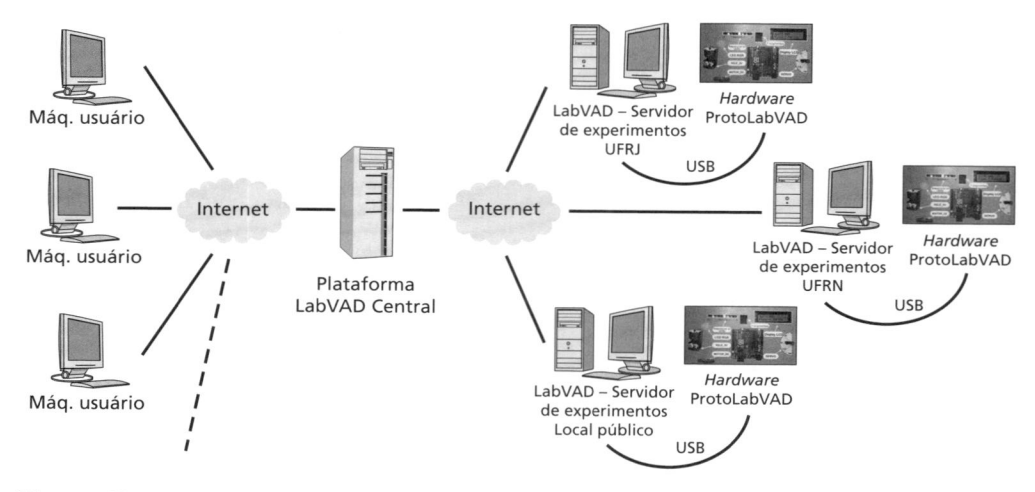

Figura 12.1 Arquitetura atual do LabVAD.

ramos de acesso ao servidor *web* da plataforma LabVAD central, sendo o ramo da direita formado por três confederações de servidores: LabVAD-ciências, LabVAD-robótica e LabVAD-público, enquanto o ramo da esquerda representa as estações de trabalho dos clientes, que podem estar geograficamente localizadas em qualquer lugar. Segue um detalhamento de cada componente dessa arquitetura de rede em estrela*.

O servidor central da plataforma LabVAD (LabVAD-*centralserver*) é um sistema desenvolvido segundo os preceitos do *software* livre, com base no sistema operacional Linux e utilizando o servidor *web* Apache, a linguagem PHP e o banco de dados MySQL. O sistema implementa um cadastro dos usuários e o agendamento do acesso aos servidores de experimentos, de forma a garantir que somente um usuário de cada vez interaja com o equipamento de cada servidor remoto.

Os servidores remotos da plataforma LabVAD (LabVAD-*remoteserver*) podem ser de três tipos: robótica, ciências e público. Os servidores remotos que possuem um ProtoLabVAD-robótica, provendo experimentos de RE, contêm uma placa Arduino com algumas opções de atuadores, como LEDs, *displays* e motores. A ideia é que o usuário possa programar a placa remotamente, escrevendo programas na linguagem Wiring, que interajam com esses atuadores. Para permitir a comunicação entre o servidor central e os servidores remotos, foi especificado um protocolo com base na arquitetura REST, que consiste em requisições HTTP e respostas codificadas em JSON. Um programa PHP rodando nesses servidores remotos recebe as requisições POST provenientes do usuário autenticado pelo servidor central. Essas requisições enviam o código fonte Wiring produzido pelo usuário, compilando-o, executando-o e retornando ao servidor central uma resposta, indicando o sucesso ou erro dessa operação.

Após comandar a execução, o usuário pode acompanhar visualmente todo o processo de execução do programa por meio da câmera de vídeo instalada sobre a placa do servidor remoto. É possível, ainda, salvar o vídeo da execução do programa e o respectivo código-fonte, para a visualização posterior do experimento.

Os servidores remotos que implementam experimentos de ciências operam por meio da mesma interface da plataforma LabVAD cen-

---

*O projeto LabVAD está disponível para uso livre, em: <http://labvad.nce.ufrj.br>. É preciso fazer um cadastro prévio de usuário e senha.

tral. Nesse caso, entretanto, em vez de interagir com o servidor remoto por meio da criação de um programa, o usuário deve poder configurar o experimento parametrizando-o e seguindo os passos para sua realização, da mesma forma que faria em um laboratório real.

Nesse caso, o servidor remoto receberá requisições POST provenientes do usuário autenticado pelo servidor central com os parâmetros para a execução do experimento, que serão enviados a um programa residente na placa Arduino capaz de controlar o equipamento.

Da mesma forma que nos laboratórios de robótica, o usuário pode acompanhar visualmente todo o processo de realização do experimento por meio da câmera de vídeo instalada sobre o equipamento, eventualmente salvando o vídeo.

Os servidores remotos públicos são formados por um *mix* de servidores das duas confederações descritas anteriormente, com as peculiaridades de eles terem sido escolhidos por apresentarem um conteúdo de elevado valor para a divulgação do conhecimento científico e por estarem geograficamente localizados em um espaço público.

O módulo *streaming* dos servidores remotos da plataforma LabVAD (LabVAD-*remoteserver-streaming*) foi desenvolvido com base na tecnologia VLC. O módulo é opcional, mas sua instalação nos servidores remotos da plataforma (isto é, dos LabVAD remotos) é fortemente recomendável, de modo que os usuários possam visualizar pelo navegador os experimentos que estiverem em execução nos laboratórios remotos.

O *streaming* é gravado no servidor remoto e, em um segundo momento, de forma automática, os vídeos gravados são transferidos para o servidor central da plataforma, de modo que ficam disponíveis para os usuários – mesmo que o laboratório remoto esteja *offline*.

O módulo *streaming* possui também recurso de '*log*', para melhor gerenciamento do serviço pelos administradores/responsáveis pelos laboratórios remotos. O *streaming* dos vídeos é também transmitido em tempo real para o *site* do projeto, como uma forma apenas de visualização do *status* dos laboratórios, sem a possibilidade de intervenção.

As **Figuras 12.2** e **12.3** apresentam, respectivamente, o ProtoLabVAD-robótica e o

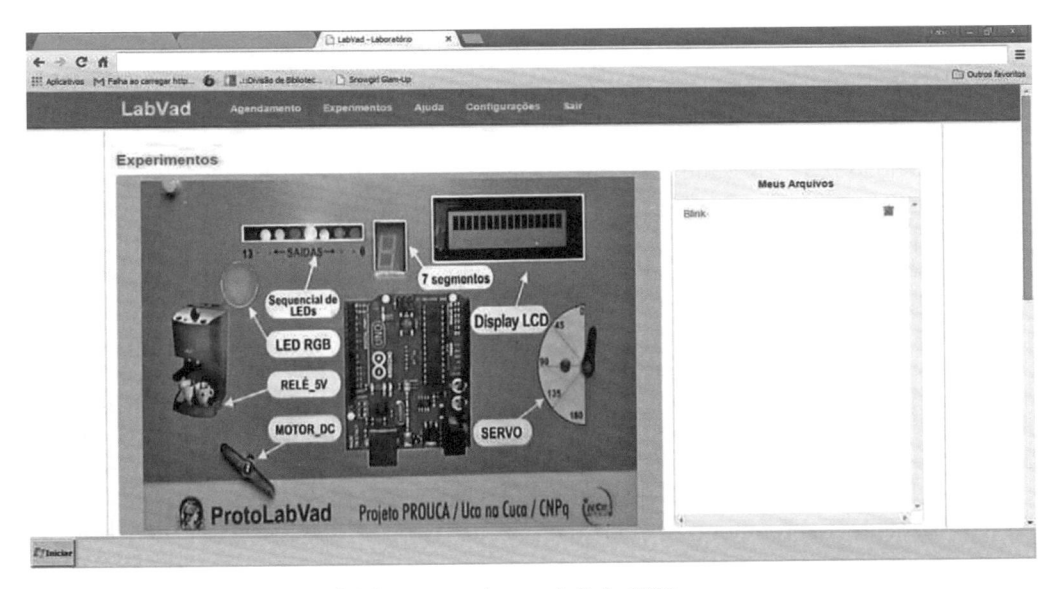

Figura 12.2 ProtoLabVAD-robótica operando em abril de 2016.

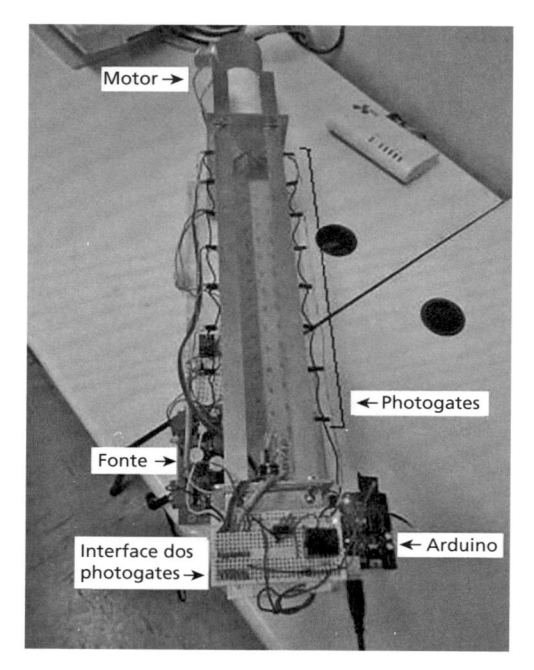

Figura 12.3 ProtoLabVAD-ciências operando em abril de 2016.

ProtoLabVAD-ciências em seu estado atual de desenvolvimento.

Arquitetura pedagógica

Os experimentos das confederações LabVAD-robótica e LabVAD-ciências estão pedagogicamente estruturados de forma a permitir uma participação do usuário das seguintes formas:

- **Interativa**: em que os usuários podem interagir com o experimento, modificando os valores de alguns parâmetros informados no protocolo técnico de submissão pelo autor do experimento. Essa modalidade requer um pré-agendamento por parte do usuário, porque sua execução demanda um período de tempo que tem de ser previamente determinado, como, por exemplo, seria o caso de um professor querendo discutir o experimento em tela com seus alunos em sala de aula.

- **Demonstrativa**: em que não há qualquer possibilidade de interação *on-line* do cliente com o experimento, bastando que o usuário clique o botão de "executar o experimento" para que sua requisição entre em uma fila que obedece à ordem de chegada. Quando chegar a vez do usuário solicitante, o experimento será executado "para o mundo", esteja o usuário conectado ou não naquele momento.

Um exemplo de experimento demonstrativo seria aquele em que um usuário cria um programa de robótica para a placa Arduino e deseja testá-lo usando o LabVAD-robótica.

É importante destacar que, no caso dos experimentos demonstrativos, tanto as imagens geradas como os resultados obtidos são transmitidos e gravados, ficando em um domínio público onde qualquer usuário poderá acessá-los quantas vezes quiser, enquanto, no caso dos experimentos interativos, um arquivo de *log* contendo as interações do usuário com o experimento também é gerado, ficando disponível apenas para o usuário que agendou o experimento e para pesquisadores cadastrados no consórcio.

Cada experimento a ser executado remotamente pelos clientes, por meio do consórcio LabVAD, será de autoria de qualquer profissional que apresente sua proposta de acordo com um protocolo técnico e didático, ético e de qualidade, previamente homologado para cada tipo de serviço.*

Uma vez verificado o atendimento desses requisitos pela coordenação do consórcio LabVAD, o experimento proposto fica acessível a qualquer usuário.

Para a validação de conceito e para dar início ao esperado processo de multiplicação, foram implementadas três instâncias de servidores

---

*Tal protocolo ainda não se encontra implementado, uma vez que ainda não existe uma demanda por inserção de novos laboratórios remotos que o justifique.

da confederação LabVAD-robótica, no Rio de Janeiro (UFRJ) e em Natal (UFRN), e uma instância da confederação do LabVAD-ciências, na UFRJ. A primeira instância do LabVAD-público está em fase final de implantação na Escola Técnica Estadual Ferreira Viana no Rio de Janeiro.

AÇÕES E SUBPROJETOS EM ANDAMENTO

Modelo hierárquico interativo em três camadas (MHI-3C) para a formação de professores em robótica educacional

A proposta LabVAD de interação virtual com experimentos laboratoriais do mundo real busca ir além dos aspectos tecnológicos envolvidos no funcionamento e operação de atividades didáticas remotas. Busca, também, novas propostas de interação entre os diversos atores envolvidos no processo de produção do conhecimento. A característica remota do projeto LabVAD e a intenção de colocar o professor no centro do processo educacional levaram a uma proposta de uma arquitetura didática interativa, balizada pelo ensino a distância (EAD), para formação de professores e produção de atividades didáticas. Essa arquitetura pedagógica, que deve propiciar um ambiente favorável para uma autoria coletiva de atividades didáticas, é denominada modelo hierárquico de interatividade em três camadas (MHI-3C), conforme mostrado na **Figura 12.4**.

Na camada 1, os pesquisadores e professores participam de discussões em ambiente apropriado para reflexões sobre as formas de um bom uso didático da RE. No segundo nível (camada 2), os professores discutem entre si propostas de atividades didáticas no contexto do projeto. Por fim, no último nível (camada 3), os professores aplicam as atividades didáticas junto a seus alunos. Essa última camada inclui o processo cumulativo (somativo) de avaliação de desempenho dos professores participantes e do curso. Note-se que

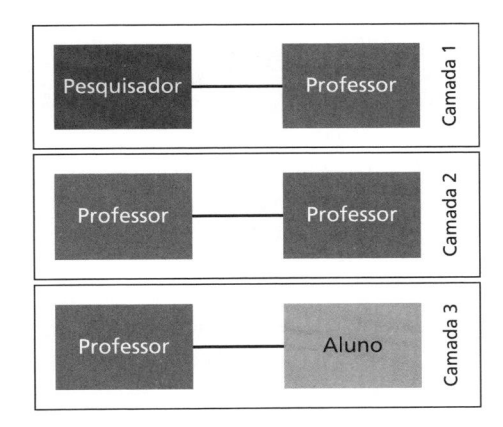

Figura 12.4 Modelo em camadas (MHI-3C) para a formação de professores em robótica educacional.

essas camadas, embora sequenciais, não precisam ser (e geralmente não são!) cumpridas ao mesmo tempo por todos os professores participantes.

Assim, nesse contexto da arquitetura pedagógica proposta, as atividades didáticas produzidas pelos professores deverão contemplar:

- Contextualização sócio-cognitiva, representada por um conhecimento situado, altamente fundamentado no cotidiano e na realidade do aluno.
- Produção colaborativa entre os professores e a equipe de pesquisadores do projeto do material didático.
- Efeito multiplicador do material didático construído pelos próprios professores de forma colaborativa em uma rede de relacionamento.

Desde 2008, o modelo (MHI-3C) vem sendo utilizado em diversos cursos de formação inicial e continuada de professores, sofrendo aperfeiçoamentos após cada uma dessas aplicações. No sentido de instanciar esse modelo de forma mais detalhada, é descrito, a seguir, um desses cursos: Robótica educacional com *hardware* livre no contexto de um computador por aluno (UCA), realizado em cinco ocasiões entre 2011 e 2013, alcançando cerca de 40 professores dos municípios fluminenses de Casimiro de Abreu, Duque de Caxias, Nova Friburgo, Piraí e Volta Redonda. A **Figura 12.5** apresenta de forma esquemática a estrutura desse curso.

Sensibilização, seleção e formação de turmas

O processo preliminar de sensibilização, seleção e formação de turmas é uma condição *sine qua non* para o sucesso do curso de RE com componentes de baixo custo para professores. Acredita-se que a sensibilização de professores das instituições públicas de ensino quanto aos benefícios pedagógicos proporcionados a seus alunos pela RE, como motivação em relação aos conteúdos curriculares e incentivo ao trabalho cooperativo, principalmente em um contexto de baixo custo, os motivará para a busca de recursos e possibilidades de inserção da RE em sua prática pedagógica. Espera-se também que a motivação docente contagie outros professores e a gestão escolar, em seus diversos níveis, para apoio a essas práticas. Essa fase de sensibilização em geral ocorre por meio de um "encontrão presencial", organizado com a população-alvo (p. ex.: professores de um município).

Outra condição indispensável em um curso de formação em RE é o contato direto (físico) do público-alvo com todo o material envolvido para a elaboração das atividades didáticas com a robótica. Para tanto, o curso proposto, embora possa ser realizado majoritariamente a distância, deve prever encontros presenciais periódicos para aplicação do laboratório de robótica, onde os professores serão divididos em grupos para praticarem e discutirem tarefas com RE, observando sempre um número máximo de professores participantes por turma e por bancada, de forma que possa haver um efetivo acompanhamento por parte da equipe docente.

Eixo pedagógico

Parodiando o dito popular "Faça o que eu digo, mas não faça o que eu faço", o primeiro tópico que se discute com os professores participantes é a arquitetura pedagógica proposta para o curso de RE com *hardware*, baseada

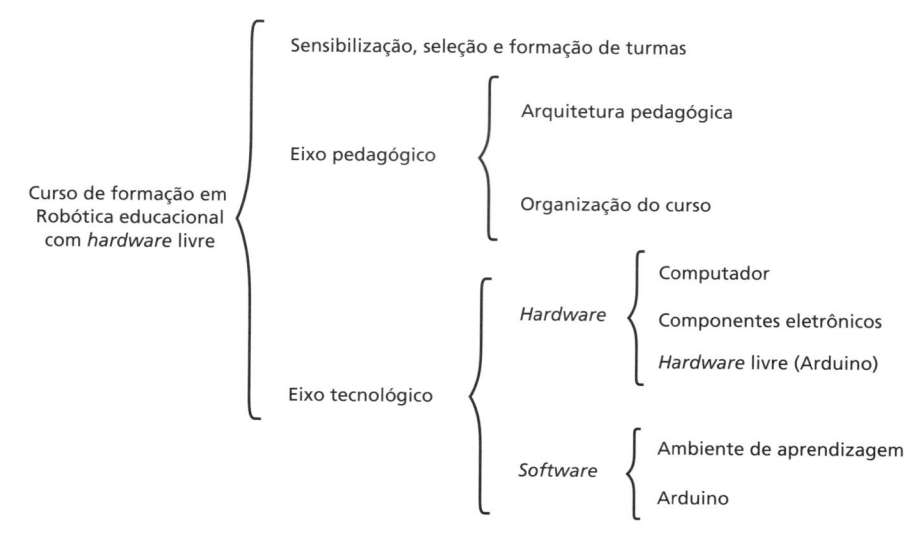

Figura 12.5 Estrutura do curso Robótica educacional com *hardware* livre no contexto de um computador por aluno.

- Curso de formação em Robótica educacional com *hardware* livre
  - Eixo pedagógico
    - Sensibilização, seleção e formação de turmas
    - Arquitetura pedagógica
    - Organização do curso
  - Eixo tecnológico
    - Hardware
      - Computador
      - Componentes eletrônicos
      - *Hardware* livre (Arduino)
    - Software
      - Ambiente de aprendizagem
      - Arduino

no modelo hierárquico de interatividade em três camadas (MHI-3C), e a modalidade híbrida adotada (presencial e a distância), colocando em debate a justificativa de ambas as escolhas. A ideia é que os professores participantes não só assimilem os conteúdos de RE, mas também o modelo de ensino e aprendizagem, na expectativa de que o adotem, adaptem e aperfeiçoem em sua própria prática de ensino, caso concordem com seus fundamentos e procedimentos.

A justificativa para o uso desse modelo é poder atender a formação de professores em diferentes localidades do Estado do Rio de Janeiro. Além disso, são grandes as dificuldades dos professores em conseguir disponibilidade de horário para o aperfeiçoamento profissional, em função do acúmulo de atividades, normalmente em mais de um local de trabalho. Acredita-se que a aplicação desse modelo para trabalhos a distância poderá facilitar a adesão de professores para a realização do curso.

Contudo, como o trabalho com robótica é essencialmente prático, não há como prescindir de atividades práticas para a manipulação dos componentes necessários ao desenvolvimento de aulas com robótica. Assim, aperfeiçou-se o modelo MHI-3C inserindo – além do "encontrão presencial inicial" de sensibilização já mencionado – dois encontros presenciais (1º e 2º), para oficinas de robótica, e mais um terceiro (3º) encontro presencial, para a apresentação dos trabalhos finais. É importante notar, entretanto, que, com a estrutura atual do consórcio LabVAD, essas oficinas, em tese, poderiam ser também realizadas a distância, mas nenhum estudo foi feito ainda até o presente momento. O **Quadro 12.1** relaciona as atividades presenciais com as três camadas do modelo MHI-3C.

O curso de formação de professores em RE *hardware* livre foi aplicado no formato semipresencial, tendo, inicialmente, uma única turma, com o máximo de 20 professores. O curso foi previsto com duração de 12 semanas, apresentando diversas atividades, distribuídas ao longo das três camadas do modelo hierárquico de interatividade (MHI-3C), conforme mostrado no cronograma da **Figura 12.6**.

A seguir, detalham-se as atividades presentes no curso:

QUADRO 12.1 Relação das atividades do curso com as camadas do Modelo MHI-3C

Camada	Interação	Atividade presencial
1	Pesquisador-professor	**1º encontro:** oficina de robótica (robótica sem programação). **2º encontro:** oficina de robótica (robótica com programação – uso do Arduino).
2	Professor-professor	–
3	Professor-aluno	**3º encontro:** apresentação dos relatos sobre as aplicações das atividades didáticas com alunos (encerramento do curso).

- **Discussão teórica:** nesta atividade, pesquisadores e professores discutem, na modalidade a distância, sobre tecnologia e educação sob o contexto sociocognitivo, com base em bibliografia previamente recomendada e utilizando ambiente *on-line* apropriado. Essa discussão estará aberta durante todo o curso, ou seja, em todos os níveis hierárquicos (camadas).
- **Oficina de robótica:** nesta atividade, os professores são apresentados ao mundo da robótica por meio de práticas com dispositivos eletroeletrônicos e com a programação para placa de prototipagem eletrônica Arduino (*hardware* livre).
- **Atividade:** acontecem duas oficinas de robótica, ambas na camada 1 do modelo pedagógico. São elas:

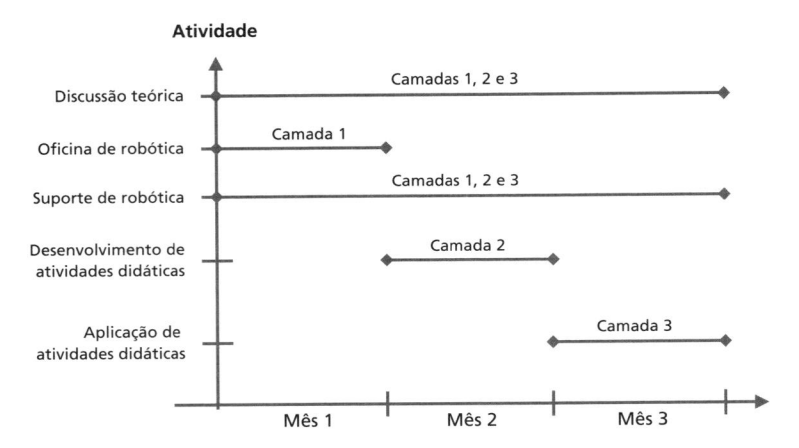

Figura 12.6 Cronograma do curso × camadas × atividades.

- **1ª Oficina de robótica (robótica sem programação):** prática com componentes básicos utilizados em RE. Apresentação da plataforma Arduino.
- **2ª Oficina de robótica (robótica com programação):** prática com a plataforma Arduino. Execução de programas-exemplo e de programação de robô.
- **Suporte de robótica:** é um fórum virtual de discussões para suporte das atividades práticas com RE. Fica em aberto durante todas as camadas do curso, com o intuito de auxiliar os professores até o momento da aplicação das atividades didáticas em robótica com seus alunos (camada 3).
- **Desenvolvimento de atividades didáticas:** esta atividade ocorre na camada 2 do modelo MHI-3C, na qual os professores participantes do curso discutem, com base nos estudos da camada 1, propostas de atividades didáticas com uso da RE. Para melhor organização, nesta fase, os professores são divididos em grupos, e cada grupo apresenta sua proposta de atividade didática com robótica. A apresentação da proposta do grupo deve seguir o roteiro fornecido pelo pesquisador.
- **Aplicação de atividades didáticas:** nesta fase, os professores participantes aplicam as atividades propostas na camada 2 nas escolas onde lecionam e debatem, no fórum de discussão do curso, os resultados encontrados. Nessa atividade, é incluída a avaliação de desempenho dos professores participantes e do curso, utilizando os instrumentos e procedimentos listados no **Quadro 12.2**. Ao final do curso, é aplicado um questionário de avaliação do curso aos professores participantes.

Eixo tecnológico

Os recursos de *hardware* envolvem computadores, componentes eletrônicos (novos ou retirados de sucatas) e placa de prototipagem ele-

QUADRO 12.2 Tipos de avaliação ao longo do curso

Camada	Interação	Avaliação
1	Pesquisador-professor	*Logs* nos fóruns de discussão, qualidade das mensagens.
2	Professor-professor	Avaliação pelos pares.
3	Professor-aluno	Avaliação pelo pesquisador e por especialista.

trônica para projetos de robótica. Quanto aos recursos de *software*, estes envolvem ambiente virtual de aprendizagem apropriado para o acompanhamento do curso a distância e um ambiente de desenvolvimento para a programação da placa de prototipagem eletrônica. Em qualquer proposta de pesquisa que tenha como foco as escolas públicas no Brasil, o fator custo deve ser um item cuidadosamente estudado, para que esta possa ser aplicada de maneira efetiva. Os *kits* comerciais de RE com os materiais necessários para a implementação de atividades didáticas ainda são caros para a realidade econômica das escolas públicas brasileiras, o que também contribui de maneira relevante para a pouca atividade com robótica nessas escolas.

Hardware

Os recursos de *hardware* necessários para a utilização em RE são descritos a seguir.

- **Computadores:** para as atividades com RE que utilizem algum tipo de programação, são necessários computadores com os mínimos requisitos de *hardware*: processador com *clock* acima de 1 GHz, 512 Mbytes de memória tipo RAM e duas portas tipo *universal serial bus* (USB).
- **Componentes eletrônicos:** existem diversos componentes eletroeletrônicos utilizados para atividades com RE. Eles dão poder de ação às maquetes, robôs e carrinhos, com a possibilidade de realizarem movimentos variados, e permitem a interação com o ambiente em volta, por meio de sensores de diferentes tipos. Além da possibilidade da aquisição de componentes novos, existe, ainda, a alternativa de aproveitar materiais encontrados em sucata de eletrônica, informática e brinquedos. Por exemplo, um dispositivo reprodutor/gravador de CD (drive de CD) encontrado em sucata de informática pode fornecer LEDs e motores, além da parte física (carcaça) do aparelho, que poderá ser aproveitada na montagem de alguma estrutura robótica. Aliás, a apropriação de materiais de sucata para reúso em projetos de robótica é altamente recomendável, pois propicia uma reflexão ecológica aos alunos, já que novos produtos podem ser criados a partir de materiais considerados como lixo (CÉSAR; BONILLA, 2007).
- ***Hardware* livre Arduino:** objetivando incluir as escolas públicas na prática da RE, buscam-se soluções com o uso de dispositivos inteligentes em tecnologias livres capazes de armazenar comandos (instruções) para controlar de forma autônoma (sem a necessidade da permanência de uma conexão física com o computador) os dispositivos eletromecânicos e eletroeletrônicos, ampliando sobremaneira a capacidade de trabalho na RE. Nesse sentido, a equipe LabVAD optou pelo *hardware* livre Arduino, pelas possibilidades tanto de montagem da placa eletrônica pelos próprios professores e alunos como de aquisição da placa pronta no Brasil a baixo custo.

Software

A seguir, são apresentados os recursos de *software* necessários para a utilização em RE.

- **Ambiente de aprendizagem:** tendo o curso de RE com componentes de baixo custo o formato semipresencial, torna-se necessário um espaço de interlocução *on-line* para pesquisadores e professores trocarem ideias sobre a RE, segundo o planejamento delineado no eixo pedagógico do curso. O ambiente virtual de aprendizagem proposto para esse fim é o Moodle, projeto de *learning management system* (LMS) *open source* (DOUGIAMAS; TAYLOR, 2003). Esse LMS possui os recursos necessários para

a comunicação e interação entre os participantes do curso, como fórum, *chat*, espaço para notícias do curso, espaço para textos, *links* e arquivos em geral.
- **Ambiente de programação:** trabalhar com RE não requer, necessariamente, o uso de linguagem de programação para acionar dispositivos mecânicos e eletroeletrônicos. Porém, como já mencionado, a programação de dispositivos inteligentes aplicados aos componentes usados em robótica amplia muito as possibilidades de trabalho. O projeto Arduino provê, além da placa eletrônica (*hardware*), um ambiente de desenvolvimento integrado (IDE) destinado à elaboração de programas. O Arduino foi criado com base no projeto Processing e utiliza Wiring como linguagem de programação. Mesmo utilizando o paradigma da programação estruturada, o IDE do Arduino possui uma sintaxe intuitiva, possibilitando o acesso à elaboração de programas por usuários com alguma experiência em informática.

Ciência e artes: o projeto de robótica da Escola Técnica Estadual Ferreira Viana em parceria com o LabVAD

O projeto de robótica da Escola Técnica Estadual Ferreira Viana (ETEFV) surgiu em 1998, a partir de uma iniciativa do professor César Bastos, que decidiu desenvolver atividades práticas extraclasse com seus alunos na disciplina de física.

A partir de 2005, os alunos começaram a solicitar um espaço para desenvolver projetos fora do horário curricular das aulas de física, e, com isso, criou-se a disciplina de robótica como um projeto de inclusão tecnológica. Essa disciplina teria o objetivo não só de favorecer o desenvolvimento das habilidades dos participantes, mas também de abrir uma janela de oportunidades para a expressão de novos talentos dos estudantes, além de promover a integração de todos os cursos da ETEFV (telecomunicações, eletrônica, eletrotécnica, mecânica e edificações).

Atualmente, o projeto atende alunos da ETEFV que estejam matriculados regularmente nos ensinos médio e técnico, oriundos de diversas classes sociais e bairros do Rio de Janeiro, contribuindo para sua inclusão tecnológica. Outro ponto relevante nesse projeto é a possibilidade de ampliar o atendimento para um número maior de alunos, oferecendo, assim, mais oportunidades para o corpo discente participar de olimpíadas científicas, feiras de ciências e competições de robótica.

Os bons resultados obtidos desde a criação da disciplina de robótica na ETEFV motivam os alunos cada vez mais a procurar disciplinas e projetos na área de RE. E, devido à motivação dos alunos, alguns professores da escola já demonstram interesse em participar e desenvolver atividades relacionadas com essa área.

Estimular o interesse pelos estudos não é a única justificativa do trabalho com robótica, pois há também a possibilidade de os alunos participarem em eventos científicos e educacionais, como olimpíadas, feiras de ciências, mostras científicas, saraus e *workshops*, entre outros. Essas atividades extraclasses são fundamentais para o desenvolvimento de habilidades e competências necessárias ao desenvolvimento cognitivo, social e criativo dos alunos. E isso tem sido um caso de sucesso para a equipe de robótica da ETEFV, que tem conquistado vários títulos em campeonatos,* participações em feiras e convites para palestras.

Mais recentemente, projetos interdisciplinares que visam à integração entre ciências e artes

---

*Sagrou-se vice-campeã carioca de robótica na Olimpíada Brasileira de Robótica (OBR) em 2010 e campeã carioca de robótica em 2011. Em 2013, a equipe de robótica da ETEFV sagrou-se campeã no Torneio Juvenil de Robótica <http://www.torneiojrobotica.org/> nas modalidades: Cabo de Guerra Nível 3, Resgate de Alto Risco Nível 4, Resgate no Plano Nível 4 e Viagem ao Centro da Terra Nível 4. Também conquistou o segundo lugar na Corrida de Humanoides do Concurso Latino-americano de Robótica (LARC) e terceiro lugar na Corrida de Humanoides da Competição Brasileira de Robótica (CBR).

têm atraído a atenção dos alunos. Nesse sentido, a possibilidade de conexão de diferentes iniciativas por meio do consórcio de laboratórios didáticos remotos (LabVAD) vem ao encontro desse novo interesse.

Três sistemas experimentais básicos (que, no jargão do LabVAD, são denominados de protoLabVAD) já foram preparados, inicialmente para a interação remota via LabVAD: cubo de LEDs 3x3x3, um manipulador de 4 graus de liberdade, chamado pelos alunos de "braço robótico", e um boneco marionete.

Esses três protoLabVAD dão suporte ao desenvolvimento de atividades interdisciplinares com RE, uma vez que geram um *savoir-faire* prático dos conteúdos das disciplinas curriculares de ciências: informática, com a lógica de programação; eletrônica, com a preparação e funcionamento dos componentes eletrônicos; mecânica, com a construção das estruturas e todo o suporte para receber os experimentos; telecomunicações, com a exploração dos experimentos, com várias opções de comunicação (Bluetooth, internet e RF, entre outras possibilidades); e com as demais disciplinas curriculares das áreas de letras e artes.

São exemplos dessas atividades integradas o projeto Disco de Newton controlado por Arduino, bem como o projeto Danças de Robôs, que representam parte de uma pesquisa sobre dança, realizada pelos alunos.

Projetos de domótica (automação residencial e comercial) também estão despertando o interesse dos alunos com ideias da IoT. Controlar eletrodomésticos e dispositivos conectados (projeto casa inteligente) está entre os projetos de maior interesse dos discentes.

Parceria universidade-governo: a experiência da Nave-Triagem

O projeto Nave do Conhecimento, de iniciativa da Secretaria Municipal de Ciência e Tecnologia do Município do Rio de Janeiro, é formado por espaços (denominados naves), distribuídos estrategicamente pelos bairros da cidade, com o principal objetivo de promover a inclusão social dos cidadãos por meio do acesso às tecnologias da informação, as quais hoje abrem as portas do conhecimento e do aprendizado não formal de diversos conteúdos e saberes necessários ao exercício da cidadania.

> A Nave do Conhecimento é uma grande oportunidade de formar os cibercidadãos de hoje e amanhã, por ser uma área especial para ligar o usuário não só ao mundo da tecnologia, mas também aos seus direitos como cidadão (NAVE DO CONHECIMENTO, c2018, documento *on-line*)

A programação atual das naves inclui o tema RE, e a equipe do LabVAD – por meio de seu Laboratório de Inovações em Robótica Educacional (LIvRE) – foi convidada pela SMCT/Rio de Janeiro para planejar esse setor, incluindo o treinamento dos monitores multidisciplinares que dão assistência e também, com alguma periodicidade, oferecem ao público minicursos sobre os diversos conteúdos disponibilizados.

A parceria entre a equipe do LabVAD – Projeto Nave do Conhecimento teve início em 2014, quando da aprovação de apoio financeiro dado pela FAPERJ.* No entendimento das equipes envolvidas, o uso da RE, combinado com as ações de inclusão digital já em andamento nas naves do conhecimento, constitui uma abordagem potencializadora na difusão e popularização das ciências, sob o ponto de vista dos referenciais teóricos construtivistas de Piaget (1970), Vygotsky (MOREIRA, 1999) e Papert (1986).

Além da interação socioverbal que os espaços formais e não formais de ensino proporcionam, os participantes das atividades propostas (primeiramente professores, alunos e outros usuários envolvidos com atividades de ensino) têm tam-

---

*LIvRE – Laboratório de Inovações em Robótica Educacional: proposta elaborada em atendimento ao Edital da FAPERJ – Apoio à difusão e popularização da Ciência e Tecnologia no Estado do RJ (Nº E-210.820/2014).

bém a oportunidade de uma interação integrada sujeito-artefato-cultura por meio da criação coletiva de objetos robóticos animados, automatizados e comandados por estratégias cognitivas, propostas por eles próprios, em grupo, sob a supervisão firme de um projeto pedagógico, engendrado implicitamente e executado pelas equipes proponentes parceiras.

Dessa forma, as atividades iniciais do projeto, voltadas para a formação da equipe de apoio às atividades teórico-práticas subsequentes (monitores das naves), incluem, primeiramente, uma formação humanista* desses participantes, a partir de leituras e debates sobre o papel das tecnologias na sociedade (em particular, a robótica e temas correlatos, como a IoT).

Por sua vez, as atividades que focam nos aspectos técnicos da programação robótica fazem forte uso do ambiente LabVAD (ver tópico Arquitetura tecnológica e pedagógica) e da linguagem DuinoBlocksforKids (DB4K), a ser comentada a seguir, procurando incentivar nos participantes uma vivência reflexiva e autônoma, na medida em que são provocados a pensar e propor desafios a serem futuramente tratados com o público-alvo do projeto.

O ambiente de programação visual DuinoBlocksforKids

A fim de expandir as oportunidades de aprendizado de programação e robótica via ambientes remotos, a equipe LabVAD decidiu, em 2014, investir no desenvolvimento de um ambiente de programação para Arduino voltado ao interesse de crianças cursando, preferencialmente, o ensino fundamental I (1º ao 5º ano).

A partir de uma revisão da literatura na área de ensino de computação, percebeu-se que as linguagens de programação tradicionais utilizam uma sintaxe pouco intuitiva para os iniciantes na área, e, em geral, as atividades práticas propostas estão fracamente conectadas com os interesses das crianças, afastando-as, assim, do mundo da programação (RESNICK et al., 2009; MASSACHUSETTS INSTITUTE OF TECHNOLOGY, 2014).

Assim, surgiram novas iniciativas no sentido de se tentar vencer essas dificuldades. No que diz respeito ao entendimento da sintaxe das linguagens de programação textuais, uma alternativa que vem sendo explorada é utilizar linguagens de programação visuais (VLP, do inglês *visual programming languages*), ou seja, linguagens nas quais a sintaxe inclui expressões visuais (BURNETT, 1999), como, por exemplo, blocos de encaixar organizados em diferentes categorias representadas por cores e formatos diferentes. A adoção, por diferentes projetos, de ambientes de programação visual baseada em blocos, cujas combinações são bastante intuitivas (uma vez que as crianças comumente possuem brinquedos que trazem essa ideia) (COSTA JUNIOR; GUEDES, 2015), sugere ser essa uma abordagem bastante acertada no que diz respeito ao ensino de programação para crianças.

Um exemplo marcante de tais linguagens, voltadas principalmente ao público infantil, é o Scratch**, desenvolvido pelo Massachusetts Institute of Technology (MIT) Media Lab***. O sucesso do projeto foi tal que, em 2009, apenas dois anos após o lançamento do *site*, usuários de todas as partes do mundo, em sua maioria crianças e jovens de 8 a 16 anos de idade, já faziam *upload* de mais de 1.500 projetos por dia.

Uma revisão recente da literatura na área de ambientes de programação visual apontou para a inexistência de linguagens computacionais de placas de prototipagem eletrônica Arduino, pensadas e desenvolvidas especificamente para o ensino de programação para crianças do en-

---

*Veja, por exemplo: Acevedo Diaz, Vázquez Alonso e Manassero Mas (2001) e Auler e Delizoicov (2001).

**Scratch. c2018. Disponível em: <https://scratch.mit.edu/>. Acesso em: 17 set. 2018.

***Media Lab. c2018. Disponível em: <https://llk.media.mit.edu/>. Acesso em: 17 set. 2018.

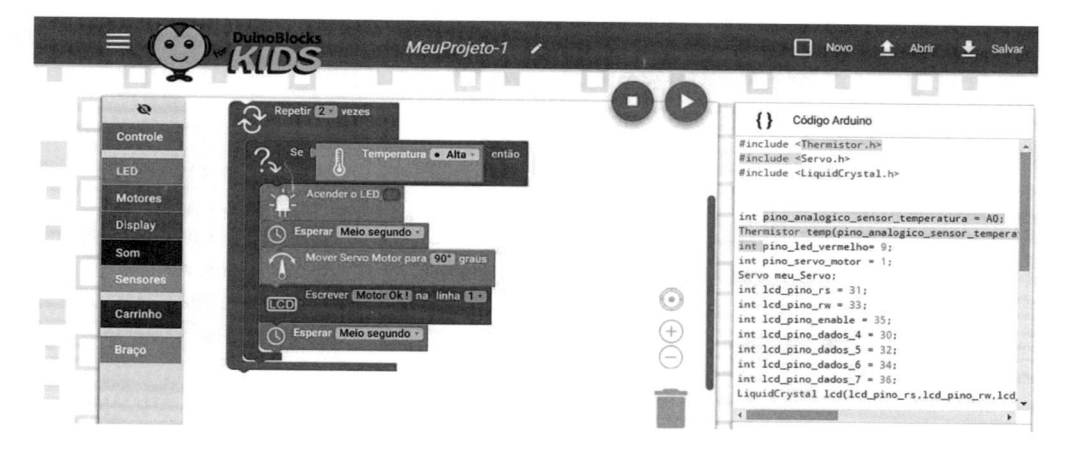

Figura 12.7 Visão geral da interface do DB4k com alguns blocos de comandos.

sino fundamental I. Dessa forma, a equipe do projeto decidiu desenvolver um ambiente de programação visual capaz de interagir com as placas robóticas existentes no LabVAD, contendo as seguintes características principais:

- Blocos de programação desenhados de modo a apresentarem uma semântica diretamente relacionada com os atuadores presentes nas placas robóticas do LabVAD.
- Supressão de detalhes relacionados com o *hardware*, como pinagens e valores de níveis de tensão.
- Linguagem icônica.
- Conjunto "enxuto" de blocos.
- Simplificação dos valores dos parâmetros utilizados nos blocos, com a troca de valores numéricos por grandezas semiquantitativas (p. ex., temperatura: alta/baixa, em vez de valores como 20, 30; luz: muita/pouca; velocidade: rápida/ média/devagar).

O ambiente de programação visual desenvolvido foi nomeado DB4K, uma vez que foi construído utilizando ideias da linguagem Duino-Blocks, já implementada por membros da equipe do projeto (QUEIROZ; SAMPAIO, 2016).

O DB4K foi projetado de modo a permitir sua integração com o LabVAD, no que se refere tanto às tecnologias utilizadas quanto aos experimentos a serem manipulados por meio do ambiente*.

A interface do DB4K presente no ambiente LabVAD permite ao usuário, via programação, a manipulação dos seguintes dispositivos: um conjunto de LEDs, um LED RGB, um *display* de sete segmentos, um *display* LCD, um servomotor e um motor DC.

Os blocos de programação presentes no ambiente foram desenhados de modo a apresentarem uma semântica diretamente relacionada com os dispositivos sendo manipulados e com os efeitos por eles causados sobre esses dispositivos.

Por exemplo, para acender um LED, desenhou-se o bloco "acender LED"; para escrever no *display* de LCD, desenhou-se o bloco "escrever 'texto' na linha 'l' do LCD". Alguns desses blocos podem ser observados na **Figura 12.7**.

Além dos blocos diretamente relacionados com os dispositivos a serem manipulados, foram desenhados também blocos para as estruturas de controle utilizadas em programação, como repetição e decisão.

---

*Uma versão *client-side* do DB4K também foi desenvolvida, possibilitando a criação e execução de programas e o controle de placa Arduino na máquina do usuário, sem a necessidade de conexão com a internet.

A exemplo do que ocorre com o ScratchJr* e com o Lego Mindstorms**, optou-se por utilizar, no DB4K, tanto uma representação textual quanto icônica para descrever as "funções" dos blocos. A ideia é facilitar o entendimento do fluxo de informação por parte dos usuários (COSTA JUNIOR; GUEDES, 2015).

Em relação às cores utilizadas no ambiente, decidiu-se adotar cores vivas para os blocos e seus respectivos menus, direcionando a atenção do usuário exatamente para estes, que são os elementos fundamentais do DB4K. Para o plano de fundo e barras de menus, utilizaram-se cores suaves, de modo a não tornar visualmente cansativa a permanência no ambiente.

Além da área de programação em blocos, é possível ao usuário ter acesso à linguagem textual Wiring*** associada a cada bloco do DB4K. Assim, o lado direito da tela de interface do ambiente contém uma área para a exibição do programa textual correspondente (ver **Fig. 12.7**).

O DB4K foi desenvolvido a partir do ambiente Ardublockly**** e da biblioteca Blockly, da Google Developers.*****

O desenho da interface do DB4K aproveitou muitos dos elementos da interface do Ardublockly. Já os blocos utilizados na programação foram totalmente redesenhados e programados.

Desde o início de seu desenvolvimento, o ambiente vem sendo testado e avaliado pela equipe de especialistas do Ginape/UFRJ, estando sua versão *on-line* disponível para o público desde outubro de 2015.

---

*SCRATCHJR. Disponível em: < http://www.scratchjr.org/>. Acesso em: 17 set. 2018.
**LEGO MINSTORMS. Disponível em: <http://mindstorms.lego.com/>. Acesso em: 17 set. 2018.
***Linguagem nativa para a programação das placas de prototipagem eletrônica Arduino, derivada da linguagem C/C++.
****Ambiente de programação em blocos para placas de prototipagem eletrônica Arduino direcionada ao público jovem e adulto Disponível em:<https://github.com/carlosperate/ardublockly>.
*****Biblioteca de código aberto criada pela Google Developers e voltada para a construção de Ambientes de Programação Visual. Disponível em: <https://developers.google.com/blockly/ e https://developers.google.com/>.

Considerações finais

O Projeto LabVAD, como pôde ser visto neste capítulo, metaforicamente, é "a força resultante" de um conjunto de componentes de pesquisa na área de RE que foram desenvolvidos ao longo dos últimos 30 anos por alguns dos pesquisadores participantes desse projeto. Os trabalhos nessa temática tiveram sua origem no início da década de 1980 e tornaram-se mais frequentes, a partir de 2006. Um longo caminho foi percorrido até o consórcio LabVAD se tornar uma realidade e, de fato, entrar em operação, em 2015, com uma rede de laboratórios remotos instalados, por enquanto, em universidades das regiões Sudeste e Nordeste. Espera-se que este capítulo estimule pesquisadores e instituições de ensino de todo o território nacional a participar dessa pesquisa-ação, seja como usuários ou provedores de experimentações remotas.

As pesquisas realizadas com RE ao longo das últimas décadas resultaram em várias dissertações de mestrado e em diversos artigos científicos publicados em periódicos e eventos de relevância nacional e internacional. Devido ao caráter inovador das pesquisas desenvolvidas, alguns desses trabalhos também conquistaram prêmios, tais como o de melhor dissertação de mestrado do Congresso Brasileiro de Informática na Educação (CBIE), em 2014; o primeiro e segundo lugares no Seminário de Tecnologias de Piraí, em 2013, bem como distinções em competições de robótica, conforme mencionado no tópico Ciência e artes: o projeto de robótica da Escola Técnica Estadual Ferreira Viana em parceria com o LabVAD.

Os próximos passos para o projeto vão na direção de expandir a diversidade de laboratórios didáticos de ciências e robótica do consórcio e de intensificar sua utilização em situações de ensino e aprendizagem. Para tanto, a coordenação do LabVAD vem buscando parcerias com instituições de ensino e pesquisa de outras regiões do país e internacionais.

Por fim, é importante sinalizar que a equipe mantém a plataforma em plena operação e disponível para acesso via internet a partir de qualquer lugar e em qualquer dia e horário.

REFERÊNCIAS

ACEVEDO DÍAZ, J.; VÁZQUEZ ALONSO, A.; MANASSERO MAS, M. A. *El moviemiento ciencia-tecnologia-sociedad y la enseñanza de las ciencias*. [S. l.]: Organización de Estados Iberoamericanos para la educacion la ciencia y la cultura, 2001. p. 1-19. Disponível em: <https://www.oei.es/historico/salactsi/acevedo13.htm>. Acesso em 17 set. 2018.

ALVES, J. C. N. *Uma proposta pedagógica para uso do computador em ambientes de ensino experimental de física*. 2000. Tese (Doutorado em Engenharia de Sistemas e Computação)-Universidade Federal do Rio de Janeiro, Rio de Janeiro, 2000.

ALVES, R. M. *Duinoblocks*: desenho e implementação de um ambiente de programação visual para robótica educacional. 2013. Dissertação (Mestrado em Informática)-Universidade Federal do Rio de Janeiro, Rio de Janeiro, 2013.

ANDRADE, P. F.; MORAES, M. C. (Ed.). *Projeto Educom*. Brasília: MEC/OEA, 1993. v. 1.

AULER, D. ; DELIZOICOV, D. Alfabetização científica-tecnológica para quê? *Ensaio*, v. 3, n. 2, p. 122-134, 2001.

BRASIL. Ministério da Educação. Secretaria de Educação Média e Tecnológica. *Programa nacional de informática educativa*. Brasília: PRONINFE, 1994. Disponível em: <http://www.dominiopublico.gov.br/download/texto/me002415.pdf>. Acesso em: 16 set. 2018.

BURNETT, M. M. Visual programming. In: Webster, J. G. *Wiley encyclopedia of electrical and electronics engineering*. New York: Wiley, 1999.

CÉSAR, D. R.; BONILLA, M. H. S. Robótica livre: implementação de um ambiente dinâmico de robótica pedagógica com soluções tecnológicas livres no Cet CEFET em Itabirito - Minas Gerais - Brasil. In: CONGRESSO DA SOCIEDADE BRASILEIRA DE COMPUTAÇÃO, 27., 2007, Rio de Janeiro. *Anais do Workshop de Informática na Escola*. Porto Alegre: SBC, 2007. p. 240-247.

CONSELHO NACIONAL DE DESENVOLVIMENTO CIENTÍFICO E TECNOLÓGICO. Coordenação de Aperfeiçoamento de Pessoal de Nível Superior. Secretaria de Educação a Distância do Ministério da Educação. *Edital CNPq/CAPES/SEED-MEC n° 76/2010*. Brasília: CNPq, 2010. Disponível em: <http://resultado.cnpq.br/5415026289677057>. Acesso em: 16 set. 2018.

COSTA JUNIOR, A. O.; GUEDES, E. B. Uma análise comparativa de kits para a robótica educacional. In: WORKSHOP SOBRE EDUCAÇÃO EM INFORMÁTICA, 23., 2015, Maceió. Belo Horizonte: LBD-UFMJ, 2015. Disponível em: <http://www.lbd.dcc.ufmg.br/colecoes/wei/2015/012.pdf>. Acesso em: 17 set. 2018.

CYSNEIROS, P. G. et al. *Projeto Educom*: realizações e serviços. In: ANDRADE, P. F.; MORAES, M. C. (Ed.). *Projeto Educom*. Brasília: MEC/OEA, 1993. v. 2.

DOUGIAMAS, M.; TAYLOR, P. C. *Moodle*: using learning communities to create an open source course management system. [S. l.]: Dougiamas Moodlings, 2003. Disponível em: <https://dougiamas.com/archives/edmedia2003/>. Acesso em: 17 set. 2018.

ELIA, M. F. O papel do professor diante das inovações tecnológicas. In: CONGRESSO DA SOCIEDADE BRASILEIRA DE COMPUTAÇÃO, 28., 2008, Belém. *Anais do Workshop de Informática na Escola*. Porto Alegre: SBC, 2008. p. 215-224.

ELIA, M. F.; BASTOS, C. A. R. Construção de interface de baixo custo. In: SIMPÓSIO NACIONAL DE ENSINO DE FÍSICA, 8., 1989, Rio de Janeiro. *Anais*... São Paulo: Sociedade Brasileira de Física, 1989.

FIGUEIREDO, L. M. S.; ELIA, M. F. Aplicações de microcomputadores pessoais no laboratório didático de física. In: REUNIÃO ANUAL DA SBPC, 36., 1984, São Paulo. (Comunicação).

FUKUYAMA, F. *O fim da História e o último homem*. Rio de Janeiro: Rocco, 1992.

HEGEL, G. W. F. *Fenomenologia do espírito*. 5. ed. Rio de Janeiro: Vozes, 2000.

MAGALHÃES, M. A. B. *Novas tecnologias para o ensino de ciências*: condicionantes de sua utilização na sala de aula. 1979. Dissertação (Mestrado em Educação)-Pontifícia Universidade Católica do Rio de Janeiro, Rio de Janeiro, 1979.

MASSACHUSETTS INSTITUTE OF TECHNOLOGY. *MIT News*. 2014. Disponível em: <http://news.mit.edu/2014/scratch-jr-coding-kindergarten>. Acesso em: 25 set. 2018.

MIRANDA, L. C. *RoboFácil*: especificação e implementação de artefatos de hardware e software de baixo custo para um kit de robótica educacional. 2006. Dissertação (Mestrado em Informática)- Universidade Federal do Rio de Janeiro, Rio de Janeiro, 2006.

MONOD, J. *Le hasard et la nécessité*: essai sur la philosophie naturelle de la biologie moderne. Paris: Le Seuil, 1979.

MOREIRA, M. A. *Teorias de aprendizagem*. São Paulo: EPU, 1999.

NAVE DO CONHECIMENTO. c2018. Disponível em: <https://navedoconhecimento.rio/>. Acesso em: 25 set. 2018.

PAPERT, S. *Constructionism*: a new opportunity for elementary science education. [Cambridge]: Massachusetts Institute of Technology, 1986.

PEREZ, A. L. F. et al. Uso da plataforma arduino para o ensino e o aprendizado de robótica. In: INTERNATIONAL CONFERENCE ON INTERACTIVE COMPUTER AIDED BLENDED LEARNING, 2013, Florianópolis. *Proceedings*... Florianópolis: IAOE. 2013. p. 230-232. Disponível em: <http://www.icbl-conference.org/proceedings/2013/papers/Contribution77_a.pdf>. Acesso em: 11 jan. 2017.

PIAGET, J. *A construção do real na criança*. Rio de Janeiro: Zahar, 1970.

PINTO, M. C. *Aplicação de arquitetura pedagógica em curso de robótica educacional com hardware livre*. 2011. Dissertação (Mestrado em Informática)-Universidade Federal do Rio de Janeiro, Rio de Janeiro, 2011.

PRIGOGINE, I.; STENGERS, I. *A nova aliança*: metamorfose da ciência. Brasília: UnB, 1984.

QUEIROZ, R. L.; SAMPAIO, F. F. Duinoblocks for kids: um ambiente de programação em blocos para o ensino de conceitos básicos de programação a crianças do ensino fundamental I por meio da robótica educacional. In: CONGRESSO DA SOCIEDADE BRASILEIRA DE COMPUTAÇÃO, 36., 2016, Porto Alegre. *Anais*... Porto Alegre: SBC, 2016. p. 2086-2095.

RESNICK, M. et al. Scratch: programming for all. *Communications of the ACM*, v. 52, n. 11, p. 60-67, 2009.

RIO DE JANEIRO. Secretaria de Estado de Ciência e Tecnologia. Fundação Carlos Chagas Filho de Amparo à Pesquisa do Estado do Rio de Janeiro. *Edital FAPERJ n° 06/2008*: Programa "Apoio à melhoria do ensino de ciências e de matemática em escolas públicas sediadas no estado do Rio de Janeiro 2008". Rio de Janeiro: FAPERJ, 2008. Disponível em: <http://www.faperj.br/?id=871.3.0>. Acesso em: 16 set. 2018.

RIOS, T. A. *Compreender e ensinar*: por uma docência da melhor qualidade. 2000. Tese (Doutorado em Educação)-Universidade de São Paulo, São Paulo, 2000.

SAMPAIO, F. F. et al. LABOR: desenvolvimento e utilização de um ambiente integrado de ferramentas de software para laboratórios de ciências. In: SIMPÓSIO BRASILEIRO DE INFORMÁTICA EDUCIONAL, 1., 1990, Rio de Janeiro. *Anais...* Rio de Janeiro: [s.n.], 1990.

SOUZA, P. et al. LabVAD: laboratório remoto para o desenvolvimento de atividades didáticas com robótica. In: CONFERENCIA INTERNACIONAL SOBRE INFORMÁTICA NA EDUCAÇÃO, 19., 2014, Fortaleza. *Anais TISE.* Santiago: Universidad de Chile, 2014.

VICTORINO, L. et al. Laboratório virtual de atividades didáticas - LabVAD. In: CONGRESSO DA SOCIEDADE BRASILEIRA DE COMPUTAÇÃO, 29., 2009, Bento Gonçalves. *Anais do Workshop de Informática na Escola.* Porto Alegre: SBC, 2009. p. 1723-1732.

LEITURAS RECOMENDADAS

ARDUINO. c2018. Disponível em: <http://www.arduino.cc/>. Acesso em: 1 fev. 2018.

CONGRESSO BRASILEIRO DE INFORMÁTICA E EDUCAÇÃO. Anais do SBIE 2012. Porto Alegre: Sociedade Brasileira de Computação, 2018. Disponível em: <http://www.br-ie.org/pub/index.php/sbie/issue/view/45>. Acesso em: 17 set. 2018.

LOGO FUNDATION. Logo history. New York: Logo Fundation, c2015. Disponível em: <http://el.media.mit.edu/logo-foundation/what_is_logo/history.html>. Acesso em: 16 set. 2018.

Agradecimentos

Os autores agradecem o apoio financeiro da RNP e da FAPERJ, como também a contribuição do Laboratório NAVELabs e da Equipe de Informática da Escola NAVE-OI.

PARTE V

PRÁTICAS EMERGENTES E EM GRUPOS

ROBÓTICA MOLE:
o estado da arte e um roteiro para *makers*
Alexandre Brincalepe Campo

13

Nos últimos 10 anos, ganhou forma um novo paradigma sobre o que pode vir a ser um robô. Em geral, esses dispositivos são associados a estruturas rígidas, grandes, com motores e sensores individualizados, além de a um sistema central microprocessado para o planejamento e controle dos movimentos (VERL et al., 2015). Essa visão associada aos robôs corresponde à realidade que ainda se observa na indústria e em diversas outras aplicações na atualidade, no entanto, uma nova abordagem inspirada em elementos observados na natureza surgiu no início do século XXI e possibilitou a criação de uma nova área, que vem sendo chamada de robótica mole (em inglês, *soft robotics*) (RUS; TOLLEY, 2015).

Robótica mole é uma possível tradução para o português – diversas outras podem estar associadas à palavra *soft* quando ligada a *robot*, como robôs maleáveis ou robôs flexíveis –, mas, neste capítulo, optou-se pela tradução robôs moles, pois é aquela que já vem sendo usada em áreas em que a pesquisa básica teve início. O Instituto de Física da Universidade de São Paulo (USP), por exemplo, possui uma de suas áreas de pesquisa definida como o estudo da matéria mole, particularmente ligada à biofísica.

Essa nova área da robótica agrega dispositivos construídos com diferentes tipos de materiais, incorporando sensores e atuadores biologicamente inspirados para uma operação mais segura e complacente. Esses novos dispositivos têm sido desenvolvidos com inspiração em organismos encontrados na natureza. Considerando a forma como os seres vivos manipulam objetos ou como interagem com o ambiente, naturalmente surgem questionamentos, tais como: "Ao segurar um copo, por exemplo, seriam necessários cálculos precisos de posição, força e velocidade, como aqueles realizados por robôs rígidos?" ou "Que características deve ter um robô para que possa compartilhar o espaço com seres vivos de forma segura?". Essas questões e muitas outras inspiraram a pesquisa que tem levado à criação de estruturas que se enquadram nos padrões associados a robôs, mas constituem uma nova abordagem para a tecnologia.

Em recente *workshop* internacional sobre o tema, foi elaborada a seguinte definição para descrever de forma ampla os dispositivos dessa classe: robô mole é um dispositivo que pode interagir ativamente com o ambiente, sendo capaz de sofrer grandes deformações, graças à sua inerente complacência estrutural.

Trata-se de uma área de pesquisa que envolve diversas disciplinas, como apontam Verl e colaboradores (2015). Roboticistas, matemáticos, engenheiros, biólogos, médicos e químicos, entre outros especialistas, têm realizado pesquisas conjuntas para transformar promissoras novas concepções em inovações.

Vislumbram-se aplicações diversas, particularmente aquelas em que homem e máquina compartilharão o mesmo espaço, trabalhando de forma conjunta e segura. Neste capítulo, são relatados casos associados particularmente a aplicações médicas, mas também são apresentados projetos de garras de robôs, exoesqueletos leves e complacentes ou outras aplicações em que as características dos robôs moles são convenientes. Apesar de ser uma área nova e com amplas possibilidades de desenvolvimentos inovadores, a bibliografia é vasta, portanto, pretende-se, neste capítulo, cobrir de forma abrangente os assuntos, sem grande aprofundamento, mas fornecendo as devidas referências para aqueles que tiverem interesse em adentrar na área. Cabe ressaltar que algumas ferramentas das referências foram criadas para permitir o desenvolvimento de robôs moles até mesmo por estudantes de nível médio.

DEFINIÇÕES

O principal fator que diferencia os robôs moles em relação aos rígidos é o conjunto de materiais utilizados em sua constituição. Para classificar os materiais de modo a compreender como aqueles robôs são construídos, pode ser utilizado um parâmetro denominado módulo de Young. Essa medida foi definida para es-

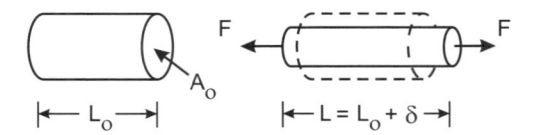

Figura 13.1 Esquema representando como é medido o módulo de Young (Pa).
Fonte: Majidi (2014).

tudar o percentual de distensão de uma barra prismática do material sob teste, quando é aplicada uma carga axial (**Fig. 13.1**).

A definição se aplica para pequenas distensões, mas, ainda assim, pode ser utilizada para comparar os diferentes tipos de materiais, conforme pode ser visto na **Figura 13.2**.

Na **Figura 13.2**, os materiais que estão na parte inferior da escala são aqueles encontrados no corpo humano. Observa-se que materiais com menor módulo de Young distendem-se mais quando sofrem a ação de uma força axial. Quanto ao módulo de Young dos materiais normalmente utilizados na construção de robôs rígidos, nota-se que estes se encontram na região acima de 10^{11} Pa, como o aço. Os robôs moles devem incorporar materiais com módulo de Young com ordem de grandeza equivalente aos materiais e tecidos normalmente encontrados no corpo humano. Rus e Tolley (2015) definem robôs moles (*soft robots*) como sistemas que são capazes de ter um comportamento autônomo e que são primeiramente compostos por materiais com módulo de Young na faixa dos materiais biológicos moles.

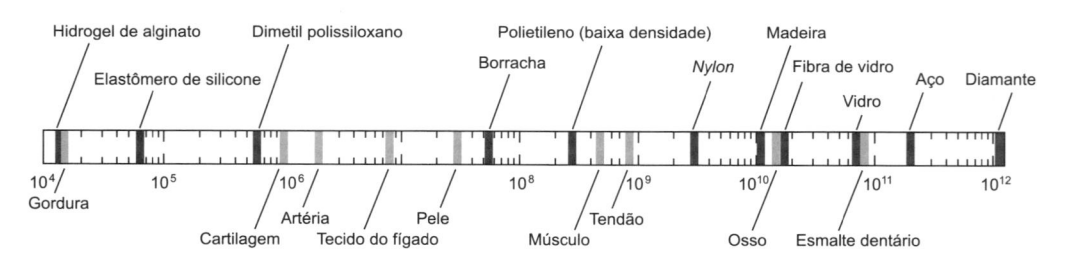

Figura 13.2 Módulo de Young (Pa).
Fonte: Adaptada de Rus e Tolley (2015).

Em termos didáticos, para introduzir o novo conceito dos robôs moles, pode-se recorrer aos desenhos de animação recentemente criados pelos estúdios Disney Pixar. Ainda hoje, a imagem associada a um robô normalmente é aquela representada por Wall-E e Eva ou pelos robôs dos livros de Isaac Asimov. São robôs com estruturas rígidas e representam as primeiras imagens que podem surgir na mente quando a palavra robô é utilizada.

Durante a fase de pesquisa de novos temas para a criação de filmes, os desenhistas da Disney são estimulados a visitar laboratórios em universidades e empresas. Em uma visita ao laboratório do professor Chris Atkenson, na Universidade de Carnegie Mellon, conheceram os trabalhos do aluno de doutorado Siddharth Sanan (SANAN; LYNN; GRIFFITH et al., 2014). Os projetos desenvolvidos no laboratório consistiam no desenvolvimento de robôs moles utilizando estruturas infláveis. A partir dessas ideias, foi desenvolvido um novo personagem que incorpora as características desses robôs. Trata-se do personagem Baymax do filme *Big Hero 6*.

Comparação entre robôs moles e rígidos

Os robôs moles possuem atuadores, sensores e sistemas de processamentos de dados e de armazenamento de energia, assim como os robôs rígidos. Cada uma dessas partes que compõem os robôs moles têm sido estudadas para incorporar características físicas como a capacidade de serem comprimidas, esticadas e retorcidas, mantendo sua funcionalidade. Um conceito importante associado a essas máquinas está ligado à sua complacência ou conformidade. Na fisiologia, a palavra complacência está associada à capacidade de distensão de certas estruturas elásticas, como os vasos sanguíneos e o coração (VERL et al., 2015). Também pode ter seu significado associado à característica de fazer a vontade ou o gosto de alguém. Nesse caso, o robô mole incorpora uma característica que o torna mais próximo de um ser vivo, pois, fisicamente, pode ceder de modo natural aos esforços que outro corpo lhe impõe.

Diversos aspectos diferenciam um robô mole de um rígido, e alguns trabalhos procuram pontuá-los, como os de Trivedi e colaboradores (2008), Rus e Tolley (2015) e Pfeifer, Lungarella e Fumiya (2012). A **Figura 13.3** destaca quatro situações em que as características que diferenciam um robô rígido de um mole podem ser comparadas.

O segmento **A** da **Figura 13.3** apresenta uma comparação entre a destreza de cada tipo de robô, representando a capacidade que robôs moles e rígidos têm de desviar de obstáculos. No segmento **B**, é apresentada a diferença em relação à medição de sua posição no espaço de trabalho. Verifica-se que no robô rígido é possível determinar com precisão o posicionamento da garra na extremidade por meio dos ângulos θ_1, θ_2 e θ_3, enquanto no mole essa medição não pode ser determinada por um número finito de parâmetros. No segmento **C**, é comparada a capacidade

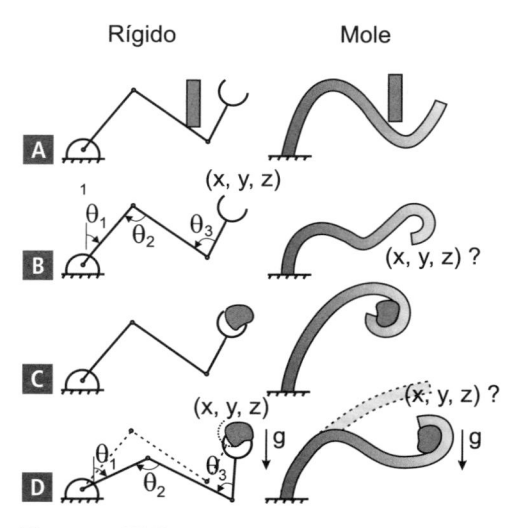

Figuras 13.3 Comparação entre robôs rígidos e robôs moles.
Fonte: Trivedi e colaboradores (2008).

de manipulação de objetos. No caso do robô rígido, é utilizada uma garra para manipular um objeto, enquanto, em um robô mole, a própria estrutura de seu corpo pode viabilizar essa manipulação. No segmento **D**, é comparada a capacidade de carga de cada robô. No caso do robô rígido, a força necessária para suportar o peso do objeto que está na garra pode ser determinada pela distribuição dos torques aplicados em cada uma das juntas do robô. No caso do robô mole, esse cálculo envolve uma distribuição de esforços ao longo de toda a estrutura do robô, configurando-se em um problema pouco estudado na área de robótica. É importante notar que todos esses aspectos ainda são objetos de estudo em relação aos robôs moles.

Trivedi e colaboradores (2008) apresentam uma tabela em que robôs rígidos, robôs discretos hiper-redundantes, robôs contínuos rígidos e robôs moles são comparados qualitativamente considerando-se diversos aspectos. O **Quadro 13.1** é uma reprodução parcial daquele apresentado no referido trabalho, sendo útil para realçar as principais diferenças entre os robôs rígidos e os moles.

Inspiração na natureza: robôs biomiméticos

Diante desse novo paradigma, cabe ressaltar a constante inspiração na natureza observada nos desenvolvimentos desses novos robôs. De certo modo, pode-se afirmar que todo robô possui algum grau de inspiração em organismos vivos, conforme apontam Pfeiffer, Lungarella e Fumiya (2012), mas o biomimetismo é uma vertente fortemente associada ao desenvolvimento desses novos dispositivos (KOVAČ, 2014). Nota-se essa influência desde a natureza e forma dos atuadores, passando pela ideia do processamento distribuído ao longo dos corpos, até a simples reprodução da estrutura dos robôs construídos, recriando cefalópodes, peixes ou artró-

QUADRO 13.1 Comparação qualitativa entre robôs moles e rígidos

	Robô rígido	Robô mole
Graus de liberdade	Poucos	Infinitos
Atuadores	Poucos e localizados	Contínuos e distribuídos
Capacidade de distensão do material que os compõe	Nenhuma	Grande
Materiais	Metais e plásticos	Borrachas e polímeros eletroativos
Capacidades		
Precisão dos movimentos	Muito alta	Baixa
Capacidade de carga	Alta	Baixa
Segurança	Perigoso	Seguro
Destreza	Baixa	Alta
Objetos manipuláveis	Tamanho fixo	Tamanho variável
Adaptabilidade aos obstáculos	Pequena	Alta
Projeto		
Controlabilidade	Alta	Baixa
Planejamento de trajetórias	Fácil	Difícil
Sensoriamento de posição	Fácil	Difícil
Inspiração	Membros de mamíferos	Hidrostatos musculares

Fonte: Trivedi e colaboradores (2008).

podes (KIM; LASCHI; TRIMMER, 2013; LIN; LEISK; TRIMMER, 2011). Uma fonte de inspiração comum para os pesquisadores envolvidos no desenvolvimento de robôs moles é o polvo, que possui uma imensa capacidade de adaptar as formas de seu corpo para suplantar obstáculos de todo tipo (**Fig. 13.4A**). Dois exemplos de robôs moles com inspiração na natureza são apresentados nas **Figuras 13.4B** e **13.4D**. No primeiro caso, um robô mole inspirado em um polvo é colocado sob teste no oceano. Marquese, Onal e Rus (2014), por exemplo, mostram que um robô mole pode conter em seu corpo todos os dispositivos necessários para seu funcionamento e pode realizar rápidos movimentos, como aqueles observados em peixes em seu ambiente natural (**Fig. 13.4C**).

Segundo Trivedi e colaboradores (2008), esqueletos hidrostáticos observados em animais são em geral cilíndricos, formados por tecidos com fibras musculares e com cavidades preenchidas por um fluido em seu interior. Se os músculos da parede do cilindro são contraídos para reduzir uma das dimensões, outra dimensão deve crescer, dado que o fluido é incompressível na maior parte das vezes. Distribuindo a musculatura, para que todas as dimensões possam ser ativamente controladas, um grande conjunto de movimentos e formas pode ser controlado. A transmissão de força, nesse caso, é produzida pelo fluido na cavidade fechada, em vez dos segmentos rígidos dos robôs tradicionais. Esse princípio simples é utilizado por um grupo diversificado de animais de corpos moles e é fonte de inspiração dos atuadores moles.

ESTRUTURA DOS ROBÔS MOLES

Diversos materiais podem ser utilizados na construção dos robôs moles. Em geral, são

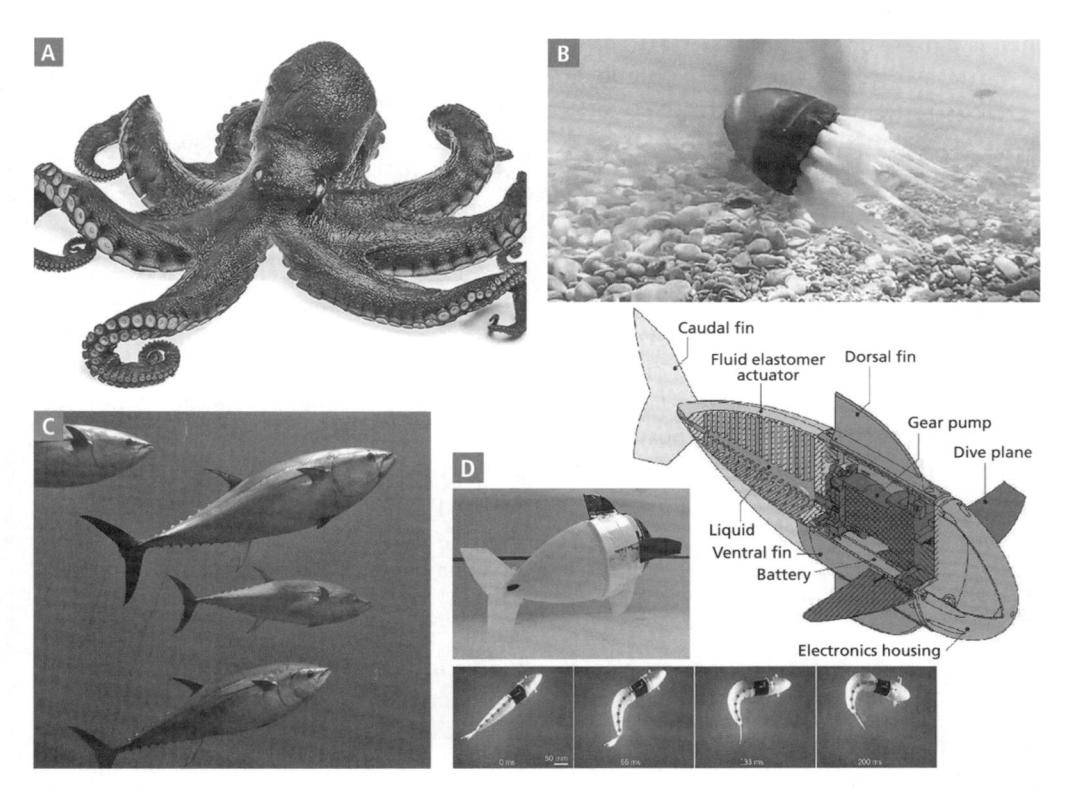

Figura 13.4 Robôs inspirados na natureza. O polvo (*Octopus vulgaris*) **(A)** inspirou a criação do *Soft robotic octopus* **(B)**. Os peixes **(C)** foram a inspiração para o **(D)** *Soft Robotic Fish*.
Fonte: (A e C) Shutterstock. (B e D) Kim, Laschi e Trimmer (2013).

utilizados elastômeros de silicone com diferentes graus de dureza. Outros materiais também são associados para criar estruturas mais complexas, mas que mantêm as características inerentes dos robôs moles (AMEND et al., 2012; LIPSON, 2014).

Alguns novos tipos de materiais associados a processos de fabricação podem levar a soluções de problemas presentes nos robôs moles. Marquese, Katzschmann e Rus (2015), por exemplo, apresentam detalhes sobre a fabricação de atuadores fluídicos utilizando elastômeros, discutindo três modos de construção. Bahramzadeh e Mohsen (2014) apresentam uma revisão de aplicações em que a associação de polímeros iônicos com nanocompostos de metal possibilita a construção de atuadores moles, sensores moles, transdutores moles, geradores de energia e músculos artificiais.

Entre as diversas partes que compõem os robôs moles, os Pneumatic Networks (PneuNets) têm sido utilizados frequentemente como referência para o estudo dos atuadores (DEIMEL; BROCK, 2016). Eles apresentam características como complacência mecânica, flexibilidade, preço baixo e facilidade de operação.

Na **Figura 13.5**, é apresentado um PneuNet típico, em que dois materiais com diferentes módulos de Young são montados lado a lado. Uma das partes do PneuNet possui uma cavidade em que a pressão de um fluido será controlada para provocar a alteração da forma do conjunto.

Os primeiros PneuNets desenvolvidos estão representados na **Figura 13.6**. Na **Figura 13.6A**, é apresentada uma garra, desenvolvida no grupo liderado pelo professor Whitesides, na Universidade de Harvard, e, na **Figura 13.6B**, é apresentado um robô quadrúpede (ILIEVSKI et al., 2011). Recentemente, uma nova versão desse último robô foi desenvolvida incorporando no corpo do robô todos os dispositivos necessários para sua locomoção, como atuadores, bombas de ar e sistema microcontrolado, responsável pelo controle da pressão em cada membro. Essa versão é apresentada na **Figura 13.6C**.

Outros atuadores utilizados são os atuadores reforçados por fibras (GALLOWAY et al., 2014; POLYGERINOS et al., 2015) e os músculos artificiais pneumáticos (KLUTE; CZERNIECKI; HANNAFORD, 2002), conhecidos também como atuadores McKibben. Em ambos os casos, a atuação é executada por meio do controle da pressão de um fluido aplicado ao elemento atuador.

Atuadores típicos das aplicações com robôs moles são aqueles em que cabos são responsáveis pela transmissão de força e movimento entre segmentos do robô. Asbeck e colaboradores (2014) apresentam um exoesqueleto vestível com base em cabos que pode vir a ser utilizado no auxílio a caminhadas, em corridas ou para facilitar o transporte de cargas pesadas. Um *toolkit* para a criação de robôs moles com base em cabos está disponível na página *web* intitulada Myorobotics (2016).

Novos tipos de sensores também estão sendo desenvolvidos para incorporar as características desejadas nos robôs moles (FRUTIGER et al., 2015). Chossat e colaboradores (2013) descrevem um tipo de sensor mole que utiliza uma solução iônica condutiva para a medição de parâmetros dos robôs moles.

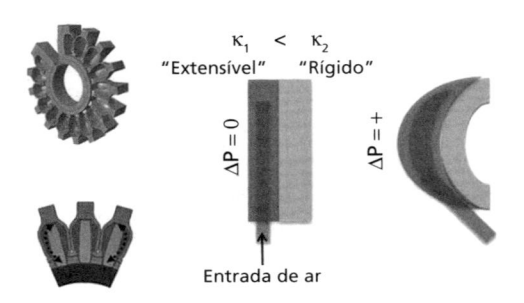

Figura 13.5 PneuNet.
Fonte: Soft Robotics Toolkit (2018b).

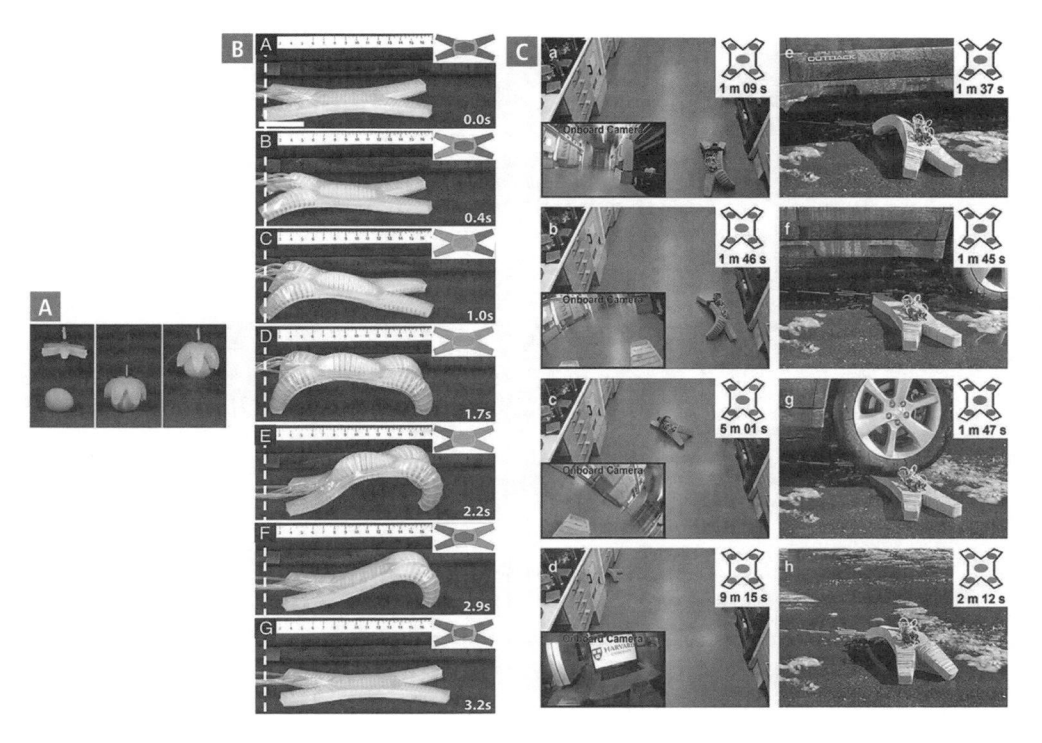

Figura 13.6 (A) Garra pneumática sendo utilizada para pegar um ovo cru. **(B)** Sequência de caminhada de um PneuNet quadrúpede. **(C)** Sequência de caminhada de um robô mole autônomo constituído por PneuNets.
Fonte: Verl e colaboradores (2015), Shepherd e colaboradores (2011) e Tolley e colaboradores (2014).

FERRAMENTAS PARA O ESTUDO DE ROBÓTICA MOLE

A Universidade Harvard e o Trinity College de Dublin desenvolveram conjuntamente um repositório de informações e um *kit* didático para o auxílio no projeto de robôs moles com base em atuadores pneumáticos. O material reunido na internet contém informações para que qualquer estudante, em qualquer lugar do mundo, possa iniciar seus estudos na área de robótica mole (HOLLAND et al., 2014). Esse material está disponível em uma página da internet (SOFT ROBOTICS TOOLKIT, [2016])* e oferece informações detalhadas sobre diversos tipos de atuadores (Pneunets,

atuadores reforçados por fibras, músculos artificiais pneumáticos, atuadores dielétricos e atuadores movidos a combustão), sensores (sensores com base em materiais condutores líquidos, sensores de tato e sensores extensíveis capacitivos), placa de controle baseada em *hardware* aberto (Arduino) com algoritmos implementados na linguagem MATLAB e em LabVIEW e a descrição de estudos de caso. A página do repositório de informações sobre o *kit* didático para o estudo de robôs moles está apresentada na **Figura 13.7**.

O primeiro *kit* didático desenvolvido consistia em um módulo composto por um regulador de pressão, um microcontrolador, uma válvula manual e sensores ligados a entradas analógicas da placa. Os sensores eram utilizados para a medição da pressão na saída. Outro ti-

---
*Disponível em http://softroboticstoolkit.com/.

About

Toolkit Devlopment

The Soft Robotics Toolkit grew out of research conducted at Harvard University and Trinity College Dublin which focused on developing better instructional kits for hands-on design courses. The Toolkit was initially developed in the Harvard Biodesign Lab through a user-centred design approach to understanding the needs of student designers in ES227 Medical Device Design, a project-based mechanical design course in which teams of undergraduate and graduate students work with clinicians to develop novel medical devices. A soft robotics focus was added to the course in order to connect student projects with the cutting-edge robotics research being conducted at Harvard, exposing the students to the latest research findings and giving them the chance to participate in advanced technology development.

Figura 13.7 Repositório de informações.
Fonte: Soft Robotics Toolkit (2018a).

po de sensor utilizado tratava-se de resistências ôhmicas flexíveis, denominadas FlexResistor, que podiam ser ligadas aos atuadores. As saídas de ar da placa poderiam ser ligadas a atuadores moles do tipo PneuNets.

Posteriormente, a placa foi alterada, para permitir o controle individual da pressão em mais saídas de ar. No novo sistema, quatro válvulas solenoides são chaveadas por um sinal modulado em largura de pulso (PWM, do inglês *pulse width modulation*) para o controle das pressões. Nesse caso, o regulador de pressão foi substituído por uma única bomba de ar. O novo sistema proposto está apresentado na **Figura 13.8** e pode ser estudado detalhadamente na página do Soft Robotics Toolkit ([2016]).

Basicamente, as pressões nas quatro saídas de ar são controladas pelo algoritmo implementado no microcontrolador Arduino. Por meio desse sistema simplificado, diversos projetos têm sido desenvolvidos na disciplina de projeto de equipamentos médicos oferecida na Universidade Harvard. Ao final deste capítulo, alguns deles serão apresentados. Nos últimos anos, estão sendo organizadas competições de projetos na área de robótica mole por meio da mesma página na internet. Estudantes de diversos países desenvolvem seus sistemas utilizando o material disponibilizado na internet. Os atuadores moles do tipo PneuNet são criados a partir de moldes impressos em impressoras 3D, os quais são utilizados para receber os elastômeros na forma líquida, antes da vulcanização, formando o atuador. Todo o processo de construção é apresentado em vídeos na internet.

A **Figura 13.9** apresenta a estrutura do sistema de controle em malha fechada implementada no *toolkit* de Harvard. Utilizando um *toolkit* do Matlab/Simulink para Arduino, foi implementado um controlador de posição

Figura 13.8 *Kit* de robôs moles.
Fonte: Holland e colaboradores (2014).

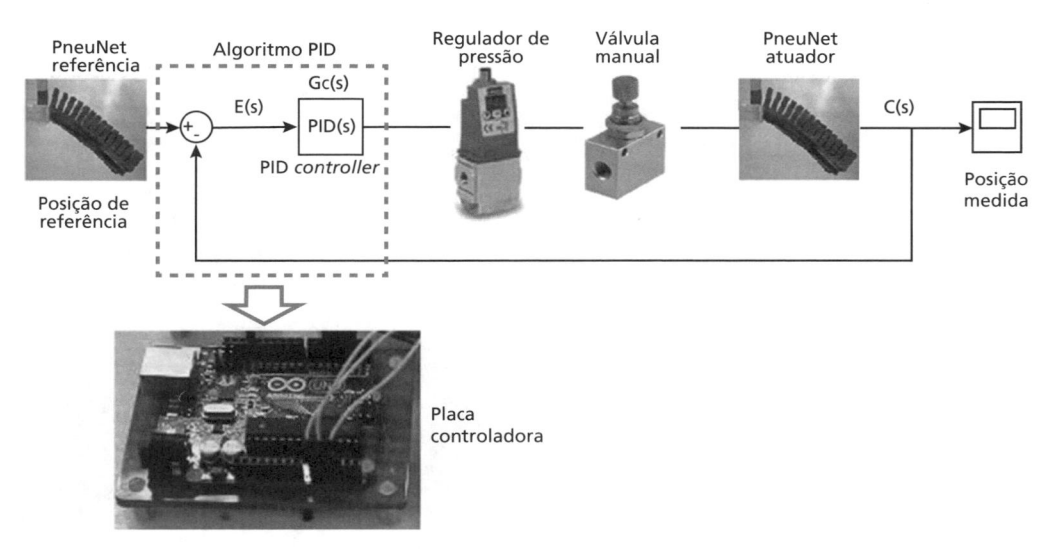

Figura 13.9 Sistema de controle de posição de um PneuNet.

para o atuador mole. O sistema da figura representa um sistema de controle de posição. No PneuNet de referência, há um resistor flexível que é utilizado como *set-point*. O algoritmo de controle proporcional integral derivativo (PID) gera uma tensão para o regulador de pressão, que muda a forma do PneuNet atuador. No interior do corpo do atuador, há um resistor flexível que é utilizado para medir a forma desse corpo, realimentando a informação para o sistema de controle.

O sistema em malha fechada representado na **Figura 13.9** pode ser utilizado para controlar a posição do PneuNet ou a força aplicada em um determinado ponto. Esse controle pode ser implementado a partir da adoção de um sensor diferente.

A segunda versão do *kit* de robôs moles desenvolvida na Universidade de Harvard e descrita na página do sistema possui válvulas solenoides para o controle da pressão, as quais necessitam operar em altas frequências para possibilitar o controle adequado da pressão, o que diminui sua vida útil. Além disso, o acionamento de duas ou mais válvulas na mesma linha de pressão provoca uma interferência por efeito de carga, dificultando o controle da pressão em cada saída. Essas características, além do próprio preço dessas válvulas no Brasil, levaram ao desenvolvimento de um novo sistema de controle de pressão por meio da substituição das válvulas chaveadas por válvulas proporcionais.

O desenvolvimento resultou em dois componentes: uma válvula proporcional semiflexível e uma completamente flexível. Foi feita uma revisão bibliográfica sobre válvulas proporcionais moles, mas esta é uma área de pesquisa a ser aprofundada (NAPP et al., 2014).

Desenvolvimentos no Instituto Federal de São Paulo

Diante das observações feitas no *kit* apresentado na página do Soft Robotics Toolkit, foi dado início ao projeto de um *kit* similar no Instituto Federal de Educação, Ciência e Tecnologia de São Paulo (IFSP). Basicamente, o sistema permite o controle em malha fechada da vazão e da pressão de fluidos. O projeto do *kit* envolveu o desenvolvimento de duas válvulas de controle: uma composta por materiais rígidos e por materiais flexíveis, denominada válvula semiflexível, e outra elaborada apenas com materiais flexíveis, denominada válvula mole, conforme apresentado na **Figura 13.10**. A substituição das válvulas liga-desliga do sistema original possibilitou um controle mais preciso da pressão nos atuadores.

Um novo sistema foi desenvolvido recentemente, incorporando um controlador de pressão com base no Toolkit do Arduino no LabVIEW (**Fig. 13.11**). Também foi incorporado um compressor de ar de baixo custo ao sistema. Detalhes sobre os sistemas desenvolvidos no IFSP podem ser obtidos na página do Laboratório de Controle Aplicado ([2016]).*

Garra robótica mole de estrutura fechada (*closed structure soft robotic gripper*)

Existem diversas estruturas robóticas que são utilizadas para agarrar objetos, mas recentemente o grupo de pesquisas do Laboratório de Controle Aplicado (LCA) do Instituto Federal de São Paulo propôs uma garra robótica de estrutura fechada (PEDRO et al., 2018). Nesse sistema inovador, inspirado num animal marinho, objetos podem ser agarrados de for-

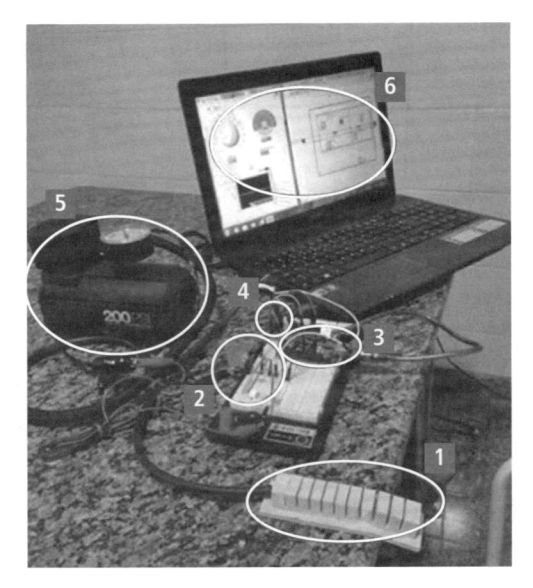

Figura 13.11 Controlador de pressão em um Pneunet. O sistema: **(1)** PneuNet; **(2)** circuito de potência; **(3)** Arduino Uno; **(4)** sensor de pressão; **(5)** compressor de ar; **(6)** programa do LabView.
Fonte: Laboratório de Controle Aplicado (LCA) do IFSP (2016).

ma complacente, sendo envolvidos pela garra, que possui uma estrutura fechada. A **Figura 13.12** apresenta uma imagem da lampreia do mar e uma vista inferior da garra robótica mole proposta.

O Sistema proposto foi apresentado durante a primeira conferência internacional sobre robótica mole organizada pelo Institute of Electrical and Electronics Engineers (IEEE). Na **Figura 13.13** são apresentadas imagens em que a garra robótica mole de estrutura fecha-

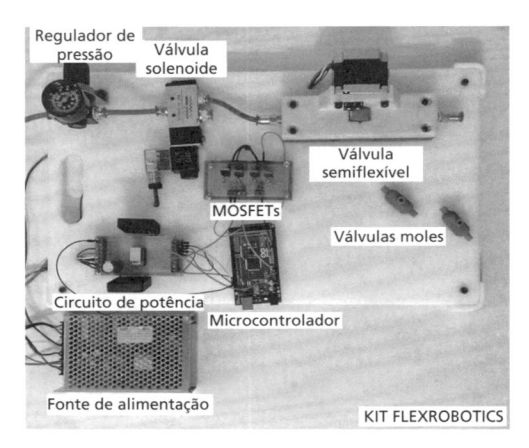

Figura 13.10 FlexRobotics Toolkit: válvula semiflexível e válvulas moles.
Fonte: Munhoz (2015).

*Disponível em <sites.google.com/site/lcaifsp/>.

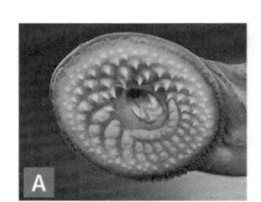

Figura 13.12 (A) Lampreia do mar. **(B)** Garra robótica mole de estrutura fechada.

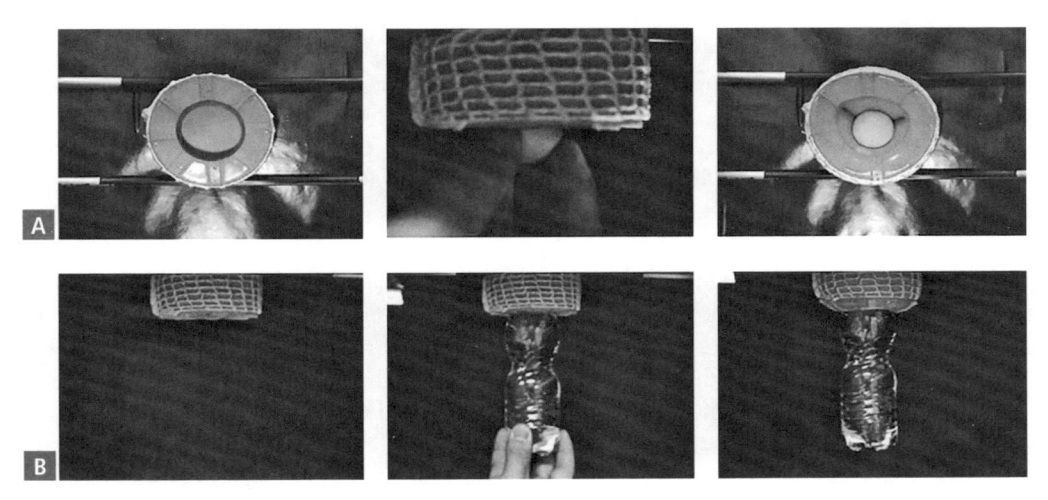

Figura 13.13 Característica adaptativa da garra. **(A)** Agarrando uma pequena bola. **(B)** Agarrando uma garrafa com água.

da é utilizada para agarrar uma esfera e uma garrafa com água.

Algômetro vestível flexível ou *soft wearable algometer*

No início de 2016, foi feito o depósito de uma patente referente a um dispositivo desenvolvido no Laboratório de Controle Aplicado (LCA) do IFSP. Algômetros são equipamentos em geral utilizados em hospitais e clínicas, por médicos, dentistas, fisioterapeutas e enfermeiros. Basicamente, trata-se de um sistema utilizado para medir a força aplicada em determinadas partes do corpo humano. Uma das maneiras de transformar a informação em números é a medida do limiar de dor (menor pressão aplicada em pontos específicos do corpo humano capaz de produzir dor) e do limiar de tolerância à dor (maior pressão tolerável aplicada em pontos específicos do corpo humano). A **Figura 13.14** apresenta um esquema simplificado do dispositivo vestível. Seu princípio de funcionamento se baseia na utilização de um ímã permanente associado a um sensor de fluxo magnético (sensor de efeito Hall). Aplicando uma força no sistema formado pelo ímã – elastômero – sensor de fluxo, pode-se medir a força aplicada.

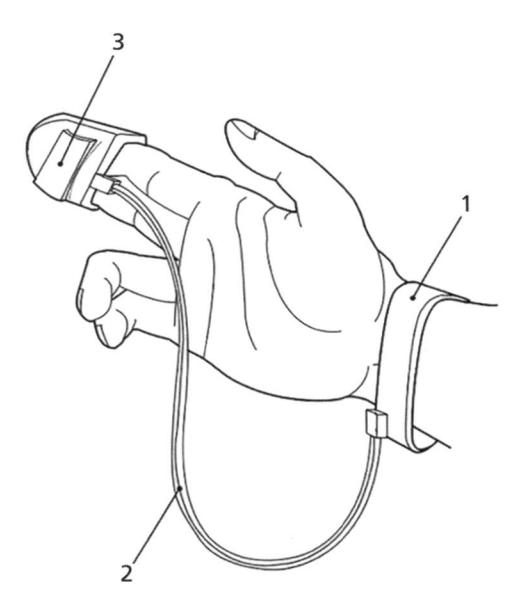

Figura 13.14 Esquema geral do invento, sendo **1** o bracelete com o circuito, **2** o cabo ligando o sensor ao bracelete e **3** o local onde se encontram o sensor e o ímã.

Fonte: Campo e colaboradores (2017).

A **Figura 13.15** representa uma foto do equipamento desenvolvido, em que os dispositivos eletrônicos são acondicionados em bolsos costurados no tecido da luva. O sistema vestível utiliza essencialmente materiais flexíveis, com exceção do pequeno ímã permanente, do sensor e da estrutura que sustenta as peças. Esse projeto também se enquadra no projeto de *Biodesign* do LCA, sendo que alunos de graduação são colocados diante de problemas reais apresentados por profissionais da área de saúde para que soluções inovadoras possam ser desenvolvidas em uma perspectiva de aprendizado com base em projetos.

Projeto Laboratórios para todos

O amplo acesso a laboratórios em cursos de ciência e tecnologia, sejam eles de nível médio, técnico ou superior, nem sempre é possível, dado o custo dos equipamentos envolvidos ou a necessidade de uma infraestrutura específica. Diante dessa dificuldade, o LCA iniciou o desenvolvimento de um projeto que se propõe a desenvolver uma plataforma de baixo custo para a montagem de laboratórios a serem operados remotamente, permitindo ao usuário o acesso ao equipamento para a realização de ensaios, medições, coleta de dados e observações de eventos. Basicamente, pretende-se disponibilizar experimentos que estão sendo desenvolvidos no IFSP e que possibilitarão o acesso a qualquer pessoa interessada. Um dos experimentos propostos por esse laboratório tem como objetivo permitir que o usuário possa controlar a posição de um atuador mole (PneuNet). A **Figura 13.16** apresenta o sistema que está em desenvolvimento. A partir de uma câmera ligada a um *hardware* específico, pretende-se executar um algoritmo de controle em malha fechada para posicionar o atuador de acordo com um valor definido pelo usuário do sistema. Além de ter contato com a tecnologia de robótica mole, o usuário do sistema poderá testar diferentes ajustes de controladores para estudar o desempenho destes. O projeto foi contemplado pelo programa de Micro-Grants da Fundação SciBr, em parceria com a Fundação Lemann.

APLICAÇÕES

Diversas aplicações estão sendo desenvolvidas utilizando conceitos estudados na robótica mole. A tecnologia assistiva, os sistemas

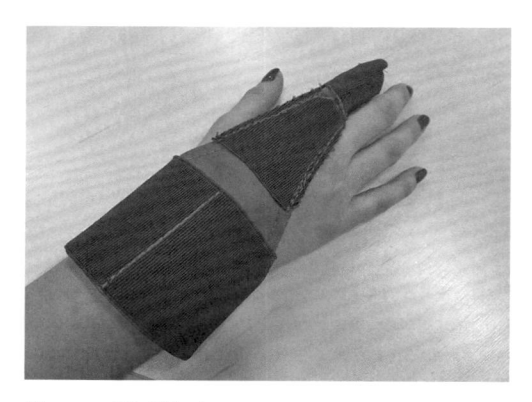

Figura 13.15 Algômetro vestível flexível.

Figura 13.16 Caixa em que serão colocados o PneuNet e a câmera. Dessa forma o experimento de controle da posição do atuador poderá ser executado a distância.

de apoio em ambientes em que há convívio entre máquina e ser humano e aplicações médicas (CIANCHETTI et al., 2014) têm sido o maior foco da nova tecnologia neste momento. Wood e Walsh (2013) identificam a necessidade de desenvolvimento de robôs com novas características para que se tornem vestíveis ou para que possam ser utilizados como instrumentos em procedimentos médicos, por exemplo. Nos itens a seguir, são mostradas algumas aplicações comerciais e novos desenvolvimentos.

Algumas empresas já vêm incorporando as ideias surgidas neste novo campo de pesquisa a produtos comercialmente disponíveis. Uma empresa denominada Otherlab propôs a construção de braços robóticos pneumáticos para o trabalho em ambientes compartilhados com seres humanos, como apresentado na **Figura 13.17A**. Devido ao custo reduzido, a mesma empresa propõe o uso de dispositivos ortóticos para o auxílio na movimentação de pessoas deficientes. Esse mesmo conceito também pode auxiliar trabalhadores que lidam com transporte de objetos, conforme apresentado na **Figura 13.17B**. A empresa Soft Robotics Inc. desenvolveu uma garra pneumática baseada no conceito dos atuadores PneuNets, a qual vem sendo utilizada para aplicações em que objetos frágeis devem ser manuseados, conforme apresentado nas **Figuras 13.17C e 13.17D**).

O Laboratório de Biodesign da Universidade Harvard (Harvard Biodesign Lab) desenvolveu dois dispositivos que estão em processo para se tornarem comercialmente disponíveis. O primeiro deles vem sendo desenvolvido há vários anos, e consiste em um exoesqueleto que permite uma melhora do desempenho de pessoas durante caminhadas ou corridas (ASBECK et al., 2014), o qual foi financiado pelo Departamento de Defesa americano e possui duas versões. Uma delas deverá ser empregada por soldados em campos de batalha, e a segunda consiste em um exoesqueleto, voltado para o auxílio a pessoas que possuem deficiências (**Fig. 13.17E**).

Um dispositivo que está sendo desenvolvido com o uso da tecnologia trata-se de uma órtese que pode ser acoplada às mãos de pessoas deficientes para possibilitar o movimento que permite pegar e soltar objetos. O acionamento é pneumático e ainda está em desenvolvimento. Atualmente estuda-se

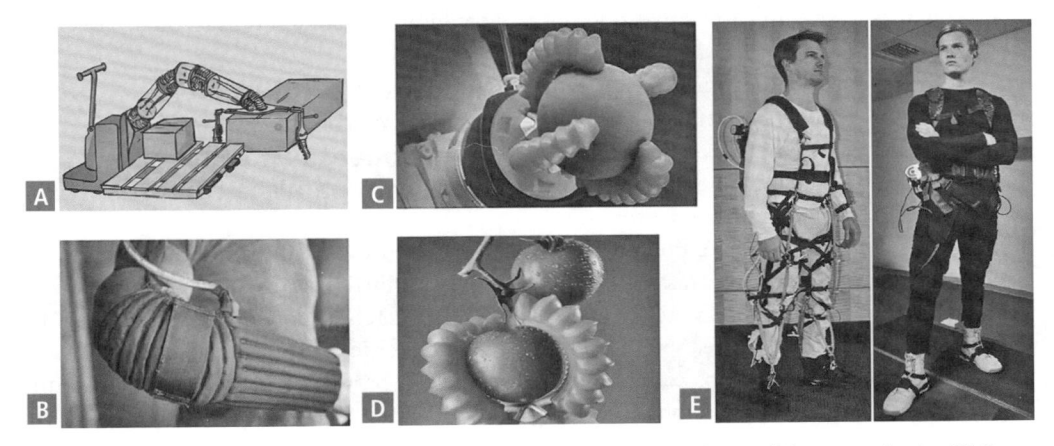

Figura 13.17 (A) Dispositivo robótico mole para a manipulação de objetos. **(B)** *Pneumobotics*. **(C)** Garra com PneuNets. **(D)** Colheita de frutas com PneuNets. **(E)** Exoesqueleto com atuadores McKibben (esquerda) e com cabos (direita).
Fonte: Otherlab Inc., Soft Robotics Inc. e Harvard Biodesign Lab.

a possibilidade de medir sinais do eletromiograma no braço do usuário para comandar o dispositivo.

A seguir, são descritos três projetos que envolvem a tecnologia de robótica mole e que foram desenvolvidos na disciplina Projeto de equipamentos médicos (ES227), oferecida durante o ano de 2014 pelo professor Conor Walsh na Universidade de Harvard. A disciplina, teórico-prática, se caracteriza pela apresentação dos temas principais relacionados com a área de robôs moles em que são desenvolvidos equipamentos médicos por alunos de graduação e pós-graduação da universidade. Hanumara e colaboradores (2013) apresentam a metodologia utilizada na disciplina, sendo discutidas as experiências inicialmente realizadas no Massachusetts Institute of Technology (MIT), para possibilitar um trabalho conjunto entre médicos e engenheiros, procurando desenvolver dispositivos inovadores com aplicações na área médica.

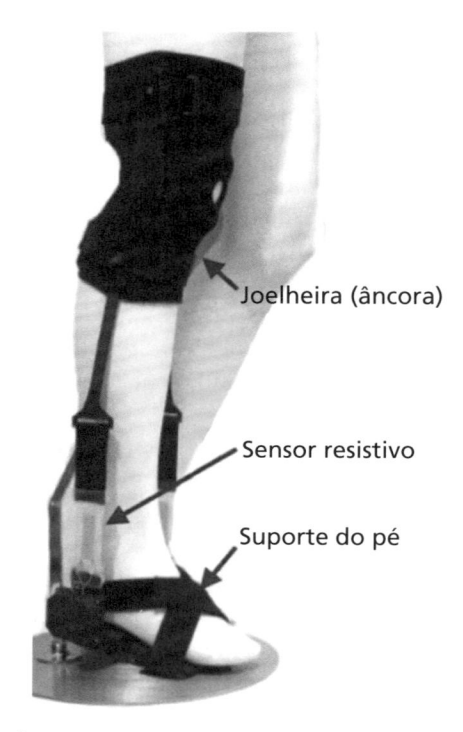

Figura 13.18 Dispositivo mole vestível para o diagnóstico quantitativo de lesões no tornozelo.
Fonte: Bae e colaboradores (2015).

Dispositivo mole vestível para diagnóstico quantitativo de lesões no tornozelo

Uma equipe de três alunos esteve envolvida no desenvolvimento de um dispositivo que pudesse ser aplicado no diagnóstico quantitativo de lesões no tornozelo, conforme apresentado na **Figura 13.18**. O sistema incorporou sensores moles resistivos e foi desenhado para permitir a análise dos movimentos da planta do pé em relação ao joelho. Três sensores moles resistivos foram presos a três pontos localizados em uma joelheira e a outros três pontos localizados em uma base rígida presa à planta do pé. A ideia foi inovadora e, após a execução de todos os procedimentos para o desenvolvimento de projetos da disciplina ES227, resultou em um trabalho que foi encaminhado ao Journal of Medical Devices (BAE et al., 2015). Os protocolos de uso do dispositivo ainda precisam ser desenvolvidos, dado que se trata de um equipamento sem equivalente no mercado. O projeto teve apoio de médicos do Spaulding Rehabilitation Hospital.

Dispositivo ortótico mole vestível para estimulação do movimento de chute em bebês com paralisia cerebral

Segundo informações obtidas na pesquisa prévia ao início da disciplina, crianças com paralisia cerebral podem ter um melhor desenvolvimento caso recebam estímulos visuais e táteis – particularmente estimulação que movimente suas pernas – enquanto estiverem com idade entre 3 e 9 meses. O projeto desenvolvido pelos estudantes resultou em dois trabalhos (SUBRAMANYAM et al., 2015; ROGERS et al., 2015). Um deles consistia no estimulador ortótico propriamente dito. Esses estímulos podem auxiliar no desenvolvimento de um movimento coordenado das pernas em caso de possibilidade de desenvolvimento de caminhada. O segundo trabalho consistiu no desenvolvimento de um sistema com base em *biofeedback*. Além do conjunto de atuadores moles do tipo PneuNets para serem instalados em vestimentas de crianças, foi criado um móbile eletrônico que se movimenta de acordo com os sinais coletados na vestimenta que envolve as pernas do bebê. Os sensores detectam o movimento voluntário das pernas e acionam o sistema que ativa o motor do móbile. De modo simultâneo, os atuadores acondicionados na vestimenta do bebê são acionados, estimulando o movimento de chute. A **Figura 13.19** ilustra os atuadores construídos com PneuNets associados a uma vestimenta especialmente desenhada para o acoplamento às pernas do bebê. A figura apresenta, ainda, o móbile e a associação do movimento dos atuadores ao movimento do enfeite posicionado em frente ao bebê.

Órtese robótica mole para reabilitação do movimento do punho

Pessoas que sofrem acidentes vasculares cerebrais podem experimentar paralisia de parte do corpo. Nesses casos, a fisioterapia pode ser utilizada para recuperar movimentos, desde que seja aplicada de pronto e com frequência. A dificuldade de ter fisioterapeutas à disposição pode dificultar a aplicação dos exercícios necessários. O projeto desenvolvido ao longo das aulas resultou em um dispositivo vestível mole que permite a estimulação dos movimentos, em particular nos punhos de um paciente. Atuadores do tipo McKibben foram ancorados em quatro pontos de uma lu-

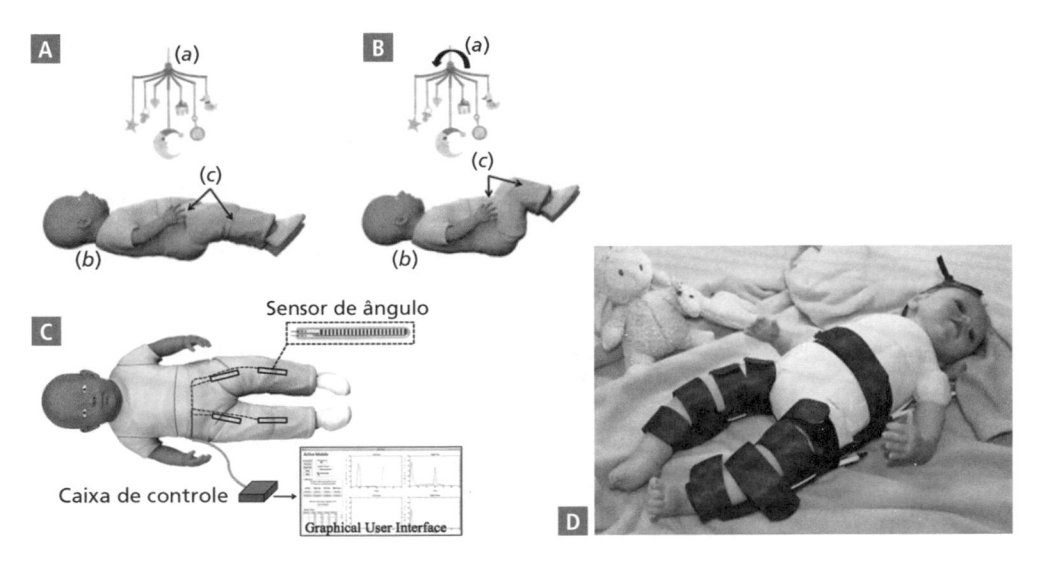

Figura 13.19 Sistema para a estimulação de movimentação das pernas de bebês com paralisia cerebral. **(A)** Bebê imóvel, móbile parado. **(B)** Bebê se movimentando (chutando), móbile girando [*(a)* móbile; *(b)* vestimenta com sensores; *(c)* sensores de ângulo de articulação]. **(C)** Esquema do dispositivo final incluindo a vestimenta com sensores, sensores de ângulo de articulação, caixa de controle e interface gráfica do usuário. **(D)** Dispositivo final fixado ao manequim infantil.
Fonte: Subramanyam e colaboradores (2015) e Rogers e colaboradores (2015).

va especialmente projetada. As extremidades opostas dos quatro atuadores foram ancoradas em um tecido preso ao cotovelo do paciente. O sistema como um todo permite a execução de estímulos aos movimentos de supinação, pronação, flexão e extensão do punho, conforme descrito em Bartlett e colaboradores (2015). A **Figura 13.20** apresenta os atuadores McKibben posicionados de forma cruzada, a luva desenhada, a manga do cotovelo projetada para a ancoragem dos atuadores e os tubos que são ligados aos atuadores para a execução dos movimentos programados.

CONSIDERAÇÕES FINAIS

Neste capítulo, foram apresentados os conceitos principais de uma nova área da robótica, denominada robótica mole. Apesar de ser uma área nova, dispõe de uma vasta bibliografia, e alguns dos principais trabalhos estão nas referências deste capítulo. Diversos repositórios de informação apresentam os conceitos envolvidos na área, com destaque para o Soft Robotics Toolkit e para alguns projetos desenvolvidos na área. As informações sobre os sistemas criados no IFSP estão na página do Laboratório de Controle Aplicado e apresentam desenvolvimentos do *kit* para a realidade brasileira.

O projeto Laboratório para Todos é um dos projetos desenvolvidos no LCA, o qual pretende disponibilizar laboratórios de acesso remoto para usuários que tenham acesso à internet. Dessa forma, mesmo que não tenham uma impressora 3D disponível, os estudantes poderão executar remotamente experimentos na área de robótica mole. Seguindo os conceitos do *toolkit* de Harvard, pretende-se disponibilizar a documentação para a criação desses laboratórios de modo que, de maneira rápida, seja criada uma rede de experiências por outras instituições. Utilizando plataformas de *hardware* de baixo custo, pretende-se possibilitar a flexibilidade necessária para que diversos experimentos sejam desenvolvidos.

A robótica mole é uma tecnologia em expansão, e sua associação com tecnologias da internet das coisas (IoT, do inglês *internet of things*), sistemas embarcados e uso de novos materiais poderá resultar em aplicações inovadoras em diversas áreas, como aquelas relatadas neste capítulo na área de *biodesign*.

Considerando a experiência obtida com a orientação de estudantes de nível médio/técnico durante a participação em olimpíadas de robótica, pode-se considerar que algumas ideias aqui propostas podem ser exploradas no desenvolvimento de robôs de "busca e resgate" que contenham partes moles, por exemplo. Uma pequena bomba e um atuador flexível com válvula solenoide podem substituir uma garra de grande complexidade. O uso de uma impressora 3D, para a criação de moldes, associada aos elastômetros, pode permitir a criação de atuadores e sensores de diferentes formatos e dimensões. Essa quebra de paradigma permitirá aos alunos entender que a robótica pode estar associada a conceitos muito diferentes daqueles que normalmente se imagina.

Figura 13.20 Órtese robótica mole para terapia no punho.
Fonte: Bartlett e colaboradores (2015).

REFERÊNCIAS

AMEND, J. R. et al. A positive pressure universal gripper based on the jamming of granular material. *IEEE Transactions on Robotics*, v. 28, n. 2, p. 341-350, 2012.

ASBECK, A. T. et al. Stronger, smarter, softer: next-generation wearable robots. *IEEE Robotics & Automation Magazine*, v. 21, n. 4, p. 22-33, 2014.

BAE, J. et al. A soft, wearable, quantitative ankle diagnostic device. *Journal of Medical Devices*, v. 9, n. 3, p. 030905, 2015.

BAHRAMZADEH, Y.; MOHSEN, S. A review of ionic polymeric soft actuators and sensors. *Soft Robotics*, v. 1, n. 1, p. 38-52, 2014.

BARTLETT, N. W. et al. A soft robotic orthosis for wrist rehabilitation. *Journal of Medical Devices*, v. 9, n. 3, p. 030918, 2015.

CAMPO, A. B. et al. Algômetro vestível flexível. BR10201600 18889, 28 jan. 2016, 1 ago. 2017.

CHOSSAT, J. B. et al. A soft strain sensor based on ionic and metal liquids. *IEEE Sensors Journal*, v. 13, n. 9, p. 3405-3414, 2013.

CIANCHETTI, M. et al. Soft robotics technologies to address shortcomings in today's minimally invasive surgery: the STIFF-FLOP approach. *Soft Robotics*, v. 1, n. 2, p. 122-131, 2014.

DEIMEL, R.; BROCK, O. A novel type of compliant and underactuated robotic hand for dexterous grasping. *The International Journal of Robotics Research*, v. 35, n. 1-3, p. 161-185, 2016.

FRUTIGER, A. et al. Capacitive soft strain sensors via multicore-shell fiber printing. *Advanced Materials*, v. 27, n. 15, p. 2440-2446, 2015.

GALLOWAY, K. C. et al. Mechanically programmable bend radius for fiber-reinforced soft actuators. In: INTERNATIONAL CONFERENCE ON ADVANCED ROBOTICS, 16., 2013, Montevideo. *Anais...* [S. l.]: IEEE Xplore, 2014.

HANUMARA, N. C. et al. Classroom to clinic: merging education and research to efficiently prototype medical devices. *IEEE Journal of Translational Engineering in Health and Medicine*, v. 1, p. 4700107, 2013.

HOLLAND, D. et al. The soft robotics toolkit: shared resources for research and design. *Soft Robotics*, v. 1, n. 3, p. 224-230, 2014.

ILIEVSKI, F et al. Soft robotics for chemists. *Angewandte Chemie*, v. 50, n. 8, p. 1890-1895, 2011.

KIM, S.; LASCHI C.; TRIMMER, B. Soft robotics: a bioinspired evolution in robotics. *Trends in Biotechnology*, v. 31, n. 5, p. 287-294, 2013.

KLUTE, G. K.; CZERNIECKI, J. M.; HANNAFORD, B. McKibben artificial muscles: pneumatic actuators with biomechanical intelligence. In: IEEE/ASME INTERNATIONAL CONFERENCE ON ADVANCED INTELLIGENT MECHATRONICS (Cat. No.99TH8399), 1999. *Anais...* [S. l.]: IEEE Xplore, 2002.

KOVAČ, M. The bioinspiration design paradigm: a perspective for soft robotics. *Soft Robotics*, v. 1, n. 1, p. 28-37, 2014.

LABORATÓRIO DE CONTROLE APLICADO. *LCA:* quem somos. [S. l.]: IFSP, [2016]. Disponível em: <sites.google.com/site/lcaifsp/>. Acesso em: 17 jul. 2016.

LIN, H. T.; LEISK, G. G.; TRIMMER, B. GoQBot: a caterpillar-inspired soft-bodied rolling robot. *Bioinspiration & Biomimetics*, v. 6, n. 2, p. 026007, 2011.

LIPSON, H. Challenges and opportunities for design, simulation, and fabrication of soft robots. *Soft Robotics*, v. 1, n. 1, p. 21-27, 2014.

MAJIDI, C. Soft robotics: a perspective-current trends and prospects for the future. *Soft Robotics*, v. 1, n. 1, p. 5-11, 2014.

MARCHESE, A. D.; ONAL, C. D.; RUS, D. Autonomous soft robotic fish capable of escape maneuvers using fluidic elastomer actuators. *Soft Robotics*, v. 1, n. 1, p. 75-87, 2014.

MUNHOZ, N. I. *Desenvolvimento de válvulas proporcionais com materiais flexíveis.* 2015. Trabalho de Conclusão de Curso-Instituto Federal de São Paulo, São Paulo, 2015.

NAPP, N. et al. Simple passive valves for addressable pneumatic actuation. In: IEEE INTERNATIONAL CONFERENCE ON ROBOTICS AND AUTOMATION, 2014, Hong Kong. *Anais...* 2014. [S. l.]: IEEE Xplore, 2014.Disponível em: <https://ieeexplore.ieee.org/document/6907041/>. Acesso em: 18 set. 2018.

PEDRO, P. et al. Closed structure soft robotic gripper. In: 2018 IEEE INTERNATIONAL CONFERENCE ON SOFT ROBOTICS. *Anais...* 2018. [S. l.]: IEEE Xplore, 2018. Disponível em: <https://ieeexplore.ieee.org/document/8404898>. Acesso em: 22 out. 2018.

PFEIFER, R.; LUNGARELLA, M.; FUMIYA, I. The challenges ahead for bio-inspired "soft" robotics. *Communications of the ACM*, v. 55, n. 11, p. 76-87, 2012.

POLYGERINOS, P. et al. Modeling of soft fiber-reinforced bending actuators. *IEEE Transactions on Robotics*, v. 31, n. 3, p. 778-789, 2015.

ROGERS, E. et al. Smart and connected actuated mobile and sensing suit to encourage motion in developmentally delayed infants. *Journal of Medical Devices*, v. 9, n. 3, p. 030914, 2015.

RUS, D.; TOLLEY, M. T. Design, fabrication and control of soft robots. *Nature*, v. 521, n. 7553, p. 467-475, 2015.

SANAN, S.; LYNN, P. S.; GRIFFITH, S. T. Pneumatic torsional actuators for inflatable robots. *Journal of Mechanisms and Robotics*, v. 6, n. 3, p. 031003, 2014.

SHEPHERD, R. F. et al. Multigait soft robot. *Proceedings of the National Academy of Sciences of the United States of America*, v. 108, n. 51, p. 20400–20403, 2011.

SOFT ROBOTICS TOOLKIT. *Home.* [S. l.]: Soft Robotics Tollkit, [2016]. Disponível em: <http://softroboticstoolkit.com/>. Acesso em: 22 jul. 2016.

SOFT ROBOTICS TOOLKIT. *About.* [S. l.]: Soft Robotics Tollkit, [2018a]. Disponível em: <http://softroboticstoolkit.com/>. Acesso em: 22 out. 2018.

SOFT ROBOTICS TOOLKIT. *PneuNets bending actuators.* [S. l.]: Soft Robotics Tollkit, [2018b]. Disponível em: <https://softroboticstoolkit.com/book/pneunets-bending-actuator>. Acesso em: 17 set. 2018.

SUBRAMANYAM, K. et al. Soft wearable orthotic device for assisting kicking motion in developmentally delayed infants. *Journal of Medical Devices*, v. 9, n. 3, p. 030913, 2015.

TOLLEY, M. T. et al. A resilient, untethered soft robot. *Soft Robotics*, v. 1, n. 3, p. 213-223, 2014.

TRIVEDI, D. et al. Soft robotics: biological inspiration, state of the art, and future research. *Applied Bionics and Biomechanics*, v. 5, n. 3, p. 99-117, 2008.

VERL, A. et al. *Soft robotics:* transferring theory to application. Berlin: Springer, 2015.

WOOD, R.; WALSH, C. Smaller, softer, safer, smarter robots. *Science Translational Medicine*, v. 5, n. 210, p. 210ed19, 2013.

LEITURAS RECOMENDADAS

BAUER, S. et al. 25th anniversary article: a soft future: from robots and sensor skin to energy harvesters. *Advanced Materials*, v. 26, n. 1, p. 149-161, 2014.

CHO, K. Soft robotics for natural and adaptive motion generation. In: IEEE INTERNATIONAL SYMPOSIUM ON APPLIED MACHINE INTELLIGENCE AND INFORMATICS (SAMI), 13., 2015, Herl'any. *Proceedings...* [S. l.]: IEEE Xplore, 2015.

DU, R. et al. *Robot fish:* bio-inspired fishlike underwater robots. Heildelberg: Springer, 2015.

HOLLAND, D.; WALSH, C. J.; BENNETT, G. J. *Troublesome knowledge in engineering design courses.* Cambridge: Harvard

Biodesign Lab, 2012. Disponível em: <https://biodesign.seas.harvard.edu/files/biodesignlab/files/2012_-_holland_-_troublesome_knowledge_in_engineering_design_courses.pdf>. Acesso em: 18 set. 2018.

IIDA, F.; LASCHI, C. Soft robotics: challenges and perspectives. *Procedia Computer Science*, v. 7, p. 99-102, 2011.

JAMONE, L. et al. Highly sensitive soft tactile sensors for an anthropomorphic robotic hand. *IEEE Sensors Journal*, v. 15, n. 8, p. 4226–4233, 2015.

JUNG, J. et al. A modeling approach for continuum robotic manipulators: effects of nonlinear internal device friction. In: IEEE/RSJ INTERNATIONAL CONFERENCE ON INTELLIGENT ROBOTS AND SYSTEMS, 2011, San Francisco. *Proceedings...* [S. l.]: IEEE Xplore, 2011.

LARGILLIERE, F. et al. Real-time control of soft-robots using asynchronous finite element modeling. In: IEEE INTERNATIONAL CONFERENCE ON ROBOTICS AND AUTOMATION (ICRA), 2015, Seatlle. *Proceedings...* [S. l.]: IEEE Xplore, 2015.

MARCHESE, A. D.; KATZSCHMANN, R. K.; RUS, D. A recipe for soft fluidic elastomer robots. *Soft Robotics*, v. 2, n. 1, p. 7-25, 2015.

MA, R. R.; DOLLAR, A. M. On dexterity and dexterous manipulation. In: INTERNATIONAL CONFERENCE ON ADVANCED ROBOTICS (ICAR), 15., 2011, Tallinn. *Proceedings...* [S. l.]: IEEE Xplore, 2011.

MYOROBOTICS: a framework for musculoskeletal robot development. Home. Garching bei München: Myorobotics, [s.d.]. Disponível em: <http://myorobotics.eu/>. Acesso em: 17 jul. 2016.

PAUL, C. Morphological computation: a basis for the analysis of morphology and control requirements. *Robotics and Atonomous Systems*, v. 54, n. 8, p. 619-630, 2006.

ROBINSON, G.; DAVIES, J. B. C. Continuum robots - a state of the art. In: IEEE INTERNATIONAL CONFERENCE ON ROBOTICS AND AUTOMATION, 1999, Detroit. *Proceedings...* [S. l.]: IEEE Xplore, 2002.

SANAN, S.; MOIDEL, J. B.; ATKESON, C. G. Robots with inflatable links. In: IEEE/RSJ International Conference on Intelligent Robots and Systems, 2009, Saint Louis. *Proceedings...* [S. l.]: IEEE Xplore, 2009.

TRIMMER, B. Soft robot control systems: a new grand challenge? *Soft Robotics*, v. 1, n. 4, p. 231-232, 2014.

TRIMMER, B. Soft robots. *Current Biology*, v. 23, n. 15, p. R639-R641, 2013.

TRIMMER, B. et al. At the crossroads: interdisciplinary paths to soft robots. *Soft Robotics*, v. 1, n. 1, p. 63-69, 2014.

TRIMMER, B.; LEWIS, J. A.; SHEPHERD, R. F.; LIPSON, H. 3D printing soft materials: what is possible? *Soft Robotics*, v. 2, n. 1, p. 3-6, 2015.

WANG, L.; IIDA, F. Deformation in soft-matter robotics: a categorization and quantitative characterization. *IEEE Robotics & Automation Magazine*, v. 22, n. 3, p. 125-139, 2015.

ZHANG, Y.; KIM, W. S. Highly sensitive flexible printed accelerometer system for monitoring vital signs. *Soft Robotics*, v. 1, n. 2, p. 132-135, 2014.

UM MODELO DE OFICINAS DE IoT PARA ESTUDANTES DO ENSINO MÉDIO

Cassia Fernandez | Leandro Coletto Biazon | Alexandre Martinazzo
Irene Karaguilla Ficheman | Roseli de Deus Lopes

Atividades relacionadas com programação, computação física, robótica e, mais recentemente, com a internet das coisas (IoT, do inglês *internet of things*) vêm sendo oferecidas a estudantes da educação básica devido ao desenvolvimento e disseminação de novas ferramentas adequadas para uso por crianças e jovens. O trabalho com esses temas possibilita o engajamento em atividades de aprendizagem interativa, dinâmica e multidisciplinar, que podem contribuir para o aumento da motivação e para a assimilação de conceitos científicos, tecnológicos, matemáticos, artísticos e de engenharia na resolução de problemas da vida real.

A conexão de sensores e atuadores a redes e a dispositivos móveis tem estado cada vez mais presente no cotidiano, trazendo à tona discussões a respeito da IoT. Ferramentas vêm sendo desenvolvidas pela indústria para tal integração, despertando novas possibilidades para a criação de objetos inteligentes.

Buscando aproximar estudantes da educação básica do conceito de IoT e de ferramentas de programação, de computação física e do desenvolvimento de aplicativos, foi desenvolvido e oferecido a 32 estudantes do ensino médio um modelo de oficina de IoT com duração de 16 horas. As atividades foram estruturadas de forma a engajar os estudantes em processos criativos de construção e aprendizado a partir de estratégias de aprendizagem baseada em projetos, as quais tiveram como objetivos gerar mudanças de olhar a respeito das tecnologias presentes na sociedade atual, compreendendo princípios básicos de funcionamento, bem como despertar sentimentos positivos quanto a seus potenciais criativos.

O modelo de aprendizagem com base em projetos busca organizar o conhecimento a partir do desenvolvimento de projetos autorais por parte dos estudantes. De acordo com Thomas (2000), projetos são entendidos como tarefas nas quais os estudantes trabalham de forma relativamente autônoma em atividades investigativas que envolvem a resolução de problemas e a tomada de decisões. Segundo Blumenfeld (1999), essa abordagem engaja estudantes em investigações de problemas reais, apresentando impactos positivos na motivação. Dessa forma, a ideia do aprender fazendo, a partir da colaboração e de interesses pessoais, pode auxiliar no desenvolvimento das competências do século XXI, como comunicação e resolução de problemas, privilegiando a autoria dos estudantes no processo de aprendizado (BELL, 2010).

O presente capítulo apresenta um modelo de oficina, detalhando os materiais e estratégias utilizados, e a avaliação da percepção dos estudantes a respeito das atividades desenvolvidas e da abordagem adotada. A partir do compartilhamento da experiência, pretende-se contribuir para a elaboração de atividades voltadas a um primeiro contato de estudantes com conteúdos de programação e computação física que incentivem o pensamento inventivo e investigativo.

Nas próximas subseções, são apresentados os referenciais teóricos que embasaram a proposta. Em seguida, são detalhados os materiais utilizados e as estratégias didáticas adotadas. São apresentados alguns resultados relativos às percepções dos estudantes sobre a oficina, bem como a avaliação da continuidade do trabalho nas escolas. Por fim, são discutidos os principais resultados observados e sugeridas estratégias que podem auxiliar outros educadores e pesquisadores na implantação desse tipo de oficina.

APRENDIZAGEM POR PROJETOS

A proposta deste capítulo é apresentar um modelo de oficinas de IoT estruturado a partir de estratégias de aprendizagem baseada em projetos.

Métodos de ensino-aprendizagem indutivos, em vez de partirem de teorias para chegar a aplicações práticas, começam com observações experimentais ou de problemas do mundo real a serem resolvidos. Ao analisar o cenário e buscar soluções para tais questões, os estudantes percebem a necessidade de adquirir um determinado conjunto de conhecimentos, o que torna o aprendizado mais significativo (PRINCE; FELDER, 2006). Assim, as estratégias de aprendizagem baseadas em projetos começam com uma sugestão de tarefa a ser realizada ou um tema proposto, que leva à produção de um produto final, construído com base nos interesses do grupo de alunos. Durante o processo, é importante que os estudantes se engajem na solução de problemas reais e que estes sejam significativos para eles, investigando questões e propondo soluções a partir da discussão e do teste de ideias (KRAJCIK; BLUMENFELD, 2006). De acordo com Araújo (2004, p. 85), a organização curricular baseada nessa estratégia pedagógica "se traduzirá em projetos que tenham um 'ponto de partida', mas cujo ponto de chegada é incerto, indeterminado, pois está aberto aos fatos aleatórios que perpassam o processo de desenvolvimento".

Tais métodos baseiam-se na teoria construtivista, segundo a qual os indivíduos constroem seus aprendizados a partir do estabelecimento de relações com conhecimentos que já possuem, com ênfase nos papéis ativos dos estudantes na construção de seus aprendizados, superando a ideia do professor apenas como detentor do conhecimento, com a função de transmiti-lo aos demais. Assim, nessa perspectiva, o aprendizado deve ser construído por meio de estratégias que coloquem os estudantes no papel de autores do conhecimento, e não de reprodutores daquilo que foi previamente definido como importante de ser aprendido, oferecendo condições para que encontrem respostas para suas próprias perguntas.

Segundo um levantamento realizado por Prince e Felder (2006), alguns pontos importantes devem ser levados em consideração no desenho de ambientes de aprendizagem a partir dessa perspectiva:

- O início das atividades deve se dar por meio de experiências que sejam familiares aos estudantes, para que estes possam conectá-las a suas estruturas de conhecimento, apresentando novos materiais no contexto do mundo real.
- A evolução das atividades é gradual, de forma que os estudantes possam acomodar novos conhecimentos a seus modelos cognitivos.
- O trabalho ocorre em pequenos grupos, para que os estudantes possam aprender de forma colaborativa e cooperativa.

- O processo deve privilegiar a autonomia dos estudantes na busca de soluções, incentivando-os a não depender do instrutor como fonte primária de informação.

Entre os critérios essenciais a práticas baseadas em projetos elencados por Thomas (2000), destaca-se a importância da proposição de projetos que se baseiem em questões que levam os estudantes a compreender os conceitos e princípios centrais de um tema, ao envolvimento dos estudantes em processos de transformação e construção de conhecimento, direcionado pelos próprios estudantes, e ao foco no desenvolvimento de projetos que busquem resolver desafios com potencial para a implantação das soluções em contextos reais. Na revisão da literatura realizada pelo autor, são identificados resultados positivos de propostas baseadas em projetos no desenvolvimento de atitudes em relação ao aprendizado e na habilidade de resolução de problemas que requerem a compreensão de conceitos.

Resnick (2014) sugere que abordagens voltadas a estimular processos de aprendizagem mais criativos devem se basear em quatro aspectos principais: desenvolvimento de projetos, testando e refinando ideias; trabalho com pares, criando colaborativamente; oferecimento de espaço para experimentações lúdicas; e envolvimento significativo, a partir do trabalho com projetos que sejam de fato importantes para os indivíduos envolvidos.

Ao considerar a elaboração de atividades educacionais de robótica, Rusk e colaboradores (2008) ressaltam a importância de se adotar estratégias que encorajem a participação ativa de um espectro variado de estudantes em tais atividades, já que estas, na maioria das vezes, costumam atrair um público específico – em geral, indivíduos do sexo masculino, previamente interessados em tecnologia. Uma vez que os estudantes possuem interesses e características distintos, os autores sugerem a criação de atividades mais amplas, que permitam o desenvolvimento de projetos relacionados a seus próprios interesses, propondo temas, e não desafios; combinando arte com engenharia e encorajando a criação de histórias a respeito das criações, trazendo um aspecto mais lúdico às atividades; e organizando apresentações, em vez de competições.

Assim, as estratégias escolhidas para o modelo de oficinas proposto neste capítulo baseiam-se nos referenciais apresentados e privilegiaram a autoria e a colaboração dos estudantes do processo de desenvolvimento de ideias, a partir da busca de soluções em contextos reais.

INTERNET DAS COISAS

A expressão internet das coisas (IoT), foco do modelo de oficinas proposto, é utilizado para descrever áreas de pesquisa e tecnologias diversas relacionadas com a interação de objetos reais com a internet. Esse paradigma prevê uma rede interconectada de objetos capazes de coletar informações do ambiente e interagir com o mundo físico utilizando padrões da internet para o provimento de serviços para informação, transferência, análise de dados, aplicações e comunicações (GUBBI et al., 2013), apresentando alto potencial de impacto em diversas áreas da vida cotidiana e no comportamento de seus potenciais usuários (ATZORI; IERA; MORABITO, 2010).

A combinação de tecnologias como recursos de localização em tempo real, sensores embarcados e recursos de comunicação por campo de proximidade (NFC, do inglês *nearfield communication*) com a internet permite que objetos cotidianos se transformem em objetos inteligentes, capazes de interpretar e reagir ao ambiente, abrindo novos caminhos para aplicações computacionais (KORTUEM et al., 2010). Dado seu potencial de impacto, alguns consideram que esse paradigma pode vir a representar uma das revoluções tecnológicas mais disruptivas na era atual (FEKI et al., 2013).

Um grande número de pesquisadores, tanto da academia quanto da indústria e do governo, vem desenvolvendo tecnologias e estudos relacionados à IoT que abrem portas para possibilidades de otimização de diversos aspectos da vida cotidiana, em áreas como saúde, transporte, gerenciamento de energia e de resíduos, entre outros.

Assim, dado o potencial para o desenvolvimento de novas aplicações propiciado por tais tecnologias, bem como o interesse que o assunto vem despertando, a IoT foi utilizada como mote para o desenvolvimento de projetos no modelo de oficinas proposto, a partir do tema casa inteligente.

COMPUTAÇÃO FÍSICA NA EDUCAÇÃO

Antes do surgimento do conceito de IoT, a computação física já vinha sendo utilizada em ambientes educacionais, a partir da utilização de materiais variados e de abordagens distintas. A computação física integra a programação do mundo físico por meio da interação com sensores e atuadores, oferecendo a possibilidade de criação de objetos que se conectem a interesses pessoais dos estudantes. Dessa forma, a utilização de tais ferramentas em contextos educacionais oferece grande potencial para o engajamento no processo de desenvolvimento de ideias e projetos de forma interativa.

Já o termo robótica refere-se à criação de dispositivos robóticos inteligentes, e por vezes é utilizado como sinônimo de computação física, especialmente quando aplicado à educação. Optou-se aqui pela utilização do termo computação física para dar conta de uma visão mais ampla do tema, uma vez que o foco dado aos protótipos não se relaciona, necessariamente, à criação de robôs.

Até pouco tempo, o trabalho com computação física envolvia o uso de ferramentas e conceitos que pressupunham um alto nível de conhecimento técnico. Apesar de *kits* de robótica e de outros recursos de computação física serem utilizados na educação há décadas (BLIKSTEIN, 2015), o surgimento e a popularização da plataforma Arduino, a preços acessíveis, aproximou desse campo um público diverso, e, nos últimos anos, foram lançadas diferentes plataformas educacionais de computação física, com interfaces amigáveis ao público leigo.

Assim, devido à popularização de tais plataformas e do desenvolvimento de ferramentas de programação adequadas para uso por crianças nos últimos anos, muitas propostas para sua inserção no contexto escolar vêm sendo apresentadas, inclusive no Brasil (STROEYMEYTE; SILVA; BATISTA, 2014; D'ABREU; BASTOS, 2013, 2015; MIRANDA; SAMPAIO; BORGES, 2010; PAZINATO et al., 2016; SANTOS, POZZEBON; FRIGO, 2010; SILVA, 2009).

Diversas pesquisas apontam que o uso de tais ferramentas pode contribuir de forma significativa para o desenvolvimento de habilidades e competências mais gerais, não necessariamente associadas à tecnologia. Na revisão de literatura conduzida por Benitti (2012), é apontado o potencial da robótica como forma de aumentar a aprendizagem de conceitos não diretamente ligados a esse campo específico do conhecimento, contribuindo para o desenvolvimento de habilidades variadas, como resolução de problemas, raciocínio lógico e comunicação, entre outros. Entretanto, conforme sugere a autora, a simples utilização dessas ferramentas não garante resultados positivos, uma vez que muitos fatores podem influenciar os ganhos da aprendizagem e o desenvolvimento de habilidades.

PROGRAMAÇÃO EM BLOCOS

Para que fosse possível desenvolver a lógica computacional dos projetos implementados, fez-se necessária a adoção de uma linguagem de programação, e optou-se pelo uso do Scratch (RESNICK et al., 2009), linguagem de programação gráfica que dispõe de uma comunidade *on-line*. O Scratch, criado pelo Lifelong Kindergarten Group do Massachusetts Institute of Technology (MIT), foi projetado para dar suporte a práticas exploratórias e criativas por meio da programação para crianças e jovens. O formato dos blocos, a impossibilidade de erros de sintaxe e o retorno rápido sobre os comandos utilizados facilitam a prática exploratória e o desenvolvimento de conceitos básicos da lógica de programação (MALONEY et al. 2010).

Ao utilizar o Scratch para a criação de projetos interativos, uma série de conceitos computacionais comuns a diversas linguagens de programação pode ser trabalhada (BRENNAN; RESNICK, 2012). Além disso, são desenvolvidas capacidades cognitivas estimuladas pela lógica de programação que se estendem para outros domínios, como estratégias de resolução de problemas.

A versão 2.0 do Scratch, disponível no momento da aplicação das oficinas, não permite a interação com o mundo físico. Para atender à necessidade de programação de microcontroladores utilizando blocos que seguissem a linguagem Scratch, diversas modificações foram criadas, contemplando blocos que permitem a programação do mundo físico, como o Scratch for Arduino (S4A), MBlock e Sense, além de extensões experimentais e oficiais do Scratch. Existem, ainda, outras interfaces que se baseiam na estrutura de blocos para a programação de placas Arduino, como Ardublock, MiniBlock e Modkit Micro.

Entre as modificações do Scratch voltadas à criação de programas para a placa Arduino, destaca-se o S4A e Mblock, com características distintas no que tange à comunicação com a placa.

No ambiente S4A, a comunicação com a placa se dá via serial, o que permite que os pinos de entrada sejam monitorados em tempo real, em um placar sempre visível e atualizado continuamente, permitindo rápido retorno sobre o funcionamento de sensores acoplados à placa. Os comandos e hipóteses, portanto, podem ser testados interativamente, avaliando-se o funcionamento das instruções enviadas à placa sem que haja a necessidade de iniciar o teste somente após a transferência do programa elaborado para a placa Arduino (*upload* do *firmware*). Dessa forma, ideias podem ser refinadas rapidamente, permitindo um ponto de partida simples para iniciantes e para o desenvolvimento de ideias por meio da exploração. Entretanto, o S4A não permite que programas sejam carregados de forma definitiva à placa, sendo necessário que esta esteja conectada ao computador para seu funcionamento, e não suporta comunicação via *bluetooth* com a placa.

O ambiente MBlock, por sua vez, permite que os programas sejam carregados à placa de forma definitiva (sem que esta precise permanecer conectada ao computador), além de contar com blocos para a comunicação serial, que podem ser utilizados para a conexão a dispositivos via *wi-fi* ou *bluetooth*, por exemplo.

PROCEDIMENTOS METODOLÓGICOS

O modelo de oficinas de IoT apresentadas neste capítulo foi desenvolvido, aplicado e avaliado no início do segundo semestre de 2015. As atividades tiveram duração total de 16 horas, divididas em quatro dias consecutivos de quatro horas diárias, incluindo um intervalo de 30 minutos, e foram oferecidas a 32 estudantes de ensino médio, com idades de 14 a 17 anos, de duas escolas estaduais de tempo integral do município de São Paulo (16 estudantes de cada uma das escolas). Ambas as escolas possuem indicador de nível socioeconômico (Inse) médio alto, de acordo com dados do Instituto Nacional de Estudos e Pesquisas Educacionais Anísio Teixeira (Inep) de 2013*.

A seleção dos estudantes participantes se deu por meio de sorteio, em uma das escolas, e por indicação dos coordenadores, na outra, e teve como critério garantir uma distribuição igual de participantes do sexo feminino e masculino. Dois professores de cada escola também acompanharam as atividades.

Seis tutores – alunos de graduação, mestrado ou doutorado em engenharia elétrica na Escola Politécnica da Universidade de São Paulo (Poli-USP) ou pesquisadores do Laboratório de Sistemas Integráveis Tecnológico (LSI-TEC) – deram suporte ao desenvolvimento dos projetos. A atuação deles buscava auxiliar o processo autoral dos grupos, incentivando a busca por conteúdos na internet. Optou-se por um número elevado de tutores por aluno, visto que, em um curto período de tempo, muitos conceitos seriam trabalhados, em uma abordagem de implementação de projetos com busca de informações na *web* e poucas interferências instrucionais. Objetivou-se incentivar a autonomia dos alunos na busca por soluções aos problemas encontrados, engajando-os a se apropriarem de conceitos por meio da descoberta de soluções por experimentação ou por pesquisa *on-line*.

Durante os quatro dias de oficina, os alunos trabalharam em grupos de cinco ou seis, com dois computadores por grupo. Foi sugerido que cada grupo elaborasse um projeto de casa inteligente e, em todos os dias de oficina, um tempo foi reservado para que os grupos trabalhassem em seus projetos. Foram realizadas atividades que buscaram oferece um contato inicial e gradual dos estudantes com conceitos de programação, computação física, comunicação entre dispositivos e IoT por meio do trabalho com projetos, intercaladas com discussões coletivas e atividades voltadas ao desenvolvimento de conhecimentos específicos. Processos reflexivos foram estimulados por meio de discussões com a turma, incentivando a verbalização de ideias e a construção coletiva de respostas a perguntas propostas pelos tutores.

Os conceitos apresentados de forma instrucional foram inserções curtas que se fizeram necessárias a partir de problemas técnicos específicos identificados pelos participantes. As atividades foram conduzidas em ciclos repetitivos que seguem a lógica de experimentação antes da introdução de conceitos, de prática antes da teoria, de necessidades encontradas antes das soluções apresentadas, em iterações contínuas por meio de intervenções como "reflita – discuta com seus pares – experimente – elabore a dúvida – aprenda um conceito novo – implemente". Dessa forma, instruções e conceitos apresentados pelos tutores tiveram seu significado contextualizado, pois foram precedidos de necessidades encontradas pelos estudantes na implementação de seus projetos.

O trabalho de cada grupo em um projeto único, escolhido por seus participantes, ainda que sobre o mesmo tema gerador – casa inteligente – para todos os grupos, motivou os estudantes e proporcionou seu engajamento, demonstrado no interesse em implementar os projetos e em verificar sua viabilidade.

Sequência didática

A sequência didática utilizada está sumarizada na **Tabela 14.1**, e detalhada na subseção seguinte. Não consta na tabela o intervalo de 30 minutos oferecido diariamente.

Internet das coisas: discussão

A oficina teve início com uma breve introdução a respeito de conceitos relacionados com o tema IoT. Foram apresentadas definições gerais do tema e suas interpretações foram discutidas com os estudantes. Em seguida, foram

---

*Disponível em: <http://portal.inep.gov.br/indicadores-educacionais>. Acesso em: 18 set. 2018.

colocadas questões para que os participantes expressassem suas ideias, buscando imaginar aplicações e dispositivos relacionados com o assunto. As discussões foram provocadas a partir de perguntas, algumas apresentadas a seguir.

- O que são objetos capazes de captar informações (ouvindo, vendo, observando ou monitorando)? Em que exemplos você consegue pensar?
- O que são objetos pensantes que podem ser ativados remotamente? Como isso acontece?
- Um relógio pode ser um objeto pensante? E uma roupa? Como isso acontece?

- Você imagina exemplos de computação vestível?
- Existem veículos inteligentes? Como e por que são inteligentes?
- O que seriam cidades inteligentes? Pense em exemplos que tornam uma cidade inteligente.
- Nos exemplos anteriores, como os objetos se comunicam? Que tipo de linguagem utilizam?

Por fim, em reflexão mediada pelos tutores, foram formalizados conceitos a respeito do tema a partir dos pontos levantados pelos estudantes.

Oficina de projetos

Após um contato inicial com o tema, os estudantes deram início ao processo de ideação, imaginando, desenhando e descrevendo dispositivos e objetos de uma casa inteligente. Esse processo foi proposto logo no início, antes da apresentação das ferramentas que seriam utilizadas para o desenvolvimento dos protótipos, visando a estimular a liberdade criativa, sem deixar que os estudantes fossem influenciados pelos materiais disponíveis e pela limitação destes. Após a finalização, os grupos compartilharam suas ideias com o restante da turma, afixando a descrição de seus projetos e ideias em uma das paredes da sala.

Ao longo dos outros dias, os estudantes trabalharam refinando e redefinindo seus projetos, aplicando os conhecimentos desenvolvidos nas oficinas (**Fig. 14.1**). Durante esse período, trabalhavam em grupos para programar e construir seus protótipos, enquanto os tutores circulavam pela sala para discutir com os grupos questões técnicas e conceituais que surgissem ao longo do processo.

Entre as propostas de projetos apresentadas pelos estudantes, estavam: um chuveiro com desligamento automático após um determinado tempo de banho e com abertura

TABELA 14.1 Sequência didática proposta para as oficinas

Dia	Assunto
1	Abertura (30 min)
	IoT – discussão (15 min)
	Oficina de projetos – ideação (30 min)
	Oficina de programação – exploração do Scratch (2 h)
	Fechamento do dia (15 min)
2	Programação – discussão (15 min)
	Oficina de eletrônica (1 h)
	Oficina de programação com Mblock e Arduino (1 h)
	Oficina de projetos – protótipo 1 (1 h)
	Fechamento do dia (15 min)
3	Oficina de projetos – protótipo 2 (2 h)
	Oficina de programação para celular com o App Inventor (1 h)
	Oficina de integração App Inventor e Arduino via *bluetooth* (30 min)
4	Oficina de projetos – protótipo final (2 h)
	Apresentação dos projetos (1 h)
	Coleta de informações dos participantes e fechamento (30 min)

e fechamento por comandos no *smartphone*; um aplicativo para segurança residencial, integrando campainha, sensor de presença e sistema de abertura de portas; um sistema de controle de eletrodomésticos em uma casa; e um sistema de alarme ligando um sensor de presença a avisos sonoros e luminosos.

Oficina de programação: exploração do Scratch

Apesar das inúmeras possibilidades de criação oferecidas pelo ambiente Scratch, durante esta oficina o foco foi no desenvolvimento de projetos que possibilitassem a compreensão a respeito de conceitos que poderiam ser integrados ao projeto final, como condicionais, repetição e espera.

A oficina começou com a apresentação do *site* do Scratch, com exemplos de projetos compartilhados, discutindo-se o que é possível aprender com a comunidade Scratch e com os projetos postados no *site*. Na sequência, apresentou-se o ambiente Scratch (palco, personagem, blocos e espaço de programação), demonstrando-se rapidamente como encaixar os blocos e como executá-los. Em seguida, alguns desafios simples foram sugeridos, para que os estudantes se familiarizassem com a manipulação dos blocos e com o ambiente de programação.

Após a familiarização inicial, os estudantes criaram jogos que pressupunham interação entre dois personagens ou entre o personagem e o palco, para que compreendessem a utilização dos blocos *se/se não*, *espere* e *sempre* – que seriam importantes para a criação de seus projetos finais.

Programação: discussão

Após um contato inicial com a prática da programação, foi levantada uma discussão a respeito da presença de programas no dia a dia. Questões como as apresentadas a seguir foram discutidas de forma coletiva, buscando contextualizar o uso da programação a partir das ideias dos estudantes.

- O que é programação?
- Onde há programação?
- Como são feitos os programas?
- O que são linguagens de programação? Já ouviu falar de alguma?
- Quem pode programar?
- Por que programar?

Oficina de eletrônica

A oficina de eletrônica teve início com a apresentação de um LED, dois fios e uma bateria, solicitando-se que os estudantes sugerissem

Figura 14.1 Estudantes trabalhando no desenvolvimento de projetos.
Fonte: Fernando Favoretto.

uma forma de ligar o LED utilizando a bateria e os fios. A tentativa inicial de ligar os elementos formando um circuito fechado não resultou em sucesso, já que o LED estava com a polaridade invertida. Ao inverter o LED e fazer uma nova tentativa, foi possível vê-lo aceso por um momento, até que este queimasse. Formalizou-se, nesse momento, o conceito de polaridade do LED e a necessidade de utilização de resistores em circuitos para a limitação da corrente.

Após a introdução no circuito de um resistor, conectado em série com o LED, o funcionamento se deu de forma adequada, mas foi problematizada a necessidade de ficar segurando todos os elementos com as mãos. Assim, para solucionar esse problema, foi apresentada a matriz de contatos (*protoboard*), que permite prototipação mais eficiente com componentes eletrônicos, sem necessidade de solda. Após a explicação a respeito das conexões internas da *protoboard*, cada grupo montou um circuito para ligar o LED, utilizando a bateria, resistores e fios. Em seguida, foi utilizado um potenciômetro para controlar a intensidade da luminosidade.

Por fim, colocou-se a questão de como controlar o LED de outras formas, como, por exemplo, fazê-lo piscar com intervalos determinados, ou controlá-lo a partir de um sensor de luminosidade. Assim, a necessidade do Arduino foi introduzida de forma contextualizada, para que os estudantes entrassem em contato de forma gradual com algumas das questões envolvidas no uso da eletrônica e de microcontroladores.

Oficina de programação com Mblock para Arduino

Após a introdução inicial aos conceitos básicos de eletrônica, os estudantes foram apresentados ao ambiente MBlock, voltado à criação de programas para microcontroladores. A oficina teve início com a apresentação dos componentes presentes no *kit* e da placa Arduino, seguida por discussão sobre a diferença entre sensores e atuadores, na qual os estudantes tiveram de classificar cada um dos elementos do *kit*. Em seguida, explicou-se como configurar o MBlock para a programação da placa.

A sequência de atividades propostas teve início com a demonstração de como criar um programa para ligar o LED interno da placa, após a qual foi solicitado que os estudantes criassem instruções para que esse LED piscasse. Em seguida, os estudantes conectaram um LED externo, substituído em seguida por um alarme, e utilizaram botões para ligar os LEDs ou alarmes, baseando-se em esquemas apresentados, mas criando seus próprios programas. Ao final, realizaram buscas na internet para descobrir como conectar o sensor de luminosidade, criando um programa para ligar o LED quando estivesse escuro.

Após as atividades práticas, foram formalizados conceitos como a diferença entre valores digitais, analógicos e modulação de largura de pulso (PWM , do inglês *pulse width modulation*) a partir de questões colocadas aos estudantes sobre as experiências realizadas (p. ex., qual a diferença entre um botão e um potenciômetro?).

Oficina de programação para celular com App Inventor

A oficina teve início com a problematização de algumas questões. Por exemplo: "Como outras formas de controle poderiam ser integradas aos sistemas?" ou "Seria possível criar aplicativos que permitam que o celular controle o mundo físico?". Na sequência, foi apresentado o ambiente App Inventor, com o qual os estudantes trabalharam em seus computadores.

Inicialmente, apresentou-se o modo *designer*, mostrando-se como inserir um botão e alterar suas características. Os estudantes criaram, então, dois botões, contendo os textos "liga" e "desliga", escolhendo o *layout* que achassem mais conveniente. Após formularem em frases os comandos necessários para permitir que um rótulo alterasse seu texto para "ligado" e "desligado" quando cada um dos botões fosse pressionado, apresentou-se o ambiente de programação em blocos. Exemplificou-se como criar o comando utilizando o botão "ligar", e os estudantes replicaram a programação apresentada, criando também comandos para o botão "desligar". Após esse contato inicial, desenvolvendo um programa extremamente simples, mostrou-se como executar nos celulares os aplicativos criados.

Na sequência, os alunos exploraram o ambiente de forma livre, implementando alguma nova ação quando um botão fosse pressionado. Ao final, os projetos foram compartilhados entre os estudantes, que mostraram aos demais o que desenvolveram e como criaram suas aplicações.

Oficina de integração App Inventor e Arduino via *bluetooth*

A oficina foi iniciada a partir de uma discussão coletiva sobre o que os participantes conheciam a respeito de comunicação via *bluetooth* (perguntando-se quem já havia utilizado e como e sobre outras aplicações que imaginariam serem possíveis). Na sequência, procedeu-se a uma explicação sobre como realizar a comunicação entre a placa Arduino e um aplicativo criado no App Inventor com a utilização do módulo *bluetooth*. Mostrou-se como conectar o módulo à placa e como estabelecer a comunicação entre o aplicativo criado no App Inventor e o programa para Arduino criado com o MBlock por meio do módulo.

Os estudantes, replicando os passos apresentados, escolheram algum atuador presente no *kit* para ser controlado por meio do aplicativo (utilizando os botões "liga" e "desliga") e, em seguida, selecionaram um sensor para enviar informações que seriam lidas pelo aplicativo (**Fig. 14.2**). Dadas a complexidade do

Figura 14.2 Exemplo de projeto eletrônico desenvolvido durante a oficina.
Fonte: Fernando Favoretto.

tema e a necessidade de explicação de alguns comandos bastante específicos para uma comunicação efetiva, não houve muito espaço para que os estudantes explorassem possibilidades durante essa oficina. Tal exploração ocorreu no momento do trabalho nos projetos em grupo.

Apresentação de projetos

Ao final do último dia, os estudantes apresentaram seus projetos para o restante da turma, dando ênfase à motivação para a criação do projeto, ao processo de desenvolvimento, às dificuldades encontradas e às oportunidades de melhoria (**Fig. 14.3**).

Figura 14.3 Apresentação dos projetos finais.
Fonte: Fernando Favoretto.

Materiais utilizados

Scratch

O ambiente de programação Scratch (versão 2.0) foi utilizado para a introdução de conceitos iniciais da lógica de programação, como repetições e condicionais. O programa pode ser utilizado *on-line* ou *off-line*, é gratuito, e está disponível para os sistemas operacionais Linux, MacOs e Windows (não pode ser utilizado em *tablets* ou celulares).

MBlock

Para a programação da placa Arduino, optou-se pelo *software* Mblock, dada a possibilidade de utilização de blocos para a comunicação via *bluetooth*. O programa é utilizado de forma *off-line* e está disponível apenas para os sistemas operacionais Windows e MacOS.

App Inventor

Para a criação do aplicativo para celular, foi utilizado o programa App Inventor, cujas instruções também são construídas em blocos. A programação é feita de forma *on-line* e permite a criação de aplicativos para o sistema operacional Android.

Arduino, módulo *bluetooth* e componentes eletrônicos

Como placa de computação física, optou-se pela utilização do Arduino Uno, dadas as características de custo, facilidade de uso e disponibilidade de comunidade ativa na internet. Uma vez que as oficinas buscaram oferecer um contato inicial à computação física e à IoT, a boa documentação *on-line* criada pela comunidade Arduino é um importante fator para que possa haver a continuidade do trabalho de forma autônoma pelos estudantes e professores envolvidos.

Cada grupo recebeu um *kit* composto por Arduino, módulo *bluetooth* HC-05, *protoboard*, fios de conexão, componentes eletrônicos básicos (como resistores, capacitores, diodos), LEDs, painéis de LCD, sensores diversos e motores, entre outros, organizados em uma caixa com compartimentos e rótulos identificando fotos e nomes de cada um dos componentes (**Fig. 14.4**). Os materiais foram pensados de forma a permitir o desenvolvimento de uma grande variedade de projetos com funcionalidades distintas, inclusive após o término das oficinas, já que os materiais foram entregues às escolas dos participantes para que pudessem dar continuidade ao aprendizado.

Dado o grande número de materiais oferecidos aos estudantes, muitos componentes não foram utilizados pelos grupos na criação dos projetos. Assim, em contextos de orçamento reduzido, pode-se optar pela utilização de sensores e atuadores básicos e versáteis (como sensores de luminosidade, de presença, de som, botões, potenciômetros, luzes, alarmes e motores), que possibilitam o desenvolvimento de uma grande variedade de projetos.

Figura 14.4 *Kit* de materiais utilizado durante as oficinas.
Fonte: Fernando Favoretto.

Estratégias de coleta e análise de dados

Após o término das oficinas, foi aplicado um questionário aos participantes, com questões a respeito de suas percepções sobre as atividades desenvolvidas. Responderam ao questionário 30 estudantes, presentes no momento final da oficina. O questionário continha questões de múltipla escolha a respeito dos conteúdos abordados, materiais utilizados e dificuldade das atividades propostas, bem como uma autoavaliação do aprendizado e envolvimento. Ao final, foi incluída uma questão aberta, que buscou compreender percepções mais gerais sobre as oficinas, avaliando os motivos que levariam ou não os estudantes a indicar a oficina a colegas.

As questões de múltipla escolha, apresentadas em escala Likert para a classificação nas categorias péssimo/ruim/razoável/bom/excelente, foram convertidas em números de 1 a 5, e, em seguida, calculou-se a média das respostas de todos os estudantes por item. Solicitou-se aos estudantes que descrevessem os motivos no caso de avaliarem algum item como ruim ou péssimo, para análise mais cuidadosa dos pontos de melhoria.

Para analisar as respostas à questão aberta, o processo de codificação envolveu primeiramente a leitura e releitura atenta das respostas. As frases foram então agrupadas de acordo com os núcleos de sentido mais relevantes que emergiram da primeira etapa de análise, totalizando cinco categorias (CHARMAZ, 2009). Por fim, contabilizou-se o número de respostas em cada uma das categorias. Algumas respostas continham expressões relacionadas a dois ou mais aspectos distintos e, nesses casos, foram contabilizadas em mais de uma categoria.

Dez meses após a realização das oficinas, foi avaliada a continuidade do trabalho a partir do envio de um questionário com perguntas abertas ao gestor da escola na qual os *kits* foram entregues aos professores, bem como aos estudantes da escola na qual a entrega foi feita diretamente aos alunos. A partir das informações fornecidas a respeito do uso dos materiais, buscou-se comparar a apropriação nos dois cenários.

RESULTADOS

Nas questões de múltipla escolha, o conteúdo abordado e os materiais disponíveis foram avaliados como excelentes ou bons pelos estudantes, com médias de 4,9 e 4,8, respectivamente, em escala de 1 a 5. Já a avaliação do nível de dificuldade dos conteúdos abordados teve média de 3,9 – item que, embora apresentando valor menor que a média dos demais, não contou com nenhuma avaliação "ruim" ou "péssimo". Um estudante não respondeu a essa pergunta e, por isso, o total de respostas analisadas foi de 29 (**Fig. 14.5**).

A média de autoavaliação do aprendizado foi de 4,6, próxima à média de autoavaliação do envolvimento, de 4,5. Esses valores indicam que houve interesse e envolvimento da maior parte dos estudantes participantes, além de indicar um aprendizado efetivo.

As respostas à questão aberta, que buscou compreender a visão geral dos estudantes a respeito das oficinas, bem como os pontos considerados por eles como mais importantes para seu sucesso, são sumarizadas na **Tabela 14.2**.

As respostas a essa questão representam os pontos avaliados como mais significativos para os estudantes durante as oficinas. Destacam-se, entre as respostas mais comuns, os aspectos de realização pessoal, exemplificado por frases como "pelo fato de ser muito legal" e "porque é um estudo interessante", e de aprendizado ou aquisição de conhecimento, que surgiu em sentenças como "me deu conhecimento" e "aprendi bastante", ambos citados por 16 estudantes.

As estratégias adotadas foram citadas por seis estudantes, e ressaltam a integração da

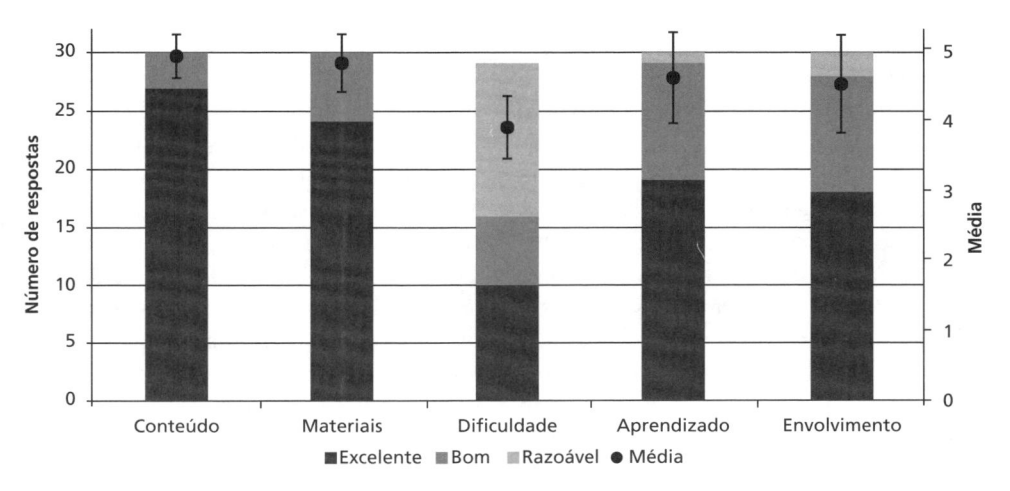

Figura 14.5 Percepção dos estudantes quanto ao conteúdo abordado, materiais utilizados e nível de dificuldade dos conceitos e autoavaliação do aprendizado e do envolvimento.

prática com a teoria, permitindo um aprendizado intuitivo e acessível a eles ("proporciona um aprendizado de maneira que entendamos"). Interesses específicos e pessoais na área foram apontados por quatro alunos, que ressaltam a aproximação com conhecimentos úteis para carreiras em áreas relacionadas com os temas abordados.

Em relação à avaliação da continuidade do trabalho, na escola que recebeu os *kits* por meio dos professores, foi relatada continuidade a partir da apropriação das ferramentas e materiais por parte de uma das professoras participantes da oficina. Tal professora criou na escola uma disciplina eletiva denominada Descoberta sem limites, que teve como objetivo o desenvolvimento de projetos de robótica a partir da utilização do Arduino. A escola relatou também que, nas aulas de física do 3º ano do ensino médio, os materiais vêm sendo utilizados durante um bimestre, e, a partir do engajamento da comu-

TABELA 14.2 Categorização das respostas à questão aberta

Categoria	Nº de estudantes	Exemplos
Interesse específico na área	4	"Pois para quem está interessado em seguir a carreira eletrônica ou algo do tipo essa oficina ajuda muito"; "É uma forma de interessados nesta área terem um contato mais próximo com o tipo de atividades feitas e adquirirem certa experiência."
Aquisição de conhecimento/ aprendizado	16	"Foi interessante e me deu conhecimento"; "Porque foi uma atividade de grande conhecimento"; "Pois aprendi bastante e recomendo esse aprendizado."
Estratégias adotados na condução das atividades	6	"Pois é bem dinâmica e nos proporciona um aprendizado muito interessante, de maneira com que entendamos"; "Pois ela é legal e intuitiva"; "(...) interagimos tanto na prática como na teoria (...)."
Realização pessoal	16	"Porque, além de divertido, foi proveitoso (...)"; "Porque é um estudo interessante, e bastante prestativo"; "Pelo fato de ser muito legal (...)."
Outros	2	"Os jovens devem aproveitar os cursos que são abertos para nós."

Fonte: Adaptada de Fernandez e colaboradores (2015).

nidade escolar, 10 estudantes participaram da World Conference on Physics Education (WCPE 2016), apresentando seus projetos.

Quanto aos desafios para a continuidade do projeto, foram citadas a complexidade do tema, a falta de base dos alunos (*sic*), e o tempo disponível para trabalhar o assunto em sala de aula. Ao trabalhar com tecnologias em sala de aula, é comum esse apontamento para a "falta" de conhecimentos não apenas de alunos, como também de professores, como um fator impeditivo para o desenvolvimento de atividades. No entanto, havendo tempos e espaços para que as atividades possam se desenvolver, a constituição de saberes poderia se dar a partir do próprio processo de interação e construção com as tecnologias.

Em relação às potencialidades do projeto, foi relatado maior interesse dos alunos pelas áreas científicas, em especial pela física, quebrando mitos negativos e gerando curiosidade em conhecer mais a respeito de aceleradores de partículas (tema trabalhado em conjunto com o uso do Arduino). Além disso, foi relatado que alunos de 1º e 2º anos que não estão envolvidos diretamente no projeto criaram expectativas e fazem planos para a participação no futuro.

Já na escola na qual os *kits* foram doados diretamente aos estudantes, não houve apropriação por parte dos demais membros da escola (professores ou outros estudantes que não participaram das oficinas). Os alunos relataram continuidade do trabalho, desenvolvendo projetos simples de forma individual, sem interação com a comunidade escolar. Observou-se, assim, que a entrega de materiais à gestão escolar foi mais efetiva para a continuidade do trabalho no cotidiano dos estudantes do que a entrega feita diretamente aos estudantes, uma vez que estes não contaram com um suporte adequado para o desenvolvimento de projetos em sua escola.

DISCUSSÃO

A partir da reflexão a respeito dos procedimentos adotados e dos resultados observados, são sugeridas algumas estratégias que poderão orientar pesquisadores e professores na realização de oficinas com a mesma abordagem. Tais estratégias sumarizam pontos considerados importantes para se atingir os resultados obtidos a partir da abordagem proposta e dialogam com os referenciais teóricos que embasaram a elaboração conceitual das atividades.

Engajar os participantes desde o início na criação de um projeto pessoal ou coletivo que seja significativo para os envolvidos

Dessa forma, os aprendizados decorrentes da apropriação das ferramentas e a compreensão de conceitos são vistos como meio para atingir objetivos, motivando a busca pelo conhecimento, que passa a ser visto de forma contextualizada e significativa.

Estimular a autonomia

Ao desenvolver projetos sem sólidos conhecimentos prévios, muitos problemas costumam surgir, advindos da ausência tanto de bases conceituais como de habilidades técnicas. Quando as dificuldades surgem, é importante não se antecipar fornecendo uma solução imediata. Perguntas podem contribuir mais para o aprendizado do que respostas, permitindo a construção de um sentimento maior de autoria por parte dos estudantes. Colocar perguntas que exijam a reflexão ao longo do processo de desenvolvimento de conceitos, dando espaço para discussões coletivas, permite que os estudantes se coloquem no papel de construtores do conhecimento e sintam-se confortáveis para questionar os saberes durante o processo. Outro ponto importante refere-se ao incentivo do uso de buscas na internet para solucionar dúvidas, o que dá aos estudantes a oportunidade de sumarizar e elaborar adequadamente suas perguntas para uma pesquisa efetiva, além de depender menos dos tutores para seguir em frente e desenvolver sua autonomia.

Partir de uma base comum para que todos possam desenvolver suas ideias

Colocar materiais nas mãos de estudantes e esperar que eles busquem os conhecimentos de forma totalmente autônoma pode gerar sentimentos de frustração e desinteresse, em vez de engajamento e autonomia. No entanto, a experiência de condução de oficinas de IoT, além de experiências anteriores da equipe, mostrou que partir da construção coletiva de um conhecimento inicial guiado é importante para garantir um ponto de partida para o desenvolvimento de projetos. Por exemplo, para se trabalhar com eletrônica, uma atividade inicial coletiva a respeito da necessidade de utilização de resistores em circuitos pode ser importante para que os estudantes deem início ao processo de colocar suas ideias em prática, desenvolvendo novos saberes a partir de conhecimentos iniciais.

Intercalar oficinas práticas para a instrumentalização técnica com espaço para o desenvolvimento dos projetos

Permitir que os estudantes imaginem e desenvolvam ideias a respeito de um tema, mesmo sem possuir um conhecimento teórico ou técnico fundamentado, pode contribuir para motivá-los na busca por tais conhecimentos e permitir que ideias mais criativas surjam, evitando o direcionamento por conta da restrição dos materiais disponíveis. Da mesma forma, oferecer momentos mais voltados à aquisição de conhecimentos guiados ao longo do processo de desenvolvimento de projetos permite que os projetos possam evoluir e se complexificar a partir de ideias que surgem do contato com novas técnicas ou conhecimentos.

Motivar os estudantes a acreditarem em suas ideias

A motivação é um importante fator para o engajamento e para que resultados importantes de aprendizado sejam atingidos. Criar um clima emocional agradável e demonstrar entusiasmo com as ideias apresentadas incentiva os estudantes a buscarem meios para concretizá-las.

Incentivar a apresentação dos projetos construídos pelos estudantes

Dar espaço para que os alunos compartilhem suas ideias, seus questionamentos e o processo de desenvolvimento de seus projetos em momentos coletivos de exposição é um fator importante tanto para gerar motivação quanto inspiração para o restante do grupo.

Oferecer condições para a continuidade do projeto

Apresentar boas fontes de referência pode estimular os participantes a seguirem aprendendo de forma autônoma em outros momentos e em outros ambientes. No caso de uma oficina realizada por equipe externa com estudantes de uma escola, envolver os professores é um fator importante para que possa haver a continuidade das atividades no cotidiano escolar.

CONSIDERAÇÕES FINAIS

O presente capítulo apresentou uma proposta de modelo de oficinas de IoT, introduzindo conceitos iniciais de programação e computação física para estudantes do ensino médio a partir do tema IoT. As estratégias adotadas foram avaliadas pelos estudantes como positivas, e foi observado alto grau de engajamento. Nota-se, assim, que a apresentação de conceitos de programação e computação física a partir de estratégias de aprendizagem baseada em projetos, enfatizando a autoria dos estudantes no processo de concepção e desenvolvimento de ideias, apresenta potencial para motivá-los a criar ativamente com tais tecnologias e a se engajar no processo de aprendizado.

Observou-se, ainda, maior potencial para a continuidade das atividades em contextos nos quais os professores se apropriaram das ferramentas, a partir da entrega de materiais diretamente à gestão escolar, e não individualmente aos estudantes.

Entretanto, alguns pontos merecem mais atenção em estudos futuros, como o impacto que tais atividades podem ter na percepção dos estudantes a respeito de si mesmos como potenciais criadores, para além do ambiente de atividades estruturadas, bem como possibilidades de continuidade do trabalho com essas ferramentas no ambiente escolar.

Diversas experiências da utilização de tais ferramentas em contextos educacionais relatam resultados positivos. Entretanto, concordando com Alimisis (2013), é necessária uma compreensão mais aprofundada do potencial que esse tipo de atividade pode ter no desenvolvimento dos interesses e habilidades cognitivas e sociais dos estudantes, por meio de desenhos de pesquisas rigorosos.

Um ponto que merece destaque é o elevado número de tutores por aluno nas oficinas apresentadas, inviável na maioria das escolas do país. Assim, é importante que mais atenção seja dada ao desenvolvimento e compartilhamento de estratégias que permitam o trabalho com grupos grandes de estudantes com um menor número de tutores, sem deixar de lado o aprendizado em ritmos individualizados. Por outro lado, este capítulo propõe um modelo para a realização de oficinas que pode ser utilizado como referência para implementação de ações de extensão universitária de curta duração, apresentando potencial de continuidade de forma autônoma pelos participantes.

Por fim, ressalta-se a importância de que mais espaço seja dado ao desenvolvimento de atividades autorais no trabalho com programação e computação física, oferecendo aos estudantes a oportunidade de aprender com os erros e de desenvolver ideias de forma mais criativa. Assim, para que esse espaço seja conquistado, é necessário que mais pesquisas a respeito do tema sejam realizadas, compartilhando novos caminhos e estratégias para a introdução da programação e da computação física no contexto nacional.

REFERÊNCIAS

ALIMISIS, D. Educational robotics: open questions and new challenges. *Themes in Science and Technology Education*, v. 6, n. 1, p. 63-71, 2013.

ARAÚJO, U. F. *Temas transversais, pedagogia de projetos e mudanças na educação*. São Paulo: Summus, 2004.

ATZORI, L.; IERA, A.; MORABITO, G. The internet of things: a survey. *Computer Networks*, v. 54, n. 15, p. 2787-2805, 2010.

BELL, S. Project-based learning for the 21st century: skills for the future. *Clearing House*, v. 83, n. 2, p. 39-43, 2010.

BENITTI, F. B. V. Exploring the educational potential of robotics in schools: a systematic review. *Computers & Education*, v. 58, n. 3, p. 978-988, 2012.

BLIKSTEIN, P. Computationally enhanced toolkits for children: historical review and a framework for future design. *Foundations and Trends® in Human–Computer Interaction*, v. 9, n. 1, p. 1-68, 2015.

BLUMENFELD, P. C. et al. Motivating project-based learning: sustaining the doing, supporting the learning. *Educational Psychologist*, v. 26, n. 3-4, p. 369-398, 1991.

BRENNAN, K.; RESNICK, M. New frameworks for studying and assessing the development of computational thinking. In: ANNUAL OF THE AMERICAN EDUCATIONAL RESEARCH ASSOCIATION MEETING, Vancouver, 2012. *Proceedings...* Cambridge: MIT, 2012. Disponível em: <https://dam-prod.media.mit.edu/x/files/~kbrennan/files/Brennan_Resnick_AERA2012_CT.pdf>. Acesso em: 18 set. 2018.

CHARMAZ, K. *Construção da teoria fundamentada*: guia prático para análise qualitativa. Porto Alegre: Artmed, 2009.

D'ABREU, J. V. V.; BASTOS, B. L. Robótica pedagógica e currículo do ensino fundamental: atuação em uma escola municipal do projeto UCA. *Revista Brasileira de Informática na Educação*, v. 23, n. 3, p. 56-67, 2015.

D'ABREU, J. V. V.; BASTOS, B. L. Robótica pedagógica: uma reflexão sobre a apropriação de professores da escola Elza Maria Pellegrini de Aguiar. In: Congresso Brasileiro de Informática na Educação, 2., 2013, Limeira. *Anais do Workshop de Informática na Escola*. Porto Alegre: Sociedade Brasileira de Computação, 2013. p. 280-289.

FEKI, M. A. et al. The internet of things: the next technological revolution. *Computer*, v. 46, n. 2, p. 24-25, 2013.

FERNANDEZ, C. O. et al. Uma proposta baseada em projetos para oficinas de internet das coisas com arduino voltadas a estudantes do ensino médio. *Renote*, v. 13, n. 2, p. 1-10, 2015.

GUBBI, J. et al. Internet of Things (IoT): a vision, architectural elements, and future directions. *Future Generation Computer Systems*, v. 29, n. 7, p. 1645-1660, 2013.

KORTUEM, G. et al. Smart objects as building blocks for the internet of things. *IEEE Internet Computing*, v. 14, n. 1, p. 44-51, 2010.

KRAJCIK, J. S.; BLUMENFELD, P. C. Project-based learning. In: SAWYER, R. K. (Ed.). *The cambridge handbook of the learning sciences*. Cambridge: Cambridge University, 2006.

MALONEY, J. et al. The scratch programming language and environment. *ACM Transactions on Computing Education*, v. 10, n. 4, artigo 16, 2010.

MIRANDA, L. C.; SAMPAIO, F. F.; BORGES, J. A. S. Robofácil: especificação e implementação de um kit de robótica para a realidade educacional brasileira. *Revista Brasileira de Informática na Educação*, v. 18, n. 3, p. 46-58, 2010.

PAZINATO, A. M. et al. Estudo do processo de criatividade no uso da robótica educacional. *Revista de Empreendedorismo, Inovação e Tecnologia*, v. 2, n. 2, p. 13-23, 2015.

PRINCE, M. J.; FELDER, R. M. Inductive teaching and learning methods: definitions, comparisons, and research bases. *Journal of Engineering Education*, v. 95, n. 2, p. 123-138, 2006.

RESNICK, M. Give P'S a chance: projects, peers, passion, play. In: CONSTRUCTIONISM AND CREATIVITY CONFERENCE, Vienna, 2014. Proceedings... Cambridge: MIT, 2014. Disponível em: <http://web.media.mit.edu/~mres/papers/constructionism-2014.pdf>. Acesso em: 18 set. 2018.

RESNICK, M. et al. Scratch: programming for all. *Communications of the ACM*, v. 52, n. 11, p. 60-67, 2009.

RUSK, N. et al. New pathways into robotics: strategies for broadening participation. *Journal of Science Education and Technology*, v. 17, n. 1, p. 59-69, 2008.

SANTOS, T. N.; POZZEBON, E.; FRIGO, L. B. A utilização de robótica nas disciplinas da educação básica. In: SIMPÓSIO DE INTEGRAÇÃO CIENTÍFICA E TECNOLÓGICA DO SUL CATARINENSE – SICT-Sul, 2., 2013. Anais... [S. l.]: IFSC, 2013. p. 616-623.

SILVA, A. F. *RoboEduc*: uma metodologia de aprendizado com robótica educacional. 2009. Tese (Doutorado em Ciências)-Universidade Federal do Rio Grande do Norte, Natal, 2009.

STROEYMEYTE, T. S. L.; SILVA, H. G.; BATISTA, C. S. Robótica com arduino: uma proposta PBL freiriana no desenvolvimento de competências e habilidades. In: SIMPÓSIO INTERNACIONAL DE EDUCAÇÃO A DISTÂNCIA, 2., 2014, São Carlos. *Anais do SIED:EnPED*. [São Carlos]: SIED, 2014.

THOMAS, J. W. *A review of research on project-based learning*. San Rafael: Autodesk Foundation, 2000.

Agradecimentos

Os autores deste capítulo agradecem à Samsung do Brasil, que, por meio do Programa Tech Institute IoT, apoiou-os e possibilitou o desenvolvimento do *kit* e a realização das oficinas.

A EXPERIÊNCIA DO GRUPO ACADÊMICO DE ROBÓTICA ITAndroids

Felipe Celso Reis Pinheiro | Júlio César Ferreira Filho
Luckeciano Carvalho Melo | Marcos R. O. A. Maximo

15

COMPETIÇÕES ACADÊMICAS DE ROBÓTICA

Proveniente do latim *competitione*, a palavra competição é em geral associada a uma disputa entre duas ou mais pessoas na execução de uma atividade predeterminada, na qual os critérios de vitória estão associados a quão próximo da perfeição foi o desempenho dos competidores. No âmbito da robótica autônoma, foco da ITAndroids, esse conceito é utilizado para a execução das tarefas sem interferência humana no momento de sua realização, isto é, por protótipos robóticos programados. A **Figura 15.1** apresenta os robôs humanoides desenvolvidos pelo time, denominados "Chape", utilizados na categoria *Humanoid KidSize* na RoboCup 2018.

Diante disso, nota-se que competições de robótica, assim como olimpíadas científicas, envolvem diversas áreas do conhecimento técnico, como, por exemplo, mecânica, engenha-

Figura 15.1 Robôs "Chape" – Categoria *Humanoid KidSize* na RoboCup 2018.

ria de *software*, eletrônica aplicada, processamento de sinais, controle e inteligência artificial (IA). Contudo, há dois aspectos diferenciais nas competições de robótica que as colocam em um paradigma totalmente distinto das olimpíadas científicas, além de caracterizá-las como atividade mais própria de engenheiros: gerenciamento de projetos e gestão de pessoas.

No início, será descrita a necessidade da gestão de pessoas. Conforme já retratado, as tarefas de uma competição de robótica envolvem conhecimentos de áreas bem distintas do conhecimento humano, as quais não costumam ser vistas em um único curso acadêmico – por exemplo, no Brasil, o processamento de sinais caracteriza-se como uma disciplina da engenharia eletrônica, enquanto a IA, da engenharia da computação. Ou seja, a participação em uma competição de robótica é uma tarefa para uma equipe. Não obstante, vale salientar que equipes são compostas por pessoas heterogêneas, isto é, dotadas de métodos de trabalho e aprendizado totalmente distintos, ou seja, para um rendimento maximizado, conhecimentos de gestão de pessoas não podem ser negligenciados.

Outrossim, será descrita a necessidade de técnicas de gerenciamento de projetos. A excelência no desempenho de uma equipe em uma competição de robótica não é algo instantâneo e exige um trabalho nada efêmero: são necessários anos de aprimoramento e investimento em cada área do projeto. Quando as atividades de uma área são concluídas, é necessário integrá-las ao conjunto, ou seja, estabelecer formas de comunicação entre os módulos do projeto. Além disso, é importante fazer a transferência do conhecimento entre os membros antigos e os novos em cada projeto, e garantir que tudo seja documentado corretamente, caso pessoas experientes deixem o projeto, o que é muito comum no principal nicho em que a ITAndroids está inserida: alunos de graduação. Diante disso, é notável que conhecimentos de gerenciamento de projeto sejam aplicados a todo momento em um projeto competitivo.

Além das questões mencionadas, é fundamental salientar a importância de competições de robótica no ambiente acadêmico. As atividades propostas nessas competições caracterizam-se por serem desafios ainda não concluídos, isto é, problemas em que a melhor solução, no ambiente da robótica, ainda não é conhecida, como, por exemplo: qual é o trajeto mais eficiente a se percorrer em uma área desconhecida no resgate de objetos? Qual construção mecânica permite carregar mais desses objetos, dadas as limitações de espaço, financeiras ou temporais? Ou seja, cada instante investido em resolver problemas referentes a essas competições caracteriza-se como uma expansão da fronteira do conhecimento humano. Portanto, esses desafios, de longe, não são apenas uma fonte de diversão ou de rivalidades entre universidades, são oportunidades reais de desenvolvimento de pesquisa acadêmica e até mesmo fontes de melhorias no desempenho de atividades humanas no futuro, como, por exemplo, a prospecção de minérios.

O impacto desse tipo de ambiente na comunidade científica é tão significativo que as principais competições de robótica promovem congressos acadêmicos em paralelo aos "jogos". Citam-se a Latin American Robotics Competition (Larc), sediada todos os anos no Brasil, junto com a Competição Brasileira de Robótica (CBR), que ocorre concomitantemente à Latin American Robotics Symposium (Lars), assim como a RoboCup – competição mundial focada em futebol robótico – ocorre em associação a um simpósio sobre robótica, com diversas apresentações sobre os avanços mais significativos recentemente alcançados na área.

Diante disso, é inevitável perceber a influência de competições de robótica no ensino de engenharia: trata-se de oportunidades de alunos desenvolverem os conhecimentos teóricos aprendidos nas disciplinas das universidades em projetos práticos que contêm todas as dificuldades de um projeto real de engenharia. Ademais, há o fator já citado, que é extremamente motivante: a robótica expande os limites do conhecimento humano, isto é, desafios de robótica podem conduzir a descobertas que marcarão a história da humanidade!

Além disso, as competições de robótica detêm um aspecto muito valioso aos alunos de cursos de engenharia: um ambiente colaborativo à divulgação do conhecimento. Um membro da ITAndroids que participou da CBR de 2015 comenta:

> Em alguns momentos é possível esquecer que há prêmios e medalhas para o melhor competidor, parece que estão todos tentando descobrir a melhor maneira de superar o desafio, e não cada um individualmente. A partilha do conhecimento que encontrei na CBR fez com que aprendesse mais em cinco dias do que em vários meses trabalhando apenas com a minha equipe.

Portanto, competições acadêmicas de robótica caracterizam-se por reproduzirem fielmente um projeto de engenharia e serem oportunidades reais de alunos de universidades "colocarem a mão na massa" e motivarem-se cada vez mais com seu desenvolvimento na arte da engenharia. Além disso, são ocasiões em que revoluções na humanidade podem acontecer – não há dúvida de que um pequeno vislumbre do futuro pode ser observado nesses ambientes.

RoboCup

Na história da IA e da robótica, o ano de 1997 será lembrado como um marco. Em meados de 1997, o IBM Deep Blue derrotou o campeão mundial de xadrez Garry Kasparov. Dessa forma, o desafio de longo prazo que regeu os esforços do desenvolvimento em IA nos últimos 40 anos do século XX chegava ao fim. Contudo, essa área do conhecimento humano não havia sido dominada por inteiro ainda, portanto, um novo "norte", isto é, um novo desafio, era necessário.

A ideia de robôs que jogam futebol foi proposta pela primeira vez pelo professor Alan Mackworth, da Universidade de British Columbia (Canadá), em seu artigo *On Seeing Robots* (MACKWORTH, 1993) mais tarde publicado em *Computer Vision: System, Theory, and Applications* (Cingapura). Independentemente, um grupo de pesquisadores japoneses organizou um *workshop* sobre os grandes desafios em IA, em outubro de 1992, em Tóquio, discutindo possíveis novas provocações para a área. O evento levou às primeiras discussões formais sobre o uso do futebol para a promoção da ciência e tecnologia. Foram desenvolvidos estudos que avaliaram a viabilidade e o impacto do projeto, foi montado o primeiro regulamento de uma partida e foram desenvolvidos protótipos de robôs e sistemas de simulação de futebol. Como consequência, concluiu-se que o projeto "futebol robótico" era o candidato perfeito para o desafio buscado.

Em meados de 1993, um grupo de pesquisadores, incluindo Minoru Asada, Yasuo Kuniyoshi e Hiroaki Kitano, decidiu lançar uma competição de robótica, provisoriamente chamada J-League (nome da recém-criada liga japonesa de futebol profissional). Em menos de 1 mês, a equipe tinha recebido reações entusiásticas de pesquisadores de fora do Japão pedindo que a iniciativa fosse expandida para um projeto conjunto em nível mundial. Assim, o nome do projeto foi alterado para Robot Cup Initiative, ou RoboCup, e a competição foi criada, e tem como objetivo de longo prazo: "Em 2050, uma equipe totalmente autônoma de robôs humanoides jogadores de futebol deve vencer um jogo contra o time de humanos campeão da última Copa do Mundo da FIFA, utilizando as regras dessa federação".

Em princípio, esse objetivo pode parecer excessivamente ambicioso e impraticável. Todavia, vale salientar alguns exemplos da evolução da ciência dos últimos tempos. Apenas 50 anos depois do voo do primeiro avião, a missão Apollo foi capaz de enviar o homem à Lua e trazê-lo de volta em segurança. Do mesmo modo, apenas 50 anos depois da invenção do computador digital, o IBM Deep Blue venceu o então campeão mundial de xadrez humano, Garry Kasparov, conforme citado.

Apesar de o foco inicial da RoboCup ter sido o desenvolvimento de IA, as fronteiras desse projeto foram expandidas a níveis inimagináveis – atualmente, a competição desenvolve eletrônica, computação, sistemas embarcados, visão computacional, sistemas de transmissão de dados, mapeamento, aprendizado de máquina, controle, etc. Contudo, há ainda muitos projetos desenvolvidos como impactos indiretos desse evento: próteses robóticas, vigilância e aplicações militares, entre outros. É ainda oportuno salientar que a competição foi segmentada em várias categorias:

- **RoboCup Soccer:** está diretamente relacionada com futebol. O regulamento de cada modalidade varia com a tecnologia de construção dos robôs (p. ex., de acordo com o tipo de locomoção: rodas ou bípedes) e com o tamanho dos robôs e sua tecnologia embarcada (p. ex.: *KidSize, TeenSize, AdultSize*) (**Fig. 15.2**).
- **RoboCup Rescue:** desenvolve robôs para resgate. Nesta liga, cenários de desastres naturais são utilizados, objetivando-se o desenvolvimento de sistemas de mapeamento e localização de vítimas.
- **RoboCup@home:** desenvolve robôs com funções assistivas aos seres humanos, isto é, robôs que fazem ou auxiliam humanos em suas atividades cotidianas.
- **RoboCup Junior:** é composta por modalidades desenvolvidas para ambientes não universitários, como, por exemplo, ensino médio. O foco das modalidades é aproximar os jovens do universo da tecnologia por meio da robótica.

Por fim, é essencial observar que a RoboCup partilha de todas as características posi-

Figura 15.2 Robôs "Chape", utilizados na *RoboCup Humanoid KidSize*.
Fonte: Foto gentilmente cedida por Davi Herculano.

tivas enunciadas na seção anterior, isto é, fomento a pesquisa e um ambiente colaborativo e propício ao aprendizado de engenharia. Um dos membros da ITAndroids 2D que participou da RoboCup 2016 comenta:

> Era um evento muito grande, com pessoas de diversos países e idades competindo em várias categorias. Em todo lugar tinha algum robô mais incrível que o outro, de tamanho e complexidade diferentes. Era possível ver um pouco de futuro acontecendo ali. As competições eram de alta qualidade, com cada equipe trabalhando para produzir algo cada vez melhor. Em toda partida do nosso time, tentávamos ver os problemas que tínhamos e como podíamos melhorar, além de ver as qualidades dos outros times, e em seguida realizar mudanças e testar os resultados. Tudo isso contribui bastante para o aprendizado de computação e IA e para o aprendizado dessas áreas. Era muito divertido também ver as competições e as pessoas torcendo e acompanhando as partidas com a empolgação de um jogo de verdade. Foi muito empolgante também quando assisti a uma palestra de um pesquisador do Google DeepMind, uma grande empresa de IA, e soube que ele competia na mesma categoria que eu há mais de 10 anos. É muito importante um evento desse porte que estimule o desenvolvimento da tecnologia de modo tão amplo e mostre o que está sendo desenvolvido, oferecendo também uma oportunidade de participar de modo ativo na evolução desses campos.

HISTÓRICO DA ITAndroids

A ITAndroids foi criada em 2005 por Jackson Matsuura, na época, aluno de pós-graduação da Divisão de Eletrônica do Instituto Tecnológico de Aeronáutica (ITA) e atualmente professor da mesma divisão. A motivação para a criação da equipe veio quando Matsuura conseguiu a aprovação de artigos relacionados com a IA no âmbito da robótica no VII Simpósio Brasileiro de Automação Inteligente (Sbai), evento realizado juntamente com a Larc.

Dois alunos de graduação e uma aluna de pós-graduação se juntaram à essa equipe. Apesar de ter então apenas um mês de desenvolvimento, a ITAndroids participou da categoria RoboCup Simulação (atual RoboCup Simulation 2D) na CBR e foi vencedora naquele ano. Nessa época, a ITAndroids, investindo predominantemente em IA, consagrou-se como uma das melhores equipes brasileiras de robótica e participou do Mundial em 2006, 2007 e 2008.

O professor Jackson manteve-se ativo na ITAndroids até 2008, quando a equipe desenvolvia em paralelo duas categorias da CBR: RoboCup Simulation 2D e AGENTES RoboCup Rescue Simulation. Infelizmente, não houve transmissão de conhecimentos dos membros mais experientes aos mais novos, de forma que, quando os primeiros se formaram, a equipe foi desfeita.

A ITAndroids foi recriada em 2011, quando havia dois grupos trabalhando com categorias da CBR na graduação do ITA – um no RoboCup Simulation 2D e outro na IEEE SEK. Ambas as equipes participaram da CBR em 2011, todavia, obtiveram maus resultados, dado que o nível das equipes da competição havia aumentado muito, enquanto a ITAndroids estava reiniciando.

Apesar disso, a equipe aprendeu muito com o ambiente colaborativo da competição, e a ITAndroids 2D, isto é, a fração do grupo dedicada a RoboCup Simulation 2D decidiu continuar o desenvolvimento do projeto com o objetivo ambicioso de se classificar para o evento mundial – a RoboCup. Abdicando das férias, a equipe atingiu seu objetivo e ficou em 10º lugar na competição, até então o melhor resultado brasileiro na categoria.

Após voltar do Mundial, os membros da ITAndroids 2D começaram a trabalhar em mais duas categorias: a RoboCup Simulation 3D e a Humanoid Robot Racing (HRR). Então, na Larc 2012, a ITAndroids ganhou prêmios nas três categorias: 1º lugar no

Soccer 2D, 1º lugar no Soccer 3D e 3º lugar no HRR. Assim, a equipe saiu de um dos competidores de pior desempenho para um dos mais premiados da CBR/Larc em apenas um ano!

Ainda em 2012, a ITAndroids começou a trabalhar com desenvolvimento de *hardware*, participando das categorias de Followline e Sumô das competições Summer Challenge e Winter Challenge, alcançando o 3º lugar no Sumô na Winter Challenge.

Em 2013, a ITAndroids começou os projetos do Very Small Size (VSS) e do humanoide (com foco na RoboCup *Humanoid KidSize*). Devido à alta complexidade, desses projetos, à falta de experiência com projeto e confecção de *hardware* da equipe, foi necessário um tempo considerável de maturação. Contudo, os projetos já em desenvolvimento atingiram bons resultados: 13º lugar no RoboCup Simulation 2D e 9º lugar no RoboCup Simulation 3D na RoboCup; 1º lugar no RoboCup Simulation 2D e 2º lugar no RoboCup Simulation 3D na CBR.

Em 2014, um grupo focado na categoria IEEE SEK foi recriado, e os grupos que desenvolviam as categorias Line Follower e Sumô foram extintos, por falta de membros na equipe. Além disso, o sistema do VSS funcionou de forma integrada pela primeira vez. Nesse ano, houve um crescimento significativo do número de membros, principalmente devido a melhorias na organização da iniciativa e nos treinamentos.

Quanto à participação nas competições, a equipe não foi para a RoboCup, por falta de membros, e, na Larc, obteve 1º lugar no RoboCup Simulation 2D, 2º lugar no RoboCup Simulation 3D e 3º lugar no *Humanoid KidSize*. Em 2015, o projeto eletrônico do humanoide funcionou pela primeira vez de modo robusto. Também nesse ano começou a integração da ITAndroids ao Laboratório de Sistemas Autônomos (Lab-SCA) do ITA, em especial em relação ao uso de maquinário de impressão 3D. Além disso, a ITAndroids 3D decidiu reconstruir todo o seu código, com dois grandes diferenciais em relação ao anterior: a linguagem de programação, antes em Java, era agora em C++, e o ponto de partida, antes um time base já pronto, foi totalmente construído pela equipe, utilizando-se apenas poucas ideias do código anterior. Após a Larc 2015, a categoria IEEE SEK foi extinta, por ser considerada fora do escopo da equipe.

Quanto à participação em competições, a equipe ITAndroids ganhou o 13º lugar no RoboCup Simulation 2D e o 11º no RoboCup Simulation 3D na RoboCup; o 1º no RoboCup Simulation 2D, o 2º no RoboCup Simulation 3D e o 4º no VSS na Larc.

Ainda em 2015, a equipe investiu em aprimorar-se em gestão: conduziu um treinamento de gerenciamento de projetos e outro de cultura aos líderes, além da elaboração do planejamento estratégico e do manual do novo membro.

Em 2016, a equipe alcançou número recorde de alunos da graduação envolvidos em projeto no ITA: 75 membros. Atribui-se esse fato aos maiores investimentos na qualidade da gestão do conhecimento, com o aprimoramento dos treinamentos para novos membros, e aos investimentos em gestão de pessoas efetuados no ano anterior.

Além disso, a ITAndroids 3D concluiu seu novo código, competiu com ele na RoboCup e está realizando os últimos ajustes para a divulgação do primeiro "time base" brasileiro na categoria RoboCup Simulation 3D, sendo este totalmente desenvolvido por membros da equipe.

Quanto a competições, a equipe participou da RoboCup e ficou com o 6º lugar no RoboCup Simulation 3D e o 13º lugar no RoboCup Simulation 2D.

A **Figura 15.3** mostra os robôs da equipe ITAndroids competindo na categoria *Very Small Size Soccer* na Larc de 2018 e a **Figura 15.4** apresenta os robôs utilizados na competição e os troféus conquistados.

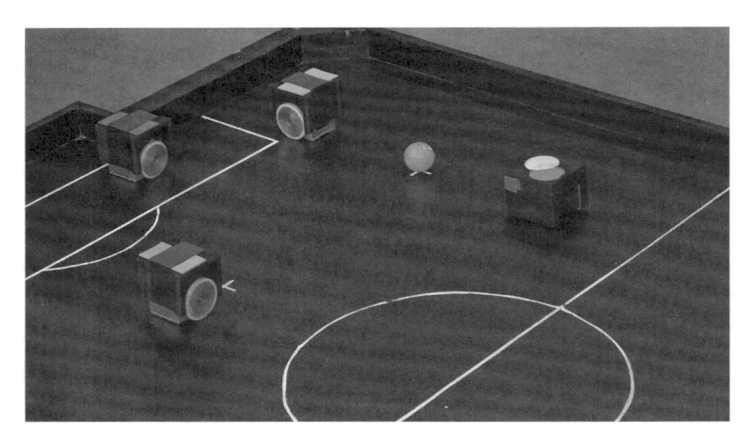

Figura 15.3 Equipe ITAndroids competindo na categoria *Very Small Size Soccer* na *Latin American Robotics Competition* (Larc) de 2018.
Fonte: Foto gentilmente cedida por Davi Herculano.

VISÃO GERAL DA ITAndroids

A ITAndroids, como grupo de pesquisa na área de engenharia, busca ensinar, pesquisar e desenvolver esse campo do conhecimento por intermédio de projetos de robótica. A equipe acredita que esse é seu ideal, na medida em que seus membros anseiam pelo aprendizado da engenharia no estágio processual, bem como desejam contribuir para o avanço da área por meio das tecnologias desenvolvidas nos projetos.

Diante disso, a equipe deseja alcançar o patamar de liderança ativa no ensino de engenharia, quer no nível da graduação, quer no de pós-graduação, ao prover aprendizado real na área e ser referência em pesquisa e desenvolvimento em robótica. Tal visão, por sua vez, apresenta coerência com as atividades de-

Figura 15.4 Robôs e troféus conquistados pela Equipe ITAndroids na *Latin American Robotics Competition* (Larc) de 2018.
Fonte: Foto gentilmente cedida por Davi Herculano.

senvolvidas pelo grupo, uma vez que a experiência provida tem-se mostrado bastante relevante aos membros em termos de aprendizado de engenharia, e, sobretudo, os conhecimentos e processos desenvolvidos são inovadores a ponto de contribuírem para avançar o conhecimento das diversas áreas da engenharia contempladas.

Estabelecido o ponto de partida e onde se quer chegar, a ITAndroids possui uma série de valores que guiam as atividades do grupo, desde o desenvolvimento dos projetos na área de robótica até sua dinâmica de tomada de decisão na diretoria administrativa – orientam-se os membros, desde sua entrada na iniciativa, para que tais pilares sirvam como base para qualquer ação que estes tomarão como integrantes da equipe. Essas características que identificam um membro da ITAndroids não o auxiliam simplesmente no crescimento dentro desta, como também o tornam um profissional mais bem preparado para entrar de maneira eficiente no mercado de trabalho. Os valores são:

- **Espírito de equipe:** grandes projetos precisam de muitas pessoas colaborando entre si para serem realizados, e a harmonia e integração entre os membros tem valor crucial para o bom desempenho das atividades. Uma relevante parte de um projeto depende da comunicação interna eficiente, e saber trabalhar em grupo tem grandes implicações nesse quesito.
- **Perseverança:** os membros da ITAndroids são conscientes o suficiente para acreditar que conseguem mudar o mundo a sua maneira. Para concretizar tal objetivo, necessita-se de resiliência no desenvolvimento das atividades – só assim pode-se chegar ao topo do mundo.
- **Respeito pelas diversas áreas da engenharia:** a robótica requer a integração de diversas áreas da engenharia. Portanto, todas possuem o mesmo valor no desenvolvimento das soluções tecnológicas desenvolvidas.
- **Colaboração:** o conhecimento deve ser disseminado, seja em âmbito interno ou externo. Pela colaboração, evolui-se mais rapidamente. Se a equipe alcançou o patamar em que se encontra, isso aconteceu devido ao auxílio de muitos. Portanto, os membros se sentem na obrigação de retribuir.
- **Comprometimento:** necessita-se de dedicação e foco para atingir os objetivos e alcançar o que se propõe na visão do grupo, principalmente quando se trata da construção de soluções complexas para uma área de inovações tecnológicas.
- **Paixão pelo desafio técnico:** a ITAndroids é composta por pessoas apaixonadas por resolver problemas técnicos que pareçam impossíveis. Dessa forma, os membros se motivam pelo desconhecido e buscam o conhecimento.
- **Excelência técnica:** as atividades da equipe possuem altíssima complexidade técnica. Portanto, excelência não é luxo, mas uma necessidade para se alcançar os objetivos.
- **Equilíbrio entre teoria e prática:** prática sem teoria é tentativa e erro. Teoria sem prática, por sua vez, trata-se de exercício mental. Acredita-se que a engenharia envolve a criação de sistemas que funcionam no mundo real, e a melhor abordagem para tal se encontra em aplicar os modelos teóricos na prática, ou seja, alcançar o equilíbrio entre esses dois âmbitos.
- **Inovação:** acredita-se que não se deve reinventar a roda. Entretanto, como um grupo de pesquisa e desenvolvimento, não basta apenas reproduzir aquilo de que já se tem conhecimento, é preciso ir além do estado da arte em engenharia.

A partir desse conjunto de valores, pode-se inferir como se caracteriza o perfil de um integrante da equipe da ITAndroids. Embora o grupo trate de desenvolver tecnologia para uma gama específica de problemas (competições de robótica, como o futebol de robôs), seus membros se tornam técnicos competentes e capazes de lidar com desafios de alta complexidade nas mais diferentes áreas do conhecimento. Além disso, estão comprometidos em colaborar com a melhoria dos resultados e perseverar frente a barreiras que surgem naturalmente no desenvolvimento de atividades – algo atestado pelas posições de destaque ocupadas por antigos membros do grupo no mercado de trabalho. São diversos os engenheiros da ITAndroids que colaboram em empresas de renome na área de tecnologia.

Nesse viés, pode-se observar a relação direta entre a participação do membro nas atividades técnicas da equipe e a vida profissional deste. A ITAndroids, aliada ao próprio ITA, não forma apenas técnicos competentes comprometidos, resilientes, inovadores e apaixonados pelo que fazem, mas também cidadãos conscientes, que sabem colaborar de maneira coletiva e, sobretudo, que respeitam o trabalho e a individualidade de cada um.

CULTURA

A fim de efetivar a missão, a visão e os valores definidos previamente, necessita-se construir, de modo colaborativo, uma cultura sólida que reflita esses ideais. Assim, a cultura se encaixa como a base de toda a existência da iniciativa. Todas as atividades, processos e pesquisa executada no ambiente da ITAndroids têm como centro sua cultura organizacional, que se efetiva dia após dia.

Existem certas "linhas de ação" que permeiam a cultura da organização, a fim de complementar os valores supracitados e facilitar e agilizar o desenvolvimento das atividades internas. São eles:

- **Proatividade:** a ITAndroids só existe por conta do desejo das pessoas de se desenvolverem na construção de projetos. Mesmo não existindo uma orientação ou "ordem" vinda de alguém, os membros continuam trabalhando com afinco em suas atividades e querem entender a iniciativa como um todo (conhecer a estrutura organizacional, as diversas áreas de conhecimento, projetos, etc.). Portanto, não existe uma estrutura rígida de comando, restringindo a liberdade de seus membros.
- **Objetividade:** para que se complete um projeto no estado da arte, seu escopo deve ser claro, e, caso os requisitos mudem durante o projeto (algo que ocorre naturalmente), o novo escopo deve também ser entendido pelos que desenvolvem o projeto, sem ambiguidades e mal-entendidos.
- **Transparência:** compartilham-se todas as decisões tomadas no grupo, em todos os níveis de gestão, área de pesquisa e projetos. Uma comunicação clara e transparente auxilia na agilidade dos processos, valor importante para o grupo.
- **Organização:** o grupo conta com dezenas de alunos de graduação, divididos em várias categorias de trabalho técnico e de gestão, bem como em atividades suplementares (treinamentos e processos seletivos, entre outras). Logo, faz-se importante manter uma organização da estrutura física (ambiente de trabalho), bem como do andamento dos projetos, até mesmo para torná-los mais objetivos e transparentes.
- **Documentação:** a ITAndroids possui em seu núcleo de membros, em essência, alunos de graduação. De maneira natural, a rotatividade de participantes é bastante alta – basicamente, em cinco anos, o grupo muda por inteiro. Além disso, o ambiente da ITAndroids tem como característica a formação de

membros, que entram com pouco ou nenhum conhecimento da área, e saem técnicos competentes. Portanto, necessita-se de um mecanismo de documentação que mantenha o conhecimento vivo e dinâmico dentro das atividades da iniciativa.

- **Respeito pela individualidade:** a ITAndroids, como reportado antes, gera em seus membros um perfil de trabalho colaborativo e identificado por seus valores. Isso, por sua vez, é construído com respeito pela individualidade de cada um e por seu estilo pessoal de trabalho, ideologias e crenças. Dessa forma, o grupo está sempre aberto para qualquer aluno de graduação e pós-graduação do ITA, desde que este se comprometa com a cultura organizacional e queira, sobretudo, acelerar o desenvolvimento do grupo de pesquisa. Portanto, a ITAndroids abraça qualquer tipo de membro e o aceita, sem segregações. Atesta-se isso pela heterogeneidade de seus membros, formada por membros de todas as regiões do Brasil, com diferentes etnias, ideologias políticas e orientações sexuais. Na verdade, tal diversidade mantém o grupo mais fortemente coeso e aberto para mudanças, sempre se moldando para despertar o máximo potencial de seus colaboradores.
- **Disseminação do conhecimento:** faz parte da missão do grupo ensinar engenharia e desenvolver seus membros. Aliado a isso, existe o desafio originado da alta rotatividade dos participantes. Logo, a equipe se preocupa com os mecanismos de nivelação técnica de seus componentes e de partilha de conhecimento. Para tal, desenvolvem-se treinamentos, mentoria de membros novos por parte dos mais experientes e compartilhamento de material de estudo, entre outros.
- **Comprometimento com todas as etapas do projeto:** para a realização de um projeto extenso de qualidade, necessita-se de várias etapas, as quais requerem diferentes habilidades. Muitas vezes, estas parecem pouco desafiadoras, mas isso não as torna menos relevantes para a execução bem-sucedida do projeto. Portanto, um membro deve se preocupar com todo o processo e entendê-lo bem, para que possa documentá-lo e manipulá-lo. Quando um participante entende todas as atividades, este se reconhece no produto final, evitando que se aliene com um trabalho específico e se desmotive no andamento das atividades.

Por fim, os valores e "linhas de ação" citadas anteriormente se condensam nas principais competências valorizadas pela equipe ITAndroids:

- Disseminação de conhecimento, para desenvolvê-lo em seus membros e mantê-lo dinâmico no ambiente de trabalho.
- Gestão de projetos, para que a organização das atividades internas seja realizada de maneira ágil, potencializando os colaboradores.
- Busca de melhores maneiras para a resolução de desafios, a fim de construir novos conhecimentos e melhorar projetos ou até mesmo elaborar novos.
- Inovação, com o propósito de estar em nível competitivo pelo uso das mais novas ferramentas tecnológicas e conhecimento técnico disponível no mercado e na academia.
- Domínio das áreas técnicas de relevância, visando a otimizar o resultado dos projetos e torná-los melhores nas principais competições de robótica (atualmente, as principais áreas são computação, controle de sistemas, engenharia de sistemas, IA, mecânica e processamento de sinais).

ORGANIZAÇÃO DOS GRUPOS DE TRABALHO

Projetos de robótica

O grupo atualmente se divide em quatro projetos de robótica, conforme as categorias de competição (HRR e *Humanoid KidSize* se organizam como um único projeto) e sete áreas (mecânica, computação, eletrônica, controle, processamento de sinais, IA e engenharia de sistemas). Antes de 2015, a estrutura organizacional era simples, e cada projeto possuía um líder, cujo papel seria como o de um "gerente de projetos", acompanhando o desenvolvimento do projeto e o desempenho de seus liderados: realizar a divisão e o planejamento de atividades entre os membros da categoria e fazer a cobrança dessas atividades por meio de uma reunião semanal.

O líder também conta com o apoio de membros experientes da equipe e do professor coordenador. Até meados de 2015, as ferramentas usadas pelos líderes para a cobrança de atividades não eram unificadas, e, em geral, não havia treinamentos de gestão de projetos para esses líderes. Ou seja, diferentes lideranças organizavam o acompanhamento de atividades de forma diferente e, na maioria das vezes, não possuíam conhecimento técnico de gestão. Além disso, esperava-se que o líder possuísse domínio técnico de todo o projeto.

Porém, a partir do planejamento estratégico de 2015, a estrutura organizacional dos grupos de projeto tornou-se matricial (BATEMAN; SNELL, 2003), conforme mostrado na **Figura 15.5**.

Assim, atualmente, existem, além dos líderes de categoria/projeto, os líderes de área de conhecimento. A liderança de categoria agora passa por um treinamento de gestão de projetos, e sete pessoas da equipe, uma para cada área de conhecimento da ITAndroids, são indicadas para integrar as lideranças de área. Tal líder deve possuir as seguintes características:

1. Ter alto conhecimento técnico.
2. Ser solícito para tirar dúvidas e orientar membros mais inexperientes.
3. Ser autodidata, proativo em buscar o estado da arte.

Até o ano de 2016, o grupo ainda não havia atingido um alto nível de amadurecimento em engenharia de sistemas, e a liderança dessa área era feita pelo professor coordenador.

Com o uso de líderes de área, uma etapa da realização de um projeto de engenharia pôde ser facilitada: a realização das atividades de projeto. Isso porque, uma vez que os membros inexperientes conhecem os líderes de área, sabem a quem pedir auxílio caso enfrentem problemas técnicos em alguma área do conhecimento específico, isto é, eles sabem que podem contar

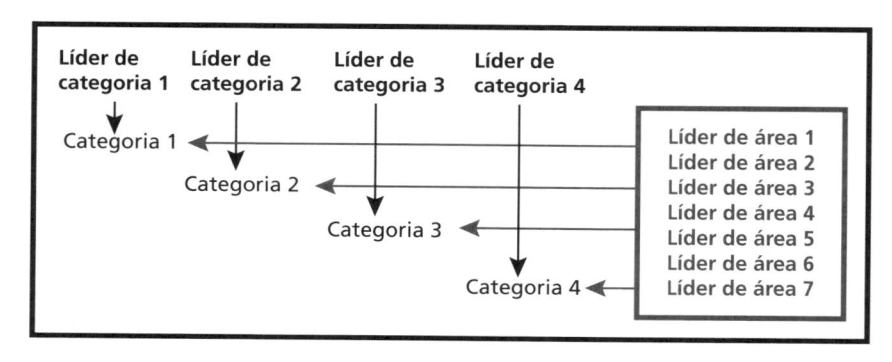

Figura 15.5 Estrutura organizacional matricial usada pela equipe.

com o líder para tirar dúvidas. Além disso, o líder de área reduz a responsabilidade do líder de projetos de conhecer tecnicamente o projeto como um todo e deve organizar um treinamento avançado para a equipe em sua respectiva área. Nessa incumbência, incluem-se a divulgação do treinamento e a escolha de outros membros experientes para apoiá-los nessa tarefa, além de trazer novos conhecimentos relevantes de sua área para o grupo.

Além dessas mudanças, ocorreu também a unificação das ferramentas de gestão de projetos, que passaram a ser o Trello (c2016). Cada projeto possui uma diferente lista no Trello, com sua respectiva distribuição de atividades e seu correspondente prazo de cumprimento. Em cada reunião semanal, o líder de categoria vai verificando o cumprimento dos prazos e a realização das atividades.

Diretoria

Há também uma diretoria, que é responsável pelo direcionamento estratégico e por atividades de suporte, como captação de recursos, *marketing* e organização e participação em eventos. Dada a forte cultura técnica do grupo, membros com cargo de liderança também trabalham diretamente no desenvolvimento dos projetos.

A diretoria foi introduzida em meados de 2014, e é composta atualmente por 7 diretores, sendo dois diretores para a área de *marketing*, dois para a executiva, um para a financeira e um presidente.

Os encontros entre os diretores ocorrem em uma reunião semanal. Além dos diretores, dela podem participar membros experientes da equipe, que ocupam o conselho do grupo, e quaisquer outros integrantes que manifestem interesse. Nas reuniões são discutidas questões relacionadas à equipe e são feitas atualizações do acompanhamento de atividades entre os membros. As tomadas de decisão ocorrem por meio de discussões entre todos os diretores e o conselho, e geralmente resultam de votação.

O presidente ocupa o mais alto nível da diretoria e é o responsável pela administração da equipe. Ele também deve ser capaz de manter uma boa imagem da ITAndroids frente ao ITA e de pensar no futuro da equipe, bem como nas atividades a serem por esta realizadas, para que esse almejado futuro seja alcançado. Além disso, ele acompanha os projetos desenvolvidos dentro da ITAndroids de forma bastante próxima e, assim, cuida para que seja cultivada a cultura dessa instituição.

O diretor executivo é responsável por, juntamente com o presidente, administrar a ITAndroids, sendo normalmente esta uma área da diretoria aberta a sugestões de outras pessoas para melhorar a equipe. Como uma das principais atividades dos diretores executivos, inclui-se a organização de processos seletivos e de treinamentos básicos para os novos membros.

Atualmente (2018) o diretor de *marketing* é responsável pela divulgação da equipe em redes sociais, pela manutenção do *site* da equipe e pelo contato externo com outras empresas. Na divulgação feita pelo *marketing*, inclui-se a disponibilização de materiais para estudo no canal do YouTube e no *website* da equipe. Ou seja, essa área da diretoria contribui bastante para a colaboração promovida pela equipe.

O diretor financeiro é responsável pela administração do dinheiro da equipe e pela alocação desse recurso de forma adequada para as diversas atividades.

O diretor de patrocínios é responsável por prospectar novas parcerias e manter comunicação com elas, além de garantir que as contrapartidas definidas nos contratos de patrocínio sejam cumpridas pela equipe.

GESTÃO DO CONHECIMENTO

A gestão do conhecimento constitui um dos processos mais importantes para o funcionamento de um grupo técnico como a ITAndroids. Isso ocorre porque a maioria dos membros do grupo é composta por alunos de graduação, o que confere à equipe uma rotatividade muito alta de pessoas. Isso acaba fazendo com que muitos membros experientes saiam da equipe, deixando integrantes novos e inexperientes sem orientação/aconselhamento nas atividades técnicas dos projetos. Com o objetivo de reduzir os efeitos prejudiciais da rotatividade, a equipe realiza, a cada semestre, treinamentos técnicos.

No final de cada ano, após o fim das competições de robótica de que a equipe em geral participa, ocorre a montagem da comissão de treinamento, com membros da ITAndroids, a qual se reúne semanalmente até o final do segundo semestre do ano para discutir os pontos fortes e fracos dos treinamentos que aconteceram no início do ano. A partir desses debates, são feitas considerações sobre como deve ser o treinamento do ano seguinte, desde considerações de gestão a considerações técnicas, como, por exemplo, a revisão e elaboração das ementas dos treinamentos. A partir disso, os líderes de área recebem, por meio da diretoria, informes dessas reuniões, que relatam o *feedback* dos membros da equipe em relação aos treinamentos ocorridos no início do ano. Essas considerações orientam os líderes sobre modificações que devem ser feitas para que o treinamento seja mais aproveitável e adequado aos membros da equipe.

Até 2015, só existiam treinamentos básicos, os quais eram voltados para computação e eletrônica, e realizados no início do ano, com término previsto para o final do 1º bimestre do 1º semestre de cada ano.

Esses treinamentos eram voltados aos membros mais novos da equipe, contudo, qualquer participante poderia assisti-los. Os treinamentos básicos possuíam duas partes: o treinamento geral e o específico. O primeiro tinha duração de três semanas, e abordava o conhecimento que todo membro deve possuir, sendo o primeiro treinamento recebido ao entrar na equipe. Em seu conteúdo constava o básico de programação em C++ e em Lego, com uma competição nesta modalidade ao término do curso. A partir desse ponto, os membros poderiam escolher a área em que desejavam se especializar – computação ou eletrônica. A partir daí, eram iniciados os treinamentos específicos, todos com duração de cinco semanas. Ao final de todos eles, a diretoria envia um formulário anônimo para todos os membros que fizeram os treinamentos da ITAndroids responderem, no qual eram colhidas críticas e sugestões para que pudessem ser implementadas melhorias no ano seguinte.

Porém, após várias discussões entre os membros da diretoria, 2016, percebeu-se que os projetos haviam se tornado mais complexos e os conhecimentos do treinamento básico não eram suficientes para um integrante novo trabalhar com muita autonomia em um projeto. Além disso, a forma como o treinamento acontecia não estava sendo produtiva, uma vez que os membros novos, de acordo com alguns *feedbacks* recebidos, estavam se desmotivando com ele. Assim, a estrutura de treinamentos da equipe se complexificou, passando a existir dois tipos: o básico, que já existia, e o avançado.

A partir de 2016, os treinamentos básicos passaram a incluir a mecânica como uma especialização técnica, além de possuir duas competições: uma que acontecia no final do treinamento geral, e outra, no final do específico. E os treinamentos avançados, que são recomendados para membros que já fizeram no mínimo o primeiro ano da graduação no ITA, atingem cinco áreas da ITAndroids (computação, eletrônica, controle, processamento de sinais e IA). Quatro deles ocorrem no primeiro semestre do ano (computação, controle, processamento de sinais e IA) e outros dois são oferecidos no segundo semestre (computação e eletrônica, pois a área de mecânica ainda não é estruturada o suficiente para justificar um treinamento avançado).

O treinamento de computação, dada sua grande importância em todos os projetos da ITAndroids, possui duas edições no ano com a mesma ementa. Eles também vão sendo gravados e publicados no canal do Youtube, que tem dois usos: documentação interna (para auxiliar futuros treinamentos técnicos que podem ser realizados) e documentação externa (para que outras pessoas interessadas em robótica, de todo o Brasil, tenham acesso às aulas). Mantendo o último processo da estrutura de treinamento anterior, era enviado um formulário para todos os membros da ITAndroids que participaram dos treinamentos, com o objetivo de receber o *feedback* das aulas.

A duração dos treinamentos básicos, a partir de então, era prevista para um bimestre. A duração dos treinamentos avançados variava de acordo com o treinamento e a ementa de cada um.

Além das modificações nos treinamentos técnicos, foi planejado um treinamento de cultura, voltado para todos os membros da equipe, o qual ocorre no segundo semestre, após o término das competições. Este tem o papel de apresentar aos integrantes da ITAndroids a cultura da instituição, os valores que são esperados de cada membro e a importância desses valores para a equipe.

CONTRIBUIÇÕES PARA A COMUNIDADE CIENTÍFICA

Como contribuições para a comunidade científica, destacam-se as publicações, a divulgação de material didático e a liberação de projetos abertos.

Publicações

Para dominar o "estado da arte" em cada área desenvolvida pela ITAndroids, é comum a seguinte prática na equipe: leitura e análise das publicações a respeito do projeto em jornais e conferências de respaldo acadêmico nacionais, como o Simpósio Brasileiro de Automação Inteligente (Sbai), e internacionais, como a *International Conference on Intelligent Robots and Systems* (Iros), reprodução com adaptações das técnicas aprendidas e, por fim, otimização destas. Dessa forma, o aprendizado em cada área é construído da forma o mais otimizada possível.

Dessa maneira, foi percebido, por meio da prática na ITAndroids, que a colaboração de conhecimento vinda de outras equipes e laboratórios de pesquisa foi indispensável ao desenvolvimento da equipe, e, portanto, era coerente dar início à publicação de artigos divulgando as inovações desenvolvidas pela equipe. Assim surgiu a cultura de contribuir com a comunidade científica para o avanço da robótica.

Não obstante, a ITAndroids, como grupo de pesquisa e aprendizado na área de robótica, tem como premissa básica ensinar, pesquisar e desenvolver essa área do conhecimento humano, ou seja, o contato com a comunidade científica por meio da leitura e constante publicação de artigos é inerente à filosofia que direciona a equipe.

Tendo isso em mente, a equipe começou a estimular seus membros a publicar toda fonte de inovação de conhecimento desenvolvida nas conferências e congressos científicos nacionais e internacionais – por exemplo, Sbai, Congresso Brasileiro de Automação (CBA), Lars, *Brazilian Humanoid Robot Workshop* (Brahur) e Iros, entre outros.

As repercussões práticas têm sido impactantes na equipe, pois os membros foram estimulados a fazer projetos mais robustos, evitando heurísticas e buscando compreender intrinsecamente os fenômenos que aconteciam nos projetos que desenvolviam. Além disso, como consequência desse estímulo e dos resultados alcançados, projetos mais avançados, que, em geral, não eram visados, devido à alta complexidade inerente a eles, têm sido buscados pelos membros da equipe e executados com sucesso, aumentando de modo substancial o nível da equipe.

É fundamental salientar, ainda, o comentário de um membro da equipe:

É apaixonante a emoção de publicar um artigo, pois, depois de meses de trabalho, pude ver que compreendi bem os conceitos de que precisei no projeto, vi que, de fato, os conhecimentos teóricos que adquiri na faculdade e em livros funcionam em um projeto de engenharia de verdade! E, como se isso ainda não bastasse, pude sentir que mudei um pouco o curso da história da humanidade, pois expandi a fronteira do conhecimento humano.

A respeito das publicações da ITAndroids, há uma lista que contém a maioria na seção de publicações no *website* da equipe[*].

Divulgação de material didático

A ITAndroids insere-se em um ambiente de alunos de graduação, isto é, uma esfera social com alta rotatividade de membros, e, portanto, há a necessidade constante de treinamentos e técnicas de disseminação de conhecimento internamente, para que este não seja perdido com a saída de membros experientes, conforme explicado na seção de gestão de conhecimento.

Tendo isso em vista, foi observado que era oportuno documentar os treinamentos organizados, bem como os materiais teóricos de valor para a equipe, como apostilas e títulos de livros importantes, entre outros. Isso foi feito para garantir que o conhecimento não fosse perdido, bem como para assegurar o crescimento da qualidade dos treinamentos a partir da observação dos anteriores.

Contudo, a equipe constatou que essa prática poderia ser benéfica ainda em outro aspecto: a divulgação do conhecimento adquirido na equipe para outras equipes e laboratórios de pesquisa. Com esse objetivo, o departamento de *marketing* foi responsabilizado pela divulgação por meio de ferramentas de mídia como o Facebook, o *website* e o YouTube e de materiais referentes a treinamentos da ITAndroids, como, por exemplo, listas de exercícios, resoluções e gabaritos, videoaulas dos treinamentos básicos e avançados e apostilas.

Esses materiais podem ser obtidos no *website* da equipe, no qual há um *link* para o canal do YouTube da equipe (ITAndroids), que também pode ser localizado diretamente no YouTube.

Liberação de projetos abertos

Mesmo com acesso a publicações científicas e materiais didáticos, desenvolver um time de robôs que seja competitivo no atual nível das ligas de competição de robótica requer esforço e experiência. Todos aqueles que já participaram de projetos práticos de engenharia sabem que passar da teoria para uma implementação que realmente funcione não é fácil. Muitas vezes, a dificuldade reside em diversos detalhes de implementação que são difíceis de documentar.

Assim, como forma de incentivar novas equipes a entrarem nas competições de robótica, alguns grupos liberam seus projetos, tanto de *hardware* quanto de *software*. Para evitar abusos, como o caso de uma equipe conseguir uma boa colocação na competição apenas usando o código liberado pelo melhor time do ano anterior, sem realizar modificações, as liberações contêm apenas parte do projeto, o que acontece especialmente nas ligas de simulação. Também há regras em algumas ligas que impedem a participação de times que usam algum projeto liberado sem nenhuma modificação.

Como uma forma de retribuição à comunidade e de fomento à entrada de novas equipes, a ITAndroids pretende liberar seus projetos assim que eles atingirem um nível de maturidade suficiente. O primeiro projeto a ser liberado será o código base ITAndroids 3D, referente à categoria RoboCup 3D Soccer Simulation.

---

[*]Disponível em: <http://www.itandroids.com.br/>. Acesso em: 02 out. 2018.

Código base ITAndroids 3D

Como descrito anteriormente, uma das vantagens das ligas de competição de robótica simuladas, como a RoboCup 3D Soccer Simulation, é não requerer um alto custo para a aquisição dos robôs físicos, nem conhecimento de desenvolvimento de *hardware*. Apesar disso, o desenvolvimento de um código de agente de Soccer 3D ainda necessita de muito esforço e conhecimento.

O Soccer 3D provê um ambiente de simulação realista, em que o controle do robô humanoide deve ser feito por meio do controle de cada uma de suas articulações. O controle de movimentos de robôs humanoides é considerado um dos problemas mais difíceis da robótica, logo, o desenvolvimento de algoritmos para o robô executar movimentos básicos do futebol, como andar, chutar a bola e levantar-se (no caso de queda), requer conhecimentos sólidos de teoria de controle.

Quanto à percepção, o servidor envia para o agente as posições dos objetos (bola, outros robôs, linhas, traves e bandeiras) dentro do campo de visão do robô naquele instante. Com isso, não há necessidade de processamento de imagem. Porém, para prover maior fidelidade na simulação de robótica, as posições dos objetos vistos são escritas em relação ao sistema de coordenadas local da câmera (fixada na cabeça do robô), e o servidor adiciona ruído à posição real de cada objeto para simular erro de medida. Desse modo, a obtenção de uma boa estimativa para a posição global do robô necessita do uso de algoritmos probabilísticos, como o filtro de partículas, que funde informações do histórico de observações e de comandos.

Com isso, o Soccer 3D não é apenas um desafio de "computação", pois envolve também conhecimentos de controle e de processamento de sinais. Da forma como se organizam os cursos de tecnologia no Brasil, os currículos de ciências da computação em geral não contemplam cursos de controle ou de processamento de sinais, assuntos que costumam ser ministrados apenas em cursos de engenharia, especialmente de engenharia elétrica (na realidade, as técnicas usadas para solucionar o problema de localização de robô costumam ser ensinadas apenas em cursos avançados de pós-graduação). Para a implementação da estratégia dos agentes, é útil usar técnicas formais de IA e sistemas multiagentes.

Além disso, o código de um agente competitivo do Soccer 3D geralmente requer muitos milhares de linhas de código, de modo que bons conhecimentos de engenharia de *software* e de boas práticas de programação tornam-se necessárias para uma boa organização do código. Assim, considerando ainda a complexidade de como esses diversos componentes interagem entre si, pode-se dizer que o Soccer 3D é um grande desafio multidisciplinar de pesquisa e desenvolvimento em robótica e computação.

Portanto, desenvolver um código de agente do Soccer 3D do zero ainda é uma barreira muito grande para a entrada de grupos que não tenham considerável experiência prévia com robótica, o que inibe novas equipes de participar da liga. O objetivo da liberação do código base ITAndroids 3D é reduzir essa barreira.

Considerando a discussão realizada até aqui, há três questões principais que o código base ITAndroids 3D busca resolver para times iniciantes:

- **Prover toda a implementação da comunicação de baixo nível com o servidor:** a implementação dessa comunicação requer um esforço considerável para interpretar e gerar mensagens relativas a cada um dos sensores e atuadores do robô. Além disso, trata-se de uma implementação muito específica, relacionada com o protocolo usado pelo simulador da 3D Soccer Simulation, portanto, não produz ganhos de pesquisa ou mesmo de conhecimento em robótica.
- **Prover uma base funcional de movimentos e de localização:** conforme abordado,

dois grandes desafios são o controle de movimentos do robô e sua localização no campo. Em nossa experiência com competições de robótica, encontram-se muitos grupos advindos de cursos de ciências da computação, os quais relatam dificuldades na implementação de movimentos e de localização, por não terem tido a base necessária nessas áreas no curso. Por outro lado, tratam-se de grupos que certamente têm muito potencial para desenvolver a estratégia dos agentes. De modo a incentivar a participação de grupos com esse perfil, o código base ITAndroids 3D provê uma base funcional de movimentos e de localização, com desempenho adequado para a participação na competição.

- **Prover uma boa estruturação de código:** na construção desse código base, houve uma grande preocupação com engenharia de *software*. Assim, planejou-se, desde o início da implementação, como seria a estruturação do código, aproveitando-se também da experiência acumulada pela ITAndroids com competições de futebol de robôs e com o uso e estudo de outros times bases, em especial o agent2d (da liga RoboCup 2D Soccer Simulation) e o magmaOffenburg. O código-base ITAndroids 3D adota uma arquitetura de código em camadas, que reflete conceitos intuitivos de robótica. Além disso, o código foi construído com o uso de boas práticas de programação e com convenções de código rígidas, adotadas desde o início do projeto. Também foi empregada uma boa cultura de testes, de modo que partes isoladas foram adequadamente testadas. Para times que estão começando e não possuem experiência com o desenvolvimento de projetos grandes, é muito difícil conseguir construir uma boa estruturação de código.

Em relação ao código, destacam-se, primeiramente, alguns pontos e decisões de projeto importantes. A linguagem de programação escolhida foi C++, por esta prover um alto desempenho em tempo de execução e ser muito utilizada pela comunidade de robótica, em especial na RoboCup. Alguns dos algoritmos comumente implementados em robótica possuem um alto custo computacional, como o filtro de partículas, o que justifica a necessidade de alto desempenho em tempo de execução. O fato de a C++ ser muito utilizada pela comunidade de robótica permite um fácil reaproveitamento de código disponível publicamente. Por fim, o código foi escrito em inglês, de modo a permitir que times estrangeiros também possam usar o código base.

Diversos códigos bases foram liberados para a RoboCup 3D Soccer Simulation. A maioria destes estão desatualizados e não são mais compatíveis com a última versão do servidor usado na competição. Os dois códigos base que são compatíveis com a atual versão do servidor são o magmaOffenburg, desenvolvido pela equipe magmaOffenburg (Universidade Offenburg, Alemanha) e o UT Austin Villa RoboCup 3D (MACALPINE; STONE, 2017), desenvolvido pela equipe UT Austin Villa (Universidade do Texas em Austin, Estados Unidos).

De 2012 até 201, a ITAndroids baseou seu código da Soccer 3D no código base do magmaOffenburg (versão 2011), o qual possui uma boa qualidade. Por outro lado, as implementações de controle de movimentos e de localização providas não possuem desempenho compatível com o atual nível da competição. Além disso, no caso específico da ITAndroids, o maior problema na utilização desse código base foi ele ter sido escrito em linguagem de programação Java. Como a ITAndroids tem outros projetos de futebol de robôs, os quais utilizam a C++, os demais projetos tinham problemas em compartilhar o código com a ITAndroids 3D. O momento chave de decisão aconteceu na RoboCup 2015, quando alguns dias de trabalho foram perdidos com retrabalho para a implementação do módulo de caminhada em Java, que já havia sido anteriormente implementado em C++, para o código do *Humanoid KidSize*. Novamente, é importante destacar que a C++ é uma linguagem muito comum na comunidade de robótica, com uma popularidade bem superior à Java.

O time desenvolvedor do UT Austin Villa RoboCup 3D tem uma longa tradição na RoboCup 3D Soccer Simulation, por ter sido campeão mundial em 2011, 2012, 2014, 2015 e 2016 (ficou em segundo lugar em 2013). O código foi escrito em C++, provê boas implementações para o controle de movimentos e localização e fornece alguns exemplos de como usuários iniciantes podem realizar modificações importantes. Porém, a estruturação do código não provê uma modularização adequada, além de o código não apresentar boa organização em alguns trechos. Assim, times iniciantes devem ter dificuldades para começar a utilizar esse código base.

As técnicas liberadas no código base para o controle de movimentos e para a localização são as mesmas usadas pela ITAndroids 3D. A caminhada é omnidirecional e baseada no conceito de *zero-moment point* (ZMP) (MAXIMO, 2015). Para os demais movimentos, utiliza-se interpolação no tempo de *keyframes* (isto é, interpolam-se posições de articulações previamente definidas). Para a localização do robô, utiliza-se um filtro de partículas (AGUIAR; MAXIMO; PINTO, 2016). Com isso, as equipes podem estudar as publicações da ITAndroids, caso desejem entender com mais facilidade as implementações fornecidas. Além disso, essas técnicas são compatíveis com o que é desenvolvido pelos melhores times da competição e pelos melhores grupos de pesquisa em robótica.

A estruturação da arquitetura em camadas se dá conforme a **Figura 15.6**. Essa divisão do código em camadas permite uma melhor organização, facilita a abstração de questões de baixo nível e realiza o desacoplamento no código.

Com a abstração provida pelas várias camadas, o desenvolvedor pode implementar a tomada de decisão pensando em ações de alto nível, como andar com tal velocidade ou chutar a bola em tal direção, em vez de se preocupar com como realizar essas ações por meio do controle das articulações do robô. Com o desacoplamento de código, uma alteração no protocolo do servidor, por exemplo, deve impactar apenas as camadas de mais baixo nível, de modo que as de mais alto nível continuem inalteradas.

A seguir, detalha-se o propósito de cada camada:

- *Communication* (**comunicação**): conecta-se diretamente com o servidor por meio de um *socket* TCP/IP para receber e enviar mensagens. As mensagens recebidas depois são interpretadas por *Perception*. As mensagens enviadas são recebidas de *Action*.
- *Perception* (**percepção**): interpreta uma mensagem enviada pela camada *Communication* e a converte em uma árvore, a qual contém informações de todos os sensores do robô (chamados *perceptors* no Soccer 3D). Essa árvore é então convertida em vários objetos, que são englobados em um objeto que representa a percepção do agente.
- *Modeling* (**modelagem**): esta camada utiliza as informações brutas percebidas pelo agente para atualizar os modelos que este tem de si próprio e do mundo. Assim, está dividida em dois componentes principais:
  - *Agent model* (**modelo do agente**): calcula informações importantes relacionadas com o próprio agente, como a posição de seu centro de massa, as posições relativas das diversas partes do corpo do robô e matrizes de transformação de coordenadas de uma parte do robô para a outra (p. ex., a matriz que converte as posições dos objetos percebidos pela visão do robô, que estão no início, no sis-

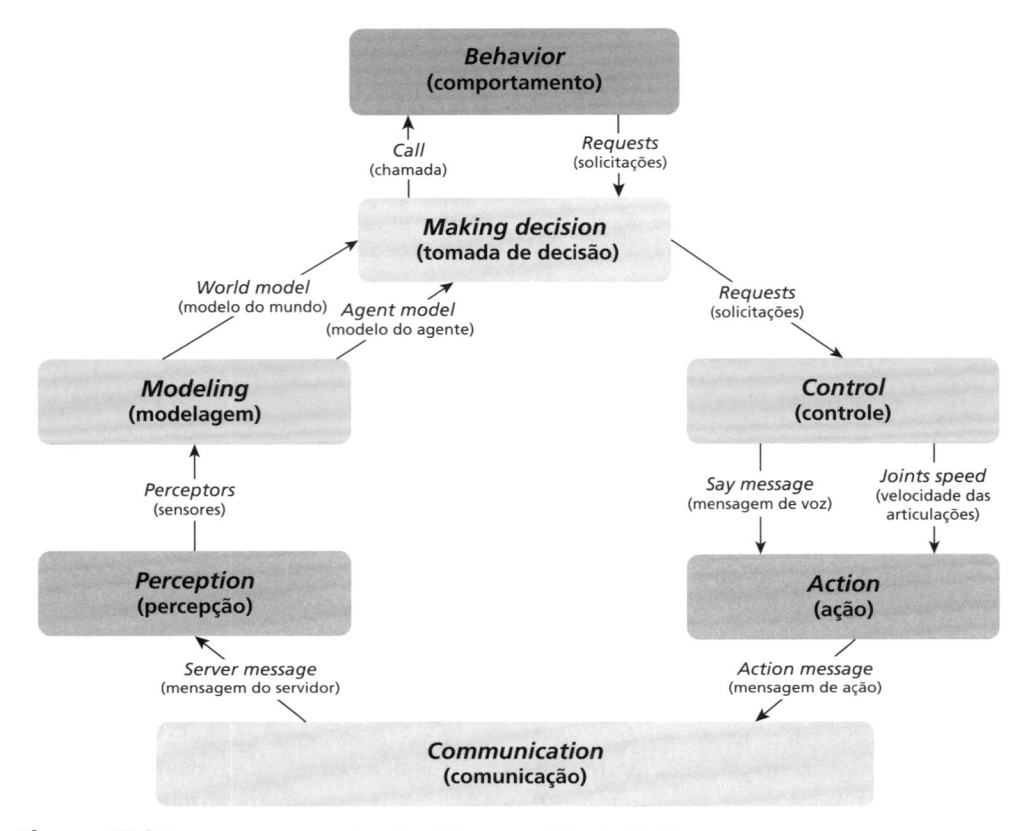

Figura 15.6 Estrutura em camadas do código-base ITAndroids 3D.

tema de coordenadas da câmera, para um no chão, posteriormente utilizado pela localização).

- **World model** (**modelo do mundo**): calcula informações acerca do mundo em volta do robô. Determina a posição global do robô por meio de um algoritmo de localização e dos demais objetos no campo a partir das percepções dos sensores e informações determinadas pelo *Agent Model*. Para facilitar uma posterior tomada de decisão, o *World model* também determina algumas questões úteis, como, por exemplo, qual é o jogador mais próximo da bola. Ademais, armazena informações acerca do jogo de futebol, como quanto tempo decorreu desde o início da partida, quantos gols cada time fez e qual é a situação de jogo (lateral para nosso time, tiro de meta para o time adversário, etc.).

- **Decision making** (**tomada de decisão**): esta camada utiliza as informações modeladas pelo robô para tomar uma decisão. A cada agente, associa-se um *role* (posição ou função no futebol), que de início pode ser apenas goleiro, atacante ou defensor, mas o código permite criar mais *roles* facilmente. Embora a associação de *roles* no código seja estática, a estrutura também permite trocar *roles* de maneira dinâmica, conforme a situação de jogo. Além dos *roles*, um conceito muito importante dessa camada é o de *behavior* (comportamento). Cada *behavior* contém uma sequência de instruções de alto nível que permitem ao agente tomar decisões conforme a situação atual de jogo. Além disso, há uma estrutura hierárquica entre os *behaviors*, de modo que um pode utilizar outro como instrução. Por exemplo, o *behavior Attack* (atacar) pode usar o *behavior NavigateToBall* (navegar até a bola). Para realizar ações efetivamente, eles criam *requests* (solicitações) de ações de alto nível, que serão processadas pela camada *Control* (controle). Para manter a abstração provida pelas camadas, o desenvolvedor não consegue comandar as articulações do robô diretamente nesta camada, de modo que só pode realizar comandos por meio dos *requests*, que podem ser de quatro tipos: *LookRequest* (move o pescoço para o robô olhar para um determinada direção), *WalkRequest* (movimento de caminhada), *KeyframeRequest* (movimento *keyframe*: chute, levantar, etc.) e *SayRequest* (faz o robô falar). Um *WalkRequest* não pode ser executado com um *KeyframeRequest* de modo simultâneo.

- **Control (controle):** esta camada processa os *requests* provenientes de *Decision making* e os transforma em comandos que podem ser enviados para os atuadores do robô (representados como objetos). Para que isso seja possível, esta camada possui um módulo de caminhada e outro de execução de movimentos *keyframe*. Além disso, a camada possui controladores para cada uma das articulações do robô.
- **Action (ação):** a partir dos objetos enviados pela camada *Control*, esta camada elabora uma mensagem com ações para os atuadores do robô, de acordo com o protocolo esperado pelo servidor. Finalmente, a mensagem é passada para a camada *Communication*, para que seja enviada para o servidor.

Devido às demandas de desenvolvimento para a participação das competições, o código base ITAndroids 3D ainda não foi concluído. Na RoboCup 2016, que aconteceu de 30 de junho a 3 de julho de 2016, a ITAndroids 3D utilizou pela primeira vez o código em C++, no qual o código base será fundamentado, e ficou em 6º lugar. Esse resultado mostrou que o código está maduro e estável. Resta, ainda, esforço de desenvolvimento para refatorar algumas partes do código que não estão bem organizadas e melhorar a documentação.

CONSIDERAÇÕES FINAIS

A ITAndroids busca verdadeiramente cumprir sua missão de ensinar, desenvolver e pesquisar engenharia por meio de projetos de robótica. A equipe tem crescido muito em qualidade e em número de membros, e quer continuar crescendo, sobretudo em qualidade. O grupo é referência em competições de robótica no Brasil e seu próximo passo é tornar-se referência em nível mundial.

Um ponto importante é que a ITAndroids ainda tem deficiências, sobretudo em mecânica e eletrônica. Há um grande esforço para amadurecer essas duas áreas, buscando mais pessoas que tenham conhecimentos nesses campos e fortalecendo os treinamentos.

Os projetos da ITAndroids se beneficiaram bastante da comunidade da RoboCup, mas, até o momento, o grupo considera que inovou pouco, já que esteve focado principalmente em reproduzir o que os melhores times fazem. Com o grau de maturidade em que a ITAndroids se encontra, a equipe quer começar a trazer inovações para a competição.

Quanto ao âmbito de pesquisa, espera-se que os trabalhos acadêmicos do grupo incluam uma quantidade expressiva de trabalhos de graduação (TGs), mestrado e doutorado, assim como acontece com os de iniciação científica. A equipe também publica trabalhos em boas conferências nacionais e quer expandir sua participação para conferências internacionais.

A intenção é fazer da ITAndroids um laboratório de pesquisa tão bom quanto os melhores laboratórios das melhores universidades americanas, como Massachusetts Institute of Technology (MIT), Carnegie Mellon University (CMU) e University of Pennsylvania (UPenn).

REFERÊNCIAS

AGUIAR, L.; MAXIMO, M.; PINTO, S. *Monte Carlo localization for robocup 3d soccer simulation league*. São Bernardo do Campo: Centro Universitário FEI, [2016]. Disponível em: <https://fei.edu.br/brahur2016/artigos/Artigo%209%20-%20ITA.pdf>. Acesso em: 30 set. 2018.

BATEMAN, T. S.; SNELL, S. A. *Management:* the new competitive landscape. 6. ed. Maidenhead: McGraw-Hill, 2003.

MAGMA OFFENBURG 3D CODE RELEASE. 2016. Disponível em: <https://robocup.hs-offenburg.de/fileadmin/user_upload/magmaOffenburg_TDP2016.pdf> Acesso em: 17 jul. 2018.

MACALPINE, P.; STONE, P. UT Austin Villa robocup 3D simulation base code release. In: Behnke, S. et al. *RoboCup 2016*: Robot Soccer World Cup XX. Cham: Springer, 2017. p. 135-143.

MACKWORTH, A. K. On seeing robots. *Computer vision: systems, theory and applications*, v. 38, p. 1-13, 1993.

MAXIMO, M. R. O. A. *Omnidirectional ZMP-based walking for a humanoid robot*. 2015. Dissertação (Mestrado)-Instituto Tecnológico de Aeronáutica, São José dos Campos, 2015.

TRELLO. *Home*. c2016. Disponível em: <http://www.trello.com/>. Acesso em: 17 jul. 2016.

LEITURA RECOMENDADA

HIDESISA AKIYAMA. *agent2d base team*. 2016. Disponível em: <http://robocup.hs-offenburg.de/en/nc/downloads/>. Acesso em: 17 jul. 2018.

PARTE VI

DEMOCRATIZAÇÃO E INSERÇÃO DE MINORIAS

SOBRE EXPERIÊNCIAS, CRÍTICAS E POTENCIAIS:
computação física educacional e altas habilidades

Marília A. Amaral | Nicollas Mocelin Sdroievski
Leander Cordeiro de Oliveira | Pricila Castelini

COMO COMEÇOU

As diferenças são construções sociais históricas situadas culturalmente, e cada indivíduo, com altas habilidades (AH) ou não, possui experiências e formas distintas de aprender e compreender, bem como dificuldades e capacidades que precisam ser consideradas no processo de ensino e aprendizagem.

Este capítulo descreve uma parceria desenvolvida com o Instituto de Educação do Paraná Professor Erasmo Pilotto (IEPPEP) que partiu de uma demanda docente do IEPPEP por maneiras diferenciadas de trabalhar temáticas que vão além das concepções curriculares tradicionais. Por meio desse engajamento, docentes da instituição estabeleceram um contato com o grupo Programa de Educação Tutorial – Computando Culturas em Equidade (PET-CoCE).

O grupo PET-CoCE, da Universidade Tecnológica Federal do Paraná (UTFPR), tem como proposta integrar a computação com outras áreas por meio do ensino, da pesquisa e da extensão. Esta última foi base para o desenvolvimento de atividades voltadas a estudantes com AH que participam da Sala de Recursos de Altas Habilidades (SRAH) do IEPPEP.

A perspectiva pela qual o grupo PET-CoCE compreende a extensão valoriza a coparticipação dos sujeitos no ato de pensar. O ser pensante não está sozinho, existe a "coparticipação de outros sujeitos no ato de pensar sobre o objeto". Não há um "penso", mas sim um "pensamos". A coparticipação dos sujeitos no ato de pensar ocorre pela comunicação (FREIRE, 1985).

As atividades de extensão possuem um histórico de transmissão verticalizada do conhecimento, em que a universidade se portava como detentora do conhecimento, em detrimento do saber e cultura populares (SERRANO, 2012). Freire (1985) critica esse modelo, e, em seu livro *Extensão ou comunicação?*, descreve sobre uma proposta de extensão realizada para desenvolver o senso crítico e a consequente apropriação crítica do conhecimento por parte dos sujeitos da extensão, possibilitando um resultado mais significativo.

Nesse contexto, uma das atividades de extensão organizada em decorrência da demanda do IEPPEP foram as oficinas de Arduino realizadas com estudantes da SRAH. Cada oficina tem duração de 15 horas, com encontros semanais de uma hora e meia, e contempla uma média de 15 participantes. Ainda assim, pelo fato de ocorrerem desistências, uma média de 10 participantes conclui cada edição das oficinas. Desde seu início, em 2012, foram ofertadas nove oficinas.

Nesse espaço, que ocorre em período de contraturno, são propostas atividades que envolvem computação física e robótica educacional (RE), privilegiando conceitos como raciocínio lógico matemático, programação, mecânica e eletrônica básica. É importante salientar que esses conteúdos foram selecionados com os docentes da SRAH do IEPPEP, uma vez que os conteúdos abordados visam a promover o enriquecimento curricular por meio da construção coletiva das atividades (entre docentes do IEPPEP, estudantes da SRAH e participantes do PET-CoCE), já que estas ocorrem fora do espaço escolar.

Considerando o exposto, o relato apresenta as experiências, críticas e potenciais das oficinas, abordando suas particularidades, os diálogos estabelecidos com a comunidade para definir sua construção, a metodologia dialética e dialógica utilizada e os resultados qualitativos obtidos por meio de entrevistas com a pedagoga responsável pela SRAH e cinco estudantes participantes nas diversas ações já realizadas. Também serão apresentados resultados coletados em questionários aplicados aos estudantes no final das oficinas.

Assim, pretende-se criar um debate crítico que auxilie a compreensão dos desdobramentos sociais, motivacionais e de formação dessas oficinas, abrangendo não somente o público participante, mas também os sujeitos acadêmicos envolvidos nos processos de concepção, desenvolvimento e apropriação. Dessa forma, retoma-se o debate acerca das vivências possibilitadas pela extensão, em uma construção dialógica entre estudantes e comunidade.

CONHECENDO AS PESSOAS

Para os propósitos desta exposição, são descritos os docentes do IEPPEP e os estudantes que se encontram matriculados nas turmas de atendimento educacional especializado (AEE) da SRAH do IEPPEP.

A SRAH, instalada no IEPPEP, realiza atendimento educacional especializado aos estudantes que frequentam o ensino fundamental (EF) e o ensino médio (EM) e apresentam potencial de AH/superdotação (SD) (SALA DE RECURSOS, 2010). Segundo levantamento do Governo do Estado do Paraná (2014), o IEPPEP conta, atualmente, com 84 turmas, sendo que sete são voltadas para o AEE, ou seja, entre as 1.498 matrículas, cerca de 2% remetem a estudantes laudados com AH/SD. A participação desses estudantes nas atividades de enriquecimento extracurricular, em contraturno, busca as áreas de interesse e habilidades e necessidades específicas (SALA DE RECURSOS, 2010).

Na sequência, é preciso conhecer também os integrantes do grupo PET-CoCE, discentes de diversos cursos de graduação da UTFPR.

Sobre os docentes

A SRAH conta com duas profissionais com dedicação exclusiva, formadas na área de educação, especializadas em educação especial. A SRAH é uma iniciativa do Governo do Estado do Paraná e está localizada, por meio de indicação do Ministério da Educação (VIRGOLIM, 1997), na Secretaria de Educação Especial da SEED-PR no Departamento de Educação Especial e Inclusão Educacional (DEEIN). Esta é responsável por

> [...] gerir as políticas públicas em educação especial para alunos com deficiência intelectual, deficiência física neuromotora, deficiência visual, surdez, transtornos globais do desenvolvimento e altas habilidades/superdotação (PARANÁ, 2012, p. 32).

Essas profissionais trabalham na organização de atividades, prospectam os estudantes que frequentam os ensinos fundamental e médio que apresentam potencial de AH/SD (SRAH/SD) e desenvolvem contato com as instituições parceiras, acompanham as atividades estudantis, além de manter contato direto com as famílias.

Na busca de parcerias com instituições de ensino, essas docentes contataram o grupo PET-CoCE para suprir uma demanda relacionada com conteúdos de computação física e programação. A partir desse contato, as atividades começaram a ser desenvolvidas na UTFPR, em uma parceria que se mantém desde 2012.

É válido ressaltar a preocupação demonstrada por essas docentes com a flexibilização de conteúdos e práticas que viessem a atender as particularidades apresentadas pelo contexto dos estudantes da SRAH.

Sobre os estudantes da Sala de Recursos de Altas Habilidades

Antes de apresentar o termo AH/SD, é importante entender que o termo já assumiu outros vieses. Determinados autores (SNYDERMAN; ROTHMAN, 1988) afirmam que, após décadas de pesquisas na área, é mais simples mensurar a inteligência do que explicá-la. Os primeiros estudos trazem testes para aferir a inteligência, e uma das técnicas conhecidas é a análise de fator (SPEARMAN, 1904), que se diz capaz de investigar a estrutura da inteligência, tornando-se uma ferramenta de validação para a psicométrica (SNYDERMAN; ROTHMAN, 1988).

De acordo com Spearman (1904), todas as pessoas são dotadas de uma inteligência geral (fator g), assim como de uma inteligência específica (fator s), e é esta última que pode ser visualizada nos desempenhos da pessoa em testes de habilidade mental (VIRGOLIN, 1997). O grupo das teorias psicométricas utiliza um coeficiente mensurado, de uma pessoa submetida a instrumentos específicos, para avaliar a inteligência.

Thurstone (1947) criou um caminho para novas concepções, com sua hipótese de que a inteligência poderia envolver diferentes domínios cognitivos, com contribuições em diferentes graus (SNYDERMAN; ROTHMAN, 1988). Guilford (1975, 1979), com seu modelo de 120 fatores intelectuais, descreveu tipos distintos de capacidades cognitivas, oficializando, assim, uma visão multidimensional da inteligência (VIRGOLIM, 1997) que possibilitou outras habilidades cognitivas, tais como a criatividade. Para Guilford (1979, p. 289), a inteligência seria "uma coleção sistemática de habilidades ou funções para o processamento de diferentes tipos de informação em diferentes formas, tanto com respeito ao conteúdo (substância) quanto ao produto (construto mental)".

Outros estudos foram divulgados após as contribuições de Guilford (1979), dando início às teorias que contrapunham a chamada teoria unicista da inteligência de Spearman (1904). Entre essas novas teorias, uma das contribuições foi realizada por Jean Piaget (1979) em seu estudo que buscava explicar o desenvolvimento intelectual pelas mudanças no funcionamento cognitivo.

Os testes de Jean Piaget (1979) trouxeram o ambiente externo como uma variável para o processo cognitivo e, dessa forma, divergiam dos testes psicométricos, buscando não o produto da inteligência, mas o processo pelo qual as pessoas obtêm as informações que possuem (WEINBERG, 1989). Piaget contribui, ainda, em suas obras, com o conceito de inteligência interativa, agregando à teoria da inteligência um fator genético e outro ambiental (CLARK, 1992).

A inteligência interativa proposta por Piaget (1979) diferencia o humano da esfera animal nas relações sociais e reflexivas, pois o animal, para Freire (1976, p. 43), "[...] é essencialmente um ser da acomodação e do ajustamento, o humano o é da integração. A sua grande luta vem sendo, através dos tempos, a de superar os fatores que o fazem acomodado ou ajustado". Há uma necessidade de humanização, a qual é sempre ameaçada pela acomodação – o que Freire (1976) propõe, na verdade, é uma educação para a liberdade.

Com as relações sociais do ser humano com a realidade, cria-se, recria-se, dinamiza-se, domina-se e humaniza-se. Nas relações sociais, os espaços geográficos são temporalizados, há uma relação do ser humano com o mundo e com os outros seres. Como o ser humano está em constante transformação, desenvolve, cria e altera a cultura. Para Freire (1976), na medida em que se cria, recria e determina, conformam-se as épocas históricas, e, dessa forma, o humano participa dessas épocas.

O ser humano contemporâneo está, de certa forma, dominado pelos mitos e, também, pela publicidade, seja ela ideológica ou não. Para Freire (1976), essa é uma das grandes tragédias da humanidade, pois o indivíduo vem renunciando a sua capacidade de decidir. Assim, o indivíduo não é mais tratado como sujeito, mas como um objeto. Por isso a necessidade de uma "[...] permanente atitude crítica, único modo pelo qual o humano realizará sua vocação natural de integrar-se, superando a atitude do simples ajustamento ou acomodação" (FREIRE, 1976, p. 44).

Outra vertente no ramo de estudo da inteligência são as conhecidas teorias socioculturais, que, por mais que não definam propriamente a inteligência, contribuem com conceitos de formação e desenvolvimento dos processos psíquicos superiores (VYGOTSKY, 1991).

Na teoria da zona de desenvolvimento proximal (ZDP), Vygotsky (1991) demonstra que a evolução do indivíduo é influenciada por vários fatores socioculturais. Nessa perspectiva, Papert e Harel (1991) reconhecem que as práticas sociais e culturais cercam os alunos e influenciam seu desenvolvimento. Piaget contribui para a teoria de Papert e Harel (1991), dessa forma, os pontos de vista de Piaget sobre o construtivismo e a ideia de que os indivíduos constroem conhecimento com base em suas experiências prévias, em vez de absorver conhecimento em uma "tábula rasa", é um dos princípios do construcionismo. Além disso, a visão de Papert abrange o papel da invenção no contexto do ensino de ciências e matemática, muito semelhante à ideia de Piaget de que inventar é uma forma de demonstração ou de entendimento.

Por mais que haja desdobramentos na área, os conhecidos testes de coeficiente de inteligência (QI) ainda representam o maior indicativo de classificação para rótulos como "retardamento" ou "SD/AH" e, por consequência, a definição de quem deve participar dos programas ou oportunidades da educação especial (VIRGOLIM, 1997).

Além de Guilford (1979), outros autores abordaram as teorias cognitivistas, entre eles, Gardner (1983; 2000), com sua teoria das inteligências múltiplas, e Sternberg (1997), com a teoria da inteligência bem-sucedida, ainda que Sternberg, apesar de compartilhar o mesmo grupo de teorias, desenvolva trabalhos de mensuração da inteligência com uso de testes dinâmicos, tornando seu conteúdo mais próximo do grupo das teorias psicométricas.

Para o estudo apresentado neste capítulo, serão utilizados os conceitos defendidos por Gardner (1983; 2000). Dessa forma, este trabalho se apropria da teoria de Gardner, classificada como cognitiva, como principal embasamento teórico do trabalho para a definição de AH, já que esta é a utilizada na SRAH do IEPPEP, porém, também adota a teoria de Vygotsky no desenvolvimento de suas atividades, para complementar as questões pedagógicas que permeiam as oficinas e a formação cidadã dos sujeitos participantes.

Teoria das inteligências múltiplas de Gardner

Para Gardner (1983, 2001), a inteligência não deve ser tratada como um objeto mensurável, e sim como "[...] um potencial biopsicológico, para processar informações que podem ser ativadas num cenário cultural para solucionar problemas ou criar produtos que sejam valorizados numa cultura" (GARDNER, 2001, p. 46). Ou seja, são potenciais que podem ser mais ou menos estimulados conforme o ambiente sociocultural no qual o indivíduo está inserido, tendo cada atitude ou resolução tomada no cotidiano uma repercussão no despertar desses potenciais.

Gardner iniciou seus estudos na área de psicologia do desenvolvimento cognitivo com a influência de Piaget sobre a investigação do raciocínio científico em crianças. Por não supor que a inteligência humana se restringisse somente aos raciocínios verbais e linguísticos, iniciou investigações sobre o desenvolvimento do potencial artístico. Dessa forma, sua pesquisa segmentou-se em duas vertentes distintas e complementares.

A primeira vertente se ateve ao estudo de pessoas que tinham sofrido um derrame cerebral com prejuízos cognitivos e emocionais, enquanto a segunda abordava o estudo do desenvolvimento das capacidades cognitivas humanas em crianças ditas 'normais' e superdotadas. Assim, o autor foi capaz de integrar outras habilidades à cognição geral (GARDNER, 2001).

No contexto da pesquisa aqui apresentada, o conceito de modularidade das inteligências de Gardner (1983, 1999), com um conjunto de oito inteligências (linguística, lógico-matemática, espacial, interpessoal, intrapessoal, musical, corporal-cinestésica e naturalista), é apropriado, já que essas inteligências são consideradas, teoricamente, independentes, porém, segundo o autor, elas podem ter um maior ou menor vínculo entre si, dado o contexto sociocultural no qual a pessoa se encontra.

Nas oficinas, acredita-se que cada indivíduo possui diferentes formas de se construir, que cada um possui maneiras diferentes de desenvolver atividades e resolver problemas e que a capacidade inteligível do ser humano é influenciada pela cultura, ideologia, sociedade, mídia e escola, ou seja, por todos os espaços onde o indivíduo interage. As oficinas aqui relatadas trabalham conceitos lógico-matemáticos para atender o público da SRAH.

Sobre os membros do grupo Programa de Educação Tutorial: computando culturas em equidade

Um grupo do Programa de Educação Tutorial (PET) é formado por seus membros, estudantes do ensino superior (ES), sob tutoria docente, e tem o objetivo de propiciar aos estudantes condições para a realização de atividades extracurriculares nas esferas de ensino, pesquisa e extensão, visando uma formação mais completa e diferenciada dos integrantes (BRASIL, 2016).

O Brasil conta, atualmente, com 842 grupos PET (BRASIL, 2016), e a UTFPR possui 13 grupos. Os grupos PET podem ser específicos de um curso ou promover a integração de cursos diferentes, como os grupos dos editais Conexões de Saberes (BRASIL, 2010).

O PET-CoCE foi aprovado no edital Conexões de Saberes nº 09/2010, e suas atividades iniciaram-se em dezembro do mesmo ano. Cada grupo PET conta com o número máximo de 12 bolsistas. Pela sua natureza interdisciplinar, o PET-CoCE tem bolsistas de cursos diversos da UTFPR – Campus Curitiba, porém, sua prioridade são bolsistas da área de computação, já que o projeto contemplava estudantes vinculados ao Departamento Acadêmico de Informática (Dainf) da UTFPR.

Um participante pode iniciar suas atividades no grupo PET quando estiver pelo menos matriculado no segundo semestre de seu curso de graduação e for aprovado em processo de seleção. A participação pode ocorrer durante toda a graduação, porém, é importante frisar que a normativa do PET indica que, caso haja reprovação em duas ou mais disciplinas, o estudante deve ser desligado.

Dadas as características dos cursos de graduação da UTFPR – Campus Curitiba, e a grande oferta de estágios na região metropolitana de Curitiba, a alternância de bolsistas do grupo é de aproximadamente seis pessoas por ano. Dessa forma, a cada ano é realizada a seleção de novos participantes. O PET-CoCE já passou por oito processos de seleção, divulgados para todos os cursos da UTFPR, e contou nesse período com um total de 48 participantes, que são discentes matriculados nos cursos de bacharelado em sistemas de informação (BSI), engenharia da computação, engenharia mecânica, engenharia elétrica, engenharia eletrônica, bacharelado em *design* e curso superior de tecnologia em radiologia. Desse público, aproximadamente 70% eram discentes matriculados em cursos da área de computação.

A formação dessas pessoas está dividida da seguinte maneira: cinco matriculadas no curso de graduação em engenharia da computação, cinco no curso de BSI e uma no curso de engenharia elétrica. Todos esses indivíduos estavam matriculados entre o segundo e o oitavo semestre de seus respectivos cursos de graduação. Como a estrutura curricular do projeto pedagógico do curso de BSI contempla, além das disciplinas ligadas estreitamente à formação profissional de cunho técnico, disciplinas em ciências humanas e sociais aplicadas e trabalhos interdisciplinares realizados semestralmente, a conexão com outros cursos de graduação, que não sejam necessariamente do núcleo de computação, tornou-se facilitada.

A proposta do grupo está estruturada em consonância com as ações afirmativas de inclusão do edital PET/Conexões de Saberes, representadas nos objetivos desse projeto e pelo apoio institucional a políticas públicas de incentivo ao acesso à universidade (incluindo a reserva de 50% das vagas para estudantes que cursaram o EM em escolas públicas).

As atividades previstas se dividem em três grandes grupos: extensão, ensino e pesquisa. Nas atividades de extensão, são articuladas ações coletivas, incluindo projetos sociais em comunidades locais envolvendo a inclusão digital e a acessibilidade. As atividades de ensino fornecem os meios necessários para uma formação acadêmica diferenciada e interdisciplinar e promovem a formação pedagógica dos bolsistas por meio da participação nas atividades de apoio às disciplinas dos cursos de graduação, bem como ações que possam auxiliar na diminuição da evasão. A ampla formação acadêmico-profissional é evidenciada nas atividades de pesquisa pela interação com pelo menos três programas de pós-graduação: o Programa de Pós-graduação em Tecnologia e Sociedade (PPGTE), o Programa de Pós-graduação em Computação Aplicada (PPGCA) e o Programa de Pós-graduação em Engenharia Elétrica e Informática Industrial (PPGCPGEI), um deles da área interdisciplinar e os outros dois das de engenharia e computação.

A interdisciplinaridade no PET-CoCE se apropria da concepção de Cutcliffe (2003) na área de ciência, tecnologia e sociedade (CTS). Segundo o autor, com certa flexibilização conceitual e com condições de abordar a CTS com enfoques disciplinares integrados, no caso do grupo em questão, com enfoques como *design*, computação e as engenharias, é possível iniciar as ações interdisciplinares. Para o PET-CoCE, além disso, é necessário permitir que os diferentes sujeitos, sejam eles bolsistas do projeto ou pessoas envolvidas nas atividades de extensão, ensino e pesquisa, possam ressignificar a computação de acordo com seus contextos e atividades diárias.

Com esse raciocínio, e observando demandas que surgiam para o curso de BSI, foi definido um tema base para ser o fio condutor nas atividades de pesquisa, ensino e extensão. Esse tema é a robótica na educação, que é trabalhada no grupo desde 2011. As atividades são desenvolvidas considerando-se cada um dos eixos do PET, conforme será descrito nas próximas seções. É válido salientar que o fio condutor "computação física/RE" aborda de forma prática o cotidiano da indissociabilidade entre os itens do tripé pesquisa, ensino e extensão nas atividades do grupo.

Sobre as atividades do PET-CoCE

A atividade principal de pesquisa desenvolvida pelo grupo, o Roboquedo, é relacionada com o tema "computação física/RE". Toda a proposta foi desenvolvida tendo em vista o uso que pode ser feito do artefato resultante, buscando não cair no erro, exposto por Blikstein (2008), de idealizar a participação de uma comunidade que, no fim, pode não condizer com a realidade desta.

Blikstein (2008) ressalta, ainda, a importância de se conhecer e envolver a comunidade nas atividades educacionais propostas. Dessa forma, no desenvolvimento da pesquisa, são realizadas avaliações para verificar como o público-alvo interage com o artefato desenvolvido e se as atividades propostas estão tendo os efeitos desejados. Há, ainda, o suporte de uma pedagoga no desenvolvimento das atividades que são aplicadas. Além disso, a parceria com uma escola pública propicia a participação dos docentes e de discentes nas validações.

O projeto Roboquedo envolve o conceito de robótica de baixo custo na educação. Para tal, foi desenvolvido um artefato do tipo robô que tem como objetivo ensinar raciocínio lógico e programação para crianças de 4 a 6 anos de idade. Existem diversas iniciativas de pesquisa envolvendo o ensino de computação e robótica para o EF (OLIVEIRA et al., 2014; SILVA et al., 2014) e o EM (OLIVEIRA et al., 2014; D'ABREU; MIRISOLA; RAMOS, 2011), dessa forma, um dos objetivos da pesquisa é verificar a possibilidade de envolver também o público infantil com a computação e a robótica, o que poderia facilitar o interesse pelo aprendizado mais profundo desses temas no futuro.

O Roboquedo fomenta esse tipo de iniciativa com um brinquedo que estimula o ensino de programação e, por consequência, do ra-

ciocínio lógico-matemático. Isso é obtido por meio de atividades com o robô que envolvam conhecimentos do dia a dia, como instruções a serem recebidas e suas consequências, conceitos de lateralidade, trabalho em grupo, cores e outros. A ideia do projeto não é direcionar as crianças para a área de computação, mas trabalhar habilidades de raciocínio lógico para possibilitar melhorias em outras áreas educacionais (matemática, língua portuguesa, ciências).

Um dos principais objetivos do projeto é que a reprodução manual e "caseira" seja possível com materiais alternativos, não exigindo ferramentas/máquinas avançadas. Os aspectos de programação também foram projetados com tecnologias livres, de código aberto, disponibilizadas para serem alteradas e aperfeiçoadas quando for do interesse dos reprodutores do brinquedo.

O artefato é constituído de setas, uma mesa, uma base e um robô em forma de tartaruga. Nessa mesa, são inseridas peças (em formato de setas) que devem disparar os comandos para o robô se movimentar em uma determinada sala. A **Figura 16.1** mostra o projeto da mesa.

A transmissão de comando ocorre por meio de dois módulos de transmissão sem fio conectados à plataforma Arduino. Uma dessas montagens está localizada na mesa que envia as or-

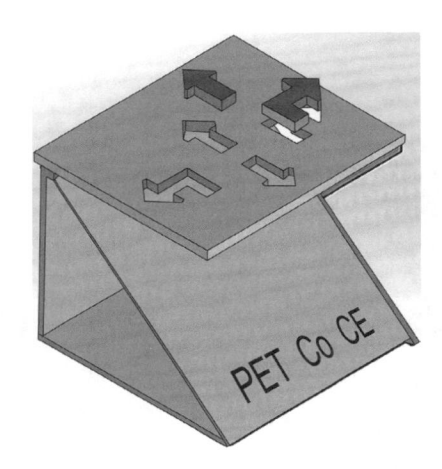

Figura 16.1 Modelo 3D do projeto da mesa.

dens, e a outra, no robô, que recebe as ordens e executa o respectivo movimento. A **Figura 16.2** ilustra o processo de montagem do robô.

Para valorizar o aspecto lúdico, foi tomada a decisão de apresentar um artefato mais atrativo às crianças, transformando, por meio da utilização de material reciclável, o robô da **Figura 16.2** na simpática tartaruga da **Figura 16.3**.

Estudantes da SRAH foram convidados a conhecer o Roboquedo. Um deles participou, de forma voluntária, em uma atividade de validação. Nessa ocasião, foi realizada uma reunião, com duração de uma hora, em que o artefato foi apresentado ao estudante, e, posteriormente, este teve a oportunidade de utilizá-lo e tecer algumas considerações. Entre elas, vale destacar que o estudante atentou para o fato de o robô ser uma tartaruga, e não outro animal mais agressivo (sua sugestão foi um leão).

Figura 16.2 Processo de montagem do robô.

Figura 16.3 Protótipos da mesa e da tartaruga.

É importante observar que, em suas sugestões, não houve destaque técnico, apenas sugestões relacionadas com o aspecto lúdico do artefato, conforme já mencionado.

Vale salientar que o Roboquedo também foi validado com 18 crianças não laudadas com altas habilidades. As sugestões destas foram similares às do estudante da SRAH. Isso vem ao encontro da discussão de Negrini e Freitas (2008), que debatem sobre a construção dos mitos acerca das pessoas laudadas com AH. Ao falar sobre indivíduos assim, surgem mitos e fantasmas a respeito dessas características, defendendo que tais pessoas precisam de acompanhamento diferenciado e especializado para atender às suas necessidades, mas essa distinção é uma construção cultural, social e histórica. No desenvolvimento das atividades com os estudantes que possuíam AH, os instrutores não tratavam de maneira diferenciada os estudantes, pois o grupo acredita que todos possuem potenciais, aptidões, talentos e habilidades em diversas áreas e que cada participante/estudante é diferente e possui meios distintos para interagir com o grupo e com as atividades desenvolvidas (NEGRINI; FREITAS, 2008).

Além da atividade de pesquisa, o grupo realiza ações voltadas ao ensino. Embora essas não estejam relacionadas diretamente com o público da SRAH, é importante descrevê-las, para maior compreensão do contexto dos bolsistas do grupo PET-CoCE.

No processo de ensino, de acordo com Freire (1985), aprende aquele que consegue se apropriar do conhecimento e aplicá-lo em situações concretas, diferentemente daquele que recebe o conhecimento de forma passiva. Da mesma forma, o grupo acredita que as atividades de ensino devem partir do interesse dos públicos atendidos, e, nessas, os contextos dos participantes devem ser trabalhados, para dar base a problemas do cotidiano, e não apenas transmitir o conteúdo.

Essas ações de ensino contribuem para a formação dos membros do PET-CoCE em situações concretas de interação em processos educacionais com seus pares, para que construam, consequentemente, propostas de atividades em contexto de extensão à comunidade conforme as demandas surgem, como acontece com a oficina de Arduino, por exemplo.

Nessa esfera, as atividades do grupo envolvem a proposta de formação de grupos de estudos, a organização da semana acadêmica de informática e a recepção aos calouros. Também ocorreu a participação de discentes do PET-CoCE na reformulação do Projeto Pedagógico de Curso do BSI (MERKLE; AMARAL; EMER, 2016), em uma colaboração que resultou em pesquisas sobre evasão e retenção nos cursos do Dainf (JORDÃO; NASCIMENTO, 2013).

Os grupos de estudo conduzidos pelo PET-CoCE foram propostos pelo corpo discente do Dainf da UTFPR. No início do semestre letivo, é feita uma consulta, e, conforme a demanda discente da graduação, os grupos de estudo são criados. Um exemplo é aquele sobre programação, organizado em 2012 e 2013, com o objetivo de apoiar as disciplinas dessa área para os cursos de sistemas de informação e engenharia da computação. Outro grupo de estudos sobre a teoria da computação foi organizado a partir de demanda para apoiar as atividades da disciplina ofertada nos cursos de graduação entre os anos de 2013 a 2016. Eles têm encontros semanais, e os temas abordados são levantados conforme as considerações dos participantes.

Essa dinâmica de participação discente auxilia na promoção da educação para a liberdade e/ou libertadora, proposta por Freire (1985), e é considerada fundamental, tanto para docentes quanto para discentes, pois todos aprendem no processo. Segundo Freire (1976), docentes e discentes devem ser agentes críticos no ato de conhecer; dessa forma, há uma transformação dentro e fora da sala de aula.

O PET-CoCE também ministra oficinas curtas de programação e eletrônica para os estudantes da universidade durante eventos internos, como a Semana Technologica, que ocorreu em 2015. Também foi ministrada uma oficina de eletrônica básica e programação, com duração de quatro dias, para o grupo Coders, que reúne estudantes dos cursos de sistemas de informação e engenharia de computação que almejam trabalhar com programação.

Acerca das atividades de extensão realizadas pelo grupo, são valorizadas as práticas como um meio para que ocorra a conexão de saberes. Ao considerar as críticas de Serrano (2012) sobre o viés verticalizado da extensão universitária, muitas vezes adotado por grupos que desenvolvem atividades nesse sentido, é importante considerar também as colocações de Freire (1985). Para o referido autor (FREIRE, 1976), a integração entre os sujeitos leva a um resultado positivo dessa atividade, favorecendo a construção de uma consciência crítica. Serrano (2012) coloca, ainda, a extensão como uma via de mão dupla, pois permite a apropriação de conhecimento pelas comunidades externa e interna, que podem, juntas, participar da construção de um novo saber.

Dessa forma, as atividades de extensão são vistas pelos integrantes do grupo PET-CoCE como uma oportunidade para desenvolver seus conhecimentos, suas habilidades de comunicação e interação e sua formação cidadã. Além disso, espera-se desenvolver o senso crítico dos participantes por meio da problematização de situações relevantes à realidade destes, que podem desenvolver soluções para tais questões.

Nessa esfera, as principais atividades desenvolvidas pelos membros do PET-CoCE são as oficinas, ministradas para públicos-alvo distintos, envolvendo desde estudantes do EF e EM até estudantes de graduação que buscam conhecimento diferenciado. Esses alunos chegam por meio de parcerias com escolas públicas e da própria instituição.

Já foram ministradas oficinas sobre os seguintes assuntos: linguagens de programação Scratch, C, Python, HTML e CSS; computação desplugada; interação humano-computador; lambe-lambe; feminismo; Arduino; robótica; gênero e tecnologia.

Para os debates deste capítulo, destacam-se as oficinas de Arduino e de robótica, centradas no tema de RE, as quais são abertas para toda a comunidade, inclusive para os estudantes da SRAH. Por conta dessa parceria, a faixa etária dos participantes varia de 8 a 18 anos, e essa heterogeneidade levou ao desenvolvimento de conteúdos dinâmicos para a oficina de Arduino, que serão explorados a seguir.

CONSTRUINDO A OFICINA DE ARDUINO

As oficinas de Arduino do grupo PET-CoCE são baseadas na construção de projetos por parte dos estudantes. Elas envolvem a montagem física, a escrita do código-fonte para a plataforma e a execução e observação do funcionamento do projeto. Até a edição do segundo semestre de 2013, os estudantes recebiam uma apostila com diferentes projetos e, a cada encontro, tinham a tarefa de executar um projeto diferente.

No segundo semestre de 2014, porém, a oficina passou por uma reformulação, a qual se mostrou necessária a partir da percepção dos instrutores após uma avaliação da edição anterior da oficina, ocorrida no primeiro semestre de 2014. A apreciação foi realizada por meio da observação das dificuldades dos estudantes, da aplicação de um questionário para os estudantes da SRAH e de reuniões com a equipe docente da SRAH.

Durante a edição do primeiro semestre de 2014, os instrutores perceberam que muitos estudantes tinham dificuldade de entender o funcionamento dos projetos propostos na apostila utilizada como base para a oficina (ALBERTON; AMARAL, 2013) percebeu-se que os alunos, apesar de conseguirem realizar a montagem dos projetos, não entendiam seu funcionamento, especialmente no que diz respeito aos conceitos de programação.

A aplicação do questionário contribuiu para que os instrutores percebessem as dificuldades que os estudantes possuíam em relação aos conceitos de programação, inclusive os iniciais, como a execução sequencial de passos e as estruturas condicionais (PURDUM, 2012), normalmente trabalhados nos primeiros encontros da oficina.

Dessa forma, percebeu-se que a maneira como a oficina era ministrada não favorecia a aprendizagem dos conceitos de programação e muito menos de sua aplicação em situações cotidianas. Como os códigos-fonte de cada projeto estavam disponíveis na apostila, os estudantes apenas copiavam e executavam o código, sem entender seu funcionamento. Além disso, a apostila não possuía exercícios ou desafios para que os participantes trabalhassem os conceitos vistos em cada encontro.

O processo de reformulação considerou as percepções resultantes das interações com os estudantes e docentes da SRAH e levou ao desenvolvimento de novas práticas e de uma apostila (SDROIEVSKI; LIMA; LOPES, 2015). Vale salientar que, mesmo com essas contribuições, o conteúdo e as práticas descritos nas próximas seções não foram necessariamente desenvolvidos considerando apenas o público de AH.

Conteúdo

Na perspectiva da inclusão, debatida por Mantoan (2004), a educação deve ser redefinida e pensada de forma a valorizar a cidadania global, plena, livre de preconceitos e disposta a reconhecer as diferenças entre as pessoas. As oficinas de Arduino, bem como seu conteúdo e as práticas em sala de aula, têm por objetivo reconhecer as pluralidades de seu público, mantendo a consciência das individualidades dos participantes. Apesar de o material utilizado ser o mesmo para todas as pessoas, a dinâmica das aulas se torna um ponto chave para que os diferentes saberes sejam respeitados e trabalhados conforme os contextos dos sujeitos envolvidos.

Ao desenvolver os conteúdos, o objetivo foi possibilitar que os estudantes trabalhassem o raciocínio lógico-matemático por meio do estudo de conceitos de programação e eletrônica básica. Espera-se, ainda, que os alunos compreendam o funcionamento de objetos presentes em seu cotidiano e que possam pensar soluções para problemas que envolvam os tópicos apresentados pela apostila.

O conteúdo da oficina de Arduino pode ser visualizado em uma apostila (SDROIEVSKI; LIMA; LOPES, 2015) desenvolvida por um dos membros do grupo PET-CoCE em conjunto com alunos da disciplina de computação e sociedade (MERKLE; AMARAL; EMER, 2016) ministrada na UTFPR, no curso de sistemas de informação.

A apostila está dividida em nove capítulos, um dos quais apresenta o passo a passo da utilização de um simulador *on-line* de Arduino, para que os estudantes que não possuam acesso físico à plataforma também possam desenvolver os projetos e exercícios da apostila. Cada um dos outros oito capítulos apresenta um projeto e três exercícios, alguns dos quais estão resolvidos no fim do material.

O objetivo da apostila é que, a cada projeto, sejam apresentados novos conteúdos relacionados tanto com conceitos de programação (PURDUM, 2012) quanto com eletrônica básica (WILCHER, 2012). Além disso, espera-se que os exercícios e desafios apresentados para cada projeto colaborem para a compreensão desses conceitos. As atividades são um bom indicativo para perceber a maneira como os estudantes estão acompanhando a oficina, bem como compreendendo os conteúdos apresentados.

Um dos objetivos principais no desenvolvimento da apostila foi a contextualização dos projetos e exercícios com a realidade dos estudantes participantes. Dessa forma, espera-se que o conhecimento adquirido na oficina não seja apenas limitado ao contexto da sala de aula, mas possa ser aplicado em outras situações de aprendizagem e do cotidiano. Os projetos e conceitos abordados são apresentados a seguir.

O **primeiro projeto** da oficina é o *light emitting diode* (LED) pisca-pisca. O objetivo desse projeto é apresentar conceitos básicos de eletrônica, como o funcionamento dos componentes principais que serão utilizados na oficina, como a *protoboard* (WILCHER, 2012), os *jumpers* (WILCHER, 2012), resistores (WILCHER, 2012) e LEDs (WILCHER, 2012), além do funcionamento básico do Arduino. Além disso, é apresentada a estrutura básica dos programas para a plataforma e algumas funções básicas de escrita digital, e, por último, é introduzido o conceito de variáveis (SDROIEVSKI; LIMA; LOPES, 2015).

O projeto consiste na montagem de um LED na *protoboard*, que, conectado ao Arduino, acende e apaga com um intervalo fixo de tempo. A posterior contextualização desse projeto, desenvolvida pelos estudantes, se dá em um exercício que propõe a construção de um semáforo de trânsito, que funciona como uma extensão do exercício desenvolvido inicialmente.

O **segundo projeto** é o LED pisca-pisca com *delay* decremental, cujo objetivo é explorar estruturas condicionais e realizar a avaliação de expressões matemáticas da linguagem de programação do Arduino. O projeto é semelhante ao primeiro, mas o intervalo em que o LED fica aceso e apagado decresce com o tempo e, quando chega a zero, volta para o valor máximo. Um exercício interessante propõe aos estudantes substituírem o LED por outro componente eletrônico, o *buzzer* (WILCHER, 2012). O objetivo desse exercício é mostrar aos estudantes que o funcionamento de vários componentes eletrônicos é semelhante e que os projetos podem ser adaptados sem muita dificuldade para a utilização de outros tipos de componentes (SDROIEVSKI; LIMA; LOPES, 2015).

O **terceiro projeto** é a Luz pulsante (incremental), e tem como objetivo explorar a capacidade do Arduino de realizar uma saída analógica por meio de modulação de largura de pulso (PWM, do inglês *pulse width modulation*) (WILCHER, 2012). O projeto também possui apenas um LED, que aumenta seu brilho de forma constante até chegar ao brilho máximo, momento no qual apaga e reinicia o processo. Um exercício que apresenta uma contextualização interessante para o projeto propõe que o estudante utilize a saída analógica por PWM em conjunto com um *buzzer* para criar uma música (SDROIEVSKI; LIMA; LOPES, 2015).

O **quarto projeto** é o Meu primeiro botão, o qual introduz o conceito de entrada digital do Arduino por meio da utilização de uma chave tátil (WILCHER, 2012). O projeto é simples e funciona da seguinte maneira: há um LED e uma chave tátil, cujo acionamento acende ou apaga o LED, dependendo de seu estado. Um exercício desse projeto propõe aos estudantes modificarem o semáforo do exercício do primeiro projeto para que incluir um semáforo de pedestres acionado por meio da chave tátil (SDROIEVSKI; LIMA; LOPES, 2015).

O **quinto projeto** é o LED controlado por potenciômetro, que introduz o conceito de entrada analógica do Arduino por meio da utilização de um potenciômetro (WILCHER, 2012). No projeto, ao girar o potenciômetro, é alterada a luminosidade do LED, de totalmente apagado para totalmente aceso. Um exercício interessante desse projeto é o da brincadeira de "quente-frio", em que os estudantes devem desenvolver um projeto que utilize um LED ou *buzzer* que deve piscar ou apitar mais rapidamente quando estiver mais próximo da metade da medição do potenciômetro (SDROIEVSKI; LIMA; LOPES, 2015).

O **sexto projeto** é o LED inteligente, que consiste em um LED que acende quando a luminosidade medida por meio do sensor de luminosidade resistor dependente de luz (LDR, do inglês *light dependent resistor*) (WILCHER, 2012) estiver abaixo de um determinado valor. A ideia desse projeto é aprofundar os conhecimentos de entrada analógica e abordar outras opções de sensores que também podem ser utilizados nesse contexto. Um dos exercícios desafia o estudante a construir um alarme residencial utilizando sensores de infravermelho (WILCHER, 2012), os quais possuem ligação bastante semelhante ao sensor LDR (SDROIEVSKI; LIMA; LOPES, 2015).

O **sétimo projeto** é o "Calibrando o LED inteligente", no qual o estudante deve atentar para as medições do sensor de luminosidade para calibrar a medição de ativação do LED do projeto, que só deve acender quando estiver bastante escuro. O objetivo do projeto é introduzir o conceito de comunicação serial com o Arduino (WILCHER, 2012), com o objetivo de possibilitar aos estudantes visualizar de forma mais direta as leituras dos diferentes sensores. Um exercício desse projeto que vale destacar é aquele que propõe construir um projeto que testa o tempo de reação deste com uma chave tátil (SDROIEVSKI; LIMA; LOPES, 2015).

O **oitavo projeto** é o LEDs controlados por teclado, que consiste em três LEDs de cores diferentes cujo acionamento é controlado pelo teclado por meio de comunicação serial. Esse projeto também aborda o conceito de comunicação serial, porém, desta vez, as mensagens são enviadas do computador para o Arduino.

Como esse é o último projeto da apostila, há um exercício que convida o estudante a construir um projeto que tenha idealizado durante o decorrer da oficina (SDROIEVSKI; LIMA; LOPES, 2015). Pode-se dizer que esse exercício possibilita maior liberdade aos estudantes para utilizarem a criatividade ao desenvolver um projeto que resolva uma situação-problema relacionada com seu cotidiano. O processo de desenvolvimento desse exercício durante a oficina e como sua execução é avaliada pelos instrutores serão descritos na seção Práticas/aulas.

Apesar de a oficina abordar temas bastante específicos nas duas áreas envolvidas, espera-se, principalmente, desenvolver o pensamento lógico-matemático, a capacidade de abstração e a habilidade de elaborar soluções para os problemas apresentados, que, apesar de serem fundamentados no conteúdo dos projetos já construídos, relacionam diferentes ideias aos projetos iniciais, além de oferecer uma contextualização para estes. Vale salientar que o conteúdo não é exclusivo para pessoas com AH, uma vez que a abordagem inclusiva favorece as múltiplas formas de aprender e se desenvolver em sociedade, já que compreende que as pessoas, assim como a inteligência, são multifacetadas e pluralistas.

Além disso, a apostila não possui textos explicativos dos conceitos envolvidos, apenas projetos e exercícios, portanto é considerada material de apoio para a realização da oficina. Os instrutores contextualizam os projetos e explicam os conceitos envolvidos no desenvolvimento de cada projeto ou exercício nas práticas de aula, conforme descrito a seguir.

Práticas/aulas

As estruturas de ensino e aprendizagem tradicionais concentram-se em exposição de conteúdos pelos professores, em geral maximizando o conteúdo, tendo em vista o tempo restrito das aulas. O que Freire (1979) aponta é que a educação tem sido uma resposta finita, mas, para ele, a educação é possível porque o homem é inacabado, e isso o leva à perfeição, pois ela implica uma busca por um sujeito que é o ser humano, um ser de sua própria educação, não objeto, pois ninguém educa ninguém.

De acordo com Freire (1979), o ser humano cria-se nas relações sociais, no contato com o outro, transcende-se, projeta-se. Os animais não são seres de relações sociais, estão no mundo, mas o ser humano está no mundo e com o mundo, porque tem a possibilidade de transgredir.

A principal característica do ser humano é a capacidade de refletir, criticar, opinar, expor ideias. Nessas relações, cria-se, conhece, aprende, erra, faz história. Cada ser é constituído por valores e ideologias e está em constante mudança – para Freire (1979), o ser está em transição. "Todo amanhã se cria num ontem, através de um hoje. De modo que o nosso futuro se baseia no passado e se corporifica no presente. Temos de saber o que fomos e o que somos, para saber o que seremos" (FREIRE, 1979, p. 18).

As oficinas são momentos de troca de conhecimentos, tendo em vista que o ser humano é um indivíduo em transição, transformação. Apesar de os encontros se guiarem por apostila, não a seguem rigidamente, pois são respeitadas as particularidades, as experiências de vida e aprendizagem e as necessidades e expectativas de cada participante. À medida que ocorrem os encontros, tanto os estudantes quanto os instrutores aprendem, pois, no diálogo, no convívio, constrói-se o conhecimento.

A oficina de Arduino desenvolve-se em nove encontros, em geral realizados semanalmente, durante o decorrer de nove semanas. Os oito primeiros encontros não possuem uma estrutura fechada, mas espera-se que, no seu decorrer, sejam explorados os conteúdos de eletrônica e programação. Já o último encontro foca na construção e apresentação de um projeto final para a oficina.

Em geral, os encontros da oficina de Arduino seguem a seguinte dinâmica: inicialmente, os instrutores fornecem uma breve explicação dos conceitos de eletrônica e programação envolvidos no projeto do encontro e então sugerem aos estudantes que realizem a montagem do projeto. Nesse momento, os docentes ficam à disposição dos alunos, que, em geral, têm algumas dúvidas em relação à montagem e ao funcionamento do projeto.

Quando todos os estudantes terminam de montar e observar o funcionamento do projeto, é apresentado a eles, como desafio, um dos exercícios da apostila e, às vezes, outros semelhantes ou com algumas modificações que os instrutores julguem pertinentes, em que devem usar seus conhecimentos para desenvolver o projeto físico e o código da solução. Nesse momento, é muito comum que os participantes tenham várias dúvidas e necessitem do auxílio dos instrutores para construir a solução. Ao fim do encontro, os alunos devem socializar seus resultados. Caso tenham interesse, ainda podem realizar os outros exercícios em casa, possivelmente por meio do simulador de Arduino apresentado na apostila.

Ainda em relação à dinâmica das aulas, vale ressaltar que a estrutura apresentada não é fixa, e cada edição da oficina é oferecida de forma distinta. É comum não serem realizados todos os projetos da apostila, pois muitas vezes os instrutores identificam dificuldades ou um maior interesse dos estudantes por determinado assunto e modificam o planejamento dos encontros para acomodar essas questões. Como exemplo, na edição da oficina ocorrida no primeiro semestre de 2016, os instrutores verificaram dificuldade na compreensão dos conceitos abordados no Projeto 2 (SDROIEVSKI; LIMA; LOPES, 2015), e, por isso, o foco do encontro seguinte se manteve nesse tema, com exercícios e desafios para os alunos, que então puderam compreender e aplicar melhor os conceitos envolvidos.

Os projetos e exercícios foram elaborados buscando a contextualização na realidade dos estudantes da oficina, a qual se mostra muito importante, pois permite aos participantes aprender os conceitos de eletrônica e programação junto com sua aplicação e utilidade prática, a fim de evitar que esse conhecimento fique confinado à sala de aula. Espera-se, ainda, que os alunos possam visualizar aplicações dos conceitos envolvidos na oficina em sua própria realidade.

Nesse sentido, a dinâmica dos encontros se afasta do modelo tradicional, no qual a aquisição de conteúdo ocorre de forma passiva. Busca-se justamente o contrário: que os estudantes possam verificar por si próprios a aplicação e conceitualização dos conhecimentos que adquirem ao serem desafiados a aplicá-los na resolução de problemas relevantes a sua realidade.

Muitos dos conceitos de eletrônica e programação são abordados na oficina de forma introdutória. Espera-se que o estudo desses conceitos desperte nos estudantes a curiosidade em relação às áreas de eletrônica e computação, já que a oficina é, para muitos, um primeiro contato com elas.

No projeto final, os estudantes possuem liberdade para escolher a temática que irão desenvolver, desde que essa seja realizável por meio do uso dos componentes eletrônicos disponíveis. Os alunos podem optar por utilizar componentes eletrônicos que não foram apresentados nos encontros anteriores, como sensores de temperatura e distância, entre outros. Nesse caso, os instrutores reúnem os grupos que utilizarão o componente e os orientam sobre o funcionamento deste. Exemplos de projetos que já foram construídos pelos participantes são: sensores de distância com aviso sonoro, lâmpadas indicadoras de temperatura e sensores de presença com aviso sonoro.

Durante o desenvolvimento do projeto final, é comum que os estudantes necessitem de maior orientação dos instrutores do que na resolução dos outros desafios propostos. Espera-se, portanto, não necessariamente avaliar o quanto os estudantes aprenderam os conteúdos de eletrônica e programação, mas, sobretudo, como conseguem contextualizar os conceitos no desenvolvimento de um projeto, desde a concepção até sua construção e codificação. Acredita-se, dessa forma, que o projeto final contextualiza os conteúdos desenvolvidos durante a oficina, considerando-se os objetivos apresentados.

DISCUTINDO AS PERCEPÇÕES

O ser humano se constrói nas relações com o outro. Parafraseando Paulo Freire (1979), o ser humano não é uma ilha, isolado do contato com os outros; é ligação, é comunicação. Portanto, há uma pequena relação entre buscar e compartilhar. O ser humano é cultural, e a cultura é tudo o que é criado pelo indivíduo. Para Freire (1979, p. 16), "[...] tanto uma poesia como uma frase de saudação. A cultura consiste em recriar, e não em repetir. O homem pode fazê-lo porque tem uma consciência capaz de captar o mundo e transformá-lo".

De acordo com Moreira e Caleffe (2008), a importância da prática reflexiva é ir além da lógica e do senso comum. É um processo que acontece do raciocínio prático para a ação. "Isso sugere que o professor vá além da rotina do senso comum e da ação habitual para uma ação que é caracterizada por autoavaliação, flexibilidade, criatividade, consciência social, cultura e política" (MOREIRA; CALEFFE, 2008, p. 12).

Ao se alinharem as percepções dos sujeitos da extensão envolvidos nas práticas com as ideias apontadas pelos autores, uma prática reflexiva é social e colaborativa. "A prática reflexiva está situada na tradição da aprendizagem pela experiência e, também, na perspectiva mais recente, que pode ser definida como cognição contextualizada" (MOREIRA; CALEFFE, 2008, p. 13). Para Dewey, Lewin e Piaget (apud MOREIRA; CALEFFE, 2008), a cognição contextualizada leva a uma aprendizagem mais efetiva quando o sujeito está envolvido no processo. Diante das reflexões a partir das relações existentes entre os participantes das oficinas, foram feitas entrevistas e preenchidos questionários com estudantes, docentes e instrutores engajados no projeto de extensão, os quais foram descritos no tópico Construindo a oficina de Arduino deste capítulo.

A responsável pela sala de recursos de altas habilidades

A pedagoga responsável, servidora do Estado do Paraná, que desenvolve atividades na SRAH do IEPPEP, doravante denominada como P1, relatou como se dá a relação entre os estudantes das oficinas, instrutores e instituições.

O instituto existe há 140 anos, tendo sido o primeiro na cidade de Curitiba(PR) a implementar a SRAH. Atualmente, em torno de seis escolas possuem salas de apoio a AH na cidade. O instituto oferece os anos finais do EF em turno integral e parcial, o EM e a formação de professores.

As SRAHs integram alunos diversos, com deficiência auditiva, deficiência intelectual, baixa visão e AH. O instituto também tem projetos com a Pontifícia Universidade Católica do Paraná (PUC-PR), com a participação de discentes do curso de psicologia, que realizam estágio no instituto, desenvolvendo projetos de habilidades sociais com os alunos.

A pedagoga esclarece que, para os estudantes frequentarem a SRAH, não existe obrigatoriedade de laudo, mas, em geral, há encaminhamentos para avaliação, a qual acontece no Centro de Avaliação e Orientação Pedagógica (CEAOP). No CEAOP, são realizadas apreciações com alunos de escolas públicas – aqueles que vêm com laudo e são de escolas privadas passam por avaliação em clínicas privadas. A faixa etária dos estudantes que foram e são do instituto fica entre 7 e 19 anos. Na SRAH, os estudantes são separados em grupos, algumas vezes por faixa etária, mas essa abordagem nem sempre é possível, tendo em vista que o desenvolvimento das atividades muitas vezes ocorre melhor quando não é feita uma divisão por idade, e sim respeitando a individualidade e onde o discente se sente/encaixa melhor.

A SRAH atende todas as escolas, instituições privadas e públicas de ensino. No entanto, a partir de 2016, houve algumas restrições, e os estudantes de escolas privadas que já participam poderão continuar as atividades, mas o instituto não poderá receber novos integrantes provenientes dessas instituições.

De acordo com a pedagoga, os discentes sentem-se motivados e entusiasmados a participar das oficinas e a estar no ambiente da universidade. Em sua fala, a pedagoga ressalta a busca de realizações pessoais:

> Quando estão realizando alguma atividade nas oficinas de Arduino, os estudantes não veem a hora passar. Muitas vezes acaba o horário, e eles continuam [as atividades] até que eu diga que está na hora de ir embora. É um momento de aprendizado, interação, conhecimento de conteúdo e de si. Os alunos gostam da programação em Arduino, ao participar das oficinas, percebem que adquirem maior conhecimento e formação para desenvolver projetos em robótica e programação de interesse pessoal e profissional.

A relação entre instrutores, estudantes e o espaço também se dá de maneira positiva – de acordo com a pedagoga, "os estudantes têm encontrado todo o apoio e conhecimento para que possam suplementar sua área de interesse, até mesmo pela fantástica qualificação e estrutura que a universidade oferece".

Considerando o relato da pedagoga sobre as oficinas, percebe-se que a aprendizagem se dá por um processo dialético, em que "[...] a experiência é a base para a aprendizagem, e esta não acontece sem a reflexão, essencial ao processo, integralmente ligada à ação. A prática reflexiva, então, integra dialogicamente teoria e prática, pensamento e ação" (MOREIRA; CALEFFE, 2008 p. 13).

Os estudantes

Procurando compreender a percepção dos estudantes participantes das oficinas, foi organizado um questionário para a coleta de dados constituído de uma série de perguntas que foram respondidas por escrito ou por marcações diretas (MARCONI; LAKATOS, 1999, p. 100). Tal questionário não é linear, envolvendo sete questões abertas, três com alternativas e quatro com escalas.

O questionário foi encaminhado para 32 estudantes por *e-mail* e respondido por 22 deles. A **Figura 16.4** apresenta o gráfico relativo às respostas da primeira pergunta, que questionava o ano os estudantes estão cursando.

Como apontado na **Figura 16.4**, existem estudantes envolvidos nas oficinas que cursam do 5º ano do EF até o 3º ano do EM. Entre os estudan-

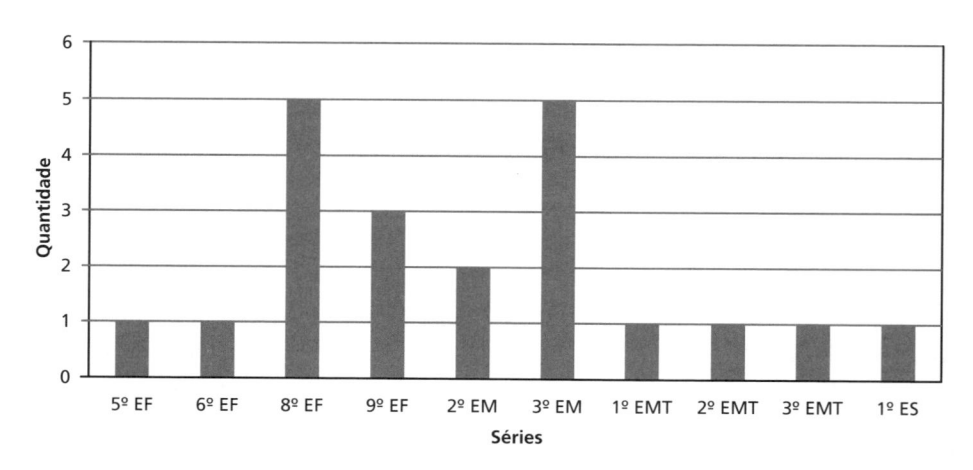

Figura 16.4 Séries dos estudantes.

tes do EM, três estão em curso técnico (EMT) de informática. Também há um estudante que participava das atividades enquanto cursava o EM e, após ingressar no ES, continua participando das oficinas. A segunda pergunta questionava a idade dos alunos e obteve como resposta uma média de 14,5 anos e uma faixa etária que varia de 10 a 18 anos.

É importante salientar que os relatos a seguir são recortes do questionário respondido pelos estudantes, e nem todas as perguntas e respostas foram expostas no debate aqui apresentado, uma vez que algumas questões não apresentaram respostas expressivas.

Conforme as respostas obtidas para a quarta pergunta do questionário, 50% dos estudantes possuem laudo de AH. Esse dado é importante, pois esclarece a não exigência de laudo para a participação nas atividades, fomentando um ambiente em que a integração entre os sujeitos se aperfeiçoa à medida que a consciência se torna crítica (FREIRE, 1976) e o ambiente é plural.

Onze estudantes estão envolvidos nas atividades há quatro semestres, outros começaram a participar recentemente das oficinas, conforme as respostas dadas à quinta pergunta. A média do tempo de envolvimento é de 12 meses, mas alguns estão participando há três anos, e outros há apenas um mês. Nesse tempo, os alunos se envolveram em diferentes oficinas, conforme mostram as respostas à sexta pergunta (**Fig. 16.5**).

De acordo com a **Figura 16.5**, os estudantes participaram de diferentes oficinas além da de Arduino. Conforme já mencionado, são ofertadas diferentes oficinas, entre elas, computação desplugada, HTML/CSS, Python, linguagem C, Scratch e robótica.

O gráfico apresentado na **Figura 16.6** mostra as respostas à nona pergunta (A), sobre a percepção dos estudantes quanto a seu envol-

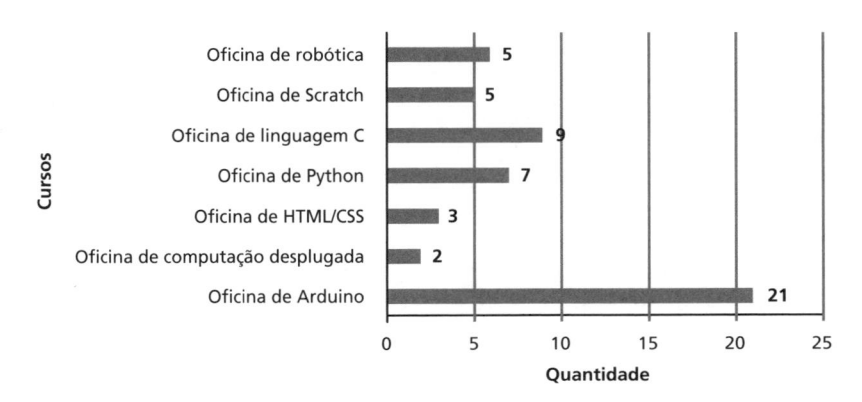

Figura 16.5 Participação nas oficinas.

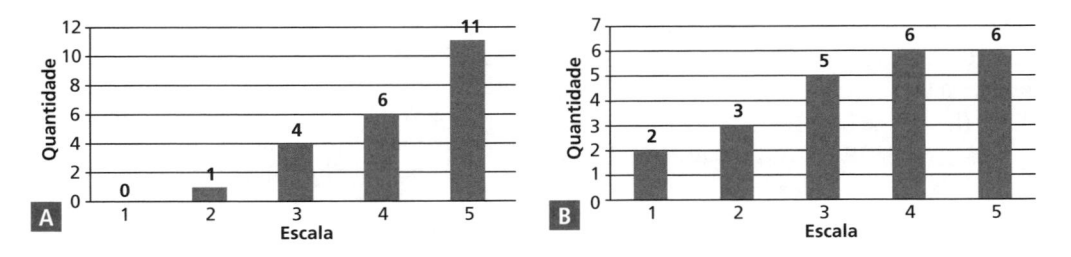

Figura 16.6 Envolvimento **(A)** e interação **(B)** nas oficinas.

vimento nas oficinas, e à décima pergunta (B), sobre a percepção quanto à interação entre os colegas durante as oficinas.

Como pode ser observado no gráfico da **Figura 16.6A**, os estudantes responderam positivamente sobre a sensação de envolvimento nas oficinas, considerando uma escala em que "1" representa um padrão baixo e "5" um padrão alto. Considerando a mesma escala, a **Figura 16.6B** mostra as respostas relacionadas com a interação entre os colegas durante as oficinas. As respostas apresentam um padrão positivo em relação a essa questão.

A sétima pergunta apresentada no questionário foi criada para verificar a percepção dos estudantes sobre as oficinas. As respostas variaram, e são apresentadas a seguir de forma a não identificar os respondentes. Alguns alunos descreveram as oficinas como: "interessantes" (E1 e E2); "divertidas" (E2); "construtivas, interessantes, complicadas e com pouco tempo para aprender e executar as atividades" (E15); "alta qualidade de ensino, satisfaz totalmente o curso" (E17); "Demais! Ótimas influências, conteúdo superútil. A-DO-REI" (E18); "Eu aprendi muito sobre programação" (E19).

Respostas como essas são importantes percepções em relação às atividades desenvolvidas pelo PET-CoCE e influenciam o pensamento e a reflexão de ações futuras, além de apontarem as modificações necessárias para as próximas edições das oficinas.

Uma preocupação dos instrutores e tutores é dimensionar o quanto os estudantes relacionam o que fazem durante as oficinas com o que aprendem na escola. Para identificar como se dá essa relação, foi inserida a décima segunda pergunta do questionário. Algumas respostas dos alunos foram: "Pode me ajudar numa ideia de TCC" (E2); "Uso bastante na matéria principal do meu curso no IFPR" (E6); "Consigo relacionar com matemática e informática" (E7); "Não relaciono" (E1); "Em física, por exemplo, quando estudamos a parte de resistores (instrumentos que usamos na robótica e Arduino)" (E14); "A programação influencia altamente na maioria das matérias com o pensamento lógico imposto pelo curso" (E17); "Relaciono por meio do raciocínio lógico, que também é trabalhado na escola" (E16); "Percebo que tudo precisa de etapas, como se fosse um computador realizando tarefas" (E22); "É parecido com as aulas na escola, mas o método de ensino é mais divertido" (E13).

É interessante observar a relação dos estudantes com os conteúdos e seus contextos (FREIRE, 1985). Tais percepções demonstram a ideia da forte conexão existente entre os sujeitos, seus ambientes e mediações no que diz respeito aos processos educativos (VYGOTSKY, 1991).

Nas oficinas, os instrutores e tutores costumam analisar o que está sendo feito e o que pode ser melhorado/mudado para o interesse dos estudantes e para o melhor aproveitamento do tempo durante as oficinas. Dessa forma, foi inserida, no mesmo questionário, a décima quarta pergunta, convidando os integrantes a trazerem sugestões para atividades e ações futuras.

Entre as respostas obtidas, algumas foram: "usar mais sensores no desenvolvimento das oficinas" (E2); "robótica com Arduino" (E3); "uma oficina de Wolfram e outra de Arduino parte 2" (E4); "oficina de automobilismo" (E9); "química" (E12); "Adoro quando tem jogos/brincadeiras, poderia ter construção de robô" (E13); "*design*" (E17); "desenvolvimento de *games*, desenho, *design*, PHP, banco de dados, modelagem, escultura" (E18); "cinema, Unity" (E20). E15, por sua vez, apontou algumas questões que se relacionam também com a maneira como as oficinas são conduzidas, além de sugestões para atividades futuras:

> Gostaria que elas durassem mais tempo, para que pudéssemos explorar mais os conteúdos e as oficinas oferecidas, para que tenhamos um conhecimento mais amplo sobre as oficinas feitas. Sugestão de oficina: Autocad, línguas estrangeiras (p. ex, francês, japonês, mandarim e inglês) e teatro.

Com essas importantes sugestões, o grupo PET-CoCE passa a refletir sobre as maneiras como atua em extensão de modo crítico, considerando os quereres dos sujeitos que se relacionam nesse espaço. É possível notar a importância do caráter interdisciplinar nas percepções dos estudantes, sobretudo nas sugestões sobre ações e atividades futuras. Essa percepção está bastante alinhada com as discussões do grupo PET-CoCE, conforme pode ser observado na sequência, além de estar relacionada com as fundamentações teóricas adotadas e apresentadas anteriormente.

Os instrutores

Para identificar a percepção dos instrutores em relação às oficinas ministradas, foi organizado um questionário para a coleta de dados, encaminhado por *e-mail* para 11 deles e respondido por oito. Foram organizadas 13 perguntas: uma com resposta em escala e 12 abertas. As respostas relatadas a seguir são apresentadas de acordo com o depoimento dos instrutores, sem identificá-los.

As três primeiras questões foram utilizadas para traçar o perfil dos instrutores: que cursos estavam fazendo, em que período estavam e há quanto tempo faziam parte do grupo PET-CoCE.

Os instrutores participantes dessas oficinas são discentes dos cursos de engenharia de computação, BSI e mestrado em tecnologia e sociedade, todos cursos da UTFPR.

Os discentes de graduação estão matriculados entre o quinto e o oitavo semestres de seus cursos, e atualmente três já estão formados. Nos cursos de graduação em sistemas de informação e engenharia de computação, são abordados conteúdos correlatos aos da oficina de Arduino em disciplinas da área de programação, de arquitetura de computadores e de eletrônica. A média de tempo em que os instrutores estiveram envolvidos nas atividades do grupo foi de dois anos, e o intervalo de tempo vai de seis meses a três anos.

Em relação às atividades das quais os instrutores participaram, as apontadas são as oficinas de Arduino, robótica, HTML/CSS e Python, conforme as respostas dadas à quarta pergunta, que questionava quais oficinas os instrutores haviam ministrado.

A quinta pergunta abordou o relacionamento da oficina de Arduino com os cursos de formação dos instrutores. Vale salientar que, nos cursos de graduação em sistemas de informação e engenharia de computação da universidade, são abordados conteúdos correlatos aos da oficina de Arduino em disciplinas da área de programação, de arquitetura de computadores e de eletrônica. Algumas das respostas emitidas, pelos instrutores I1, I3 e I8, foram as seguintes:

As atividades junto da sala de recursos são básicas na área. Desenvolvem uma maneira de pensar e tentar resolver problemas, bem como apresentam algumas técnicas e tecnologias mais acessíveis aos alunos, sem necessariamente guiá-los para os resultados por repetição. Finalmente, as oficinas mostram o suficiente de informática e engenharia (elétrica/eletrônica/computação) para instigá-los a conhecer mais. Ou reconhecer que não se interessam por esses conhecimentos. (I1)

Certamente o pensamento lógico-matemático e os conceitos de lógica de programação são os que mais apresentam relação com o conteúdo da oficina, e foram fundamentais para que eu pudesse aprender como utilizar a plataforma Arduino. Além disso, acho muito importantes os conhecimentos adquiridos nas disciplinas que exploram o lado mais "humano" da computação, como tecnologia e sociedade, computação e sociedade e trabalho cooperativo apoiado por computador. Acredito que essas disciplinas apresentam pontos de vista que devem ser levados em consideração ao interagir com os alunos e alunas que participam das oficinas. (I3)

A oficina de Arduino envolve tanto a área de programação como a área de eletrônica. Dentro do

> *meu curso, aprendemos muito sobre a área de fundamentos e conceitos de programação, visto que, em sistemas de informação, nós temos uma visão bem ampla das interações presentes na computação, o que ajuda muito na hora de ensinar os estudantes. (I8)*

A sexta pergunta questionava aos instrutores como foram conduzidas as oficinas das quais fizeram parte. I3 descreve suas percepções da seguinte forma:

> *Já participei de quatro oficinas de Arduino, e, neste momento, estou participando da quinta. Na primeira oficina, o meu objetivo principal era aprender a usar o Arduino, para então poder ministrar a oficina. Nas aulas, os alunos e alunas normalmente desenvolviam um projeto após a explicação dos conceitos envolvidos, porém raramente resolviam exercícios. Percebi que os participantes ficavam muito confusos com os conteúdos, mas, ainda assim, conseguiam construir o projeto, pois bastava copiar o código e a montagem da apostila (antiga). Também achava que os conteúdos de programação eram apresentados muito rapidamente. Na segunda edição, achei que seria interessante tentar uma abordagem diferente. A cada aula, após uma breve explicação dos conceitos, participava da construção de um projeto junto com os alunos e alunas, buscando explicar claramente todos os passos que eram executados, e fazer com que estes participassem do processo. No fim, sempre propunha exercícios e desafios, e normalmente os participantes conseguiam resolvê-los com um pouco de ajuda dos instrutores. Para as próximas edições, acreditei que seria importante desenvolver uma nova apostila, visando a "formalizar" o experimento da oficina anterior. Essa é a apostila usada atualmente na oficina, que possui projetos e exercícios que abordam os conteúdos de forma um pouco mais lenta e simples. Além disso, busquei contextualizar boa parte dos projetos e exercícios na realidade dos alunos e alunas, para que esses pudessem perceber como a lógica de programação e a eletrônica estão inseridas da realidade deles. É importante apontar que o conteúdo que é apresentado para os participantes raramente é o mesmo em cada versão da oficina, pois muitas vezes os instrutores percebem dificuldade por parte dos participantes em algum tema ou então percebem que há maior interesse em alguns (como quando, por exemplo, são apresentados sensores, ou nas aulas em que os alunos podem criar músicas simples) e ajustam o tema das aulas para ou tentar ajudar os participantes ou então se aproveitar desse interesse e mergulhar com um pouco mais de profundidade no assunto. (I3)*

As considerações apontadas por I3 em seu relato demonstram a maneira como o material foi sendo aprimorado conforme as edições da oficina foram acontecendo. Vale considerar aqui que o conhecimento é veiculado pela interação dos indivíduos no ato da enunciação. É por meio do diálogo que se confirma a unicidade do sujeito.

Um indivíduo não pode ser considerado isoladamente, tendo em vista que ele se constrói no processo da inter-relação com os outros e o meio. Nessa perspectiva, para Freire (1985), o papel do educador/instrutor não é o de transmitir conhecimento ao educando/estudante, mas o de proporcionar a troca de ideias e problematizações, por meio da relação dialógica estudante-instrutor e instrutor-estudante. O ser humano atua, reflete, fala sobre essa realidade, que é uma mediação entre ele e os outros, que também atuam, refletem, falam. As oficinas relatadas por I3 se desenvolveram de uma maneira que considera essa perspectiva, refletida no material, nos projetos e nos formatos, em constantes modificações.

Essas reflexões expostas podem ser identificadas no relato de I3, em resposta à sétima pergunta, que questionava as percepções dos instrutores em relação às atividades desenvolvidas nas oficinas:

> *Acredito que didática é um conjunto de vários fatores: conhecimento do assunto, facilidade de comunicação, percepção, respeito, contextualização e metodologia (talvez tenha esquecido algum), porém, sinto que tive e tenho a oportunidade de desenvolver cada um desses fatores a cada encon-*

tro da oficina. Além disso, acredito que aprendo bastante nas conversas com os participantes, por vezes até informais, em que estes mostram seus anseios, preocupações, aspirações e até curiosidade a respeito da universidade e do grupo PET-CoCE. Vejo essas conversas como outra oportunidade para entender melhor o contexto em que esses participantes estão inseridos e adaptar as aulas para se encaixarem melhor nele. (I3)

Essas interações extrapolam a relação estudante-instrutor/instrutor-estudante e, também, podem ser identificadas em um sentido estudante-estudante, aproximando os envolvidos em problematizações que surgem no decorrer das oficinas. A resposta de I1 para a oitava pergunta, que questionava as percepções dos instrutores sobre a interação entre os estudantes participantes das oficinas, demonstra essas relações:

Como as oficinas operam em grupo, percebe-se que os estudantes se aproximam por relação de amizade. Dentro dos grupos, nota-se que um dos estudantes se mostra mais impulsivo, iniciando as atividades sem ler o material disponível. O outro estudante se posiciona com mais calma, e acaba guiando o primeiro. Caso haja alguma discordância sobre o que fazer em seguida, os grupos costumam pedir auxílio aos(às) instrutores(as). (I1)

Na sequência, a nona pergunta questionava aos instrutores como percebiam a motivação demonstrada pelos estudantes participantes das oficinas. Algumas respostas, proferidas por I1, I3 e I5, foram:

Varia bastante. Todos eles chegam curiosos para as primeiras aulas, mas, no desenrolar das oficinas, ou se desmotivam ou se motivam mais ainda. De um modo geral, nota-se uma desmotivação com os que eram inicialmente curiosos sobre a oficina, mas os interessados não se deixam abalar. (I1)

Certamente alguns participantes se mostram mais motivados em realizar as atividades da oficina, enquanto outros, não muito. Acredito que isso se deve ao fato de que a oficina é, para muitos, o primeiro contato com os temas de programação e eletrônica. Temas que são conhecidos pela sua dificuldade, e também pelo fato de que muitas pessoas simplesmente não se identificam com o tema. Ainda assim, temos muitos participantes que já se interessam por esses temas (ainda que superficialmente), e é muito legal ver quando eles começam a entender e aplicar o conhecimento adquirido na oficina, e até mesmo começar a questionar a viabilidade e pensar em maneiras de construir os projetos que idealizam. Acredito que a oficina também é importante para aqueles que acabam não se interessando muito no decorrer dela, pois pelo menos tiveram a oportunidade de conhecer um assunto e perceber que não se interessam muito por ele, antes de firmar um compromisso com um curso de graduação, por exemplo. (I3)

Alguns estudantes eram realmente dedicados e comprometidos com o propósito do curso em aprender e desenvolver habilidades relacionadas com a computação, outros pareciam "cumprir tabela". Se observava um equilíbrio de 50/50 nesse quesito, com extremos, ou muito dedicados ou quase nada. (I5)

As respostas e reflexões encontradas nos relatos apresentados demonstram um relevante fator a ser considerado em processos educativos: o interesse e a motivação dos estudantes envolvidos nesse processo. A reflexão de I3 em relação à importância da oficina para que os estudantes venham a conhecer e desenvolver livremente suas percepções sobre os temas tratados traz consigo uma ideia emancipadora e empoderadora no que diz respeito a decisões sobre as áreas em que esses estudantes pretendem atuar e se aprofundar no futuro.

A décima pergunta solicitava que os instrutores classificassem o quanto se motivam a participar das atividades desenvolvidas pelo PET-CoCE. Essa questão é pertinente, pois a autonomia, que é um dos pilares do grupo PET, pressupõe a liberdade para a participação e a proposta de atividades, tais como as oficinas. A resposta considerava uma escala de 1 a 5, em que 1 representa motivação baixa e 5, motivação alta. Seis indivíduos responderam 5, e dois, 4, demonstrando que os instrutores apresentavam alta motivação para ministrar as oficinas.

Além das relações entre os sujeitos envolvidos nas oficinas, buscou-se compreender como é percebida a interdisciplinaridade entre os instrutores membros do grupo PET-CoCE, por meio da décima primeira pergunta. Algumas respostas, dos instrutores I3, I6 e I8, foram as seguintes:

> *Os diferentes instrutores das oficinas trazem consigo a bagagem do seu curso e de suas vivências, dessa forma, podemos explorar vários aspectos diferentes dos temas que são abordados na oficina. Nesse processo, muitas vezes os instrutores aprendem entre si, pois, por exemplo, um deles pode ser melhor em programação e explicar bem o funcionamento dos algoritmos dos projetos, enquanto outro possui mais conhecimento em eletrônica ou elétrica, e pode desmistificar alguns conceitos que por vezes não são muito bem compreendidos por outros. Um dos instrutores com quem participei da oficina era aluno de mestrado na área de computação e sociedade, e trouxe uma bagagem bem interessante para a oficina, a partir da qual eu aprendi muito sobre como lidar com os participantes e também sobre propor projetos e exercícios mais interessantes para eles. (I3)*

> *Sensacional, pois a interdisciplinaridade é algo comum em atividades profissionais, e isso faz nos desenvolvermos muito mais como pessoas e profissionais, uma vez que há a troca de conhecimentos de diversas áreas ali presentes. (I6)*

> *A interdisciplinaridade é de grande ajuda durante as oficinas, visto que, no caso da oficina de Arduino, temos três alunos da área de computação e um da área de elétrica, o que ajuda muito na hora de tirar as dúvidas internas e dúvidas de alunos, visto que o ensino de Arduino abrange a área de computação e a área de eletrônica. (I8)*

Apesar dessas visões positivas em relação à décima primeira pergunta, alguns instrutores responderam de maneira negativa, conforme os relatos de I1 e I4:

> *Há muito pouca interdisciplinaridade, ao menos nas oficinas que ministrei. O tempo de oficina é bastante limitado (para não prejudicar tanto instrutores quanto alunos), e os conteúdos, em geral, simples. Quando possível, se busca relacionar com outras disciplinas existentes, mas nem sempre essa escolha se mostra apropriada. (I1)*

> *Não nessas oficinas [de Arduino], mas em outras atividades, sim, como a oficina de lixo eletrônico, realizada para os alunos de graduação. (I4)*

A décima segunda pergunta questionava as percepções dos instrutores sobre sua relação com os sujeitos da comunidade na preparação das temáticas e das aulas das oficinas. Algumas respostas, dos instrutores I1, I3 e I6, foram as seguintes:

> *As oficinas tentam trazer temas do dia a dia dos estudantes, mas podem ter dificuldades com isso. Há uma interação muito limitada com os pais dos alunos, e quase não há interação entre os instrutores e as demais atividades, tanto da sala de recursos quanto do Instituto de Educação. (I1)*

> *Como participei ativamente do desenvolvimento da apostila, acredito que os instrutores buscam inserir o contexto dos participantes nas temáticas que são abordadas nas aulas da oficina. Muitas vezes, os projetos e exercícios desenvolvidos acabam sendo decididos no momento (não necessariamente retirados da apostila), baseados na percepção do contexto dos participantes por parte dos instrutores. Como dito, nenhuma edição da oficina é igual à outra, sempre surgem adaptações baseadas no perfil dos participantes, visando a tornar a oficina mais interessante ou visando ao melhor desenvolvimento do pensamento lógico-matemático por parte dos participantes. (I3)*

> *Acredito que aprendemos com as oficinas ofertadas e assim podemos desenvolver métodos de abordagem novos para ampliar e melhorar o conteúdo ofertado. É por meio da prática em sala de aula*

e do contato com os alunos que conseguimos moldar o plano das oficinas para adaptá-las às necessidades da comunidade. (I6)

A décima terceira questão perguntou sobre as percepções gerais dos instrutores sobre as atividades desenvolvidas. Algumas respostas que se destacam são as seguintes:

São fantásticas. Reunir estudantes de diferentes turmas e anos, para conhecer e fazer atividades diferentes das de sala de aula é incrível. Mesmo que alguns se mostrem desinteressados, os que estão gostando deixam isso bem claro. Não só isso: estimular os alunos de uma maneira diversa, seja por temas ou atividades, parece fazer uma diferença positiva na maneira em que cada um deles observa a escola e a vida. (I1)

São muito importantes para a dinâmica da universidade. Mostram que é possível pensar uma universidade que não é somente uma instituição que deve formar mão de obra para o mercado de trabalho. (I2)

As atividades são motivadoras, desafiantes em muitos aspectos e, principalmente, geram um aprendizado imenso nos dois sentidos. (I6)

Retomando as reflexões de Freire (1985) em *Extensão ou comunicação?*, esses momentos de envolvimento nas oficinas possibilitam a troca de ideias/conhecimentos/problematizações, que ocorre de forma dialógica no grupo. O que Freire aponta como crítica é que a aprendizagem, em geral, se dá por uma transmissão de informações/conhecimentos do professor/educador para o estudante. As oficinas aqui debatidas tentam fugir desse modelo tradicional de ensino e aprendizagem com base na transmissão de informações. Nos relatos dos estudantes e instrutores descritos, percebe-se que o aproveitamento e a evolução das oficinas do grupo PET-CoCE tentam buscar uma construção coletiva, dialógica, que se dá na conexão entre os sujeitos.

CONSIDERAÇÕES FINAIS

Este capítulo debateu as experiências e aprendizados de um grupo PET estruturado de acordo com ações afirmativas de inclusão do edital PET-Conexões de Saberes. A proposta do grupo PET-CoCE é talhada para estreitar os laços entre a universidade e a sociedade, oportunizando atividades relacionadas, de forma indissociável, com ensino, pesquisa e extensão para populações com acesso restrito a esse contexto, sobretudo qualificando o retorno dessas formações a diferentes espaços e movimentos sociais.

Foi apresentada a oficina de Arduino para estudantes com AH. Salientou-se, assim, que as oficinas não são restritivas em relação ao público da SRAH, mas, sim, buscam criar um espaço que está pautado em valores de inclusão e envolvimento de sujeitos, valorizando cada estudante ao considerar suas diferenças, percepções e potenciais. Em relação aos estudantes com AH, não foi percebida, nos relatos dos instrutores e docentes da SRAH, qualquer diferença no envolvimento e engajamento dos estudantes com ou sem laudo de AH. Todos demonstraram interesses semelhantes nos conteúdos trabalhados durante a oficina, e os que apresentaram maior facilidade foram aqueles que já conheciam a lógica de programação ou Arduino.

A docente da SRAH entrevistada descreveu que os estudantes se sentem entusiasmados e gostam de participar das oficinas, extrapolando o que se percebe acerca das atividades curriculares. Ainda de acordo com ela, os alunos aproveitam o espaço para interagir e refletir sobre os conteúdos que foram abordados, reforçando o processo dialético da aprendizagem, que guia o desenvolvimento das atividades propostas pelo material e, também, as práticas da oficina.

As respostas e reflexões apresentadas pelos instrutores e estudantes demonstraram o interesse e a motivação dos alunos envolvidos, fatores importantes para o processo de ensino e aprendizagem. Também se notou a relevância da oficina como mediação para o desenvolvimento livre das percepções acerca dos conteúdos pelos sujeitos envolvidos. Estas trazem consigo um viés emancipador e empoderador no que diz respeito aos saberes que esses estudantes pretendem construir.

A percepção dos valores sociais que estão permeados na tecnologia também se relaciona com o desenvolvimento das oficinas. Dessa forma, é possível notar que a tecnologia é uma das maneiras pelas quais as relações humanas são expressas, fazendo parte da sociedade, da cultura, das relações sociais, do modo de ver e viver dos indivíduos. A tecnologia não se resume a ferramentas; ela permite visualizar significados e valores e compreender as transformações que ocorrem ao longo dos anos.

O envolvimento dos sujeitos nas oficinas deu-se progressivamente, pois, a partir das descobertas, das interações relatadas, dos conhecimentos especializados e teóricos, das experiências e aprendizados dos participantes e das reformulações feitas, refletem-se os vieses pelos quais o grupo constrói suas atividades.

A reconstrução do material e das práticas acontece considerando-se as críticas, experiências e aprendizados apontados neste capítulo. Almeja-se, dessa forma, desenvolver outras atividades que se relacionem com os contextos cotidianos dos participantes e introduzir outros componentes que permitam maior liberdade na construção de projetos independentes. O grupo também busca aprofundar as questões de interdisciplinaridade e de inclusão de públicos invisibilizados, conforme já vem trabalhando. Dessa forma, todas as atividades do grupo PET-CoCE permitem inferir que as oficinas são um pontapé inicial para espaços nos quais os estudantes continuem a desenvolver suas habilidades e sua formação de maneira crítica e inclusiva.

REFERÊNCIAS

ALBERTON, B.A.V.; AMARAL, M. A. Oficinas de Robótica para alunos do Ensino Médio: introduzindo a computação para futuros ingressantes. In: CONGRESSO BRASILEIRO DE INFORMÁTICA NA EDUCAÇÃO, 2., 2013, Limeira. Anais do Workshop... Limeira: [s.n.], 2013. Disponível em: <http://www.br-ie.org/pub/index.php/wcbie/article/view/2680/2334>. Acesso em: 3 out. 2018.

BLIKSTEIN, P. Travels in Troy with Freire: technology as an agent for emancipation. In: TORRES, C. A.; NOGUERA, P. (Eds.). Social justice education for teachers: Paulo Freire and the possible dream. Rotterdam: Sense, 2008. p. 205-244

BRASIL. Ministério da Educação. Apresentação - PET. Brasília: MEC, 2016. Disponível em: <http://portal.mec.gov.br/pet>. Acesso em: 9 jul. 2016.

BRASIL. Ministério da Educação. Edital n° 9: programa de educação tutorial: PET 2010. Brasília: MEC, 2010. Disponível em: <http://portal.mec.gov.br/index.php?option=com_docman&view=download&alias=7140-edital-pet2010-novosgrupos&category_slug=novembro-2010-pdf&Itemid=30192>. Acesso em: 20 fev. 2017.

CLARK, B. Growing up gifted: developing the potential of children at home and at school. 4th ed. New York: Maxwell Macmillan International, 1992.

CUTCLIFFE, S. H. Ideas, máquinas y valores: los estudios de ciencia, tecnología y sociedad. Barcelona: Anthropos, 2003.

D'ABREU, J. V. V.; MIRISOLA, L. G. B.; RAMOS, J. J. G. Ambiente de robótica pedagógica com Br_GOGO e computadores de baixo custo: uma contribuição para o ensino médio. In: SIMPÓSIO BRASILEIRO DE INFORMÁTICA NA EDUCAÇÃO, 22., 2011, Aracajú. Anais do Anais do XXII SBIE - XVII WIE. Porto Alegre: Sociedade Brasileira de Computação, 2011. p. 100-109.

FREIRE, P. Educação como prática da liberdade. 6. ed. Rio de Janeiro: Paz e Terra, 1976.

FREIRE, P. Educação e mudança. 12. ed. Rio de Janeiro: Paz e Terra, 1979. Disponível em: <http://www.dhnet.org.br/direitos/militantes/paulofreire/paulo_freire_educacao_e_mudanca.pdf>. Acesso em: 13 maio 2016.

FREIRE, P. Extensão ou comunicação? 8. ed. Rio de Janeiro: Paz e Terra, 1985.

GARDNER, H. Frames of mind: the theory of multiple intelligences. New York: Basic Books, 1983.

GARDNER, H. Inteligência: um conceito reformulado. Rio de Janeiro: Objetiva, 2001.

GARDNER, H. Mentes extraordinárias: perfis de quatro pessoas excepcionais e um estudo sobre o extraordinário em cada um de nós. Rio de Janeiro: Rocco, 1999.

GUILFORD, J. P. Three faces of intellect. In: BARBE, W. B.; RENZULLI, J. S. (Eds.). Psychology and education of the gifted. 2nd ed. New York: Irvington, 1975.

GUILFORD, J. P. Varieties of creative giftedness, their measurement and development. In: GOWAN, J. C.; KHATENA, J.; TORRANCE, E. P. (Eds.). Educating the ablest: a book of readings: on the education of gifted children. 2nd ed. [Itasca]: F. E. Peacok, 1979.

JORDÃO, A.; NASCIMENTO, D. Um estudo preliminar da evasão e retenção no curso de Bacharelado em Sistemas de Informação na UTFPR. Curitiba: Universidade Tecnológica Federal do Paraná, 2013. (Monografia para a disciplina de Metodologia Científica).

MANTOAN, M. T. E. O direito de ser, sendo diferente, na escola. Revista CEJ, v. 8, n. 26, p. 36-44, 2004.

MARCONI, M. A.; LAKATOS, E. M. Técnicas de pesquisa. São Paulo: Atlas, 1999.

MERKLE, L. E.; AMARAL, M. A.; EMER, M. C. F. P. (Orgs.). Segunda versão do projeto de ajuste do curso de graduação em sistemas de informação, bacharelado: projeto pedagógico de curso. Curitiba: Universidade Tecnológica Federal do Paraná, 2016.

MOREIRA, H.; CALEFFE, L. G. Metodologia da pesquisa para o professor pesquisador. 2. ed. Rio de Janeiro: Lamparina, 2008.

NEGRINI, T.; FREITAS, S. N. A identificação e a inclusão de alunos com características de altas habilidades/superdotação: discussões pertinentes. *Revista Educação Especial*, v. 21, n. 32, p. 273-284, 2008. Disponível em: <https://periodicos.ufsm.br/educacaoespecial/article/view/103/76>. Acesso em: 17 fev. 2016.

OLIVEIRA, M. L. S. et al. Ensino de lógica de programação no ensino fundamental utilizando o Scratch: um relato de experiência. In: CONGRESSO DA SOCIEDADE BRASILEIRA DE COMPUTAÇÃO, 34., 2014, Brasília. *WEI - XXII Workshop sobre Educação em Computação*. Porto Alegre: Sociedade Brasileira de Computação, 2014. p. 1525-1534.

PAPERT, S.; HAREL, I. Situating constructionism. In: PAPERT, S.; HAREL, I. *Constructionism*. Norwood: Ablex, 1991. Disponível em: <http://namodemello.com.br/pdf/tendencias/situatingconstrutivism.pdf>. Acesso em: 10 jul. 2016.

PARANÁ. Secretaria Estadual de Educação. *Amparo Legal Para Inclusão de Alunos Público-Alvo da Educação Especial na Escola Comum*. Curitiba: Departamento de Educação Especial e Inclusão Educacional, 2012.

PIAGET, J. *Aprendizagem e conhecimento*. Rio de Janeiro: Freitas Barros, 1979.

PURDUM, J. J. *Beginning C for Arduino:* learn C programming for the Arduino and compatible microcontrollers. New York: Apress, 2012.

SALA DE RECURSOS. *Sala de recursos - altas habilidades/superdotação*. [Curitiba]: Instituto de Educação do Paraná Professor Erasmo Pilotto, 2010. Disponível em: <http://sraltashabilidades.blogspot.com.br/?view=magazine>. Acesso em: 2 jun. 2016.

SDROIEVSKI, N. M.; LIMA, B. A. V.; LOPES, R. J. *Fundamentos de programação e eletrônica com arduino:* uma abordagem prática. Curitiba: Fundação Araucária, 2015. Disponível em: <http://arcaz.dainf.ct.utfpr.edu.br/rea/items/show/29>. Acesso em: 30 maio 2016.

SERRANO, R. M. S. M. Conceitos de extensão universitária: um diálogo com Paulo Freire. [S. l.]: Issuu, 2012. Disponível em: <https://issuu.com/praticasintegraisnutricao/docs/conceitos_de_extens__o_universit__r>. Acesso em: 2 out. 2018.

SILVA, E. G. et al. Análise de ferramentas para o ensino de computação na educação básica. In: CONGRESSO DA SOCIEDADE BRASILEIRA DE COMPUTAÇÃO. 34., 2014, Brasília. *WEI - XXII Workshop sobre Educação em Computação*. Porto Alegre: Sociedade Brasileira de Computação, 2014. p. 1495-1504.

SNYDERMAN, M.; ROTHMAN, S. *The IQ controversy, the media and public policy*. New Jersey: Transaction Publishers, 1988.

SPEARMAN, C. General intelligence, objectively determined and measured. The *American Journal of Psychology*, v. 15, n. 2, p. 201-292, 1904.

STERNBERG, R. J. *Successful intelligence:* how practical and creative intelligence determine success in life. New York: Plume, 1997.

THURSTONE, L. L. *Multiple-factor analysis:* a development and expansion of the vectors of the mind. Chicago: University of Chicago, 1947.

VYGOTSKY, L. S. *A formação social da mente:* o desenvolvimento dos processos psicológicos superiores. 4. ed. São Paulo: Martins Fontes, 1991.

VIRGOLIM, A. M. R. O indivíduo superdotado: história, concepção e identificação. *Psicologia:* Teoria e Pesquisa, v. 13, n. 1, p. 173-183, 1997.

WEINBERG, R. A. Intelligence and QI: landmark issues and great debates. *American Psychologist*, v. 44, n. 2, p. 98-104, 1989.

WILCHER, D. *Learn electronics with Arduino*. Berkeley: Apress, 2012.

LEITURAS RECOMENDADAS

FLEITH, D. S. (Org.). *A construção de práticas educacionais para estudantes com altas habilidades/superdotação:* volume 3: o aluno e a família. Brasília: MEC, 2007.

GARDNER, H. *Inteligências múltiplas:* a teoria na prática. Porto Alegre: Artmed, 1995.

GARDNER, H.; HATCH, T. Multiple intelligences go to school: educational implications of the theory of multiple intelligences. *Educational Researcher*, v. 18, n. 8, p. 4-10, 1989.

PARANÁ.Secretaria da Educação. *Consulta Escolas*. 2014. Disponível em: <http://www.consultaescolas.pr.gov.br/consultaescolas-java/pages/templates/initial2.jsf?windowId=84b>. Acesso em: 02 de jun. de 2018.

VIEIRA, N. J. W. *Identificação das altas habilidades em crianças de três a seis anos:* a busca de uma proposta integradora. 2002. Projeto de Tese (Doutorado em Educação)-Universidade Federal do Rio Grande do Sul, Porto Alegre, 2002.

Agradecimentos

Este trabalho foi financiado pelo Programa de Educação Tutorial Conexões de Saberes, do MEC, das Secretaria de Educação Superior (SESu) e Secretaria de Educação Continuada, Alfabetização e Diversidade (SECAD), publicado inicialmente em 2010. As oficinas também receberam financiamento, na forma de recursos para pagamento de bolsistas, da Fundação Araucária, por meio do Programa Redes Digitais da Cidadania do Paraná, em parceria com o Ministério das Comunicações, aprovado em edital de 2013.

PROGRAME UM ROBÔ SUPER-HERÓI:
ensinando computação física em oficinas de pais e filhos

Christiane Gresse von Wangenheim
Aldo von Wangenheim | Fernando Santana Pacheco
Jean Carlo R. Hauck | Miriam Nathalie F. Ferreira
Daniel Dezan de Bona

Ensinar computação para crianças e adolescentes, seja em oficinas, acampamentos, por meio de tutoriais *on-line* ou no contexto escolar, tem se tornado uma tendência em educação (TOH et al., 2016), por acreditar-se que o tema prepara as crianças para lidar com o mundo digital. Entretanto, uma estratégia mais abrangente deve considerar não somente as crianças, mas também pais, familiares e a comunidade. Os pais e familiares têm o impacto mais direto e duradouro sobre a educação e o aprendizado infantil (VAN VOORHIS et al., 2013). À medida que estes são informados e certificam-se da importância do aprendizado de computação, sua motivação, apoio e investimento (em livros ou computadores, p. ex.) contribuem para que as crianças participem mais, dediquem-se mais, apresentem atitudes mais positivas, ou seja, aprendam mais (LEE; BOWEN, 2006). Envolver os pais no aprendizado de computação é ainda mais importante, pois eles mesmos podem ter pouco conhecimento sobre a área (PEARSON; YOUNG, 2002). Desse modo, é importante que as iniciativas para o ensino de computação para crianças também atinjam as famílias, incentivando uma relação de participação ativa no aprendizado (VON WANGENHEIM et al., 2017; VON WANGENHEIM; VON WANGENHEIM, 2014).

Ensinar computação, especialmente para crianças, é uma tarefa desafiadora. É necessário reconhecer que as estratégias de ensino para crianças devem ser diferentes das empregadas com adultos. Os pequenos têm um período de atenção menor, não conhecem alguns conceitos matemáticos usados em computação, mas, ao mesmo tempo, podem aprender rápido, principalmente se as atividades forem motivadoras e envolventes (BALTES; ANDERSON, 2005). Nesse contexto, o emprego de computação física ou robótica (entendida como subárea da computação física) para o ensino tem despertado grande interesse nas últimas décadas. Essa área multidisciplinar pode ser vista como uma forma de fazer o computador interagir com o usuário para além do teclado, do *mouse* e do vídeo. Assim, a computação física integra o mundo virtual com o real utilizando sensores e atuadores, como, por exemplo, motores e sensores de pressão (O'SULLIVAN; IGOE, 2004). Em geral, microcontroladores são usados para a interface entre os sensores, atuadores e um computador *desktop*. Plataformas como Lego Mindstorms (LEGO, c2018), GoGo Board (BLIKSTEIN, 2013; SIPITAKIAT et al., 2003) e Arduino (ARDUINO, c2018) tornaram-se conhecidas, pela facilidade de programação. Várias iniciativas têm direcionado crianças a aprender computação utilizando robôs (PADIR; CHERNOVA, 2013; BERS; URREA, 2000) ou sensores e atuadores (RASPBERRY PI FOUNDATION, c2018), em atividades práticas e divertidas (EGUCHI, 2010; BENITTI, 2012).

Em diversos países, o ensino de computação física é realizado em geral no contexto escolar, seja em aulas regulares, como atividades de clubes extraclasse, ou, ainda, como parte de desafios e competições, como a RoboCup-Junior (ROBOCUP JUNIOR, c2018; SKLAR; EGUCHI; JOHNSON, 2003). Entretanto, de forma geral, a computação física não é incluída no ensino fundamental, muito devido à escassez de recursos materiais e humanos qualificados (INEP, 2013). Uma amostra disso é o fato de estar em implementação no Brasil (por ocasião da publicação desta obra) a Base Nacional Comum Curricular (BNCC), que para o Ensino Fundamental não tem buscado a produção tecnológica, mas ainda foca no uso da tecnologia digital como um tema integrador (BRASIL, 2018).

Além disso, grande parte dos programas escolares não considera o envolvimento das famílias, e poucas são as iniciativas que ensinam conjuntamente crianças e familiares, como as de Kandlhofer e colaboradores (2013), Bers e Urrea (2000) e Cuellar, Penaloza e Kato (2013), que, em geral, usam *kits* comerciais, como Lego Mindstorms (LEGO, c2018). Nesse caso, uma questão pertinente é o custo de aquisição de um número razoável de *kits*, de modo a permitir que todos os alunos efetivamente montem e testem suas criações (RUBENSTEIN et al., 2015; RUZZENENTE et al., 2012). Uma alternativa de menor custo, que se popularizou nos últimos anos, é o emprego de placas eletrônicas com microcontroladores ou microprocessadores, como o Arduino (ARDUINO, c2018), Raspberry Pi (RASPBERRY PI, 2018) ou GoGo Board (BLIKSTEIN, 2013; KARIM; LEMAIGNAN; MONDADA, 2016). Entretanto, menor custo pode acarretar redução da facilidade de uso. Sem utilizar ferramentas amigáveis, criar robôs com Arduino ainda requer razoável conhecimento de eletrônica e computação (VANDEVELDE et al., 2013), algo que, se não for adequadamente avaliado, pode criar uma barreira de acesso e desmotivar o público infantil. Uma das dificuldades é a programação usando linguagens de nível mais baixo, em modo texto, com vários detalhes e particularidades de sintaxe (VANDEVELDE et al., 2013). O uso de linguagens *drag-and-drop* visuais, como Scratch, Snap!, Blockly ou ArduBlock, é fundamental para facilitar o processo de programação e apresentar uma interface mais atraente para o público infantil (VANDEVELDE et al., 2013).

Além das questões de custo e facilidade de uso, observando mais detalhadamente o público infantil e as iniciativas de ensino de computação física, percebe-se que as aplicações de robótica muitas vezes diminuem o interesse das meninas, por focarem na construção de carros ou robôs de batalha (RUSK et al., 2008; MITNIK; NUSSBAUM; SOTO, 2008; BENITTI, 2012). Assim, para envolver o maior grupo possível, é benéfico ir além do tradicional carrinho, criando atividades mais abrangentes, por exemplo, com marionetes ou esculturas interativas (RUSK et al., 2008; YANCO et al., 2007; BERS, 2007).

Com o objetivo de prover um material de baixo custo, acessível a diferentes faixas etárias, envolvendo as famílias e motivando também as meninas a participar das atividades, a iniciativa Computação na Escola desenvolveu oficinas de computação física para pais e filhos. Nelas, crianças e familiares aprendem em menos de quatro horas a programar um robô interativo (**Fig. 17.1**) utilizando uma linguagem de programação visual que pode ser aprendida rapidamente, mesmo por quem não possui conhecimentos prévios de programação.

Neste capítulo, aborda-se todo o processo de desenvolvimento dessas oficinas, desde a concepção até a avaliação.

PESQUISAS RELACIONADAS

Nos últimos anos, a computação física e a robótica tornaram-se populares no contexto educacional, desde a educação infantil até o ensino superior (ROGERS; WENDELL; FOSTER, 2010; EGUCHI, 2010). Como já mencionado, o foco desta revisão bibliográfica concentra-se em programas que considerem também as famílias no processo de ensino. Nesse sentido, podem ser encontradas algumas iniciativas, as quais serão abordadas a seguir.

Kandlhofer e colaboradores (2013) propõem uma atividade de um dia, com um projeto de robótica transgeracional, em que pré-escolares, alunos do ensino fundamental e os avós aprendam juntos. Um conhecimento básico de robótica e inteligência artificial é transmitido usando estações experimentais práticas, com diferentes plataformas robóticas: um robô móvel programável Bee-Bot, sensores do *kit* robótico Lego Mindstorms NXT 2.0, um robô humanoide como o Hitec RoboNova e rastreamento de objetos com o robô Pioneer 3 DX.

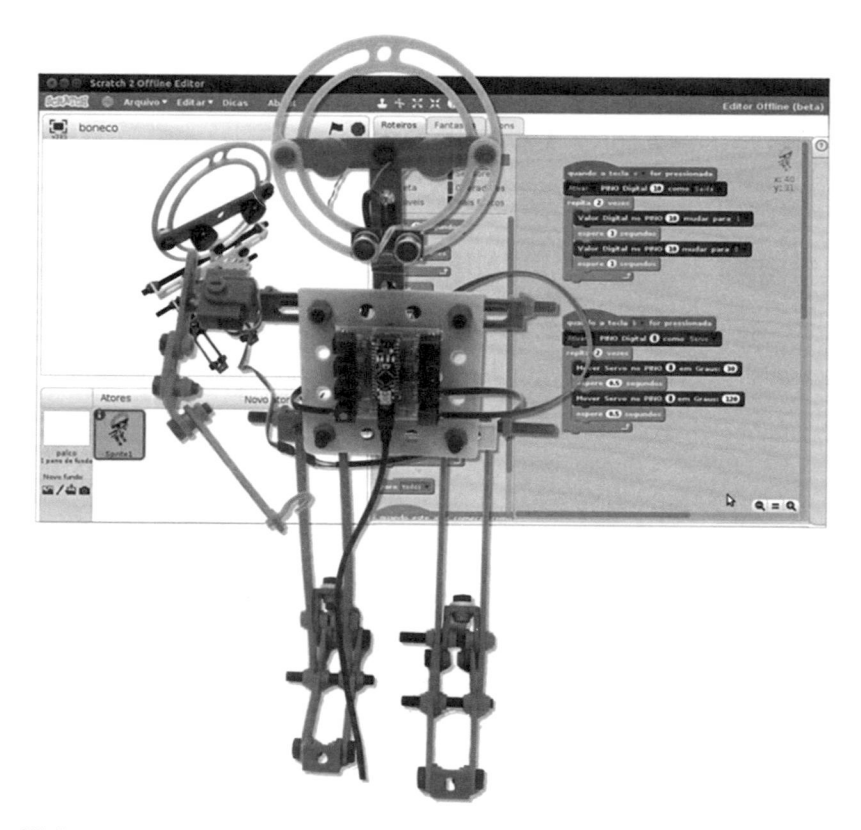

Figura 17.1 Robô programado com Scratch* pelos participantes, com ambiente de programação visual ao fundo.

---

*O Scratch é um projeto do Lifelong Kindergarten Group do MIT Media Lab disponibilizado gratuitamente. Mais informações em <https://scratch.mit.edu>.

Bers e Urrea (2000) apresentam uma proposta de aprendizado integrando valores e tradições religiosas com tecnologia. Como parte do programa MIT Con-science, a proposta aplica uma estratégia prática que envolve, além das crianças, famílias e professores no *design* e programação de criações robóticas, utilizando o *kit* robótico Lego Mindstorms RCX. Em oficinas com uma semana de duração, ministradas em escolas judaicas, as equipes foram formadas por um pai e um aluno do 4º ou 5º ano.

Bers (2007), como parte do Projeto Inter-Actions, realizou uma série de oficinas em cinco semanas, nas quais crianças de 4 a 7 anos de idade construíram e programaram, junto com os pais, um projeto robótico pessoal, no contexto de uma comunidade de prática multigeracional baseada em robótica. *Kits* Lego Mindstorm foram programados com a linguagem Robolab.

Cuellar e colaboradores (2015) e Cuellar, Penaloza e Kato (2013) também ministraram um piloto com o robô TriBot do *kit* Lego NXT 2.0. Crianças e pais desempenharam os papéis de projetista mecânico, programador, projetista eletrônico e gerente de projetos. As oficinas foram organizadas em quatro sessões de duas horas. Cada grupo usou um *kit* robótico e recebeu um guia detalhando com os passos a serem seguidos, juntamente com atividades e desafios.

Esses trabalhos de pesquisa indicam que o envolvimento de familiares traz um impacto positivo ao resultado das oficinas. É interessante notar também que essas iniciativas fogem das oficinas "tradicionais" de robótica, abrangendo uma gama maior de temas, que vão de valores religiosos a contação de histórias. Os *kits* comerciais citados são excelentes, mas, para o contexto brasileiro, apresentam um custo elevado.

METODOLOGIA DE PESQUISA

O objetivo da pesquisa apresentada aqui é o desenvolvimento, a aplicação e a avaliação de uma unidade instrucional (UI) para o ensino de computação física em oficinas de pais e filhos. Para atingir essa meta, é realizado um estudo de caso exploratório, para compreender os fenômenos observados durante as aplicações da UI em um contexto particular e identificar direcionamentos para trabalhos futuros (**Fig. 17.2**).

O estudo de caso é realizado conforme os procedimentos propostos por Yin (2013) e Wohlin e colaboradores (2012):

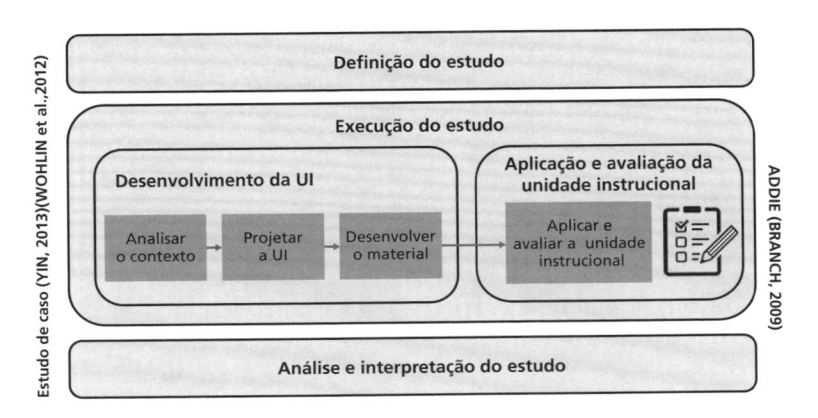

Figura 17.2 Visão geral da metodologia de pesquisa.

- **Definição do estudo:** o estudo é definido em termos do objetivo, das perguntas de pesquisa e do *design* de pesquisa. A partir do objetivo e das perguntas de análise, são sistematicamente derivadas as medidas para a coleta de dados utilizando o método *Goal Question Metric* (GQM) (BASILI; CALDIERA; ROMBACH, 1994). Para a operacionalização da coleta de dados, são definidos instrumentos de coleta de dados para todas as medidas definidas.
- **Execução do estudo:** a execução do estudo é realizada adotando o modelo Addie (BRANCH, 2009) como abordagem para o *design* instrucional. Em uma primeira etapa, a UI é desenvolvida. Para isso, primeiramente são caracterizados os aprendizes e o ambiente em que a UI acontecerá. Então são levantadas as necessidades de aprendizagem e, com base nessas informações, são definidos os objetivos de aprendizagem. De acordo com a análise de contexto, é projetada a UI, definindo-se seu conteúdo, a sequência e os métodos instrucionais a serem adotados. Em seguida, o material instrucional é desenvolvido. Durante a segunda etapa da execução do estudo, a UI é aplicada na prática e avaliada, coletando-se os dados conforme a definição do estudo.
- **Análise e interpretação do estudo:** nesta etapa, são analisados os dados em relação às perguntas de pesquisa, com o uso de métodos quantitativos e qualitativos. Ao final, os resultados são interpretados e discutidos.

DESENVOLVIMENTO DAS OFICINAS DE PAIS E FILHOS

Como parte da Iniciativa Computação na Escola*, são oferecidas oficinas em que as crianças aprendem os elementos básicos de computação programando um robô interativo. Essas atividades são chamadas de oficinas de computação física de pais e filhos, pois envolvem a participação de algum familiar adulto (geralmente o pai ou a mãe) junto com a criança. As oficinas são voltadas a participantes sem conhecimento prévio de computação.

Para o *design* das oficinas, procuraram-se diretrizes nacionais que pudessem guiá-las, mas a referência ao uso de computação nas bases curriculares nacionais ainda é bastante tímida. A única referência ao uso de computadores nas Diretrizes Curriculares Nacionais para a Educação Básica (BRASIL, 2013, documento on-line) aparece na educação infantil, em que se deve garantir "[...] experiências que: XII – possibilitem a utilização de gravadores, projetores, computadores, máquinas fotográficas e outros recursos tecnológicos e midiáticos". Tendo em vista essa carência de referenciais nacionais, utilizam-se as diretrizes de currículo do Curriculum Guidelines for K-12 Computing Education (ACM/IEEE/CSTA) (THE COMPUTER SCIENCE TEACHERS ASSOCIATION, 2011) para definir o objetivo geral de aprendizagem das oficinas, como: entender e aplicar conceitos básicos da computação relacionados com a prática da computação e programação e com o pensamento computacional. Desse modo, foi estabelecido que, ao final da oficina, os participantes deveriam ser capazes de:

- Utilizar um ambiente de programação visual.
- Compreender e aplicar conceitos básicos de programação:
    - Inicialização.
    - Sequência.
    - Entrada de dados.
    - Atores.
    - Laços (*loops*).
    - Eventos e condicionais.

---

*COMPUTAÇÃO NA ESCOLA. 2018. Disponível em: <http://www.computacaonaescola.ufsc.br>. Acesso em: 2 out. 2018.

- Criar um projeto de computação física no ambiente de programação.
- Compreender e aplicar conceitos básicos de automação/computação física:
  - Microcontrolador.
  - Sinalizador.
  - Sensor.
  - Atuador.
- Descrever e aplicar passos básicos do ciclo de engenharia de *software*.

Como estratégia pedagógica, inseriu-se a computação física no contexto de uma história: uma lontra (animal nativo do Brasil) super-herói deve impedir que um ogro continue poluindo um lago. Assim, os participantes da oficina são instigados a "dar vida" à lontra, fazendo com que ela se mova, faça barulho e seus olhos brilhem para chamar a atenção do ogro (**Fig. 17.3**).

Fluxo das oficinas de pais e filhos

Para a realização da oficina, são desenvolvidos:
- Plano de ensino.
- Material didático.
- Material de computação física, incluindo estrutura física do robô, *kit* eletrônico, *software* de programação e *software* de comunicação.

O plano de ensino (**Quadro 17.1**) prevê oficinas de 210 minutos, nas quais há 180 minutos de atividades de construção, programação e

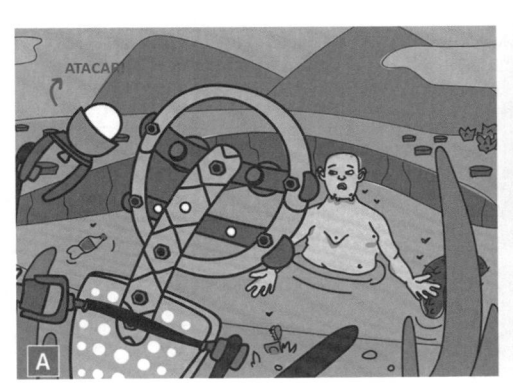

Figura 17.3 (A) Cena da narrativa do "ogro". **(B)** Crianças e pais interagindo com seus robôs programados.

QUADRO 17.1 Plano de ensino: Oficina de computação física de pais e filhos

Tempo	Tópico	Estratégia instrucional	Recursos
8:00-8:05	Apresentação de informações gerais da oficina (equipe/ *coffee-break*, etc.).	Apresentação.	• *Slides*.
8:15-8:20	O que é computação? Como funciona um computador? O que é computação física?	Apresentação e discussão com os participantes.	• *Slides*. • Vídeo apresentando as possibilidades da linguagem Scratch.
8:20-8:25	Apresentação da narrativa da lontra. Apresentação de exemplo do robô a ser criado.	Apresentação.	• *Slides* com narrativa (história em quadrinho – HQ).

(Continua)

QUADRO 17.1 Plano de ensino (Continuação)

Tempo	Tópico	Estratégia instrucional	Recursos
8:25-8:40	Apresentação inicial do ambiente de programação Scratch.	Apresentação do passo a passo. Visita ao laboratório de programação.	• Slides. • Tutorial – Passo 1: Scratch é fácil! • Scratch.
8:40-8:45	Estabelecimento da comunicação com Scratchduino. Colocação do Arduino e do cabo USB no boneco. Instalação dos blocos especiais no Scratch.	Apresentação do passo a passo. Visita ao laboratório de programação.	• Slides. • Tutorial – Passo 2: vamos fazer o Scratch controlar um Arduino com Scratchboard? • Robô pré-montado com material Atto. • Fantasia de super-herói. • Arduino Nano. • Placa Scratchboard. • Scratchduino. • Blocos especiais do Scratch para computação física.
8:45-9:15	Criação da função "piscar LED" primeiro no Arduino e depois da função "piscar olho" (no robô com LEDs): identificação de requisitos, programacão, teste.	Apresentação do passo a passo. Visita ao laboratório de programação.	• Slides. • Tutorial – Passo 3: faça os olhos do boneco piscarem. • Dois LEDs com um resistor 330Ohm soldado em cada um dos quatro *jumpers* fêmea-macho para conexão dos *kits* LED/resistor.
9:15-9:45	Apresentação de conceitos de automação: atuador físico. Criação da função "mover braço": identificação de requisitos, montagem de *hardware*, programação, teste. Introdução de conceitos de ângulo.	Apresentação do passo a passo. Visita ao laboratório de programação.	• Slides. • Tutorial – Passo 4: faça o boneco mover o braço. • Servo motor, suporte para servo, *jumper* para conexão com servo, material Atto segurando a impressão de imagem do ogro e bolinhas de isopor.
9:45-10:00 INTERVALO			
10:00-10:15	Apresentação de conceitos de automação: sensor. Criação da função "identificador de pessoas": identificação de requisitos, montagem de *hardware*, programação, teste.	Apresentação do passo a passo. Visita ao laboratório de programação.	• Slides. • Tutorial – Passo 5: dê sentidos ao seu boneco: sensores com a scratchboard. • Sensor ultrassônico SR-04. • 3-4 *jumpers* fêmea-macho para conexão.
10:15-10:30	Apresentação de conceitos de programação: sensor. Criação da função "fazer som": identificação de requisitos, montagem de *hardware*, programação, teste.	Apresentação do passo a passo. Visita ao laboratório de programação.	• Slides. • Tutorial – Passo 6: deixe o boneco mais comunicativo: sons. • Scratch (galeria de sons). • Microfone (opcional).
10:30-11:30	Continuação livre (fantasias, funções modificadas, estendidas).	Apresentação de ideias. Visita ao laboratório de programação.	• Slides • Tutorial – Passo 7: dê asas a sua imaginação! • Material de artesanato/reciclagem.
11:15-11:30	M1. Medição pós-teste.	Questionário.	• Questionário pós-oficina aluno. • Questionário pós-oficina pais.

testes e dois períodos de 15 minutos dedicados a um lanche e à medição pós-teste. Escolheu-se esse tempo relativamente curto por ser um modelo que se adapta bem à disponibilidade de tempo dos familiares, que é de um período (manhã ou tarde) em um final de semana.

Material didático

Foram elaborados *slides* para apresentar conceitos básicos de computação, como condições e laços, assim como dos dispositivos de computação física (sensores e motores) (**Fig. 17.4**).

Para apoio adicional, todas as explicações foram disponibilizadas *on-line* e podem ser consultadas durante a oficina (COMPUTAÇÃO NA ESCOLA, 2018a). Cada passo do plano de ensino tem sua página própria, e um guia com os passos no alto da página auxilia na navegação. A **Figura 17.5** mostra duas páginas com passos do roteiro.

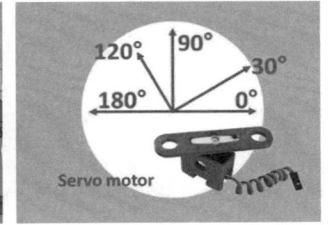

Figura 17.4 Exemplos de *slides* da oficina.

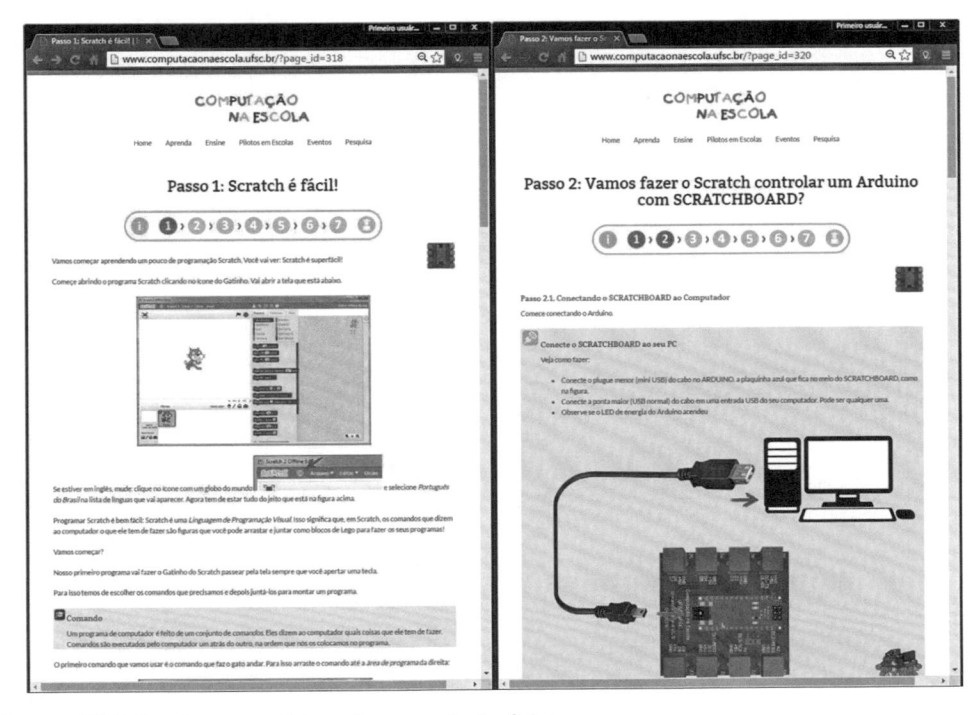

Figura 17.5 Roteiro para oficinas de computação física.
Fonte: Computação na Escola (2018a).

O material foi organizado de forma a conter um texto explicativo, que fornece o fio condutor, e caixas com explicações de apoio sobre temas específicos, como instruções de montagem e programação. As explicações de apoio foram divididas em quatro temas: montagem física, conexão do *hardware*, programação e conhecimentos adicionais (**Fig. 17.6**). Cada ícone possui uma cor característica para destacar seu significado e auxiliar na navegação pelo material.

Essa estratégia de montagem do material didático pode ser vista na **Figura 17.7** as caixas de apoio colaboram com a estruturação da tarefa, que é multidisciplinar, na qual as crianças montam a estrutura física do robô, vão conectando seus dispositivos de automação e, a cada passo, programam as funcionalidades do robô para aquele dispositivo.

Material de computação física

As partes da estrutura física, *kit* de robótica e *software* de programação e de comunicação foram desenvolvidas utilizando-se um *kit* de construção comercial e também um *hardware* aberto (*open hardware*) especialmente projetado para tanto.

Para a **estrutura física** do robô, foi utilizado o material educacional Atto,* que consiste em um conjunto de peças estruturais multifuncionais (incluindo parafusos, rebites, barras, etc.) injetadas em plástico atóxico lavável

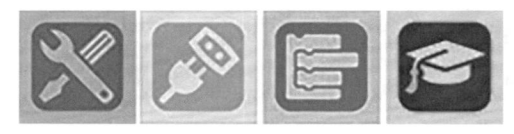

Figura 17.6 Ícones temáticos das caixas explicativas.
Fonte: Computação na Escola (2018a).

*ATTO EDUCACIONAL. 2018. Disponível em: <http://www.attoeducacional.com.br>. Acesso em: 2 out. 2018.

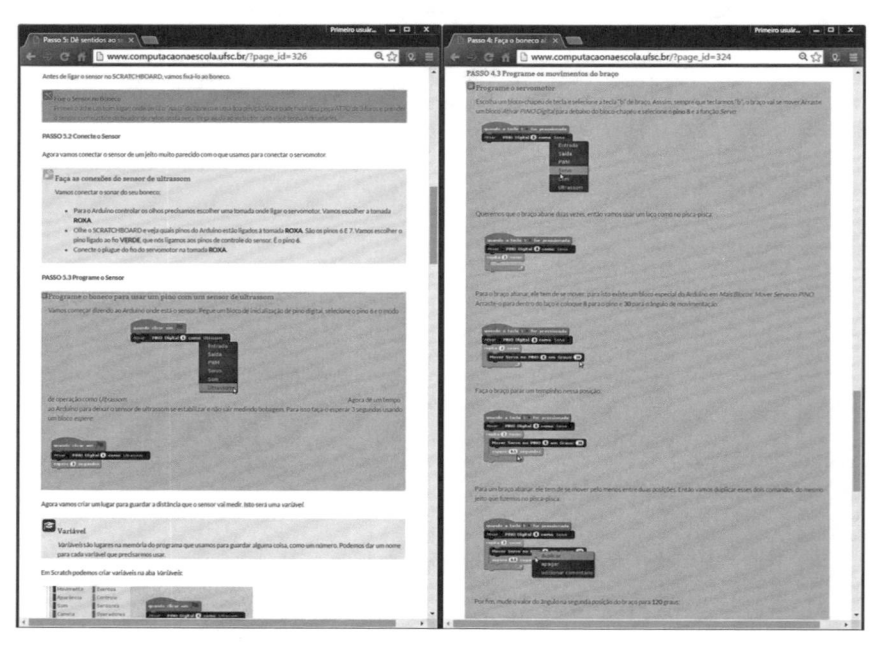

Figura 17.7 Tutorial para diferentes estágios da oficina. Cada tipo de ação, montagem, conexão ou programação está destacado por caixinhas e uma cor.
Fonte: Computação na Escola (2018a).

e colorido. Durante a oficina, os participantes recebem um robô pré-montado, para agilizar a construção da estrutura física, tendo em vista a limitação de tempo. Desse modo, pode-se focar na parte de interação e computação. Para a fixação dos componentes de automação, como o servo motor, foram desenvolvidas peças especiais, em *hardware* aberto, cujos arquivos para impressão 3D foram disponibilizados no *site*, permitindo sua replicação.

Com relação ao **kit eletrônico**, para a leitura dos sensores, acionamento dos motores e comunicação com a plataforma de programação, foi desenvolvida uma estratégia de utilização simples, de baixo custo e independente de plataforma que integra um microcontrolador e conectores de fácil uso pelas crianças. Como unidade de processamento, foi utilizado um Arduino Nano. Nessas oficinas, são conectados, ainda: um servo motor 9g, um sensor de distância por ultrassom e dois LEDs. Para facilitar o manuseio e a operação por parte das crianças, foi desenvolvida, como *hardware* aberto, uma plataforma tipo *break-out-board* para o microcontrolador, a qual é chamada de Scratchboard (COMPUTAÇÃO NA ESCOLA, 2018c). Com o Scratchboard, as crianças podem conectar os componentes de forma fácil e intuitiva usando cabos de telefone simples e baratos. Os arquivos para a produção do Scratchboard, permitindo a todos replicarem o estudo, também estão disponíveis no *site* (**Fig. 17.8**).

Para facilitar a **programação**, é usada a linguagem orientada a blocos Scratch (MALAN; LEITNER, 2007; MONROY-HERNÁNDEZ; RESNICK, 2008), desenvolvida no MIT Media Lab. O Scratch é adequado para crianças e adolescentes por ter uma interface simples e, ao mesmo tempo, oferecer um conjunto grande de recursos. Além do Scratch 2 (SCRATCH, 2018), também se utiliza o Snap! (SNAP!, 2018).

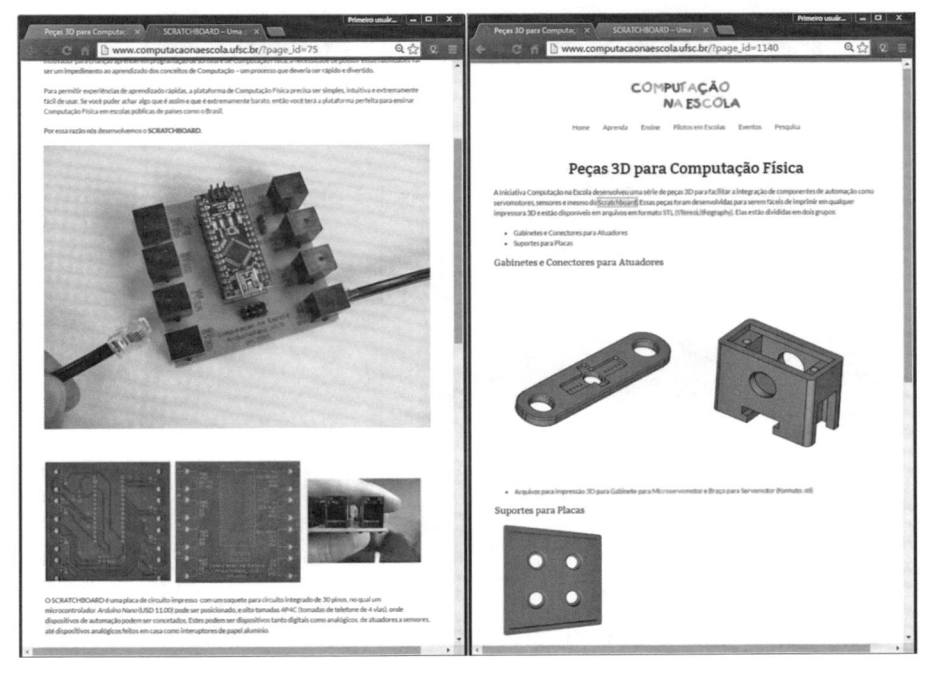

Figura 17.8 Scratchboard e peças 3D em *hardware* aberto.
Fonte: Computação na Escola (2018b, 2018c).

Dependendo da infraestrutura disponível e da faixa etária dos participantes, pode-se optar por um ou outro *software*.

Para a **comunicação** entre a placa com Arduino e os *softwares* Scratch ou Snap!, foi desenvolvido um servidor de comunicação (COMPUTAÇÃO NA ESCOLA, c2013--2015). É um programa com uma interface gráfica simples e fácil de usar, que atua como um tradutor de protocolo bidirecional entre o Scratch Extension Protocol e o protocolo Firmata, usado no microcontrolador. O Scratchduino é uma extensão do tradutor de protocolo Scratch-Firmata *s2a_fm*, um *software* em linha de comando originalmente desenvolvido por Yorinks (GITHUB, c2018). A motivação para o desenvolvimento do Scratchduino foi a de facilitar o uso pelas crianças, evitando ter de abrir uma janela com a linha de comando Linux. Também se escreveu o arquivo de localização (tradução) para português para Scratch, Arduino Blocks e a localização para português brasileiro do Snap!. A adaptação para a língua local facilita o uso do Scratch e Snap! nessas oficinas no Brasil (**Fig. 17.9**).

Como resultado, crianças e pais podem desenvolver programas usando o ambiente de

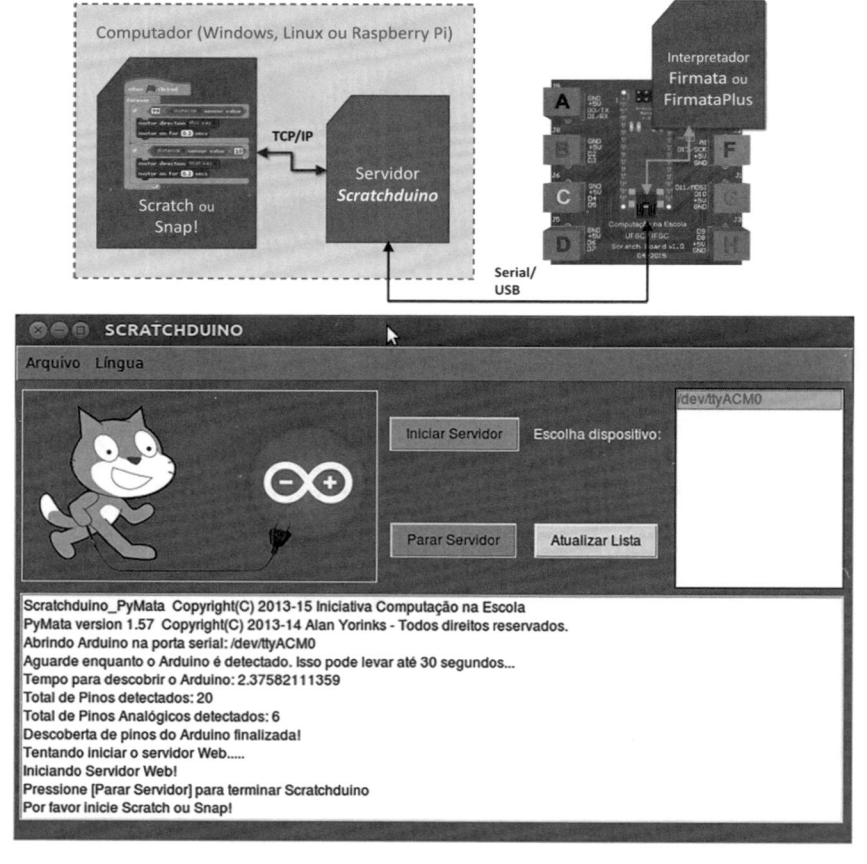

Figura 17.9 Esquema operacional do Scratchduino/Scratchboard e interface gráfica do Scratchduino.

programação intuitivo e fácil de Scratch ou Snap! e imediatamente ver os efeitos de seus programas sobre o mundo real. Observar um robô que eles mesmos montaram agir conforme a programação que eles fizeram motiva-os e os estimula a completar as atividades e a buscar novos desafios (**Fig. 17.10**).

APLICAÇÃO DAS OFICINAS DE PAIS E FILHOS

Na iniciativa aqui apresentada, as oficinas de computação física em família são ministradas de forma independente, ou como parte das atividades de escolas participantes (**Fig. 17.11**).

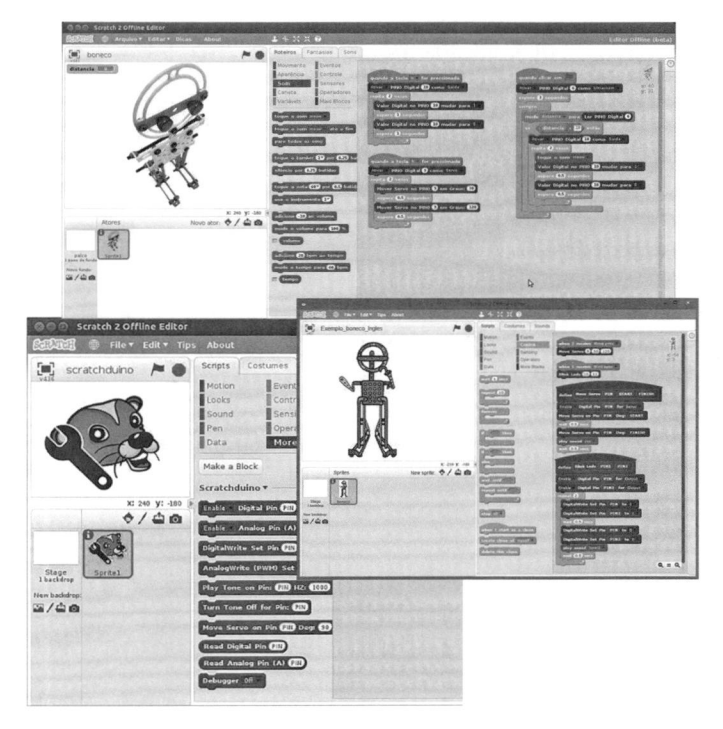

Figura 17.10 Exemplo de um programa Scratch para mover o braço e piscar os olhos do robô.

Figura 17.11 Cenas das oficinas de computação física.

Durante o ano de 2015, foram realizadas cinco oficinas, na Universidade Federal de Santa Catarina (UFSC), em Florianópolis, e em outras escolas no estado de Santa Catarina, em Florianópolis e em Ibirama. No total, 75 famílias, com crianças entre 6 e 13 anos de idade, participaram das atividades promovidas nas oficinas.

Nas oficinas, as crianças foram acompanhadas pelos pais, em sua maioria, ou pelos avós ou tios (**Fig. 17.12**). A partir da identificação do perfil dos participantes, observou-se que todos eles têm computador em casa, e em torno de 30% dos adultos trabalham com computação.

A **Figura 17.13** apresenta a distribuição da participação com relação ao gênero dos alunos.

A logística (inscrição, *coffee-break* e certificados) foi gerida pelo corpo administrativo da Iniciativa Computação na Escola. As oficinas foram ofertadas de forma gratuita, com suporte financeiro do Google Rise Award e do Conselho Nacional de Desenvolvimento Científico e Tecnológico (CNPq).

AVALIAÇÃO DAS OFICINAS

O objetivo da avaliação das oficinas consiste, especificamente, em explorar e compreender aspectos relacionados com as oficinas de computação física de pais e filhos.

O *design* da avaliação foi definido na forma de estudos de caso, que permitem uma pesquisa abrangente de um indivíduo, grupo ou evento (WOHLIN et al., 2012; YIN, 2013), considerando as características específicas das oficinas como UIs informais, de modo a realizar a avaliação rapidamente e com a menor intervenção possível.

O projeto geral do estudo é de um teste único, aplicado após a realização da oficina. Assim, o estudo de caso se inicia com a oficina, e, após sua realização, os participantes respondem a um questionário. Adotando essa estratégia de pesquisa, a avaliação é baseada na percepção dos participantes em correspondência com o objetivo de avaliação de nível 1 na escala de Kirkpatrick e Kirkpatrick (2006).

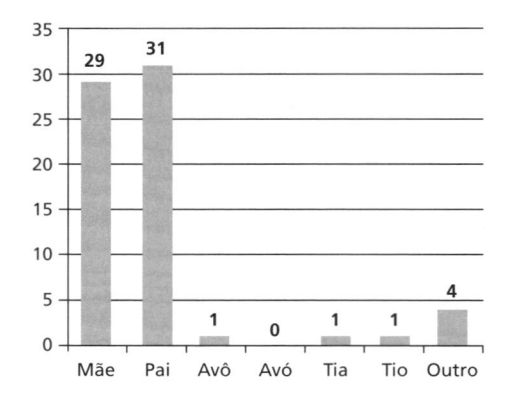

Figura 17.12 Grau de parentesco dos adultos que participaram das oficinas.

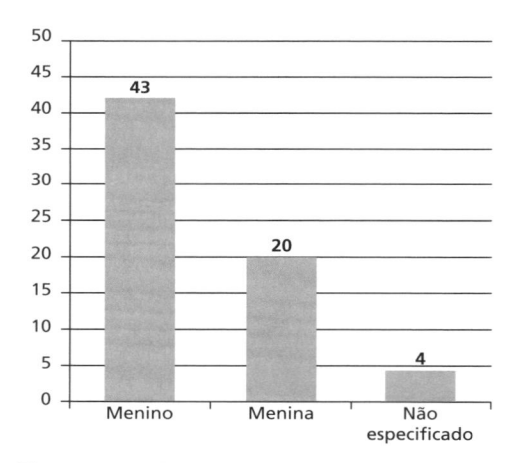

Figura 17.13 Sexo das crianças que participaram das oficinas.

Cabe aqui uma breve discussão em relação ao uso de autoavaliação nesse tipo de pesquisa. Questionários têm sido utilizados para capturar a percepção de participantes em várias áreas de pesquisa, apoiados pela ciência da psicométrica (DEVELLIS, 2003), para medir variáveis de difícil observação direta, incluindo opiniões, motivação, expectativas, emoções e experiência do usuário (RUST; GOLOMBOK, 1999; DEVELLIS, 2003; POELS; KORT; IJSSELSTEIJN, 2007; JENNETT et al.,

QUADRO 17.2 Definição do plano de medição	
Pergunta de análise	**Medida(s)**
PA1. Os objetivos de aprendizagem são atingidos usando a UI?	• M1.1 Grau de aprendizagem referente à capacidade de fazer programas de computador. • M1.2 Grau de aprendizagem referente à capacidade de descrever, analisar e programar uma sequência de instruções a ser seguida. • M1.3 Grau de aprendizagem referente à capacidade do uso do ambiente Scratch para criar e desenvolver um jogo em grupo dentro do ambiente, compartilhar/publicar e comentar outros jogos. • M1.4 Grau de habilidade para ensinar o aprendido para outras pessoas.
PA2. A UI facilita a aprendizagem?	• M2.1. Grau de facilidade das aulas. • M2.2. Grau de facilidade de fazer programas de computador. • M2.3. Grau da qualidade geral das aulas. • M2.4 Pontos fortes em relação à facilidade das aulas. • M2.5 Pontos fracos em relação à dificuldade das aulas.
PA3. A UI promove uma experiência de aprendizagem agradável e divertida?	• M3.1 Grau da diversão das aulas. • M3.2 Grau da imersão das aulas. • M3.3 Grau da interação social (querer mostrar aos outros). • M3.4 Opinião subjetiva sobre as aulas. • M3.5 Pontos fortes em relação à experiência das aulas. • M3.6 Pontos fracos em relação à experiência das aulas.
PA4. A UI proporciona uma percepção positiva da computação?	• M4.1. Vontade de aprender computação na escola. • M4.2. Grau de satisfação em fazer programas de computador. • M4.3 Grau de diversão em fazer programas de computador.

UI, unidade instrucional.

2008; KELLER, 2009; CALVILLO GÁMEZ, 2009). Entretanto, mesmo com o suporte da literatura, ainda é controverso garantir que a efetividade do aprendizado possa ser medida dessa forma. Embora seja possível obter informação válida, ela pode ser polarizada e não confiável (ALLIGER et al., 1997; ROSS, 2006). Desse modo, embora não haja consenso na literatura, há evidência de que a autoavaliação provê informação válida, confiável e útil (SITZMANN et al., 2010; TOPPING, 2003; ROSS, 2006). Em relação à acurácia da autoavaliação realizada por estudantes, quando confrontada com a efetuada por professores, estudos indicam um nível de correlação moderado entre os dois instrumentos de avaliação (FALCHIKOV; BOUD, 1989; SEYMOUR et al., 2000; MOODY; SINDRE, 2003).

Além disso, as avaliações feitas por professores antes ou depois de uma atividade também sofrem problemas de validade, pois as avaliações sobre o trabalho de um mesmo aluno podem diferir muito (FALCHIKOV; BOUD, 1989; TOPPING, 2003). Riscos à validade do processo podem, ainda, ser introduzidos pelas variações entre testes antes e depois da atividade e/ou pela ausência de controle sobre a influência de fatores causais adicionais. Resumindo, uma questão a considerar é se a autoavaliação dos estudantes indica um resultado melhor que o que realmente tiveram, tirando vantagem do processo de avaliação. Entretanto, quando se avalia a qualidade de uma oficina fora do contexto formal escolar, há menor razão para que os participantes busquem se aproveitar do formato da avaliação.

Assim, a partir do objetivo da avaliação, seguindo a abordagem GQM (BASILI; CALDIERA; ROMBACH, 1994), é definido um plano de medição, decompondo o objetivo em perguntas de análise e medidas, operacionalizadas por instrumentos de coleta de dados.

Conforme indicado na **Figura 17.2** (visão geral da metodologia de pesquisa), a avaliação é realizada mediante uma série de estudos de caso com medição após a oficina, capturando a percepção das crianças e dos pais por meio de questionários. Além de ser aplicado esse instrumento, são coletados dados via observação dos instrutores durante as oficinas. Os questionários estão disponíveis em Computação na Escola.*

Esses procedimentos de pesquisa foram aprovados pelo Comitê de Ética em Pesquisa com Seres Humanos (CEPSH) da UFSC, conforme parecer nº 1.118.993.

Análise dos dados

Tomando por base os dados coletados em 75 questionários respondidos pelos familiares e 75, pelas crianças e observando os participantes durante as oficinas, foi possível perceber que todos conseguiram programar o robô interativo com todas as funcionalidades previstas, demonstrando muito entusiasmo e vontade de continuar a atividade. Para detalhar melhor os resultados obtidos, são apresentados a seguir os resultados para cada pergunta de análise.

Os objetivos de aprendizagem da unidade instrucional foram atingidos?

Para verificar se os objetivos de aprendizagem definidos foram atingidos, foram analisadas as observações coletadas durante as oficinas de acordo com os objetivos de aprendizagem. Assim, foi possível observar que, de maneira geral, todos os participantes conseguiram utilizar com facilidade o ambiente Scratch para a programação do robô interativo. Utilizando o Scratchduino, os participantes conseguiram estabelecer a comunicação entre o Scratch e o Arduino com facilidade.

Para a programação do robô, os participantes conseguiram utilizar blocos de comandos de inicialização, condicionais, laços de repetição, definição e manipulação de variáveis e entrada de dados.

Variáveis foram utilizadas, na maioria dos casos, para controlar a proximidade do ogro em relação ao robô, a partir dos dados coletados dos sensores de proximidade por ultrassom. Já as estruturas de comandos condicionais foram utilizadas, na maioria dos casos, para verificar se o ogro estava próximo do robô e para inicializar o lançamento (movimentar o braço – servo). Os blocos de laços de repetição foram utilizados em diversas situações, como, por exemplo, para fazer os LEDs dos "olhos" do robô piscarem várias vezes. Também foi utilizada a estruturação dos blocos de código em procedimentos, para facilitar, por exemplo, o acionamento do braço, ou a produção de determinado som em locais diferentes do código, sem a necessidade de repetir os blocos.

Essas observações indicam que houve aprendizagem efetiva de conceitos de programação. Os participantes tiveram contato e usaram desde conceitos simples, como operações lógicas, até conceitos mais complexos, como a manipulação de variáveis.

Esse efeito da aprendizagem também é percebido na autoavaliação dos participantes. Após a oficina, a maioria dos alunos indica que consegue fazer programas de computador. Porém, somente uma parte dos alunos considera que atingiu níveis mais altos de aprendizagem na programação (p. ex., concordando que conseguem explicar para algum colega como fazer um programa) (**Fig. 17.14**).

Assim, foi possível perceber que, durante as oficinas, todos os participantes conseguiram criar um projeto de computação física no ambiente Scratch, compreendendo e aplicando conceitos básicos de computação física, desde o início da oficina, reali-

---
*COMPUTAÇÃO NA ESCOLA. 2018. Disponível em: <http://www.computacaonaescola.ufsc.br/?page_id=45>. Acesso em: 2 out. 2018.

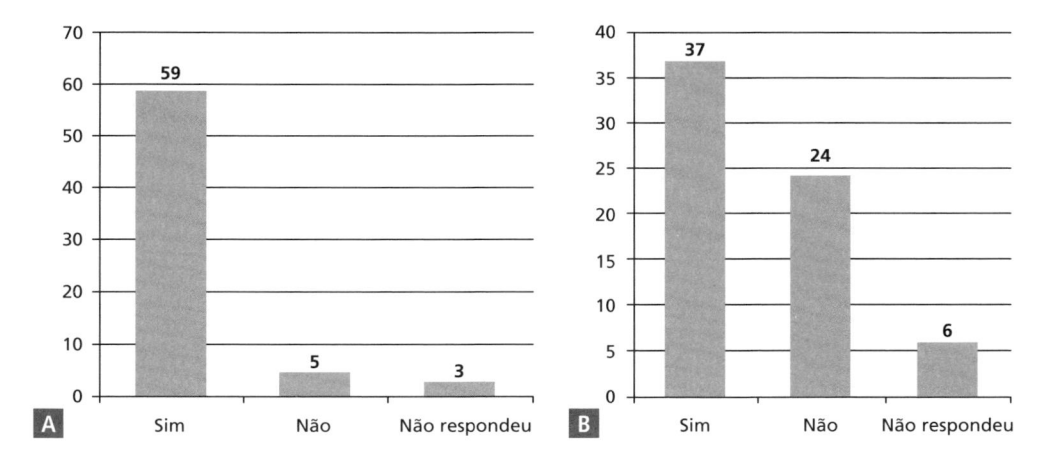

Figura 17.14 Respostas das crianças após as oficinas: sobre a percepção de **(A)** saber fazer programas de computador; **(B)** conseguir explicar para outras pessoas como fazer programação.

zando os primeiros comandos simples de interação com LEDs, passando pelo aprendizado de realizar as conexões dos sensores e chegando à coleta e manipulação dos dados de sensores para possibilitar a atuação por meio de servos.

Implicitamente, seguindo as atividades da oficina, os participantes também aprenderam os passos básicos do ciclo de engenharia de *software*, incluindo a descrição do requisito, a modelagem conceitual, a montagem das peças de computação física, a programação e os testes.

A unidade instrucional facilita a aprendizagem?

A maioria das crianças achou as aulas muito fáceis ou fáceis. Poucos alunos consideraram as aulas difíceis, e somente uma criança achou muito difícil. Em geral, as crianças também consideraram a programação fácil (**Fig. 17.15**).

Os comentários qualitativos referentes às aulas também indicam esse resultado: "Ótima, aprendi diversas coisas sobre a programação de *software*", "Legal fazer movimentos... E aprendi a fazer muitas coisas", "Muito boa. Já fiz

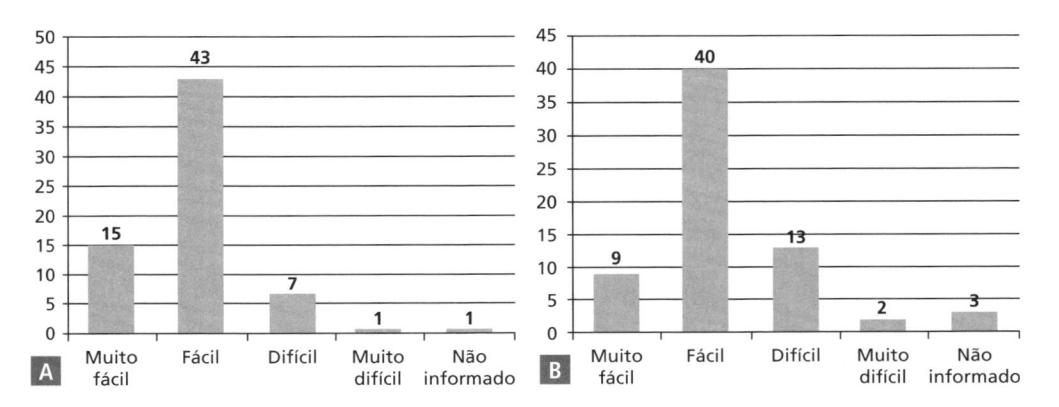

Figura 17.15 Respostas das crianças após as oficinas: sobre o grau de facilidade **(A)** das oficinas; **(B)** de fazer programas de computador.

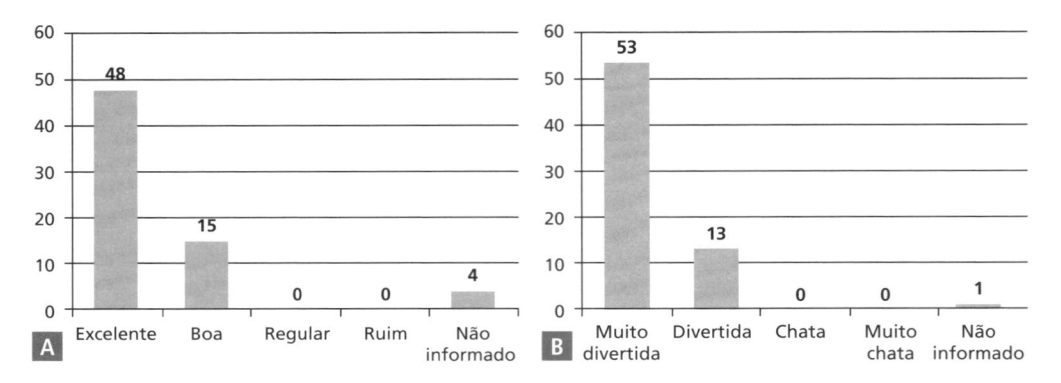

Figura 17.16 Opinião das crianças sobre as oficinas: em uma escala **(A)** de excelente a ruim; **(B)** de muito divertida a muito chata.

esse curso em outros lugares, mas aqui foi o lugar que mais aprendi". Poucos comentam alguma dificuldade e, quando há, em geral, é relacionada com a infraestrutura ou com o *software* ("Muito legal, só falta o Scratch não fechar sozinho", "Ficou travando") ou de peças da computação física ("O sensor não estava funcionando muito bem"). Os comentários das crianças também indicam que o principal aprendizado é relacionado com a programação: "Eu aprendi a programar", "Aprender a usar o Scratch", "Que eu aprendi como fazer um programa de computador", "Programar o Scratch".

Em geral, percebeu-se que os alunos utilizaram com facilidade os recursos de programação do ambiente Scratch para controlar o robô interativo. Observaram-se somente algumas dificuldades, quando o programa Scratch travava durante o recebimento de dados dos sensores de ultrassom. Foi observado, posteriormente às oficinas, que isso se devia, em grande parte, a defeitos nos sensores ou à lentidão do computador local no processamento dos dados recebidos via USB pelo Scratch. Observou-se que a possibilidade de execução do código e a visualização imediata dos resultados nos movimentos do robô facilitou aos estudantes encontrar erros simples de forma rápida, assim como corrigi-los.

A unidade instrucional promove uma experiência de usuário agradável e divertida?

Segundo as respostas dos alunos, a oficina foi avaliada pela maioria de forma positiva, como excelente/boa e muito divertida (**Fig. 17.16**). Os pais também confirmaram que observaram que seus filhos gostaram muito da oficina (**Fig. 17.17**).

Essa avaliação positiva também se reflete na percepção das crianças em relação ao tempo da oficina, pois a maioria (76%) indica que esta passou muito rápido.

Os comentários qualitativos, tanto das crianças quanto dos pais, reforçam sua percepção positiva da oficina (**Quadros 17.3** e **17.4**). O tema

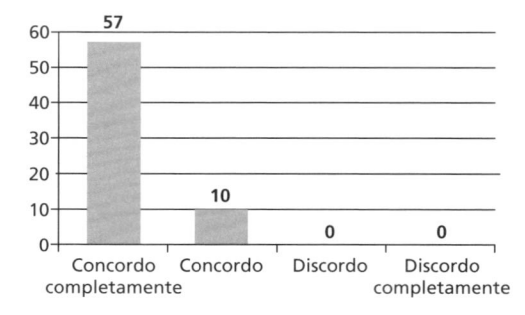

Figura 17.17 Opinião dos familiares sobre a afirmação "Eu gostei de participar da oficina para fazer programas de computador".

QUADRO 17.3 Respostas discursivas dos alunos no questionário pós-unidade referente à experiência das crianças

Tópico	Comentários
Experiência das aulas	"Muito divertida. Adorei essa aula. Aprendi muito." "Achei empolgante a forma na qual se aprendia." "Muito legal, divertida e interessante." "Eu gostei bastante da oficina, eu gostei de montar um robô." "Foi muito divertida. Aprendi muito, me diverti muito, sem contar que agora vou poder mexer com os bonequinhos virtuais em casa! Muito obrigada por nos ensinarem coisas assim. Obrigado pela atenção que tiveram para nos ensinar tudo!" "Achei ela incrível." "Muito legal e criativa. Continuem assim." "Muito divertida. Para mim. que adoro usar o computador. foi muito legal. Espero poder fazer de novo. Gostaria que tivesse mais vezes." "Muito legal e divertida." "Legal, gostaria de fazer outra vez." "Ótima, a melhor de todas."
Pontos fortes em relação à experiência	"Eu gostei dos robôs." "Tudo." "Montar o robô, vestir o robô, fazer programação." "Programar o robô." "Como pude fazer a minha própria programação no robozinho. Ele pisca, ataca, bate e toca música." "Robô se mexendo." "Ver o robô jogar a bola." "Fazer a programação." "O robô atirar a bolinha." "Montar o robô." "Que a gente pode programar um robô do jeito que queria." "Programação do Scratch." "Tudo." "Aprender a fazer os robôs." "Ver o robô mexendo o braço." "O modo divertido como o tema é tratado." "O robô e sua história." "A hora em que o robô conseguia jogar as bolinhas no ogro." "A computação, o boneco, os movimentos, o lanche (tudo)!" "Mexer o braço do robô." "Gostei de tudo." "De jogar com um robô." "Fazer a programação no robô." "Fazer o robô se movimentar." "Ver o robô funcionar." "Da parte em que a gente mexe com os blocos do Scratch." "O que eu mais gostei foi o robô." "Fazer o robô se movimentar." "Acho que tudo." "Conhecer o Arduino."
Pontos fracos em relação à experiência	"Como o robô se afrouxava e também tinha dificuldades em fazer vários movimentos seguidos." "O sensor não estava funcionando muito bem." "Nada, eu gostei de tudo." "Pouca coisa, o que eu menos gostei é que às vezes o robô ficava maluco e fazia o oposto do que eu mandei. Fora isso, adorei a oficina." "Não teve nada que não gostei." "Nada, eu gostei de tudo." "Ficar parada." "Sentar atrás, nas últimas cadeiras." "Ter de esperar pela ajuda dos monitores." "Tempo passa devagar." "A conversa e o barulho." "O Scratch fechando sozinho." "Que deu um problema no meu robô e demorou para arrumar." "Da parte que tinha que colocar os fios no robô." "O que eu menos gostei foi quando paramos de programar o robô." "Ficar sentado." "Que o computador estava travando." "Que é muito devagar." "A programação, porque foi difícil programar e entender." "Quando as máquinas travaram." "Nada."

QUADRO 17.4 Respostas discursivas dos pais referentes à oficina

Tópico	Comentários
Pontos fortes em relação à experiência	"A chance de trabalhar/brincar junto com meu filho." "Das explicações com exemplos práticos e de ver o sensor de movimento funcionando com todas as ações programadas. E de aprendermos juntos!" "Monitores acessíveis e prontos para auxiliar. Possibilidade de explorar as habilidades desenvolvidas ao final do período, de forma livre." "O ambiente divertido da dinâmica. Fizeram parecer simples algo que parece complexo." "O interesse do meu filho em poder comandar o robô por meio do computador." "A oficina foi descontraída e bastante didática, com permanente atenção dos professores." "Fiquei muito feliz em ver que a minha filha se interessou e gostou da oficina." "A dinâmica, as crianças adoraram tanto a parte teórica quanto a prática e torna o aprendizado muito mais eficaz." "A interação com meu filho e a desmistificação de que a informática é chata e difícil." "Bom ritmo e didática para as crianças. Meu filho gostou muito." "O *design* visual, que facilita muito a aprendizagem, recurso de cores é muito didático." "Instrutor/professor demonstrou respeitar o ritmo do grupo, o que facilitou muito." "A proposta pedagógica aproximou as crianças da computação e automação. Uma iniciativa fundamental! Forneceu uma visão sobre o tema que eu não possuía. Excelente!" "Gostei de programar com o Scratch e sobretudo da montagem e auxílio do robô com meu filho, posso dizer que é muito divertido." "Gostei, pois o programa não é difícil de se aprender, mesmo para quem não tem nenhum conhecimento na área. E achei divertido, pois conseguimos interagir com o programa, devido à forma de montar um robô." "A forma didática aplicada com a interação entre teoria e prática. Também a aplicação na prática com as crianças ficou muito divertida." "A utilização de conceitos de programação na prática e o fato de estimular a lógica." "A possibilidade de usar o Scratch para controle de dispositivos físicos." "A iniciativa e a oportunidade dada às famílias ao acesso às informações e à tecnologia." "Da integração entre o ambiente de programação com o "robô" (atuadores, sensor e etc.)." "A abordagem lúdica de forma a acessar crianças e adultos." "Do jeito que foi explicado, da aplicabilidade imediata. Da simpatia e descontração." "Descobrir que é muito fácil programar um robô, quando imaginava que era uma coisa muito difícil e para poucos, e o quanto as crianças interagiram e se interessaram." "Poder descobrir e mexer em algo até então desconhecido e impensado por mim."
Pontos fracos em relação à experiência	"Talvez um curso regular." "Talvez gravar vídeos com experiências das oficinas e mostrar para as turmas seguintes, com depoimentos, para inspirar os outros participantes ainda mais." "Houveram [sic] problemas com os encaixes do robô, especialmente no braço. Orientação sobre como resolver ou facilitação na solução do problema pode agilizar a atividade, diminuindo eventuais frustrações da criança. Maior estratificação de idade/adequação da motivação à faixa etária." "Fazer o robô andar." "Poderia haver continuidade. Um curso com aulas semanais." "Uma segunda rodada, uma continuação da "computação na escola", onde se pudesse avançar com outros conhecimentos/recursos de programação." "A parte teórica teria que ser ainda mais lúdica para crianças de 8 anos, pois pode se tornar entediante. Mas a iniciativa foi excelente e a nota é 10." "Apenas elogios à equipe como um todo." "Sugiro que haja continuidade (parte I, II, ...)." "Não, a oficina está muito bem organizada." "Minha filha é tímida e acho que não sentiu à vontade, mas sei que isto é um processo e estar aqui foi um passo na direção de descobrir." "Achei a oficina muito boa, não tenho sugestões." "Avisar as crianças sobre a necessidade de ir salvando o projeto de tempos em tempos para evitar a perda dos arquivos, no caso de o Scratch parar inesperadamente." "Sim. Achei o período muito longo..." "Visitar escolas." "Apenas que se repita mais vezes." "Gostaria de fazer o robozinho andar." "Um pouco mais de padronização nos procedimentos (servo de todos na mesma posição)." "Dar um desafio de programa para que façamos na hora e ver se ficaram dúvidas (para não levar dúvidas ou dificuldades para casa)." "A melhoria dos computadores usados na oficina." "Ter mais vezes, para que o aprendizado seja melhor e mais eficiente." "Precisa melhorar os computadores. Se perde muito tempo para ficar destravando as máquinas." "Sistema travou muito." "Acho que precisa durar mais tempo, mas de resto está ótimo." "Acredito que para o pouco tempo que tivemos, o aproveitamento foi muito bom. Apenas a estrutura do laboratório que deixou a desejar." "Para uma primeira apresentação foi ótima. Poderia ter mais exercícios." "Descrição mais clara do programa, descrição mais clara e simples de ângulo."

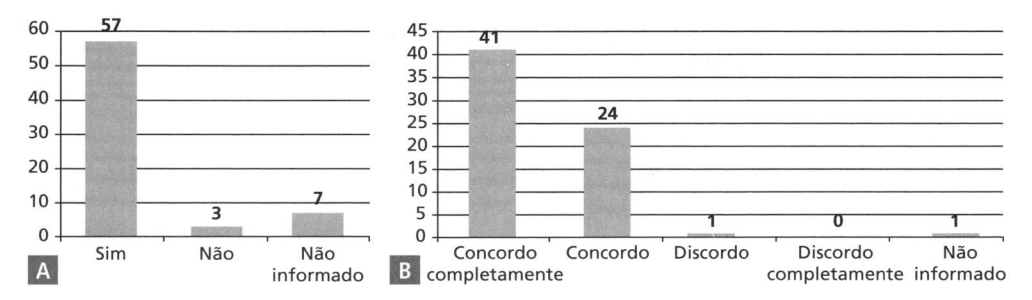

Figura 17.18 Respostas após participação nas oficinas: **(A)** Crianças respondem a "Quero aprender mais sobre como fazer programas de computador?". **(B)** Familiares indicam grau de concordância com "Quero aprender mais sobre computação".

da oficina, com a programação de um robô interativo, incluindo um período para a livre exploração, foi apontado pelos alunos como muito interessante. Muitos também citaram que a narrativa utilizada na oficina foi divertida e funcionou como um fator motivador. As principais críticas foram relacionadas principalmente com a infraestrutura (computadores) e problemas de *software* do ambiente de programação. Muitos também gostariam que o projeto tivesse continuidade, com mais oficinas desse tipo. O **Quadro 17.3** apresenta as respostas dos alunos.

As respostas dos pais (**Quadro 17.4**) também confirmam a avaliação positiva da oficina. A forma como o conteúdo foi apresentado pelos instrutores é destacada nos comentários dos pais/responsáveis, que a avaliam como "descontraída e bastante didática" e, também, "dinâmica". É interessante observar que o envolvimento de pais/responsáveis e filhos em um ambiente lúdico e leve de aprendizado pode ter efeitos positivos além daqueles meramente didáticos, conforme alguns pais ressaltaram da "... chance de trabalhar/brincar junto com meu filho" e também "... a interação com meu filho".

A unidade instrucional motiva os participantes a aprender computação?

Percebeu-se que, durante e após o final da UI, grande parte dos participantes (tanto as crianças quanto os pais) demonstrou vontade de continuar a aprender computação (**Fig. 17.18**).

A capacidade de resolver algo que a princípio parecia impossível foi apontada por muitos como uma das características mais motivadoras da oficina. Todos os pais também classificaram como importante ou muito importante aprender computação já na escola (**Fig. 17.19**).

DISCUSSÃO

Todas as oficinas foram realizadas com bastante sucesso de público. A divulgação foi feita em redes sociais e na imprensa local, e observou-se um interesse crescente a cada edição, inclusive com a necessidade de organizar listas de espera.

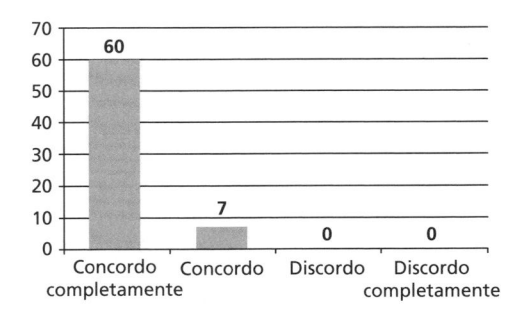

Figura 17.19 Grau de concordância dos familiares com a afirmação "Aprender a fazer programas de computador na escola é importante".

Pode-se destacar que, durante as oficinas, os participantes se engajaram com afinco nas atividades. As crianças, em especial, mostraram sua satisfação a cada etapa, como, por exemplo, ao movimentar o braço do robô. A mescla de instrução expositiva com prática imediata por parte dos participantes, que envolve a definição do problema, a implementação e o teste, também permitiu um entendimento do processo algorítmico de resolução de problemas. O uso da placa Scratchboard e do servidor de comunicação demonstrou facilitar o processo de aprendizado e permitiu maior ênfase nos aspectos de programação, quando comparado a edições anteriores que usavam *protoboards* e interfaces de linha de comando para estabelecer a comunicação. Nas oficinas, o Scratch também se mostrou um ambiente muito intuitivo para ensinar programação.

Os familiares, assim como as crianças, demonstraram entusiasmo com a programação do robô super-herói, e notou-se que eles entraram realmente na história. Uma criança, por exemplo, foi filmada pela mãe recontando a história ao mesmo tempo em que fazia o robô funcionar. As crianças, de modo geral, gostaram muito da oficina, expressando em seus comentários: "Muito legal e divertido"; "Adorei a oficina"; e "Incrível – é mágico", enfatizando que gostaram de fazer o robô se mover. Os familiares expressaram sua satisfação da mesma forma, em especial com o formato didático, dinâmico e ativo das oficinas. Conforme citado, vários pais também mencionaram de maneira positiva a possibilidade de ter essa experiência junto com seus filhos, criando um momento de atividade entre pais e filhos muito valioso.

Do mesmo modo, a avaliação positiva foi confirmada com as enquetes pós-oficina: em uma escala de 1 (pobre) a 4 (excelente), a mediana das avaliações foi 4. A maioria das crianças também considerou a oficina fácil e divertida. Ao final das oficinas, a maior parte (60 crianças) afirmou que poderia fazer programas de computador e queria aprender mais sobre programação. Os pais, do mesmo modo, expressaram um *feedback* positivo, indicando que gostaram muito de participar e aprender sobre como os programas de computador são desenvolvidos. A única sugestão apontada foi a de serem oferecidas mais oficinas, incluindo, por exemplo, robôs móveis. Os comentários dos pais também indicam que eles reconhecem a importância do ensino de computação, por acreditar que este contribui com raciocínio lógico, criatividade, concentração e persistência. Os pais também comentaram que a oficina auxiliou a desmistificar a computação, dando um exemplo de que pode ser fácil e divertida. Ao final de cada oficina, muitos participantes, tanto as crianças quanto os adultos, estavam bastante entusiasmados em aprender mais, continuando o aprendizado em casa ou em outras oficinas.

Ameaças à validade dos resultados

Existem diversos fatores no *design* da pesquisa que podem ter influenciado a validade dos resultados. Uma das ameaças é relacionada com a forma de medir os objetivos de avaliação. Para diminuir os erros de medição, foi adotada a abordagem GQM (BASILI; CALDIERA; ROMBACH, 1994), que auxilia na decomposição sistemática dos objetivos de medição.

Em relação à coleta de dados, para minimizar possíveis ameaças à validade, os questionários foram projetados e revisados de maneira coletiva pela equipe de professores da iniciativa, em diversas iterações, tentando usar uma linguagem fácil, que permitisse aos envolvidos responder os questionários corretamente, de acordo com sua faixa etária.

Ao final, obteve-se uma amostra de tamanho aceitável (total de 75 crianças e 75 adultos) como resultado de cinco oficinas em duas cidades de Santa Catarina (Florianópolis e Ibirama). Para analisar melhor a possibilidade de generalização dos resultados obtidos, seria importante a repetição do estudo em outras escolas/cidades. Mesmo assim, foi possível obter um primeiro *feedback* significativo referente à aplicação da oficina no contexto de uma pesquisa exploratória.

CONSIDERAÇÕES FINAIS

O presente trabalho mostra uma primeira indicação de que o ensino de computação por meio de oficinas de computação física com pais e filhos pode ser uma forma de ensinar e motivar esse público em relação à área de computação com sucesso. Em geral, foi possível observar que a oficina permitiu o ensino e a aprendizagem de vários conceitos básicos de computação, incluindo, principalmente, os de programação e de pensamento computacional. Foi observado também que a forma lúdica, inserindo o ensino da computação no contexto de uma narrativa, contribuiu muito para a aceitação positiva da oficina entre as crianças. Da mesma forma, observou-se que as aulas motivaram tanto as crianças quanto os familiares a aprender mais sobre o conteúdo abordado.

Os potenciais impactos positivos das oficinas em família vão muito além do ensino de computação. O envolvimento dos adultos, além de auxiliar no aprendizado das crianças, aumenta o público-alvo da ação. Por conta do sucesso dessas oficinas, está planejado oferecê-las como parte do programa de escolas parceiras. Está prevista a criação de um *kit* comercializável de estrutura física e de componentes de computação física. Levando-se em consideração o custo baixo dos componentes de *hardware* (Arduino, atuadores, sensores, etc.), inferior a R$ 100,00, aumenta também a possibilidade de aplicação abrangente dessas oficinas em escolas públicas.

Por fim, para expandir ainda mais o público-alvo, o material disponível no *site* está sendo aperfeiçoado, com tutoriais *on-line* tanto para aqueles que estão começando quanto para os que querem continuar a partir da experiência inicial com as oficinas em família.

REFERÊNCIAS

ALLINGER, G. M. et al. A meta-analysis of the relations among training criteria. *Personnel Psychology*, v. 50, n. 2, p. 341-358, 1997.

ARDUINO. c2018. Disponível em: <https://www.arduino.cc/>. Acesso em: 1 out. 2018.

BALTES, J.; ANDERSON, J. Introductory programming workshop for children using robotics. *International Journal of Human-Friendly Welfare Robotic Systems*, v. 6, n. 2, p. 17-26, 2005.

BASILI, V. R.; CALDIERA, G.; ROMBACH, H. D. Goal question metric approach. In: MARCINIAK, J. J. (Ed.). *Encyclopedia of software engineering*. New York: John Wiley & Sons, 1994. p. 646-661.

BENITTI, F. B. V. Exploring the educational potential of robotics in schools: a systematic review. *Computers & Education*, v. 58, n. 3, p. 978-988, 2012.

BERS, M. U. Project interactions: a multigenerational robotic learning environment. *Journal of Science Education and Technology*, v. 16, n. 6, p. 537-552, 2007.

BERS, M. U.; URREA, C. Technological prayers: parents and children exploring robotics and values. In: DRUIN, A.; HENDLER, J. A. (Eds.). *Robots for kids:* exploring new technologies for learning. San Francisco: Morgan Kaufmann, 2000.

BLIKSTEIN, P. Gears of our childhood: constructionist toolkits, robotics, and physical computing, past and future. In: INTERNATIONAL CONFERENCE ON INTERACTION DESIGN AND CHILDREN, 12., 2013, New York. *Proceedings...* New York: ACM, 2013. p. 173-182.

BRANCH, R. M. *Instructional design:* The ADDIE approach. New York: Springer, 2009.

BRASIL. *Base Nacional Comum Curricular*. 2018. Disponível em: <http://basenacionalcomum.mec.gov.br/> Acesso em: 6 dez. 2018.

BRASIL. *Diretrizes curriculares nacionais gerais da educação básica*. Brasília: MEC, 2013.

CALVILLO GÁMEZ, E. H. *On the core elements of the experience of playing video games*. 2009. Dissertation (Doctor of Philosophy)-University College London, London, 2009.

COMPUTAÇÃO NA ESCOLA. *Crie robôs:* monte e programe um boneco com o Scratchboard. 2018a. Disponível em: <http://www.computacaonaescola.ufsc.br/tutorial>. Acesso em: 2 out. 2018.

COMPUTAÇÃO NA ESCOLA. *Help for Scratcharduino*. c2013-2015. Disponível em: <http://www.computacaonaescola.ufsc.br/scratchduino>. Acesso em: 2 out. 2018.

COMPUTAÇÃO NA ESCOLA. *Peças 3D para computação física*. 2018b. Disponível em: <http://www.computacaonaescola.ufsc.br/?page_id=1140>. Acesso em: 2 out. 2018.

COMPUTAÇÃO NA ESCOLA. *Scratchboard:* uma plataforma simples e fácil de usar para computação física com Scratch e Arduino. 2018c. Disponível em: <http://www.computacaonaescola.ufsc.br/?page_id=75>. Acesso em: 2 out. 2018.

CUELLAR, F. et al. Robotics education initiative for analyzing learning and child-parent interaction. In: IEEE FRONTIERS IN EDUCATION CONFERENCE, 2014, Madrid. *Proceedings...* [S. l.]: IEEE Xplore, 2015.

CUELLAR, F.; PENALOZA, C.; KATO, G. Robotics education initiative for parent-children interaction. In: IEEE RO-MAN, 2013, Gyeongiu. *Proceedings*... [S. l.]: IEEE Xplore, 2013.

DEVELLIS, R. F. *Scale development:* theory and applications. 2. ed. Thousand Oaks: Sage, 2003.

EGUCHI, A. What is educational robotics? Theories behind it and practical implementation. In: SOCIETY FOR INFORMATION TECHNOLOGY & TEACHER EDUCATION INTERNATIONAL CONFERENCE, 2010, San Diego. *Proceedings*... Chesapeake: AACE, 2010. p. 4006-4014.

FALCHIKOV, N.; BOUD, D. Student self-assessment in higher education: a meta-analysis. *Review of Educational Research*, v. 59, n. 4, p. 395-430, 1989.

GITHUB. *MrYsLab/s2a_fm*. c2018. Disponível em: <https://github.com/MrYsLab/s2a_fm>. Acesso em: 2 out. 2018.

INSTITUTO NACIONAL DE ESTUDOS E PESQUISAS EDUCACIONAIS ANÍSIO TEIXEIRA. (INEP). *Censo Escolar da Educação Básica*. 2013. Disponível em: <http://download.inep.gov.br/educacao_basica/censo_escolar/resumos_tecnicos/resumo_tecnico_censo_educacao_basica_2013.pdf>. Acesso em: 3 out. 2018.

JENNETT, C. et al. Measuring and defining the experience of immersion in games. *International Journal on Human-Computer Studies*, v. 66, n. 9, p. 641-661, 2008.

KANDLHOFER, M. et al. A cross-generational robotics project day: pre-school children, pupils and grandparents learn together. In: INTERNATIONAL CONFERENCE ON ROBOTICS IN EDUCATION, 4., 2013, Lodz. *Robotics in Education 2013*. Graz: Graz University of Technology, 2013.

KARIM, M. E.; LEMAIGNAN, S.; MONDADA, F. Review: can robots reshape K-12 STEM education? In: IEEE INTERNATIONAL WORKSHOP ON ADVANCED ROBOTICS AND ITS SOCIAL IMPACTS, 2015, Lyon. *Proceedings*... [S. l.]: IEEE Xplore, 2016.

KELLER, J. M. *Motivational design for learning and performance:* the ARCS model approach. New York: Springer, 2009.

KIRKPATRICK, D. L.; KIRKPATRICK, J. D. *Evaluating training programs:* the four levels. 3rd ed. San Francisco: Berrett-Koehler, 2006.

LEE, J. S.; BOWEN, N. K. Parent involvement, cultural capital, and the achievement gap among elementary school children. *American Educational Research Journal*, v. 43, n. 2, p. 193-218, 2006.

LEGO. *Mindstorms*. c2018. Disponível em: <http://mindstorms.lego.com>. Acesso em: 2 out. 2018.

MALAN, D. J.; LEITNER, H. H. Scratch for budding computer scientists. In: SIGCSE TECHNICAL SYMPOSIUM ON COMPUTER SCIENCE EDUCATION, 38., 2007, Covington. *Proceedings*... New York: ACM, 2007. p. 223-227.

MITNIK, R.; NUSSBAUM, M.; SOTO, A. An autonomous educational mobile robot mediator. *Autonomous Robots*, v. 25, n. 4, p. 367-382, 2008.

MONROY-HERNÁNDEZ, A.; RESNICK, M. FEATURE: empowering kids to create and share programmable media. *Interactions*, v. 15, n. 2, p. 50-53, 2008.

MOODY, D.; SINDRE, G. Evaluating the effectiveness of learning interventions: an information systems case study. In: EUROPEAN CONFERENCE ON INFORMATION SYSTEMS, 11., 2003, Naples. *Proceedings*... [S. l.]: AISeL, 2003.

O'SULLIVAN, D.; IGOE, T. *Physical computing:* sensing and controlling the physical world with computers. Boston: Thomson Course Technology, 2004.

PADIR, T.; CHERNOVA, S. Guest editorial special issue on robotics education. *IEEE Transactions on Education*, v. 56, n. 1, p. 1-2, 2013.

PEARSON, G.; YOUNG, A. T. *Technically speaking:* why all americans need to know more about technology. Washington: National Academy, 2002.

POELS, K.; KORT, Y.; IJSSELSTEIJN, W. It is always a lot of fun!: exploring dimensions of digital game experience using focus group methodology. In: CONFERENCE ON FUTURE PLAY, 2007, Toronto. *Future Play '07 Proceedings of the 2007*. New York: ACM, 2007. p. 83-89.

RASPBERRY PI FOUNDATION. *Help vídeos*. c2018. Disponível em: <https://www.raspberrypi.org/help/physical-computing/> Acesso em: 3 out. 2018.

ROBOCUP JUNIOR. c2018. Disponível em: <http://rcj.robocup.org/>. Acesso em: 2 out. 2018.

ROGERS, C. B.; WENDELL, K.; FOSTER, J. The academic bookshelf: a review of the NAE report engineering in K-12 education. *Journal of Engineering Education*, v. 99, n. 2, p. 179-181, 2010.

ROSS, J. A. The reliability, validity, and utility of self-assessment. *Practical Assessment, Research & Evaluation*, v. 11, n. 10, p. 1-13, 2006.

RUBENSTEIN, M. et al. AERobot: an affordable one-robot-per-student system for early robotics education. In: IEEE INTERNATIONAL CONFERENCE ON ROBOTICS AND AUTOMATION, 2015, Seattle. *Proceedings*... [S. l.]: IEEE Xplore, 2015.

RUSK, N. et al. New pathways into robotics: strategies for broadening participation. *Journal of Science Education and Technology*, v. 17, n. 1, p. 59-69, 2008.

RUST, J.; GOLOMBOK, S. *Modern psychometrics:* the science of psychological assessment. 2nd ed. New York: Routledge, 1999.

RUZZENENTE, M. et al. A review of robotics kits for tertiary education. In: INTERNATIONAL WORKSHOP TEACHING ROBOTICS TEACHING WITH ROBOTICS, 2012, Riva del Garda. *Proceedings*... [S. l.]: [s. n.], 2012. p. 153-162.

SCRATCH. *Crie estórias, jogos e animações:* partilhe com gente de todo o mundo. 2018. Disponível em: <https://scratch.mit.edu/>. Acesso em: 2 out. 2018.

SEYMOUR, E. et al. Creating a better mousetrap: on-line student assessment of their learning gains. In: NATIONAL MEETING OF THE AMERICAN CHEMICAL SOCIETY, 2000, San Francisco. *Proceedings*... [S. l.]: SALG, 2000.

SIPITAKIAT, A. et al. A placa Gogo: robótica de baixo custo, programável e reconfigurável. In: SIMPÓSIO BRASILEIRO DE INFORMÁTICA NA EDUCAÇÃO, 14., 2003, Rio de Janeiro. *Mini-Cursos*. Rio de Janeiro: UFRJ, 2003. p. 73-92.

SITZMANN, T. et al. Self-assessment of knowledge: a cognitive learning or affective measure? *Academy of Management Learning & Education*, v. 9, n. 2, p. 169-191, 2010.

SKLAR, E.; EGUCHI, A.; JOHNSON, J. RoboCupJunior: learning with educational robotics. In: KAMINKA, G. A.; LIMA, P. U.; ROJAS, R. (Eds.). *Robocup 2002:* robot soccer world cup VI. Berlin: Springer, 2003. p. 238-253.

SNAP! *Build your own blocks*. 2018. Disponível em: <http://snap.berkeley.edu/>. Acesso em: 2 out. 2018.

THE COMPUTER SCIENCE TEACHERS ASSOCIATION. *CSTA K-12 computer science standards*. 2011.

TOH, L. P. E. et al. A review on the use of robots in education and young children. *Journal of Educational Technology & Society*, v. 19, n. 2, p. 148-163, 2016.

TOPPING, K. Self and peer assessment in school and university: reliability, validity and utility. In: SEGERS, M.; DOCHY, F. J. R. C.; CASCALLAR, E. (Eds.). *Optimising new modes of assessment:* in search of qualities and standards. Dordrecht: Kluwer Academic Publishers, 2003. p. 55-87.

VAN VOORHIS, F. L. et al. *The impact of family involvement on the education of children ages 3 to 8:* a focus on literacy and math achievement outcomes and social-emotional skills. New York: MDRC, 2013.

VANDEVELDE, C. et al. Overview of technologies for building robots in the classroom. In: INTERNATIONAL CONFERENCE ON ROBOTICS IN EDUCATION, 2013, Lodz. *Proceedings...* [S. l.]: [s. n.], 2013. p. 122-130.

VON WANGENHEIM, C. G. el al. Teaching pysical computing in family workshops. *ACM Inroads,* v. 8, n. 1, p. 48-51, 2017.

VON WANGENHEIM, C. G.; VON WANGENHEIM, A. Teaching game programming in family workshops. *IEEE Computer Magazine,* v. 47, n. 8, p. 84-87, 2014.

WOHLIN, C. et al. *Experimentation in software engineering.* New York: Springer-Verlag, 2012.

YANCO, H. A. et al. Artbotics: combining art and robotics to broaden participation in computing. In: AAAI SPRING SYMPOSIUM ON ROBOTS AND ROBOT VENUES, 2007, Palo Alto. *Proceedings...* [S. l.]: [s. n.], 2007.

YIN, R. K. *Case study research:* design and methods. 5th ed. Los Angeles: Sage, 2013.

Agradecimento

Os autores agradecem a Alan Yorinks e a Jens Mönig pelas frutuosas discussões sobre diversos aspectos deste projeto. Também agradecemos a todos os estudantes que auxiliaram na aplicação dos *workshops*, especialmente a Patrícia Pinter, pela criação e *design* da narrativa.

Este trabalho foi apoiado pelo Google Rise Awards e pelo CNPq.*

---

*CNPq. c2018. Disponível em: <http://www.cnpq.br>. Acesso em: 2 out. 2018.

IMPRESSÃO:

PALLOTTI
GRÁFICA

Santa Maria - RS | Fone: (55) 3220.4500
www.graficapallotti.com.br